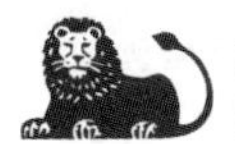

计算机技术开发与应用丛书

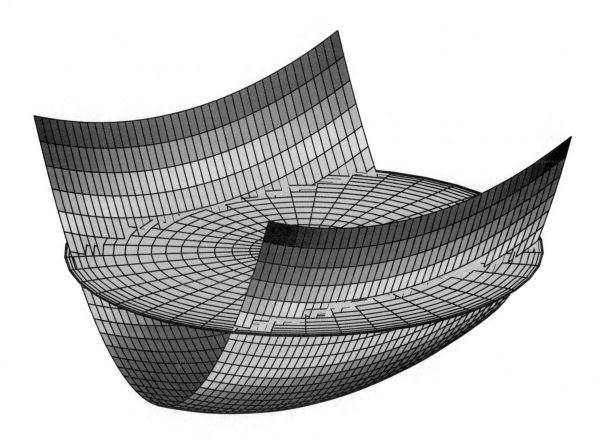

Octave程序设计

于红博◎编著

清華大学出版社
北京

内容简介

Octave为GNU项目下的开源软件，旨在解决线性和非线性数值计算问题。本书由浅入深，全面讲解Octave的功能及编程方法，帮助读者尽快掌握Octave的应用技巧。

本书共15章，层次分明，将复杂的软件体系分解为运算符、数据类型、数据格式等方面，分类进行详细讲解，并提供大量实用程序示例，让读者不仅可以在学习过程中减少阻碍，还可以在实际科学研究中方便查找。最后一章讲解Octave高级应用，内容覆盖全面。

本书针对零基础的读者，有Octave或者MATLAB经验的程序设计人员也可以从本书中学到很多Octave独有的特性。

图书在版编目(CIP)数据

Octave程序设计/于红博编著. —北京：清华大学出版社，2022.1
(计算机技术开发与应用丛书)
ISBN 978-7-302-58716-3

Ⅰ. ①O… Ⅱ. ①于… Ⅲ. ①程序设计 Ⅳ. ①TP311

中国版本图书馆CIP数据核字(2021)第142622号

责任编辑：赵佳霓
封面设计：吴 刚
责任校对：时翠兰
责任印制：曹婉颖

出版发行：清华大学出版社
网 址：http://www.tup.com.cn，http://www.wqbook.com
地 址：北京清华大学学研大厦A座 **邮 编**：100084
社 总 机：010-62770175 **邮 购**：010-83470235
投稿与读者服务：010-62776969，c-service@tup.tsinghua.edu.cn
质量反馈：010-62772015，zhiliang@tup.tsinghua.edu.cn
课件下载：http://www.tup.com.cn，010-83470236
印 装 者：天津安泰印刷有限公司
经 销：全国新华书店
开 本：186mm×240mm **印 张**：35 **字 数**：789千字
版 次：2022年3月第1版 **印 次**：2022年3月第1次印刷
印 数：1～1500
定 价：129.00元

产品编号：089901-01

前言
PREFACE

随着开源软件的不断发展，科学计算领域已经掀起了去付费化的浪潮，而 Octave 作为开源科学计算软件的佼佼者，也被国内顶尖学府和研究院所所青睐。Octave 作为一款久经考验的软件，其在发展过程中也吸收了众多来自其他语言的先进特性，使得任何有编程经验的人在接触到 Octave 时都会有自己熟悉的那一部分特性。

作者依据多种编程语言的编程经验和在科学计算领域的积累，对 Octave 的上千个封装函数加以精挑细选，博采其他编程语言的经典概念，配合 Octave 编程的基础知识进行分类总结，力求读者可以由浅入深地理解 Octave 的奥妙。对于一些不常用而难以理解的部分，如正则表达式，作者只能忍痛割爱，不把它们收录在本书当中。

为了让在科学计算领域之内的读者能够快速入门，本书提供了和多种学科相关的实用例子，可以让不懂编程的读者也能“拿来就用”，在处理实际问题时可以将本书用作工具书，随时翻阅，随时适用。

为了让在编程领域之内的读者能够快速上手，本书在讲解 Octave 编程的基础知识时额外增加“增、删、改、查”相关的内容，起到“一通百通”的效果，轻松代入自己已有的编程经验，从而轻松学会 Octave 的基础知识。

为了让初学者能够快速入门，本书在章节及内容编排上采用合理的顺序，令读者循序渐进，从零开始学习。本书从 Octave 的初级应用到 Octave 的高级应用都有内容上的覆盖，又给出不同领域内的实用例子，真正做到实用、易用、好用。

第 1 章和第 2 章讲解了 Octave 的概述内容和与安装相关的知识。Octave 拥有悠久的历史和多种安装方式。读者也可以根据自己的需求确定自己的安装方式。

第 3 章讲解了运算符与输入输出。由于 Octave 是一款面向科学计算的编程工具，所以 Octave 支持更多的运算符号(如左除号等)，这对没有进入过科学计算领域的程序员而言可以说是一个不小的挑战。对于输入输出而言，Octave 也拥有二十余种输入输出方式，以便用户在合适的场合中调用合适的输入输出函数。本书将运算符和输入输出知识合并为一章，可见作者对于运算符的重视程度非常高。

第 4 章讲解了与数据类型相关的知识，第 5 章讲解了与数据格式相关的知识。数据格式这一章为方便程序员学习 Octave，特地以增、删、改、查的思维将 Octave 的数据处理函数归类排序，程序员可以配合不同种类的数据类型快速学会 Octave 的基本数据处理。

第 6 章讲解了与 Octave 简单运算相关的知识。本章先讲解了矩阵自动扩展特性。矩阵自动扩展特性是 Octave 为方便矩阵运算设计的一个特性，使用起来非常方便，所以读者在进行数字运算时建议尽量使用矩阵格式。本章还讲解了简单运算。在进行简单运算时，只需使用运算符号，或者简单调用一个函数便可以完成运算，无须数据处理及多余的程序设计。

第 7 章讲解了与脚本相关的知识，读者可以学会如何编写脚本。本章先从命名规则开始讲解，然后讲解脚本的组成结构，至此读者已经可以构造出来一个脚本了。最后，本章还讲解了消除歧义的方式和脚本运算流程，确保读者设计出来的脚本可以正确运行。

第 8 章讲解了与函数相关的知识。本章先从命名规则开始讲解，再讲解函数的定义方式，然后讲解参数列表，确保读者可以设计一个可用的函数。本章在此之后还包含函数的设计方法，真正教会读者如何设计函数逻辑。本章还讲解了几种特殊类型的函数，最后讲解了函数的重载方法。

第 9 章讲解了与句柄相关的知识。本章先从句柄的含义开始讲解，又讲解了句柄的用途、句柄的特性和常用用法。

第 10 章讲解了矩阵操作方法。在实际应用中，矩阵相比于其他数据包装格式拥有更广泛的用途，因此矩阵也包括一些额外的用法，例如生成实例矩阵、生成特殊矩阵等，这些用法是元胞等数据格式所不具备的。在科学计算领域还有一个稀疏矩阵的概念，对矩阵的存储空间进行压缩，只存储非 0 元素而不存储 0 元素。对于稀疏矩阵的用法，本章也有详细讲解。

第 11 章讲解了与 GUI 控件相关的知识。本章先讲解各种控件的用法，再讲解适用于 GUI 控件的工具函数。

第 12 章讲解了与绘图相关的知识。本章先讲解各种绘图函数的用法，再讲解适用于绘图函数的工具函数。此外，在绘图的过程中，还有绘制子图、重绘等特殊需求，这些需求在本章中也有对应的讲解内容。

第 13 章是 Octave 的高级应用。虽然本章的内容难度较高，但其中也讲解了一些较为常用的用法。

本书专门为读者分出了两章，第 14 章是 Octave 实用例子，第 15 章是“商道之我是饭店经理”，用于向读者提供实际的用例。这两章的侧重点不同，在第 14 章中，从字母大小写转换开始讲解，由浅入深地讲解了多种 Octave 的实际用例。这些用法涵盖的学科范围丰富，包含数学学科、计算机学科、自动化学科、艺术学科，对于每个学科的用例也有着真实、可运行的代码与之配合。在第 15 章中，用一个小故事作为承载，讲解一个面向对象的实例。实例从接口类开始，讲到业务类的实现方法。本章在此过程中循序渐进，讲解了如何通过业务设计实际的数据结构，接着讲解了工具类从基类到派生类的演化，然后讲解了 GUI 和业务配合的实际设计方案，最后讲解了适配器设计模式在业务当中的应用。虽然本章对综合代码能力要求较高，但由于本章配合了一个小故事，因此读者在学习本章知识的时候不会感到乏味，甚至会感觉本章引人入胜。

限于本人的水平和经验，书中难免存在疏漏，恳请专家及读者批评指正。

于红博

2021 年 8 月于上海

本书源代码下载

目录

CONTENTS

第1章 绪论

Octave的全称为GNU Octave，它是一款开源的科学计算软件，也是GNU属下的一款软件，并且和GNU属下的其他软件共同接受FSF基金会的赞助。GNU操作系统的标志如图1-1所示。Octave发展至今已有30余年的历史，随着版本的迭代，Octave的功能已经越来越丰富，性能也越来越强大。Octave扩展性很强，这得益于Octave有着开源软件的属性，所以Octave对于其他开源软件的支持也非常好，例如可以使用C语言的语法编写Octave程序、可以调用类Linux程序等。

图1-1 GNU操作系统的标志

如今，开发Octave的个人和团队数量庞大，只要开发者想要开发或者维护Octave软件，都可以在Octave官网上填写申请，然后即可进入Octave的邮件列表当中，接收到Octave上游发来的邮件信息。开发者如果想要贡献自己的代码，也需要通过邮件方式，将想要贡献的Octave代码的tarball以附件方式一并发送到邮件列表处。然后，其他想要维护的开发者就会回复邮件。可以说，Octave开源社区包容性极强，效率极高，促进了Octave软件的发展。

注意：tarball的含义是先将软件内容以tar格式打包，再将tar文件进一步压缩为一系列格式，如.tar.gz格式、.tar.xz格式、.tar.bz格式等。Octave官网的网址为https://www.gnu.org/software/octave/。

Octave是一款开源的软件，其代码完全遵循GPL协议，因此，只要用户和开发者遵循了GPL协议，那么它们就可以自由地传播Octave软件。从这个角度上看，GPL协议保护了Octave开发者和用户传播软件的权利。在学术上，研究人员也可以在遵循GPL协议的基础上自由使用Octave软件，而不用担心自己的科学计算软件有一天突然被禁止购买、禁止售后服务了。所以，建议研究人员尽量使用开源软件，这样可以以不变应万变，防止商业协议的限制。

注意：GPL 协议不只是一个协议，它含有多种变体。详细的 GPL 协议变体的清单可以在网址 https://www.gnu.org/licenses/licenses.html 上查询。此外，经修改的 GPL 协议也属于 GPL 协议，但由于经修改的 GPL 协议被开发者修改的原因，这种协议不在上述网址的所列清单之内，需要在对应软件的 tarball 中查看。

Octave 在开源开发者的热心努力下，已经成为一款跨平台的软件，其支持 Windows、Linux、macOS 等主流计算机操作系统。对于用户而言，可以完全抛弃自己计算机的操作系统的限制，立刻投入 Octave 的使用中。

Octave 在编程的角度上，可以分为变量、函数和脚本三大部分进行解析。其中，Octave 的变量为了科学计算的用途做出了优化，与一般的编程语言相比多了矩阵形式。然而，矩阵形式在内存中是按照下标连续存储的，因此可以把 Octave 的矩阵形式理解为编程当中的"数组"形式，二者实质上差别不大。而 Octave 的函数的调用也和标准 C 语言很相似，都是函数名加上参数列表的形式。另外，Octave 作为一种科学计算语言，支持实时脚本运行是必要的。Octave 支持脚本方便了研究人员随时修改、频繁修改代码的需求，同时脚本在运行时无须预先编译的步骤，也为 Octave 的使用降低了门槛。当然，Octave 也支持预先编译的程序，这些内容将放在本书的 Octave 高级应用部分进行详细讲解。

Octave 在应用场景的角度上，可以分为数据计算、绘图、高级应用三大部分进行解析。Octave 作为一款以脚本为主的科学计算软件，应用最多而且最广泛的场景就是数据计算。此外，如果有绘图需求，Octave 也可以满足需求。Octave 的绘图包括直接显示多媒体图像和根据数据绘图，至少完整包含了在科学计算领域之内的所有绘图需求。Octave 还支持其他的高级应用，由于这些应用需要其他学科的基础知识，门槛较高，所以在本书中归于一个章节进行统一讲解。

Octave 在实际应用中有着非常广泛的用例。本书专门有一章，取名为 Octave 用例，为读者生动地展示 Octave 的实际应用效果。在继续阅读本书之前，必须先了解以下概念。

1. Octave 使用的编程语言

Octave 使用的编程语言叫作 MATLAB 语言。MATLAB 语言主要被用于 MATLAB 软件的程序编写。虽然 Octave 使用了 MATLAB 语言进行程序编写，但 Octave 和 MATLAB 软件对于 MATLAB 语言上的解释规则有所不同。所以，对于学习过 MATLAB 语言或者 MATLAB 软件的读者而言，学习 Octave 的难度要小很多，但是不能套用已有的 MATLAB 中的经验。

此外，Octave 还支持其他编程语言的接口，例如 C 语言、Java 语言、Perl 语言和 Python 语言。Octave 通过调用接口的方式，还可以使用其他编程语言进行混合编程。

2. Octave 版本

本书使用的 Octave 版本为 Octave 5.2.0。Octave 的某些特性会根据 Octave 的版本变化而相应改变。

3. 交叉学科中的名词混用

Octave是一款面向数学及其他学科的科学计算工具，在编程当中无法避免交叉学科中的名词混用情况。例如：因为“矩阵”一词代表数学当中的纵横排列的表格，而“向量”一词代表沿一个方向排列的表格，所以“向量”也属于“矩阵”，而“数组”一词代表计算机中按规则排列的一组数据，并且Octave使用“数组”类型的数据描述矩阵，所以“数组”在Octave中等价于“矩阵”。于是，有时在可以使用“向量”一词的场合中，“向量”一词也可以使用“矩阵”“行数为1的矩阵”和“列数为1的矩阵”等名词进行替代。有时在可以使用“矩阵”一词的场合中，“矩阵”一词也可以使用“数组”等名词进行替代。

4. 约定俗成的函数名称记法

Octave提供了两种传入参数的方法：我们可以在记录函数名时加上圆括号，也可以不加上圆括号。根据约定俗成的做法，我们在记录常用圆括号传入参数的函数时，在函数名的后面加上圆括号，而在记录不常用圆括号传入参数的函数时，在函数名的后面不加圆括号。

对于hold函数而言，常用的调用方式如下：

```
>> hold on
```

此时hold函数不使用圆括号传入参数。虽然这条语句等效于：

```
>> hold('on')
```

但一般不用圆括号传入参数，所以将此函数记为“hold函数”。

对于fprintf()函数而言，常用的调用方式如下：

```
>> fprintf('output')
```

此时fprintf()函数使用圆括号传入参数。虽然这条语句等效于：

```
>> fprintf output
```

但一般用圆括号传入参数，所以将此函数记为“fprintf()函数”。

5. 命令提示符

因为Octave支持交互操作，所以可以直接在Octave的命令行窗口中输入命令，但Octave的命令行窗口和终端都有着一个相同的特点：输入和输出都打印在一起，所以，如果不对输入命令和输出内容加以区分，本书将很难阅读。

为解决这一问题，本书在代码部分严格引入命令提示符。如果看到命令提示符，则意味着需要将命令提示符所在行后面的内容当作一条命令输入Octave的命令行窗口或终端当中。

在下面的代码部分，每行都代表一种命令提示符。本书中使用的命令提示符包括但不限于以下种类：

```
>>
octave:1>
$
#
(su)#
PS>
```

6. 命令提示符的灵活解释

有时，命令提示符会和其他符号含义冲突。此时需要根据书中的具体场景，对符号的含义进行具体分析。

第2章 Octave 简介

Octave 作为一款成功的开源科学计算软件，它已经拥有了 30 余年的历史。

2.1 Octave 的起源

Octave 最开始是由几位学者创建的一个科学计算项目，这些人编写 Octave 是为了能够使用专门的软件工具进行化学反应方程式的配平问题。随后，开发者发现了化学学科的局限性，决定将 Octave 发展成一个更广泛的工具。

于是，一些开发者进行了全职的 Octave 开发。在 1992 年春，Octave 开始了集中开发，在 1993 年，Octave 发布了第一个 alpha 版本，同年发布了 1.0 正式版本。

Octave 开源的特点受到了 GNU Linux 的关注，它的正式版本也被大量的 Linux 发行版所收录，进一步提升了 Octave 本身的影响力。如今，Octave 已经成为日常教学(多见于国外的日常教学)中的常客。学生使用 Octave 可以配合教学内容进行即时复杂运算，而老师则可以向学生教授 Octave 的使用方法，帮助学生可以在课上学得更好。

如今，Octave 已经进入 GNU 操作系统和软件当中，并且由 FSF 基金会进行官方发布，这意味着所有人都可以参与到 Octave 的日常维护和代码贡献当中。并且，有了基金会的支持，Octave 可以有长久发展，用户也可以长久地使用 Octave 软件。

2.2 Octave 的安装方式

2.2.1 源码安装

Octave 的源码安装方式适用于 Linux 和 macOS。在进行源码安装前，需要先安装必备的依赖软件。不同的操作系统发行版拥有不同的依赖软件安装方式，我们需要根据自己的发行版更改依赖软件的安装命令。以 Fedora 33 为例，输入的 Shell 命令如下：

```
$ sudo dnf install libtool make automake autoconf gcc gcc-devel \
g++ g++-devel gcc-fortran gawk gperf less ncurses
```

这样便可以安装所有必选的依赖软件。

Octave 的官方网站上提供源码包下载。以 Octave 5.2.0 版本为例,其官方源码包的网址是 https://ftpmirror.gnu.org/octave/octave-5.2.0.tar.gz。

然后,输入 Shell 命令如下:

```
$ tar xvf octave_5.2.0.tar.gz
```

将源码包解压到 octave-5.2.0 目录之下。

解压完毕后,输入 Shell 命令如下:

```
$ cd octave-5.2.0
```

进入 Octave 的源码目录之下。此时的源码已经准备好编译了。

此外,还可以通过版本控制软件拉取最新的 Octave 源码。Octave 使用 Mercurial 分布式版本控制系统进行软件版本控制,源码的网址为 https://www.octave.org/hg/octave。要进行源码安装,首先输入 Shell 命令如下:

```
$ hg clone https://www.octave.org/hg/octave
```

将默认版本的 Octave 源码拉取到本地存储器。

等待源码拉取完毕后,输入 Shell 命令如下:

```
$ cd octave
```

进入 Octave 的源码目录之下。

Octave 使用 Bootstrap 风格的编译环境配置方式,只需执行单个脚本便可以完成全部安装前的准备工作。输入 Shell 命令如下:

```
$ ./bootstrap
```

完成编译前的准备工作。等待脚本运行完毕后,源码就可以编译了。

然后,如果源码已经准备好编译,则可以输入 Shell 命令如下:

```
(su)# mkdir .build                  && \
cd .build                           && \
./../configure --prefix=$HOME/my_octave && \
make -j2                            && \
make check                          && \
make install
```

这样便完成了源码从编译到安装的全过程。此命令运行完毕后，Octave 的源码安装即宣告完成。

2.2.2 在不同 Linux 版本上安装 Octave 软件

使用真机安装 Octave 是最普遍的做法。我们根据目前正在使用的操作系统版本，在 Octave 上查找对应操作系统版本的安装包，下载安装包之后安装即可。对于不同的 Linux 发行版，安装命令也会有所不同。

Debian 系列的 Linux 发行版(包括但不限于 Debian 和 Ubuntu)的安装命令如下：

```
$ sudo apt - get install octave
```

Arch Linux 这一 Linux 发行版的安装命令如下：

```
(su) # pacman  - S octave
```

Slackware 这一 Linux 发行版的安装命令如下：

```
(su) # wget \ https://slackbuilds.org/slackbuilds/14.2/academic/octave.tar.gz && \
tar  - xzf octave.tar.gz && \
cd octave && \
chmod  + x octave.SlackBuild && \
./octave.SlackBuild && \
cd /tmp && \
installpkg  - root /mnt/slackware/ * .tgz
```

Fedora 这一 Linux 发行版的安装命令如下：

```
(su) # dnf install octave
```

RHEL 和 CentOS 这两个 Linux 发行版的安装命令如下：

```
(su) # dnf install epel - release && \
dnf install octave
```

旧版 RHEL 和旧版 CentOS 的安装命令如下：

```
(su) # yum install epel - release && \
yum install octave
```

openSUSE 和 SUSE Linux Enterprise 这两个 Linux 发行版的安装命令如下：

```
(su) # zypper install octave
```

Gentoo 这一 Linux 发行版的安装命令如下：

```
(su) # emerge --ask sci-mathematics/octave
```

2.2.3 从 Homebrew 包管理器安装 Octave 软件

Homebrew 本身是 macOS 的包管理器，但其也有 Linux 移植版本。输入如下命令：

```
(su) # brew install octave
```

这样便可安装 Octave。

2.2.4 在其他 UNIX 发行版上安装 Octave 软件

FreeBSD 这一 UNIX 发行版的安装命令如下：

```
# pkg_add -r octave
```

OpenBSD 这一 UNIX 发行版的安装命令如下：

```
# pkg_add octave
```

2.2.5 在 WSL 子系统中安装 Octave 软件

Windows 10 支持一种称为 WSL 的新技术，这种技术的本质是允许在 Windows 内部安装一个 Linux 子系统（该子系统相当于一个虚拟机）。这样就可以使用 WSL 子系统进行 Octave 的安装了。

首先，安装一个 WSL 子系统。

使用管理员指令打开 PowerShell。在 PowerShell 中输入如下命令：

```
PS> dism.exe /online /enable-feature featurename:Microsoft-Windows-Subsystem-Linux /all
/norestart
```

等待命令执行完毕后，PowerShell 将给出重启提示。此时我们进行 PC 的重启。

重启之后，继续使用管理员指令打开 PowerShell。在 PowerShell 中输入如下命令：

```
PS> dism.exe /online /enable-feature /featurename:VirtualMachinePlatform /all /norestart
```

等待命令执行完毕后，PowerShell 将再次给出重启提示。此时我们进行 PC 的重启。

重启之后，进入 Windows 商店，选择一个 Linux 发行版进行安装。等待 Linux 发行版安装完成后，继续使用管理员指令打开 PowerShell。在 PowerShell 中输入如下命令：

```
PS> wsl --set-default-version 2
```

从而开启 Windows 的 WSL 2 特性。

注意： WSL 2 特性并不是必需的。开启 WSL 2 特性的最大好处是可以使 WSL 子系统的启动速度大幅提升，并且使 WSL 子系统的内部程序的运行速度也大幅提升，因此建议开启 WSL 2 特性。

然后，启动 WSL 子系统。最后按照 Linux 发行版的 Octave 安装方式即可完成 Octave 的安装。

2.2.6 在 Docker 中安装 Octave 镜像

Docker 是一种流行的容器技术，将 Octave 程序和其依赖的软件包进行打包，这样就可以在所有支持 Docker 的操作系统上进行部署。部署后的 Octave 容器存在于客户机的容器当中，立即可用。Docker 的稳定性和便捷性使得其迅速受到 Octave 开发者的青睐。

在 Docker Hub 上已经有开发者维护了 Octave 的 Docker 容器。我们可以访问这个 Docker 容器的官方网址：https://hub.docker.com/r/mtmiller/octave。

输入如下命令：

```
(su)#docker pull mtmiller/octave
```

这样便可以将 Octave 容器部署到客户机上。

然后，输入如下命令：

```
(su)#docker run mtmiller/octave octave --eval "ver"
```

这样便可以启动 Octave 所在的容器。

然后，输入如下命令：

```
(su)#docker run -it mtmiller/octave
```

这样便可以启动一个 Octave 会话。

最后，在 Docker 容器中输入如下命令：

```
#octave
```

这样便可以正常启动 Octave 程序。

2.2.7 在 Singularity 中安装 Octave 镜像

Singularity 也是一种流行的容器技术。输入如下命令：

```
(su)# singularity pull library://siko1056/default/gnu_octave:latest
```

这样便可以将 Octave 容器部署到客户机上，然后输入如下命令：

```
(su)# singularity run gnu_octave_5.2.0.sif
```

这样便可以正常启动 Octave 程序(GUI 模式)。

或者输入如下命令：

```
(su)# singularity exec gnu_octave_5.2.0.sif octave-cli
```

这样便可以正常启动 Octave 程序(CLI 模式)。

2.2.8 安装 Flatpak 技术的 Octave 封包

Flatpak 技术将 Octave 软件所有的所需文件打包成一个可执行文件，而且 Flatpak 技术封装了不同 Linux 发行版所需的不同依赖库，真正地实现了跨 Linux 发行版的特性，而且支持沙盒特性。输入如下命令：

```
(su)# flatpak install flathub org.octave.Octave
```

这样便可以完成 Octave 封包从下载到安装的全过程。

如果已经有了名为 octave 的 Octave 封包，则只需输入如下命令：

```
(su)# flatpak install octave
```

这样便可以完成 Octave 封包的安装过程。

2.2.9 从 Snap 包管理器安装 Octave 封包

Snap 是一种专门托管封包的包管理器。输入如下命令：

```
(su)# snap install octave
```

即可安装 Octave。

2.2.10 从 Guix 包管理器安装 Octave 软件

Guix 是一种跨 GNU 发行版的包管理器。输入如下命令：

```
(su)# guix install octave
```

即可安装 Octave。

2.2.11 从 Spack 包管理器安装 Octave 软件

Spack 是一种专门为大型服务器设计的包管理器，且多用于安装与科学计算相关的软件。输入如下命令：

```
(su)# spack install octave
```

即可安装 Octave。

2.2.12 安装 Jupyter 客户端的 Octave 内核

Jupyter 是一种科学计算客户端，其拥有“内核”的概念，可以在启动时装载其他脚本语言的解析规则。只要安装了 Jupyter 客户端的 Octave 内核，再配合客户机上已有的 Octave 程序，即可使用 Jupyter 客户端运行 Octave 程序。输入如下命令：

```
$ pip install octave_Kernel
```

安装 Jupyter 客户端的 Octave 内核。

然后，输入如下命令：

```
$ Jupyter console --Kernel octave
```

即可启动 Jupyter 客户端，并且将内核配置为 Octave 内核，然后就可以在 Jupyter 中正常使用 Octave 了。

2.2.13 使用 MXE 交叉编译并安装 Octave 软件

MXE 是一个交叉编译工具包。Octave 提供了 MXE-Octave 这一软件分支，以满足交叉编译的先决条件。首先，输入如下命令获取 MXE-Octave 的源代码：

```
$ cd ~
$ hg clone https://hg.octave.org/mxe-octave mxe-octave
```

然后，输入如下命令以做好源代码的交叉编译准备：

```
$ cd mxe-octave
$ ./bootstrap
```

输入如下 configure 配置命令以生成 Makefile 文件：

```
$ ./configure \
    --prefix=$HOME/mxe-octave \
    --enable-native-build \
```

```
    -- enable-octave=release \
    -- enable-64 \
    -- enable-binary-packages \
    -- enable-devel-tools \
    -- enable-fortran-int64 \
    -- enable-lib64-directory \
    -- enable-openblas \
    -- enable-pic-flag \
    -- disable-system-fontconfig \
    -- disable-system-gcc \
    -- disable-system-opengl \
    -- disable-system-x11-libs \
    -- with-ccache \
gnu-Linux
```

注意：这里的 configure 配置只是一种示例。具体的 configure 配置需要根据实际的编译环境和目标环境进一步修改。

输入如下命令开始交叉编译：

```
(su)#make -j16 JOBS=8 all openblas
```

注意：这里的 make 命令只是一种示例。具体的 make 命令需要根据具体的编译环境和编译要求进一步修改。

将～/mxe-octave 文件夹复制到目标计算机中，其中的内容就是已经交叉编译好的 Octave 了。在目标计算机中输入如下命令以运行 Octave：

```
$ ~/mxe-octave/usr/bin/octave
```

2.3 Octave 的用户界面

Octave 具有跨平台的特性，支持 Linux、Windows 和 macOS 等主流操作系统。在这些操作系统上，使用 Octave 有着相同的语法规则。我们无须重复学习即可在多种平台上轻松使用 Octave。

2.3.1 Linux 系统上的 Octave

在 Linux 系统上的 Octave 有两种启动模式：CLI 模式和 GUI 模式。

使用 CLI 模式启动 Octave，在终端输入如下命令：

```
$ octave
```

即可启动 Octave 主程序，此时用户可以立刻按照 Octave 的语法规则输入即时命令进行运算。

Linux 系统下的 CLI 模式如图 2-1 所示。

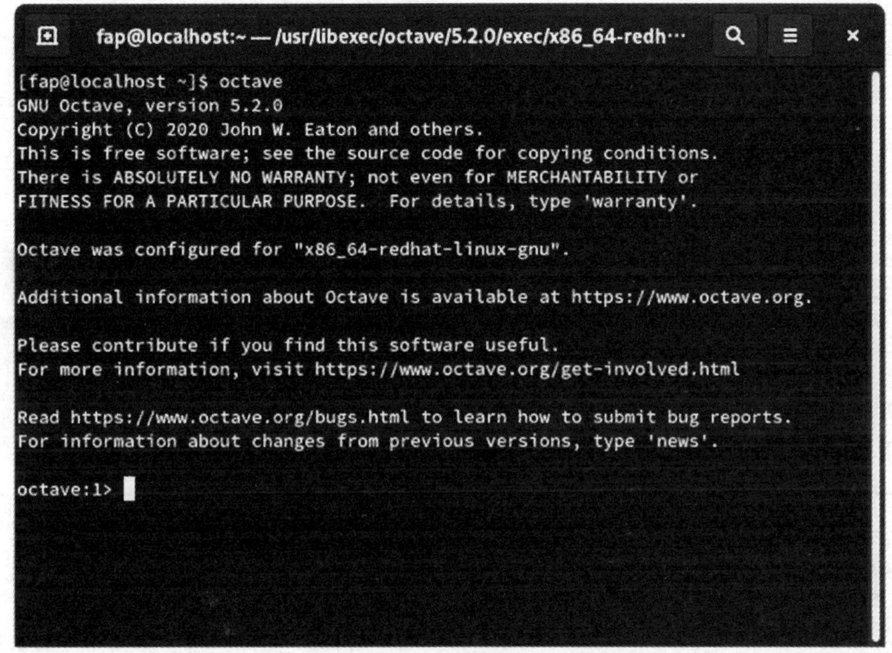

图 2-1 Linux 系统下的 CLI 模式

使用 GUI 模式启动 Octave，只需要在计算机的桌面程序中找到 Octave 图标，单击进入 GUI 模式。Octave 图标如图 2-2 所示。

图 2-2 桌面程序中的 Octave 图标

Linux 系统下的 GUI 模式如图 2-3 所示。

2.3.2 Octave 的 GUI 模式

Octave 的 GUI 模式可以分为以下界面：

- 文件浏览器；
- 工作空间；
- 命令历史；
- 命令窗口；
- 文档；
- 编辑器；
- 变量编辑器。

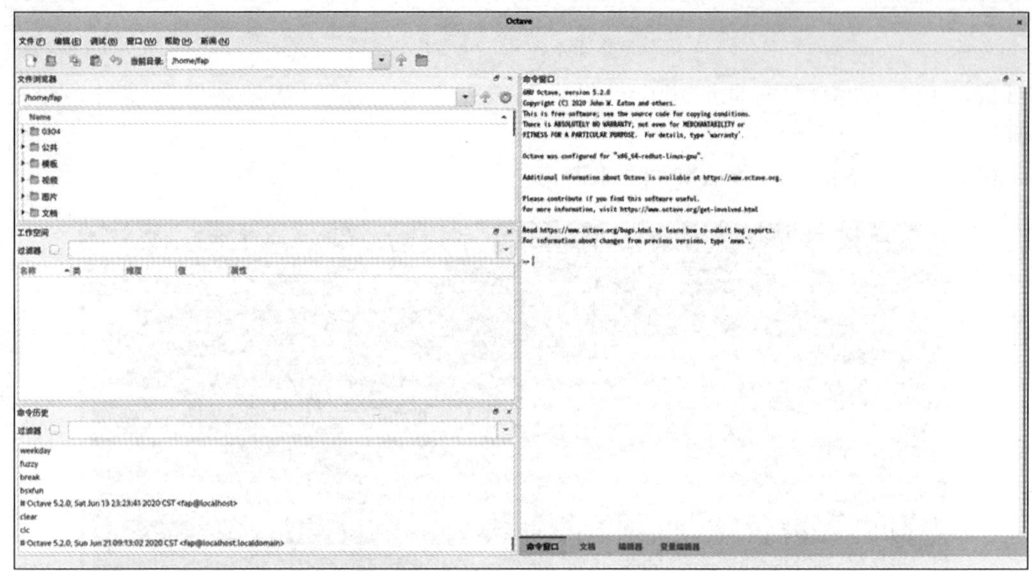

图 2-3 Linux 系统下的 GUI 模式

其中，文件浏览器默认显示用户的/home 目录。

注意：/home 目录的含义是当前用户的用户文件的存放位置，例如/home/pc、/home/mypc 等。特别地，root 用户的根目录一般被定义为/root。

在文件浏览器界面中，用户可以自由选择程序的根目录的位置。由于在环境变量配置中已经含有当前文件夹的相对路径，所以用户在选择完毕根目录的位置之后，可以直接输入脚本名调用这个目录下的外部脚本，也可以直接输入文件名调用这个目录下的外部文件。

此外，文件浏览器界面的另一个重要的用途是显示文件的变化情况。在用户选择程序的根目录的位置之后，文件浏览器界面会显示此目录对应的目录树，而且目录树实时更新，方便查看和比较。例如，用户在操作 Octave 的时候，如果有生成文件的操作，而且用户并未指定文件的目标路径，则生成的文件也会以根目录为目标路径，此时就会看到文件浏览器界面中多出来了一个文件。

在工作空间界面中，用户可以查看自己的变量情况。只要是在工作空间界面中能够看到的变量，都可以被用户调用，而 Octave 自带的默认变量不会在工作空间界面中显示出来，但用户依然可以根据记忆来随时调用它们。

在命令历史界面中，用户可以查看自己输入过的所有命令。特别地，命令历史界面中的命令在退出 GUI 界面后也不会被清空，方便用户随时恢复工作状态。

在命令窗口界面中，显示的是所有的 Octave 输入内容和输出内容，它相当于一个通用输入输出设备，和终端的作用类似。命令窗口中若出现“>>”标识，而且“>>”标识之后没有文字，则代表 Octave 在等待用户的输入，此时用户可以在命令行窗口中输入实时命令。

在文档界面中，用户可以随时查看 Octave 提供的文档。此外，通过命令窗口界面调出的文档和文档界面中的文档的进度是独立的，不会互相影响。用户不必担心自己在命令窗口界面调出了某个文档，之后会改变文档界面中的文档的进度。

在编辑器界面中，用户可以编辑实时脚本。对于一个已经存在于本地的脚本而言，用户还可以在编辑器界面中进行编辑、调试和运行等操作，所以，编辑器界面也相当于调试器，二者被高度地集成在一起。

在变量编辑器界面中，用户可以编辑变量的值。事实上，如果在工作空间界面中双击一个变量，GUI 的右半部分就会自动跳转到变量编辑器界面，而且显示的变量也相应地被改为这个变量，无须用户手动切换变量编辑器。

2.3.3　Windows 系统上的 Octave

Windows 系统下的 CLI 模式如图 2-4 所示。

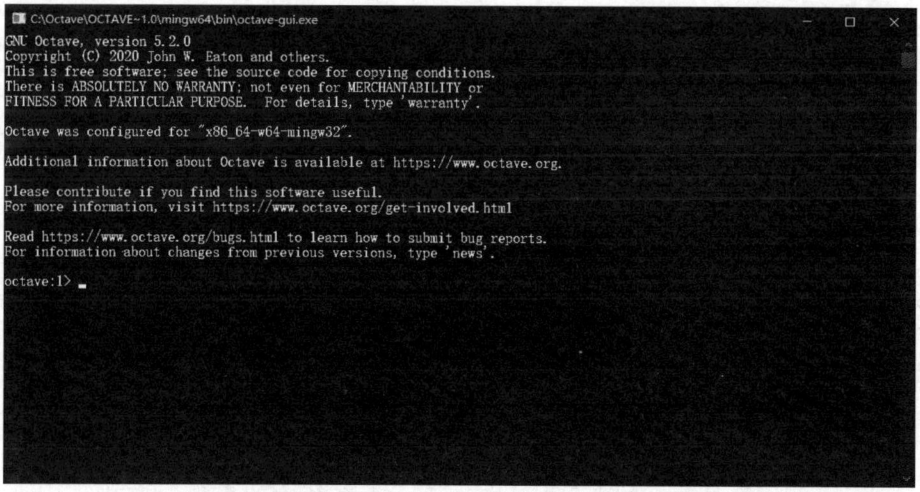

```
C:\Octave\OCTAVE~1.0\mingw64\bin\octave-gui.exe
GNU Octave, version 5.2.0
Copyright (C) 2020 John W. Eaton and others.
This is free software; see the source code for copying conditions.
There is ABSOLUTELY NO WARRANTY; not even for MERCHANTABILITY or
FITNESS FOR A PARTICULAR PURPOSE.  For details, type 'warranty'.

Octave was configured for "x86_64-w64-mingw32".

Additional information about Octave is available at https://www.octave.org.

Please contribute if you find this software useful.
For more information, visit https://www.octave.org/get-involved.html

Read https://www.octave.org/bugs.html to learn how to submit bug reports.
For information about changes from previous versions, type 'news'.

octave:1>
```

图 2-4　Windows 系统下的 CLI 模式

Windows 系统下的 GUI 模式如图 2-5 所示。

Windows 系统版本的 Octave 提供了两种快捷方式用来启动 Octave 程序，一种快捷方式用来启动 CLI 模式，另一种快捷方式用来启动 GUI 模式。

如果不通过快捷方式，也可以启动 Octave。在 Windows CMD 或 Windows PowerShell 中输入如下命令：

```
PS > wscript "C:\Octave\Octave - 5.2.0\octave.vbs" -- no - gui
```

即可启动 Octave 的 CLI 模式。

类似地，输入如下命令：

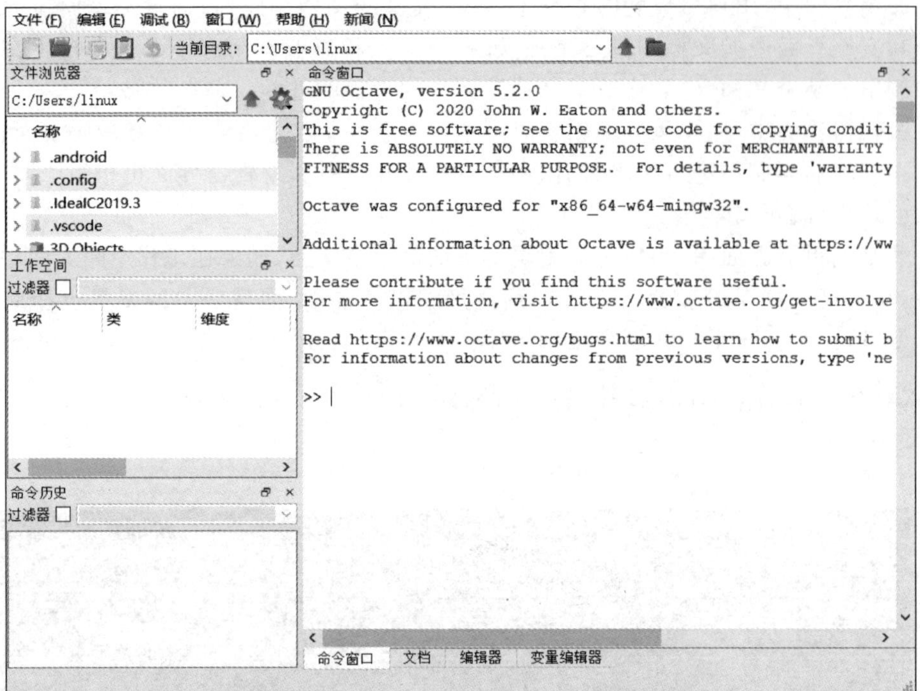

图 2-5 Windows 系统下的 GUI 模式

```
PS > wscript "C:\Octave\Octave - 5.2.0\octave.vbs"
```

即可启动 Octave 的 GUI 模式。

2.3.4 macOS 系统上的 Octave

Octave 在 macOS 系统上的表现形式与在 Linux 系统上的表现形式类似,因此不在这里进行描述。

2.4 Octave 的运行要求

- Linux CLI 运行只要求终端或者终端模拟器的支持;
- Linux GUI 运行要求可用的显卡支持;
- Windows CLI 运行要求 Windows CMD(DOS 模拟器)或者 Windows PowerShell 的支持;
- Windows GUI 运行要求可用的显卡支持;
- macOS、FreeBSD 等操作系统版本的运行要求不在这里进行描述。

第 3 章

运算符与输入、输出

运算符分为两大类：以符号表示的运算符和以函数表示的运算符。根据惯例，将以符号表示的运算符称为“运算符号”，将以函数表示的运算符称为“运算函数”。

3.1 运算符号

3.1.1 代数运算符

对于 Octave 而言，运算符号分为以下几种：

1. 加号“+”

加号代表按矩阵相加。

2. 按元素加号“.+”

按元素加号和加号+等效。

3. 减号“-”

减号代表按矩阵相减。

4. 按元素减号“.-”

按元素减号和减号“-”等效。

5. 乘号“*”

乘号代表按矩阵相乘。使用乘号时，乘号前的矩阵的列数必须等于乘号后的矩阵的行数。

6. 按元素乘号“.*”

使用按元素乘号时，按元素乘号前的矩阵的列数必须等于按元素乘号后的矩阵的列数，而且按元素乘号前的矩阵的行数必须等于按元素乘号后的矩阵的行数。

7. 除号“/”

除号代表按矩阵右除。在使用除号时，如果参与除运算的两个矩阵当中至少有一个不是方阵，或者说是奇异矩阵，则计算结果将返回最小范数解。

8. 按元素除号“./”

按元素除号代表按元素右除。使用按元素除号时，按元素除号前的矩阵的列数必须等于按元素除号后的矩阵的列数，而且按元素除号前的矩阵的行数必须等于按元素除号后的矩阵的行数。

9. 左除号“\”

左除号代表按矩阵左除。使用左除号时，如果参与左除运算的两个矩阵当中至少有一个不是方阵，或者说是奇异矩阵，则计算结果将返回最小范数解。

10. 按元素左除号“.\”

使用按元素左除号时，按元素左除号前的矩阵的列数必须等于按元素左除号后的矩阵的列数，而且按元素左除号前的矩阵的行数必须等于按元素左除号后的矩阵的行数。

11. 乘方符号“^”

乘方符号代表多种含义：

如果乘方符号前的数是底数，乘方符号后的数是指数，则乘方符号返回两数做乘方运算的值。如果乘方符号前的数是数字，乘方符号后的数是矩阵，则乘方符号返回一组展开值，其等于乘方符号后的数展开之后，得到的每个数和乘方符号前的数做乘方运算的值。如果乘方符号前的数是矩阵，乘方符号后的数是整型，则乘方符号返回一个矩阵，其等于乘方符号前的数中的每个数字与乘方符号后的数做乘方运算的值。如果乘方符号前的数是矩阵，乘方符号后的数是小数，则乘方符号返回一个矩阵，其等于乘方符号后的数展开之后，乘方符号前的数中的每个数字与乘方符号后的数做乘方运算的值。如果乘方符号前的数和乘方符号后的数都是矩阵，则乘方符号计算会出错。

12. 第二种乘方符号“”**

第二种乘方符号**和乘方符号^等效。

13. 按元素乘方符号“.^”

如果按元素乘方符号前的数和按元素乘方符号后的数都是矩阵，则按元素乘方前的矩阵的列数必须等于按元素乘方后的矩阵的列数，而且按元素乘方前的矩阵的行数必须等于按元素乘方后的矩阵的行数。此外，如果按元素乘方得到多个复数域的解，则将返回最小非零解。

14. 第二种按元素乘方符号“”**

第二种按元素乘方符号.**和按元素乘方符号.^等效。

15. 负号“-”

负号代表一元减号。负号的位置在数之前，且负号之前不得含有第二个数参与运算。

16. 正号“+”

正号代表一元减号。正号的位置在数之前，且正号之前不得含有第二个数参与运算。

17. 转置符号“.'”

转置符号又叫复共轭转置符号。转置符号代表多种含义：如果转置符号前的数是实数，则返回转置符号前的数的实转置运算结果。如果转置符号前的数是复数，则返回转置符号前的数的复共轭转置运算结果。

18. 实转置符号“'”

实转置符号代表多种含义：如果实转置符号前的数是实数，则返回实转置符号前的数的实转置运算结果。如果实转置符号前的数是复数，则运算可能会出错。

19. 赋值运算符“=”

将等号右侧的值赋给等号左侧的变量。因为赋值操作的特殊性，等号左侧必须是一个可变变量，例如下面的语句：

```
2 = 2
```

此语句是非法语句，因为等号左侧的 2 是一个不可变变量，而不可变变量无法被赋值。

20. 自增运算符“++”

自增运算符分为后缀自增运算符和前缀自增运算符。如果自增运算符和其他运算符共同参与运算，则后缀自增运算符相当于先将当前变量和其他运算符参与运算，再将当前变量自行加 1。前缀自增运算符相当于先将当前变量自行加 1，再将当前变量和其他运算符参与运算。

21. 自减运算符“--”

自减运算符分为后缀自减运算符和前缀自减运算符。如果自减运算符与其他运算符共同参与运算，则后缀自减运算符相当于先将当前变量和其他运算符参与运算，再将当前变量自行减 1。前缀自减运算符相当于先将当前变量自行减 1，再将当前变量和其他运算符参与运算。

3.1.2 逻辑运算符

1. 逻辑与“&&”

逻辑与的判断逻辑如下：如果逻辑与两边的元素均为非零值，则表达式返回 1；如果逻辑与两边的元素至少一个为零，则表达式返回 0。

2. 逻辑或“||”

逻辑或的判断逻辑如下：如果逻辑或两边的元素均为零，则表达式返回 0；如果逻辑或两边的元素至少一个为非零，则表达式返回 1。

3. 按元素与“&”

对按元素与两边的每个分量进行如下判断：如果按元素与两边的对应分量均为非零，则返回分量 1；如果按元素与两边的对应分量至少一个为零，则返回分量 0。最后将所有的分量按照对应位置组合起来并返回。

4. 按元素或“|”

对按元素或两边的每个分量进行如下判断：如果按元素或两边的对应分量均为 0，则返回分量 0；如果按元素或两边的对应分量至少一个为非零，则返回分量 1。最后将所有的分量按照对应位置组合起来并返回。

3.1.3 逻辑运算的零值

逻辑运算的零“0”指的是：

(1) char 类型的“\0”。

(2) logical 类型的 false。

(3) int8 类型的 0。

(4) uint8 类型的 0。

(5) int16 类型的 0。

(6) uint16 类型的 0。

(7) int32 类型的 0。

(8) uint32 类型的 0。

(9) int64 类型的 0。

(10) uint64 类型的 0。

(11) single 类型的 0。

(12) double 类型的 0。

在进行逻辑运算时，只要参与运算的数符合以上的某一种零，那么这个值对应的含义就是逻辑意义上的假值，否则代表真值。

3.1.4 按元素逻辑运算和(狭义的)逻辑运算的区别

举一个例子：

令

```
>> a = [1 2;3 4];
>> b = [1 2;3 4];
```

那么，a&b 和 a&&b 的结果是不一样的，结果如下：

```
>> a&b
ans =

  1 1
  1 1

>> a&&b
ans = 1
```

其中，按元素逻辑运算将得到和参与运算的矩阵尺寸相同的矩阵，而(狭义的)逻辑运算将得到逻辑值 0 或 1。

3.1.5　赋值运算符

赋值运算使用等号表示，代表将等号右侧的值赋值给等号左侧的值，代码如下：

```
>> a = 1;
>> a
a = 1
```

3.1.6　复合运算符

为使迭代运算的表达式更加简洁，Octave 提供一种将赋值运算符和其他运算符合写的方式，包括：

(1) 加等于'+='。

(2) 减等于'-='。

(3) 乘等于'*='。

(4) 除等于'/='。

(5) 左除等于'\='。

(6) 乘方等于'^='。

(7) 按元素乘等于'.*='。

(8) 按元素左除等于'./='。

(9) 按元素除等于'.\='。

(10) 按元素乘方等于'.^='。

(11) 或等于'|='。

(12) 与等于'&='。

这种运算符一般称为"复合运算符"。使用复合运算符可以方便地表示运算逻辑。例如在下面的程序中：

```
>> a = 2;
>> a += 1
```

a+=1 代表的是 a=a+1，有效避免了在同一个语句中，相同的变量名 a 出现两次。由此可见，使用复合运算符也减少了由于变量输入错误导致的语句错误。

3.1.7　其他符号

1. 括号运算符

在 Octave 中，凡是改变运算顺序或者指定运算顺序所使用的括号统一使用圆括号，这一点和一般意义上的数学表达式不同(因为在数学表达式中，如果需要在圆括号之外再增加新的括号，则应该使用方括号、花括号等符号组合)。

在设计一个较长的表达式时，建议将括号的位置再三进行检查，以免造成不可预知的计算顺序错误。

2. 点号运算符

点号运算符可用于索引类中的方法、成员变量或成员常量，代码如下：

```
>> a.b
```

如果点号不能被解释为点号运算符，则 Octave 在处理点号时，实际上相当于将点号优先判断为点号是否可以被组合成复合运算符。如果点号不可以被组合成复合运算符，则点号将被视为小数点。

一个小数可以省略小数部分，直接在整型部分的最后加入一个小数点，那么这个小数的小数部分将被视为 0，代码如下：

```
>> 1.
ans = 1
>> 1.0
ans = 1
```

在 Octave 中，1. 和 1.0 是等效的，前者的小数部分被省略了。

3. 范围运算符

Octave 使用冒号"："进行范围运算。

我们可以只写冒号，前后不加任何数字，此时表示的范围称为零元范围，等效于某一维度上的所有取值，代码如下：

```
>> a = [1 2 3;4 5 6]
a =

   1  2  3
   4  5  6

>> a(:,1)
ans =

   1
   4

>> a(:,:)
ans =

   1  2  3
   4  5  6
```

此外，可以在一个冒号前后分别写入一个范围的下界和上界，此时表示的范围称为二元范围，等效于枚举在范围闭区间内间隔为 1 的所有元素，代码如下：

```
>> 1:7.4
ans =

   1  2  3  4  5  6  7

>> 0.8:7.4
ans =

   0.80000   1.80000   2.80000   3.80000   4.80000   5.80000   6.80000
```

如果在冒号前的实数小于在冒号后的实数，则范围运算将返回一个空矩阵，代码如下：

```
>>  2:1
ans = [](1x0)
```

如果有复数参与范围运算，则复数的虚部将被当作 0 或 -0 处理，代码如下：

```
>> -5-1.2i:i
ans =

  -5  -4  -3  -2  -1   0

>> -i:2i
ans = -0
```

此外，还可以追加第 2 个冒号，然后追加第 3 个数字，此时表示的范围称为三元范围，等效于枚举在范围闭区间内间隔为第 2 个数字的所有元素，代码如下：

```
>> -3:1.2:3
ans =

  -3.0000  -1.8000  -0.6000   0.6000   1.8000   3.0000
```

注意：Octave 不支持一元范围。

4. 定义符号

在 Octave 中定义矩阵需要用到“[ ]”符号，代码如下：

```
>> a = [1 2 3]
a =

   1   2   3
```

在 Octave 中定义元胞需要用到“{ }”符号，代码如下：

```
>> a = {1 2 3}
a =
{
  [1,1] = 1
  [1,2] = 2
  [1,3] = 3
}
```

5. 索引运算符

在 Octave 中索引矩阵需要用到“( )”符号，代码如下：

```
>> a = [1 2 3];
>> a(1)
ans = 1
```

在 Octave 中索引元胞需要用到“{ }”符号或“( )”符号，代码如下：

```
>> a = {1 2 3};
>> a(1)
ans =
{
  [1,1] = 1
}

>> a{1}
ans = 1
```

6. 换行符

Octave 使用反斜杠“\”或 3 个点“...”标识换行。换行符前后的两行被视为在同一行中。换行符不中断前后两行的语义，代码如下：

```
>> a = \
warning: using continuation marker \ outside of double quoted strings is deprecated and will be
remov
ed from a future version of Octave, use ... instead
1
a = 1
```

```
>> a = ...
1
a = 1
```

7. 消除返回值符号

Octave 使用分号";"消除返回值的输出。如果需要同时进行大量表达式的计算,则可以使用分号合理消除输出,代码如下:

```
>> a = [1,2,3];
>> a = a';
>> a = a + [2,3,4]
```

在上面的例子中,变量 a 的赋值步骤被消除了返回值的输出,变量 a 的转置步骤也被消除了返回值的输出。

8. 逗号分隔符

Octave 使用逗号","在水平方向上分隔多个变量,代码如下:

```
>> sum([1,2],2)
```

9. 空格分隔符

Octave 使用空格" "在水平方向上分隔多个变量,代码如下:

```
>> sum([1 2],2)
```

10. 分号分隔符

Octave 使用分号";"在垂直方向上分隔多个变量,代码如下:

```
>> sum([1;2],2)
```

11. 表达式连接符

Octave 使用逗号","将多个表达式连接为一个表达式。如果需要同时进行大量表达式的计算,就可以使用逗号合理连接表达式,从而减少返回值的个数,提高运算速度,代码如下:

```
>> a = 1:2:100000;
>> a = log(a) + exp(a),a/ = -3
```

在上面的例子中,变量 a 的计算步骤被连接为一个表达式,减少了上万个数字的一次返回过程,运算时间也减少了将近一半。

12. 水平连接符

Octave 使用方括号"[ ]"和逗号分隔符或空格分隔符组合完成变量在水平方向上的连

接，代码如下：

```
>> a = {1};
>> b = a
b =
{
  [1,1] = 1
}

>> a = {1};
>> b = a;
>> [a b]
ans =
{
  [1,1] = 1
  [1,2] = 1
}

>> [a,b]
ans =
{
  [1,1] = 1
  [1,2] = 1
}
```

13. 垂直连接符

Octave 使用方括号“[ ]”和分号分隔符组合完成变量在垂直方向上的连接，代码如下：

```
>> a = {1};
>> b = a;
>> [a;b]
ans =
{
  [1,1] = 1
  [2,1] = 1
}
```

3.1.8 运算符的运算顺序

Octave 的运算符一般遵循从左往右的运算顺序，但只有赋值运算符和复合运算符遵循从右往左的运算顺序。

3.1.9 运算符的优先级

Octave 中的运算符的优先级完全兼容数学意义上的运算顺序。例如，乘和除优先于加和减，乘和除优先级相同，圆括号可以改变表达式的运算顺序等。

下面给出所有 Octave 中的运算符优先级，如表 3-1 所示。

表 3-1 Octave 中的运算符优先级

<table>
<tr><th>运 算 符</th><th>含 义</th><th>运算方向</th></tr>
<tr><td>‘()’ ‘[]’ ‘{}’ ‘.’</td><td>圆括号、方括号、花括号、点号</td><td>从左向右</td></tr>
<tr><td>‘++’ ‘--’</td><td>后缀自增、后缀自减</td><td>从左向右</td></tr>
<tr><td>‘'’ ‘.'’ ‘^’ ‘**’ ‘.^’ ‘.**’</td><td>复共轭转置、实转置、乘方、按元素乘方</td><td>从左向右</td></tr>
<tr><td>‘+’ ‘-’ ‘++’ ‘--’ ‘~’ ‘!’</td><td>一元加、一元减、前缀自增、前缀自减、取非</td><td>从左向右</td></tr>
<tr><td>‘*’ ‘/’ ‘\’ ‘.\’ ‘.*’ ‘./’</td><td>乘、除、左除、按元素乘、按元素除、按元素左除</td><td>从左向右</td></tr>
<tr><td>‘+’ ‘-’</td><td>加、减</td><td>从左向右</td></tr>
<tr><td>‘:’</td><td>范围</td><td>从左向右</td></tr>
<tr><td>‘<’ ‘<=’ ‘==’ ‘>=’ ‘>’ ‘!=’ ‘~=’</td><td>小于、小于或等于、等于、大于或等于、大于、不等于</td><td>从左向右</td></tr>
<tr><td>‘&’</td><td>按元素与</td><td>从左向右</td></tr>
<tr><td>‘|’</td><td>按元素或</td><td>从左向右</td></tr>
<tr><td>‘&&’</td><td>逻辑与</td><td>从左向右</td></tr>
<tr><td>‘||’</td><td>逻辑或</td><td>从左向右</td></tr>
<tr><td>‘=’ ‘+=’ ‘-=’ ‘*=’ ‘/=’ ‘\=’ ‘^=’ ‘.*=’ ‘./=’ ‘.\=’ ‘.^=’ ‘|=’ ‘&=’</td><td>赋值、加等于、减等于、乘等于、除等于、左除等于、乘方等于、按元素乘等于、按元素除等于、按元素左除等于、按元素乘方等于、或等于、与等于</td><td>从右向左</td></tr>
</table>

（1）在同一个方格中的所有运算符具有相同优先级。

（2）在不同方格中的所有运算符，优先级从上至下依次降低，运算时先使用上面的运算符进行运算，后使用下面的运算符进行运算。

3.2 简单的运算函数

1. ctranspose(x)

返回复共轭转置矩阵的值，等效于转置符号。

2. transpose(x)

返回实转置矩阵的值，等效于实转置符号。

3. ldivide(x,y)

返回按元素左除的值，等效于按元素左除符号。

4. mldivide(x,y)

返回矩阵左除的结果，结果相当于左除号之前的矩阵除以左除号之后的矩阵。这个函数和 x\y 是等效的。

5．mtimes(x,y)

返回多个矩阵的乘积。这个函数和 x * y 是等效的。运算顺序从左到右。

6．plus(x,y)

这个函数和 x+y 是等效的。

7．minus(x,y)

返回两个矩阵相减的值。这个函数和 x-y 是等效的。

8．power(x,y)

返回两个矩阵按元素乘方的值。这个函数和 x.^y 是等效的。

如果计算结果当中含有多个复数结果，则函数将返回最小的非负（正数或者 0）角度。如果只需实数域的解，则需要调用 realpow()、realsqrt()、cbrt()或者 nthroot()函数。

9．mpower(x,y)

返回两个矩阵按照乘方计算得到的值。这个函数和乘方符号“^”是等效的。

10．rdivide(x,y)

返回按元素右除的值。这个函数和 x./y 是等效的。

11．mrdivide(x,y)

返回两个矩阵右除的值。这个函数和 x/y 是等效的。

12．times(x,y)

返回按元素乘方的值。这个函数和 x.*y 是等效的。如果对两个以上的数字或者矩阵进行连续的 times()函数调用，则乘方结果会按照由左向右的顺序依次进行数值传递直至得出最终的乘方结果。

13．uminus(x)

返回一个矩阵取负数运算的结果，等效于一元减号。

14．uplus(x)

返回一个矩阵取正数运算的结果，等效于一元加号。

3.3 运算符重载

通过对运算符对应的函数进行重载，即可起到重载运算符的效果。下面给出运算符重载的代码：

```
#!/usr/bin/octave
#第 3 章/plus.m
function plus(a,b)
  fprintf("Function overloaded.\n")
endfunction
```

然后，运行下面的代码：

```
>> plus(1,2)
```

可以看到 Octave 输出如下结果：

```
Function is overloaded.
```

需要注意的是，运算符重载不会改变运算符号的计算方式。例如，在重载了 plus()函数之后，如果进一步计算：

```
>> 1 + 2
```

其输出仍然是

```
ans = 3
```

可以进行重载的运算符如表 3-2 所示。

表 3-2　可以进行重载的运算符

运算符用法	运算函数	含义
a+b	plus(a,b)	加
a-b	minus(a,b)	减
+a	uplus(a)	一元加
-a	uminus(a)	一元减
a.*b	times(a,b)	按元素乘
a*b	mtimes(a,b)	按矩阵乘
a./b	rdivide(a,b)	按元素右除
a/b	mrdivide(a,b)	按矩阵右除
a.\b	ldivide(a,b)	按元素左除
a\b	mldivide(a,b)	按矩阵左除
a.^b	power(a,b)	按元素乘方
a^b	mpower(a,b)	按矩阵乘方
a<b	lt(a,b)	小于
a<=b	le(a,b)	小于或等于
a>b	gt(a,b)	大于
a>=b	ge(a,b)	大于或等于
a==b	eq(a,b)	等于
a!=b	ne(a,b)	不等于
a&b	and(a,b)	逻辑与
a|b	or(a,b)	逻辑或

续表

运算符用法	运 算 函 数	含　　义
!a	not(a)	逻辑非
a'	ctranspose(a)	复共轭转置
a.'	transpose(a)	转置
a : b	colon(a,b)	二元范围
a : b : c	colon(a,b,c)	三元范围
[a,b]	horzcat(a,b)	水平连接
[a;b]	vertcat(a,b)	垂直连接
a(s_1,…,s_n)	subsref(a,s)	下标选择
a(s_1,…,s_n) = b	subsasgn(a,s,b)	下标赋值
b(a)	subsindex(a)	返回对象的索引
disp	disp(a)	输出对象

3.4 输入、输出函数

3.4.1 文件输入、输出函数

Octave 支持的文件输入、输出函数如表 3-3 所示。

表 3-3 Octave 支持的文件输入、输出函数

文件输入、输出函数	含　　义
save	将变量存入文件中
load	从文件中导入变量
fdisp	从文件中显示一个变量的值
dlmwrite()	将变量加入分隔符存入文件中
dlmread()	从文件中导入加入分隔符的变量
csvwrite()	将变量加入分隔符，以 csv 格式存入文件中
csvread()	从 csv 格式的文件中导入变量
textread()	从文件或字符串中导入变量
textscan()、importdata()	从文件中导入变量

1. save 函数

使用 save 函数输入以下数字：

```
1
2
3
```

代码如下：

```
>> a = [1;2;3];
>> save output_csv.csv
```

此时，第 3 章文件夹下将增加一个 output_csv. csv 文件，其中的内容类似于：

```
# Created by Octave 5.2.0, Thu Dec 17 07:40:49 2020 GMT < unknown@DESKTOP - 0000000 >
# name: a
# type: matrix
# rows: 3
# columns: 1
1
2
3
```

此外，可以在调用 save 函数时指定额外选项。调用 save 函数时指定额外选项的示例代码如下：

```
>> save - append output_csv.csv
```

上面的代码以追加写入方式将全部工作空间内的变量保存到文件 output_csv. csv 内。save 函数支持的额外选项如表 3-4 所示。

表 3-4　save 函数支持的额外选项

<table>
<tr><th>额外选项</th><th>含　义</th></tr>
<tr><td>-</td><td>直接输出变量，而不保存到外部文件中</td></tr>
<tr><td>-append</td><td>将变量以追加写入的方式保存到外部文件中</td></tr>
<tr><td>-ascii</td><td>将变量以 ASCII 字符格式保存到外部文件中，且不保存文件头</td></tr>
<tr><td>-binary</td><td>将变量以 Octave 二进制格式保存到外部文件中</td></tr>
<tr><td>-float-binary</td><td>将变量以 Octave 二进制格式保存到外部文件中，且所有数据使用单精度浮点格式</td></tr>
<tr><td>-hdf5</td><td>将变量以 HDF5 格式保存到外部文件中</td></tr>
<tr><td>-float-hdf5</td><td>将变量以 HDF5 格式保存到外部文件中，且所有数据使用单精度浮点格式</td></tr>
<tr><td>-V7</td><td rowspan="4">将变量以 MATLAB 7 二进制格式保存到外部文件中</td></tr>
<tr><td>-v7</td></tr>
<tr><td>-7</td></tr>
<tr><td>-mat7-binary</td></tr>
<tr><td>-V6</td><td rowspan="4">将变量以 MATLAB 6 二进制格式保存到外部文件中</td></tr>
<tr><td>-v6</td></tr>
<tr><td>-6</td></tr>
<tr><td>-mat-binary</td></tr>
</table>

续表

额外选项	含义
-V4	将变量以 MATLAB 4 二进制格式保存到外部文件中
-v4	
-4	
-mat4-binary	
-text	将变量以纯文本格式保存到外部文件中
-zip	对目标文件使用 gzip 格式进行压缩
-z	

此外，可以在调用 save 函数时指定通配符。示例代码如下：

```
>> save output_csv.csv var*
```

上面的代码将工作空间内名为 var 开头的变量保存到文件 output_csv.csv 内。save 函数支持的通配符如表 3-5 所示。

表 3-5　save 函数支持的通配符

通配符	含义
?	匹配任意一个字符
*	匹配零个以上字符
[ ]	匹配方括号内的字符
[!]	匹配除方括号内的字符
[ˋ]	

2. dlmwrite()函数

使用 dlmwrite()函数输入以下数字：

```
1
2
3
```

代码如下：

```
>> a = [1;2;3];
>> dlmwrite('output_csv.dlm',a)
```

此时，第 3 章文件夹下将增加一个 output_csv.dlm 文件，其中的内容类似于：

```
1
2
3
```

此外，可以在调用 dlmwrite()函数时以键值对形式指定额外选项。示例代码如下：

```
>> dlmwrite('output_csv.dlm',a,'delimeter',',')
```

上面的代码将分隔符设置为逗号“,”。

dlmwrite()函数支持的键值对形式的额外选项如表 3-6 所示。

表 3-6　dlmwrite()函数支持的键值对形式的额外选项

键参数	值参数	含　义
append	on	开启追加写入
	off	关闭追加写入
delimeter	分隔符	使用这个分隔符代替默认的分隔符
newline	"\n"	使用 UNIX 风格换行
	"\r\n"	使用 Windows 风格换行
	"\r"	使用 Mac 风格换行
roffset	空行数字	在文件前增加若干空行
coffset	空列数字	在文件前增加若干空列
precision	精确度	指定保存数据的精确度

可以追加分隔符参数，指定不同的分隔符，代码如下：

```
>> dlmwrite('output_csv.dlm',a,',')
```

可以追加空行数字参数，指定文件前的空行数量，代码如下：

```
>> dlmwrite('output_csv.dlm',a,3)
```

可以追加空列数字参数，指定文件前的空列数量，代码如下：

```
>> dlmwrite('output_csv.dlm',a,3,4)
```

可以追加-append 参数开启追加写入，代码如下：

```
>> dlmwrite('output_csv.dlm',a," - append")
```

3. csvwrite()函数

使用 csvwrite()函数输入以下数字：

```
1
2
3
```

代码如下：

```
>> a = [1;2;3];
>> csvwrite('output.csv',a)
```

此时，第 3 章文件夹下将增加一个 output. csv 文件，其中的内容类似于：

```
1
2
3
```

csvwrite()函数也支持 dlmwrite()函数的额外参数。

4. load 函数

使用 load 函数输入以下数字：

```
1
2
3
```

代码如下：

```
>> load output_csv.csv
>> a
a =

   1
   2
   3
```

此外，可以在调用 load 函数时指定额外选项。示例代码如下：

```
>> save - binary output_csv.csv
```

上面的代码将以 Octave 二进制格式读取 output_csv. csv 内的变量。

load 函数支持的额外选项如表 3-7 所示。

表 3-7 load 函数支持的额外选项

额外选项	含义
-force	如果在 Octave 的内存中存在同名变量，则导入后的变量将覆盖那些变量。此选项在新版本 Octave 中已经不起作用，因为 Octave 已经启用了此逻辑
-ascii	将变量以 ASCII 字符格式读取到内存空间中，且不读取文件头

续表

额外选项	含　义
-binary	将变量以 Octave 二进制格式读取到内存空间中
-hdf5	将变量以 HDF5 格式读取到内存空间中
-import	读取多维度的 HDF5 格式的文件。此选项在新版本 Octave 中已经不起作用，因为 Octave 已经启用了此逻辑
-mat	将变量以 MATLAB 6/7 二进制格式读取到内存空间中
-mat-binary	
-6	
-v6	
-7	
-v7	
-mat4-binary	将变量以 MATLAB 4 二进制格式读取到内存空间中
-4	
-v4	
-V4	
-text	将变量以纯文本格式读取到内存空间中

5. dlmread()函数

使用 dlmread()函数输入以下数字：

```
1
2
3
```

代码如下：

```
>> dlmread('output_csv.dlm')
ans =

   1
   2
   3
```

可以追加分隔符参数，指定不同的分隔符，代码如下：

```
>> dlmread('output_csv.dlm',a,',')
```

可以追加空行数字参数，指定跳过文件前的行数，代码如下：

```
>> dlmread('output_csv.dlm',a,3)
```

可以追加空列数字参数，指定跳过文件前的列数，代码如下：

```
>> dlmread('output_csv.dlm',a,3,4)
```

此外，还可以追加范围参数，指定读取文件的具体行数范围和具体列数范围。传入的范围参数为一个数组，其中：

(1) 数组中的第 1 个分量为读取文件的起始行数。

(2) 数组中的第 2 个分量为读取文件的终止行数。

(3) 数组中的第 3 个分量为读取文件的起始列数。

(4) 数组中的第 4 个分量为读取文件的终止列数。

指定读取文件的具体行数范围和具体列数范围的代码如下：

```
>> dlmread('output_csv.dlm',a,[1,2,3,4])
```

此外，在指定读取文件的具体行数范围和具体列数范围时，还可以使用工作表风格输入。上面的代码使用工作表风格输入的等效形式如下：

```
>> dlmread('output_csv.dlm',a,"A2:C4")
```

可以追加 emptyvalue 参数，指定空值所代表的数据。空值所代表的数据在读取到内存空间之后为空。指定空值所代表的数据为星号"*"的代码如下：

```
>> dlmread('output_csv.dlm',a,"emptyvalue","*")
```

6. csvread()函数

使用 csvread()函数输入以下数字：

```
1
2
3
```

代码如下：

```
>> csvread('output.csv')
ans =

   1
   2
   3
```

此外，csvread()函数也支持 dlmread()函数支持的额外参数。

7. textread()函数

使用 textread()函数输入以下数字：

```
1
2
3
```

代码如下：

```
>> a = textread('output.csv'," % d")
a =

  1
  2
  3
```

8. textscan()函数

使用 textscan()函数输入以下数字：

```
1
2
3
```

代码如下：

```
>> a = textscan("1\n2\n3\n"," % d")
a =
{
  [1,1] =

    1
    2
    3

}
>> b = fopen('output.csv');
>> a = textscan(b," % d")
a =
{
  [1,1] =

    1
    2
    3

}

>> fclose(b);
```

此外，还可以指定格式化字符串。textscan()函数支持的格式化字符串，如表 3-8 所示。

表 3-8 textscan()函数支持的格式化字符串

格式化字符串	含 义
%f	将文字解析为 double 类型数字
%f64	
%n	
%f32	将文字解析为 single 类型数字
%d	将文字解析为 int8 类型数字
%d8	将文字解析为 int8 类型数字
%d16	将文字解析为 int16 类型数字
%d32	将文字解析为 int32 类型数字
%d64	将文字解析为 int64 类型数字
%u	将文字解析为 uint8 类型数字
%u8	将文字解析为 uint8 类型数字
%u16	将文字解析为 uint16 类型数字
%u32	将文字解析为 uint32 类型数字
%u64	将文字解析为 uint64 类型数字
%s	将文字解析为字符串
%q	将文字解析为转义字符串
%c	读取下一个字符，包含分隔符、空白字符及行尾符
%[ ]	匹配括号内的字符
%[^]	匹配除括号内的字符
%N	配合 s、c、d、f、n、u 使用，将 N 替换为一个数字，指定字符的个数
%*	配合其他符号使用，跳过其他符号生效的字符
其他字符	跳过这些字符

可以在调用 textscan()函数时以键值对形式指定额外选项。示例代码如下：

```
>> a = textscan(b," % d",'BufSize','10000')
```

上面的代码将缓冲区设为 10000。

textscan()函数支持的键值对形式的额外选项如表 3-9 所示。

表 3-9 textscan()函数支持的键值对形式的额外选项

键参数	值参数	含 义
BufSize	数字	指定这个数字为缓冲区大小
CollectOutput	1/0/true/false	如果值为 1/true，则读取的所有同类数值被存放在一个元胞中；如果值为 0/false，则读取的所有同类数值被存放在不同的列中

续表

键参数	值参数	含　义
CommentStyle	1×1的元胞	跳过注释右面的内容
	含有两个分量的元胞	跳过左侧的内容和右侧的内容
Delimiter	字符串	指定这个字符串为分隔符
EmptyValue	字符串	指定这个字符串为空变量
EndOfLine	\n/\r\n/\r	指定这个字符串为换行符
HeaderLines	数字	指定这个数字为文件头的行数，用于跳过这些行数
MultipleDelimsAsOne	数字	如果这个数字为非0，则多个连续的分割符将被视为一个分隔符；如果这个数字为0，则多个连续的分割符将被视为多个分隔符
TreatAsEmpty	字符串	将单独的这个字符串视为丢失的变量
ReturnOnError	1/0	如果值为1，则在读取出错时正常返回；如果值为0，则在读取出错时返回error，并丢弃读取的数据
WhiteSpace	字符串	将这个字符串视为空格，并且去除这些字符串

9. importdata()函数

使用importdata()函数输入以下数字：

```
1
2
3
```

代码如下：

```
>> a = importdata('output.csv',",")
a =

   1
   2
   3
```

此外，可以在调用importdata()函数时指定分隔符。示例代码如下：

```
>> a = importdata('output.csv',",")
```

可以在调用importdata()函数时指定文件头的行数。示例代码如下：

```
>> a = importdata('output.csv',",",0)
```

importdata()函数支持导入多种文件格式。支持的格式包括：

(1) ASCII 字符列表格式。
(2) 图像文件格式。
(3) MATLAB 文件格式。
(4) WAV 声频格式。

3.4.2 简单输入函数

Octave 支持的简单输入函数如表 3-10 所示。

表 3-10 Octave 支持的简单输入函数

简单输入函数	含 义
puts()	将字符串内容输入 stdout 中
fputs()	将字符串内容输入文件中

1. puts()函数

使用 puts()函数向 stdout 内输入以下数字:

```
1
2
3
```

代码如下:

```
#!/usr/bin/octave
#第 3 章/puts_123.m
puts("1\n2\n3\n");

>> puts_123
1
2
3
```

2. fputs()函数

使用 fputs()函数向 stdout 内输入以下数字:

```
1
2
3
```

代码如下:

```
#!/usr/bin/octave
#第 3 章/fputs_123.m
fputs(stdout,"1\n2\n3\n");
```

```
>> fputs_123
1
2
3
```

3.4.3　行输出函数

Octave 支持的行输出函数如表 3-11 所示。

表 3-11　Octave 支持的行输出函数

行输出函数	含　　义
fgetl()	从文件中读取含有非换行符的一行并返回
fgets()	从文件中读取一行并返回
fskipl()	跳过文件中的若干行，返回文件中已经被跳过的行数
fclear()	将文件中已经被跳过的行数置 0

1．fgets()函数

使用 fgets()函数输出以下数字：

```
1
2
3
```

其中，第 3 章/number123.m 的内容如下：

```
1
2
3
```

代码如下：

```
#!/usr/bin/octave
#第 3 章/fgets_123.m
a = fopen('number123.m');
b = zeros(3,3);
b = [fgets(a) fgets(a) fgets(a)];
fclose(a);
[b(1) b(4) b(7)]'

>> fgets_123
ans =
```

```
1
2
3
```

2. fgetl()函数

使用 fgetl()函数输出以下数字：

```
1
2
3
```

代码如下：

```
#!/usr/bin/octave
#第 3 章/fgetl_123.m
a = fopen('number123.m');
b = zeros(3,3);
b = [fgetl(a) fgetl(a) fgetl(a)];
fclose(a);
b = char(b(1,:));
b'

>> fgetl_123
ans =

1
2
3
```

3.4.4 格式化输入、输出函数

Octave 支持的格式化输入、输出函数如表 3-12 所示。

表 3-12 Octave 支持的格式化输入、输出函数

格式化输入、输出函数	含　义
printf()	将格式化后的字符串输出到 stdout 中
sprintf()	将格式化后的字符串输出到一个字符串变量中
fprintf()	将格式化后的字符串输出到文件中
	将格式化后的字符串输出到 stdout 中
scanf()	从输入流中将格式化后的字符串输入
sscanf()	从一个字符串变量中将格式化后的字符串输入
fscanf()	从输入流中将格式化后的字符串输入
	从文件中将格式化后的字符串输入

此外，格式化输入、输出函数支持一种特定的格式化字符串，如表 3-13 所示。

表 3-13　特定的格式化字符串

格式化字符串	含　义
%d	格式化为整型
%s	格式化为字符串型
%%	百分号“%”
%o	格式化为八进制数字
%u	格式化为十进制数字
%x	格式化为十六进制数字
%c	格式化为单个字符
%f	格式化为浮点型
%e	格式化为科学记数法
%g	格式化为浮点型或科学记数法
%N	配合 d、s、o、u、x、c、f、e、g 使用，将 N 替换为一个数字，匹配相应的字符个数

1. printf()函数

使用 printf()函数输出以下数字：

```
1
2
3
```

代码如下：

```
>> printf('1\n2\n3\n')
1
2
3
```

2. sprintf()函数

使用 sprintf()函数输出以下数字：

```
1
2
3
```

代码如下：

```
>> sprintf('\n1\n2\n3\n')
ans =
1
2
3
```

3. fprintf()函数

使用 fprintf()函数输出以下数字：

```
1
2
3
```

代码如下：

```
>> fprintf('1\n2\n3\n')
1
2
3
```

4. scanf()函数

使用 scanf()函数在交互模式下输入以下数字：

```
1
2
3
```

代码如下：

```
>> a = "1\n2\n3";
>> scanf('%d%d%d',3)
error: scanf: unable to read from stdin while running interactively
```

使用 scanf()函数在脚本模式下输入以下数字：

```
1
2
3
```

在 Shell 下执行代码如下：

```
#!/usr/bin/octave
#第3章/scanf_script.m
scanf('%d%d%d',3);

$ cd 第3章
$ ./scanf_script.m
1
2
3
```

在 PowerShell 下执行代码如下：

```
PS > C:\\WINDOWS\system32\wscript.exe "C:\Octave\Octave - 5.2.0\octave.vbs" -- no - gui .\
scanf_script.m
1
2
3
```

注意：scanf()函数在交互模式下无法正确读取输入的内容。

---

5. sscanf()函数

使用 sscanf()函数在交互模式下输入以下数字：

```
1
2
3
```

代码如下：

```
>> a = "1\n2\n3";
>> sscanf(a,'%d%d%d',3)
ans =

   1
   2
   3
```

6. fscanf()函数

使用 fscanf()函数在交互模式下向文件内输入以下数字：

```
1
2
3
```

代码如下：

```
>> a = fopen('number123.m');
>> fscanf(a,'%d%d%d',a)
ans =

   1
   2
   3
>> fclose('number123.m');
```

其中，第3章/number123.m 的内容如下所示：

```
1
2
3
```

3.4.5 终端输入、输出函数

Octave 支持的终端输入、输出函数如表 3-14 所示。

表 3-14 Octave 支持的终端输入、输出函数

终端输入、输出函数	含　义
disp	将格式化后的字符串显示到命令行窗口中
	原样显示一行输入的内容
	显示一行输入的格式化后的内容
input	先输出提示字符串，再从输入流读取输入。输入的内容被视为表达式
	先输出提示字符串，再从输入流读取输入。输入的内容被视为字符串

注意：stdout 本身不属于终端，而属于文件，即便输出到 stdout 中的内容也可以在终端中显示，所以 sprintf()等函数不属于终端输入、输出函数。

1. disp()函数

使用 disp()函数输出以下数字：

```
1
2
3
```

代码如下：

```
>> disp(1);disp(2);disp(3);
1
2
3
```

2. input()函数

使用 input()函数输入以下数字：

```
1
2
3
```

代码如下：

```
>> input('')
[1;2;3]
ans =

   1
   2
   3
```

3.4.6　二进制输入、输出函数

Octave 支持的二进制输入、输出函数如表 3-15 所示。

表 3-15　Octave 支持的二进制输入、输出函数

二进制输入、输出函数	含　义
fread()	以二进制形式将文件内容读取到变量中
fwrite()	以二进制形式将变量内容写入文件中

fread()函数和 fwrite()函数接受如下读取大小或写入大小选项，指定读取或写入变量的大小选项，如表 3-16 所示。

表 3-16　fread()函数和 fwrite()函数的读取大小或写入大小选项

读取大小或写入大小选项	含　义
Inf	尽可能多地读取或写入
nr	至多读取或写入 nr 个分量
[nr,Inf]	至多读取或写入 nr 的倍数个分量。在返回的结果中，每列存储 nr 个分量，最后一列不足则补零
[nr,nc]	至多读取或写入 nr 乘 nc 个分量。在返回的结果中，每列存储 nr 个分量，不足则补零

注意：这里的零指的是基本变量类型的“0”值，在 5.3.2 节中将进行详细介绍。

fread()函数和 fwrite()函数接受如下精确度选项，指定读取或写入变量的精确度，如表 3-17 所示。

表 3-17　fread()函数和 fwrite()函数的精确度选项

精确度选项	含　义
uint8	默认选项，8 位无符号整型
int8	8 位有符号整型
integer * 1	

续表

精确度选项	含　义
uint16	16 位无符号整型
ushort	
unsigned short	
int16	16 位有符号整型
integer * 2	
short	
uint	32 位无符号整型
uint32	
unsigned int	
ulong	
unsigned long	
int	32 位有符号整型
int32	
integer * 4	
long	
uint64	64 位无符号整型
int64	64 位有符号整型
integer * 8	
single	32 位浮点型
float	
float32	
real * 4	
double	64 位浮点型
float64	
real * 8	
char	8 位单纯字符型
char * 1	
uchar	8 位无符号字符型
insigned char	
schar	8 位有符号字符型
signed char	

精确度 integer、real 和 char 可以加上"*"符号和数字进行组合，实现文件分块读取或写入。例如：调用 fread()函数时附加 real * 32 选项代表读入文件时按照每 32 个 real 空间的大小读取为一块分量的模式。

这些精确度选项可以加上"=>"符号进行排列组合。例如：调用 fread()函数时附加 int16=>int32 选项代表读入文件时按照 int16 模式，但返回变量时按照 int32 模式进行每个分量的写入。

此外，可以额外传入一个参数，代表读取每个(或每一块)分量之后跳过多少个(或多少块)元素。

fread()函数和 fwrite()函数接受如下架构模式选项，指定读取或写入文件的方式，如表 3-18 所示。

表 3-18　fread()函数和 fwrite()函数的架构模式选项

架构模式选项	含　义
native	使用当前机器的架构
ieee-be	使用大端架构
n	
ieee-le	使用小端架构
l	

以常用的 AMD64 机器为例，由于其通常使用小端架构进行文件存储，所以 fread()函数和 fwrite()函数在 AMD64 机器上通常也默认使用小端架构读取或写入文件。

1. fread()函数

使用 fread()函数输出以下数字：

```
1
2
3
```

代码如下：

```
#!/usr/bin/octave
#第 3 章/fread_123.m
a = fopen('number123.m');
b = fread(a,[3,Inf]);
fclose(a);
b = char(b);
(b(1,:))'

>> fread_123
ans =

1
2
3
```

2. fwrite()函数

使用 fwrite()函数输入以下数字：

```
1
2
3
```

注意：根据操作系统的不同，fwrite()函数的实现方式也不同。

第1种使用fwrite()函数的实现方式，代码如下：

```
#!/usr/bin/octave
#第3章/fwrite_123.m
a = fopen('number123.m');
fwrite(a,"1\n2\n3\n");
fclose(a);

>> fwrite_123
```

第2种使用fwrite()函数的实现方式，代码如下：

```
#!/usr/bin/octave
#第3章/fwrite_123_2.m
a = fopen('number123.m');
fwrite(a,"1\r\n2\r\n3\r\n");
fclose(a);

>> fwrite_123_2
```

第3种使用fwrite()函数的实现方式，代码如下：

```
#!/usr/bin/octave
#第3章/fwrite_123_3.m
a = fopen('number123.m');
fwrite(a,"1\r2\r3\r");
fclose(a);

>> fwrite_123_3
```

第 4 章

数 据 类 型

Octave 中含有多种内置的数据类型。在不同的场合使用不同的数据类型，便可以使运算的数据范围进行合理控制。

4.1 数据类型介绍

Octave 中的数据都有自己的类型。虽然我们可以通过类似于 a=1 的语句来快速、方便地创建变量，但是，即便采用如此简单的变量初始化方法，创建出来的变量也含有默认的类型。这里的 a 在进行这种初始化之后，就被默认初始化为 double 类型了。

4.1.1 数据类型分类

Octave 的数据类型按照内部的数据存储结构分为以下几种类型：

- 实数；
- 复数；
- 矩阵；
- 字符串(字符)；
- 结构体；
- 元胞。

注意：事实上，我们还可以根据自己的需求，使用 Octave 创造更加复杂的数据类型。如果读者有兴趣，则可以将自创的、有意义的数据类型开源，然后等待上游的回复。

4.1.2 实际意义上的零值

零值是一个很特殊的实数。在 Octave 中存在正零+0 和负零-0。Octave 将零值分开的原因在于，在实际意义(包括并不限于数学意义和物理意义)当中，存在正零和负零的概念，而且二者的意义并不相同。

正零在 Octave 中被定义为+0 或 0，而负零在 Octave 中被定义为−0。其中，正零和负零在数值上是完全相等的，代码如下：

```
>> 0 == -0
ans = 1
```

结果代表双等号前后的值相等，即 Octave 中的正零等于负零。

二者在只使用符号计算时遵循如下规则：

(1) 当存在非零值参与运算时，得到的零值均为正零。

(2) 当只有正零和正零参与运算时，得到的零值为正零。

(3) 当只有正零和负零参与运算时，得到的零值为正零。

(4) 当只有负零和负零参与运算时，得到的零值为负零。

零值的计算规则也适用于复数域。示例代码如下：

```
>> -0 - 0i
ans = -0
```

例子中展示了复数域内的两个负零值的运算过程，依然可以正确得到负零结果。

4.1.3 原始数据类型判断

一个变量的数据类型(type)由它的组成部分的原始数据类型(class)决定。对于一个变量名而言，使用 class()函数可以方便地返回一个变量的原始数据类型。输入：

```
>> a = true;
>> class(a)
```

将返回：

```
ans = logical
```

这说明 a 变量是一个逻辑类型的变量，因为 true 是一个逻辑类型的变量。

此外，如果我们想判断一个变量是否属于某个确定的原始数据类型，则可以使用 Octave 的 isa()函数进行更为精准的判断。如果想要判断变量 true 是否属于 logical 逻辑类型，则可以输入：

```
>> isa (true, "logical")
```

将返回：

```
ans = 1
```

结果代表 true 变量是一个逻辑类型的变量。类似地，输入：

```
>> isa (true, "uint8")
```

将返回：

```
ans = 0
```

结果代表 true 变量不是一个 uint8 类型的变量。

这里提到的 uint8 类型，代表着 8 位无符号数。

我们可以调用 typeinfo 函数查看 Octave 中全部的原始数据类型。Octave 中全部的原始数据类型有以下几种：

```
>> typeinfo
ans =
{
  [1,1] = <unknown type>
  [2,1] = cell
  [3,1] = scalar
  [4,1] = complex scalar
  [5,1] = matrix
  [6,1] = diagonal matrix
  [7,1] = complex matrix
  [8,1] = complex diagonal matrix
  [9,1] = range
  [10,1] = bool
  [11,1] = bool matrix
  [12,1] = string
  [13,1] = sq_string
  [14,1] = int8 scalar
  [15,1] = int16 scalar
  [16,1] = int32 scalar
  [17,1] = int64 scalar
  [18,1] = uint8 scalar
  [19,1] = uint16 scalar
  [20,1] = uint32 scalar
  [21,1] = uint64 scalar
  [22,1] = int8 matrix
  [23,1] = int16 matrix
  [24,1] = int32 matrix
  [25,1] = int64 matrix
  [26,1] = uint8 matrix
  [27,1] = uint16 matrix
  [28,1] = uint32 matrix
```

```
  [29,1] = uint64 matrix
  [30,1] = sparse bool matrix
  [31,1] = sparse matrix
  [32,1] = sparse complex matrix
  [33,1] = struct
  [34,1] = scalar struct
  [35,1] = class
  [36,1] = cs - list
  [37,1] = magic - colon
  [38,1] = built - in function
  [39,1] = user - defined function
  [40,1] = dynamically - linked function
  [41,1] = function handle
  [42,1] = inline function
  [43,1] = float scalar
  [44,1] = float complex scalar
  [45,1] = float matrix
  [46,1] = float diagonal matrix
  [47,1] = float complex matrix
  [48,1] = float complex diagonal matrix
  [49,1] = permutation matrix
  [50,1] = null_matrix
  [51,1] = null_string
  [52,1] = null_sq_string
  [53,1] = lazy_index
  [54,1] = onCleanup
  [55,1] = octave_java
  [56,1] = object
}
```

4.2 数据类型转换

4.2.1 自动类型转换

在 Octave 中，在计算表达式时，如果得到的结果和至少一个操作数的变量类型不同，则称为发生了自动类型转换。Octave 在某些情况下可能会发生变量的自动类型转换。

Octave 对于不同数据类型的自动类型转换遵循如表 4-1 所示的规则。

表 4-1 Octave 的自动类型转换规则

操作数 1 类型	操作数 2 类型	结果类型
double	single	single
double	integer	integer

续表

操作数 1 类型	操作数 2 类型	结果类型
double	char	double
double	logical	double
single	integer	integer
single	char	single
single	logical	single

在下面的代码中,一个 double 类型的变量 1 加上一个 single 类型的变量 1,得到一个 single 类型的变量 2。

```
>> a = double(1) + single(1)
a = 2
>> class(a)
ans = single
```

4.2.2　强制类型转换

另外,Octave 也支持数据强制类型转换。事实上,在上面的例子中已经使用了部分数据强制类型转换的用法,如(uint8)、(double)等,实际上是先定义一个变量,然后将这个变量进行了数据强制类型转换,得到了新的变量。下面的代码将证明这一点:

```
>> b = (uint8)(255);
>> b = b + 1;
>> fprintf(". % 17f\n", b)
```

这段代码将返回:

```
        255.000000
```

在以上代码中,对于一个 uint8 类型的变量而言,即便使用浮点数进行格式化输出,也没有输出符合预期的 256 这一个计算结果,输出的结果仍然是 255。这证明了使用括号进行的操作确实是强制类型转换,因为如果括号操作只是改变了显示形式,则使用较高表示范围的类型进行格式化输出的场合之下应该输出正确的结果,然而括号操作确实改变了变量的表示范围,因而括号操作确实是一种强制类型转换操作。

也可以调用 cast()函数对数据进行强制类型转换。调用 cast()函数时,需要传入两个参数,第一个参数是进行强制类型转换的源变量,第二个参数是转换之后的数据类型。例如:

```
>> a = 1.0;
>> cast(a,'uint8')
ans = 1
```

cast()函数将一个变量强制转换为所需要的变量类型。如果要转换的值小于需要的变量类型的下界,则转换后的值将等于需要的变量类型的下界。如果要转换的值大于需要的变量类型的上界,则转换后的值将等于需要的变量类型的上界。例如:

```
>> a = -(10e10);
>> a = cast(a,'uint8')
a = 0
>> a = 10e10;
>> a = cast(a,'uint8')
a = 255
```

由于 uint8 数据类型只能存放 0～255 的整数,所以例子中的第一个 a 变量强制转换后的结果是 0,而例子中的第二个 a 变量强制转换后的结果是 255。

虽然 cast()函数可以对基本数据类型进行转换,但是,对于不含有 type()方法的数据类型而言,这些数据类型无法使用 cast()函数进行转换。如果想要用 cast()函数实现数据类型转换,则需要先设计一个数据类,然后在类的内部实现对应的 type()方法。

注意:我们将在第 13 章中详细学习关于类的知识。

另一种数据类型转换的逻辑是:将一个变量解析为另一种类型,但不改变内存中保存的变量内容。可以使用 typecast()函数获取一个变量在内存中存放的数据,并且返回按照指定的数值类型解析的数据。调用 typecast()函数时需要传入一个参数,作为解析内存中二进制码使用的数据类型。例如:将一个 char 类型的数据 a 解析成 int8 类型,并且查看解析后的数据在内存中的存放状态,示例代码如下:

```
>> typecast('a','int8')
ans = 97
```

结果表明,在将 char 类型的数据 a 解析成 int8 类型后,解析后的数据在内存中被存储为 97。

typecast()函数返回的数值和源变量占据的内存空间大小有关。如果源变量占用多字节,则经过 typecast()解析后的变量也占据多字节。下面给出一个多字节的变量使用 typecast()函数进行解析的例子。将一个 double 类型的数据 1 解析成 int8 类型,并且查看解析后的数据在内存中的存放状态,示例代码如下:

```
>> typecast(1,'int8')
ans =

    0    0    0    0    0    0  -16   63
```

结果表明，在将 double 类型的数据 1 解析成 int8 类型后，解析后的数据在内存中被存储为[0 0 0 0 0 0 −16 63]。

typecast()函数支持的数据类型参数如表 4-2 所示。

表 4-2　typecast()函数支持的数据类型参数

参数名	数据类型
logical	逻辑型
char	字符型
int8	8 位有符号整型
int16	16 位有符号整型
int32	32 位有符号整型
int64	64 位有符号整型
uint8	8 位无符号整型
uint16	16 位无符号整型
uint32	32 位无符号整型
uint64	64 位无符号整型
double	双精度浮点型
single	单精度浮点型
double complex	双精度复数浮点型
single complex	单精度复数浮点型

4.2.3　数据大小端转换

可以使用 swapBytes()函数转换一个变量的大小端顺序，按照字节顺序交换变量，由大端格式交换为小端格式或者由小端格式交换为大端格式。调用 swapBytes()函数时需要传入一个参数作为进行大小端转换的源变量。例如：

```
>> swapBytes(1)
ans = 3.0387e-319
```

将 double 类型的变量 1 转换大小端顺序后，其值为 3.0387×10^{-319}。

4.3　预定义的特殊数据

Octave 内置的特殊数据如表 4-3 所示。

表 4-3 Octave 内置的特殊数据

特殊数据	生成方式
自然对数的底	e
圆周率	pi
虚数的虚部或纯虚数	I
	J
	i
	j
正无穷大	Inf
	inf
变量是数字类型，但它不是数字	NaN
	nan
变量是数字类型，但它是空变量	NA
正无穷小	eps

特殊数字虽然使用字母表示，但实际上还是属于数字类型的数据。另外，对于纯虚数或虚数的虚部而言，我们可以直接省略和系数之间的乘号，将系数和纯虚数或虚数的虚部直接连写，Octave 也能识别这种写法。例如：

```
>> 2i
ans = 0 + 2i
>> 2 * i
ans = 0 + 2i
```

可以看到系数和纯虚数或虚数的虚部之间的乘号可以被省略。

此外，特殊数据的符号运算有特别的规定：

（1）任何数据与 NaN 进行符号运算，其结果为 NaN。

（2）除 NaN 之外，任何数据与 NA 进行符号运算，其结果为 NA。

（3）除 NaN 和 NA 之外，任何数据与 Inf 进行符号运算，其结果为 Inf 或－Inf。

（4）对 NA 进行取负运算，其结果为 NaN。

第 5 章 数据格式

我们在使用 Octave 进行编程时,会不可避免地产生数据。这些数据被放在 Octave 内存中或者被输出到外部文件系统中。在 Octave 内存中的数据都拥有自己的格式。

5.1 变量属性

5.1.1 由 Octave 工作空间管理的属性

我们如果使用 Octave 的 GUI 模式进行编程,则可以在 Octave 的工作空间之内查看所有存放在内存中的变量。Octave 将变量分为名称、类、维度、值、属性。下面是手动获取变量的属性的方法:

(1) 调用 whos()函数可以获取变量的名称。

(2) 调用 class()函数可以获取变量的类型。

(3) 调用 size()函数可以获取变量的维度。

(4) 调用变量名可以获取变量的值。

(5) 通过查询方式可以筛选出变量的属性。

示例查询方式如下:

```
>> b = whos_line_format(" % a:4;");
>> whos
```

其中的%a 是对于属性值的格式化字符串标志。

5.1.2 数字类型数据的输入方式

Octave 支持多种数字类型数据的输入方式。除直接输入数字外,Octave 还允许我们进行其他风格的数字输入,代码如下:

```
>> a = 0x23
a = 35
```

这里的 0x23 是十六进制的输入风格。Octave 支持的输入风格如表 5-1 所示。

表 5-1 Octave 支持的输入风格

输入方式	示 例
十进制	1
十六进制	0x1a
	0x1_a
	0x1A
	0x1_A
	0X1a
	0X1_a
	0X1A
	0X1_A
二进制	0b11
	0b1_1
	0B11
	0B1_1
科学记数法	1.1e10
	1.1E10

5.2 数据精度

在 Octave 中，数据精度完全由数据类型决定。在内存中，数据的存储空间使用位计数，下面给出以位为单位的数据精度。Octave 的基本数据类型与数据精度的对应关系如表 5-2 所示。

表 5-2 Octave 的基本数据类型与数据精度的对应关系

基本数据类型	数 据 精 度
uint8	8 位无符号整型
int8	8 位有符号整型
uint16	16 位无符号整型
int16	16 位有符号整型
uint32	32 位无符号整型
int32	32 位有符号整型
uint64	64 位无符号整型
int64	64 位有符号整型
single	32 位浮点型
double	64 位浮点型
char	8 位字符型
complex	128 位复数型

5.2.1 预置的最大值和最小值

Octave 根据数据类型预置了最大值和最小值。这些数值的调用方法如下：

```
>> intmax
ans = 2147483647
>> intmin
ans = -2147483648
>> realmax
ans = 1.7977e+308
>> realmin
ans = 2.2251e-308
```

5.2.2 预置的无穷小量

在计算机的浮点运算当中，很容易在应该计算出 0 的场合出现极小偏差，代码如下：

```
>> a = 0.1 + 0.2;
>> sprintf('%.17f',(a - 0.3))
ans = 0.00000000000000006
```

为避免因为浮点数运算的误差造成的计算结果错误，Octave 预置了无穷小量 eps，当一个运算结果小于 eps 时，Octave 将认为这个结果等于 0，然后将这个结果作为 0 输出。

Octave 为 eps 指定了两种数值：

- 在 double 精度时，eps 的值为 2.2204e−16。
- 在 single 精度时，eps 的值为 1.1921e−07。

这两个数值在 Octave 中的调用方式如下：

```
>> eps(double(1.0))
ans =   2.2204e-16
>> eps(single(1.0))
ans =   1.1921e-07
```

5.2.3 浮点型格式能够存储的最大整数值

flintmax()函数用于获得某个浮点型格式能够存储的最大整数值。使用这一指标也可以表示其数值精度。如果在调用 flintmax()函数时不提供参数，则下面的代码：

```
>> flintmax
```

等效于：

```
>> flintmax("double")
```

获得某个浮点型格式能够存储的最大整数值的代码如下：

```
>> flintmax("double")
ans = 9007199254740992
>> flintmax("single")
ans = 16777216
```

5.3 数据的存储空间

5.3.1 基本数据类型的存储空间

数据存储空间根据变量类型的不同而改变。我们可以使用 sizeof()函数来方便地查看一个变量占用的内存空间。在 Octave 中，内存空间使用字节作为内存空间的最小计数单位，并且，sizeof()函数的返回值也是一个正整数。事实上，sizeof()函数返回的数值就是对应变量所占据的内存空间的字节数量，代码如下：

```
>> a = char(1);
>> sizeof(a)
ans = 1
```

结果表明：一个 char 类型变量的存储空间为 1 字节。

5.3.2 基本变量类型的 0 值

在 Octave 中定义的 0 值指的是变量在内存中的全 0 状态，这和实际意义上的零值不是一个概念。对于基本变量类型而言，它们的 0 值分别是：

(1) char 类型的“\0”。

(2) int8 类型的 0。

(3) uint8 类型的 0。

(4) int16 类型的 0。

(5) uint16 类型的 0。

(6) int32 类型的 0。

(7) uint32 类型的 0。

(8) int64 类型的 0。

(9) uint64 类型的 0。

(10) single 类型的 0。

(11) double 类型的 0。

(12) complex 类型的 0+0i。

5.3.3 单引号和双引号与字符串的关系

我们可以使用单引号或者双引号来创建字符串，而在 Octave 中，使用单引号或者双引号所创建的字符串的形式不同，代码如下：

```
>> a = 'a\nb'
a = a\nb
```

在以上程序当中，a 被赋值为 a\nb。

```
>> a = "a\nb"
a = a
b
```

在以上程序当中，a 被赋值为 a↵b(这里的↵代表换行)，而其中的\n 字符没有显示。这是因为输出结果在\n 字符的位置上自动换行了。事实上，用双引号表示的\n 字符会被转义成换行符，在输出的结果中也确实换行显示了。

由以上两个示例可得出，用单引号表示的字符串不会被转义，用双引号表示的字符串却会被转义。对于某些难以打出的字符而言，只要这些字符支持转义，我们就可以通过转义字符的方式，方便地在键盘上进行输入。

5.3.4 转义字符

1. 反斜杠转义

反斜杠转义支持的转义字符的详细列表如表 5-3 所示。

表 5-3　反斜杠转义支持的转义字符

转义前字符	转义后字符
\\	\
\"	"
\'	'
\0	ASCII 0
\a	ASCII 7 蜂鸣器响
\b	ASCII 8 退格
\f	ASCII 12 换页
\n	ASCII 10 换行
\r	ASCII 13 回车

续表

转义前字符	转义后字符
\t	ASCII 9 制表符
\v	ASCII 11 垂直制表符
\三位八进制数字	对应的 ASCII 字符
\x 两位十六进制数字	对应的 ASCII 字符

2. 简便单引号转义

看到这里，我们不难想到：由于被单引号括起来的字符串会默认进行转义，那么能不能在需要单引号字符的位置上，无须转义步骤就可以正常赋值呢？答案是可以的。在一个用单引号括起来的字符串中，可以连写两个单引号来使 Octave 将两个单引号解释为一个单引号，并且将这一个单引号理解为字符串中的单引号，示例代码如下：

```
>> a = 'A Single Quote: '''
a = A Single Quote: '
```

上面的代码使用了单引号作为字符串的括号，并且使用了两个单引号连写来表示句中的单引号。

我们不难看出，一个字符串中的两个字符可以被识别为一个字符，所以有理由相信在 Octave 中的字符和字符串之间存在某种联系。下面继续探究在 Octave 内部的字符和字符串之间的关系。

5.4 字符串

5.4.1 字符和字符串的关系

首先看一下下面的示例程序：

```
>> a = 'A Single Quote: ''';
>> class(a)
ans = char
```

Octave 将一个字符串变量的类型显示为 char，也就是字符。

那么，既然字符和字符串的表示方法都是用引号表示，为什么不合并说明呢？这是因为在 Octave 内部字符串类型的变量是用字符类型的变量拼合而成的，为了方便编写程序，才统一使用引号进行表示。

5.4.2 字符串的索引和切片

在调用 Octave 内部的字符串类型的变量时，有两种调用形式：一种是直接使用变量名调用整个字符串，另外一种是使用冒号切片从而获得字符串的子串，代码如下：

```
>> a = 'A Single Quote: ''';
>> a
a = A Single Quote: '
>> a(2:9)
ans = Single
```

5.4.3 字符串拼接

我们可以使用逗号或者空格分割，再加上方括号来方便地进行字符串拼接，代码如下：

```
>> a = "Octave";
>> b = " is ";
>> c = "good.";
>> d = [a,b,c]
d = Octave is good.
>> d = [a b c]
d = Octave is good.
```

此外，我们还可以调用字符串拼接函数完成字符串拼接的操作。

1. strvcat()函数

strvcat()函数用于从字符串、数组和/或元胞当中拼接并创建一个新的字符串数组。调用strvcat()函数拼接而成的数组采用竖直方式排列，代码如下：

```
>> strvcat('12',[51 52 53],{54 55},[56;57])
ans =

12
345
6
7
8
9
```

2. strcat()函数

strcat()函数用于从字符串、数组和/或元胞当中拼接并创建一个新的字符串数组。调用strcat()函数拼接而成的数组采用水平方式排列，代码如下：

```
>> strcat('1;1',['2;2'],{'3;3'},['4;4'])
ans =
{
  [1,1] = 1;12;23;34;4
}
```

此外，strcat()函数也支持隐式的ASCII码转换。如果传入了数字类型参数，则strcat()函数会将对应的数字隐式转换为字符类型，代码如下：

```
>> strcat('1',[51],{54},[56])
warning: implicit conversion from numeric to char
warning: called from
    strcat at line 117 column 8
ans =
{
  [1,1] = 1368
}
```

3. cstrcat()函数

cstrcat()函数用于从字符串数组当中拼接并创建一个新的字符串数组。调用cstrcat()函数拼接而成的数组采用水平方式排列，并且保留参数中的所有空格，代码如下：

```
>> cstrcat('1 2 ','3 4 5')
ans = 1 2 3 4 5
```

4. strjoin()函数

strjoin()函数用于从字符串元胞当中拼接并创建一个新的字符串数组。调用strjoin()函数拼接时，将每个元胞分量之间加入一个分隔符，最终返回一个字符串，代码如下：

```
>> strjoin({'a';'b';'c';'d'},'&')
ans = a&b&c&d
>> strjoin({'a';'b';'c';'d'},'&#!')
ans = a&#!b&#!c&#!d
```

5.4.4 创建字符串数组

虽然Octave的字符串拼接很方便，但是如果想要新建一个字符串数组，就不能使用逗号或者空格分割的方式，而需要使用分号进行处理，代码如下：

```
>> a = "Octave";
>> b = " is ";
>> c = "good.";
>> d = [a;b;c]
d =

Octave
is
good.
```

运行这个例子，会生成一个含有3个字符串的数组。

注意：在创建字符串数组时，必须使用分号分割每两个字符串，否则，使用逗号分隔的两个字符串和使用空格分割的两个字符串会拼合成一个字符串。

5.4.5　字符串数组自动扩充

在Octave中，如果使用一个较短的字符串生成一个较长的字符数组，则Octave会自动进行优化，将字符串索引之外的字符数组空间之内统一放置空格字符，因此，使用一个较短的字符串生成一个较长的字符数组时，不必考虑二者的长度关系，而可以大胆地增加字符数组的长度，最后的数组内的内容不受影响，代码如下：

```
>> a = 'abc';
>> size(a)
ans =

   1   3

>> b = [a;'abcd'];
>> size(b)
ans =

   2   4
```

在上面的代码中，尽管其第一个元素的列数为3，但是新生成的数组的列数自动被扩展为4，多出的字符同时被填充为\0，这就体现了Octave的字符串数组自动扩充的特性。

Octave在传递参数时也利用了这个特性。在调用函数时，如果要传入多个参数，则可以使用矩阵方式进行传参。如果多个参数的长度不同，则Octave统一将所有参数的长度设定为最长的那个参数的长度，再进行进一步处理。这就解决了多个参数之间即便长度不一致也能正常传参的问题。

此外，可以调用string_fill_char()函数来手动指定自动填充的字符。调用string_fill_char()函数时，如果不传入参数，则函数将返回当前的自动填充字符(该字符默认为空字符\0)。调用string_fill_char()函数时，如果传入一个参数，则这个参数代表被替换的自动填充的字符，代码如下：

```
>> string_fill_char("_")
>> ["apple";"pear"]
ans =

apple
pear_
```

在指定了新的自动填充的字符之后，直到重启 Octave 或指定其他的自动填充的字符之前，自动填充的字符都会是本次指定的字符。

5.4.6 字符串截取

strtrunc()函数用于截取字符串。调用 strtrunc()函数时，我们需要传入两个参数，此时第一个参数代表被截取的字符串，第二个参数代表截取的长度，代码如下：

```
>> strtrunc('abcd',3)
ans = abc
```

此外，还可以传入字符串元胞，此时 strtrunc()函数将对元胞中的每个字符串分量进行截取，代码如下：

```
>> strtrunc({'abcd','efghij'},3)
ans =
{
  [1,1] = abc
  [1,2] = efg
}
```

5.4.7 字符串分割

1. strtok()函数

strtok()函数用于分割字符串。调用 strtok()函数时，至少需要传入两个参数，此时第 1 个参数代表被分割的字符串，第 2 个参数代表分隔符，代码如下：

```
>> strtok('abcdefg','abcd')
ans = efg
```

strtok()函数在分割字符串时，只在第 1 个分隔符处进行分隔。如果字符串中含有多个分隔符，则 strtok()函数也只进行一次分割操作，代码如下：

```
>> strtok('abababa','b')
ans = a
```

此外，可以指定两个返回参数，此时这两个参数代表分隔符前的字符串和分隔符后的字符串。在指定两个返回参数时，分隔符前的字符串不包含分隔符，分隔符后的字符串包含分割符，代码如下：

```
>> [a,b] = strtok('abababa','b')
a = a
b = bababa
```

还可以指定多个分隔符。如果第 2 个参数不能完全匹配被分割的字符串，则第 2 个参数代表多个分隔符，代码如下：

```
>> strtok('abcdefg','abcd')
ans = efg
>> strtok('abcdefg','abce')
ans = d
>> strtok('abcdefg','xbcd')
ans = a
```

2. strsplit()函数

strsplit()函数用于分割字符串。调用 strsplit()函数时，至少需要传入一个参数，此时这个参数代表被分割的字符串。strsplit()函数在分割字符串时使用空白符号进行字符串之间的识别，返回一个字符串元胞，代码如下：

```
>> strsplit('a b cd')
ans =
{
  [1,1] = a
  [1,2] = b
  [1,3] = cd
}
```

此外，可以传入第 2 个参数，此时这个参数代表分隔符。如果指定了分隔符，则 strsplit()函数将不再使用默认的空白符号进行分割，代码如下：

```
>> strsplit('a b cd','c')
ans =
{
  [1,1] = a b
  [1,2] = d
}
```

还可以指定不同的分隔符。如果指定不同的分隔符，则需要传入字符串元胞，元胞中的每个元素都代表一个分隔符，代码如下：

```
>> strsplit('a b cd',{'c',' '})
ans =
{
  [1,1] = a
  [1,2] = b
  [1,3] = d
}
```

可以指定 collapsedelimiters 选项，以此来决定分隔符是否出现在返回结果当中：

- 如果 collapsedelimiters 选项为 true，则分隔符将不会出现在返回结果当中；
- 如果 collapsedelimiters 选项为 false，则分隔符将出现在返回结果当中。

代码如下：

```
>> strsplit('a b cd',{'c',' '},'collapsedelimiters',true)
ans =
{
  [1,1] = a
  [1,2] = b
  [1,3] = d
}

>> strsplit('a b cd',{'c',' '},'collapsedelimiters',false)
ans =
{
  [1,1] = a
  [1,2] = b
  [1,3] =
  [1,4] = d
}
```

可以指定 delimitertype 选项，以此来决定分隔符的模式：

- 如果 delimitertype 选项为 simple，则分隔符将"所见即所得"；
- 如果 delimitertype 选项为 regularexpression，则分隔符将视为正则表达式。

代码如下：

```
>> strsplit('a b cd',{'c',' '},'delimitertype','simple')
ans =
{
  [1,1] = a
  [1,2] = b
  [1,3] = d
}

>> strsplit('a b cd',{'[c]','[ ]'},'delimitertype','regularexpression')
ans =
{
  [1,1] = a
  [1,2] = b
  [1,3] = d
}

>> strsplit('a b cd','[c ]','delimitertype','regularexpression')
```

```
ans =
{
  [1,1] = a
  [1,2] = b
  [1,3] = d
}
```

3. ostrsplit()函数

ostrsplit()函数用于分割字符串。调用 ostrsplit()函数时,我们至少需要传入一个参数,此时这个参数代表被分割的字符串。ostrsplit()函数在分割字符串时使用空白符号进行字符串之间的识别,返回一个字符串元胞,代码如下:

```
>> ostrsplit('a b cd','c')
ans =
{
  [1,1] = a b
  [1,2] = d
}
```

此外,还可以指定不同的分隔符。如果指定不同的分隔符,则需要将所有分隔符组成一个字符串,代码如下:

```
>> ostrsplit('a b cd','c ')
ans =
{
  [1,1] = a
  [1,2] = b
  [1,3] =
  [1,4] = d
}
```

可以发现,ostrsplit()函数分割字符串的逻辑是将字符串先进行分割,然后将分割后的部分存放在元胞中,再将分隔符替换为空字符,最后返回结果。

可以指定多个字符串,此时需要传入一个字符串数组,代码如下:

```
>> ostrsplit(['a b cd';'e'],'c ba')
ans =
{
  [1,1] =
  [1,2] =
  [1,3] =
  [1,4] =
```

```
  [1,5] =
  [1,6] = d
  [1,7] = e
  [1,8] =
  [1,9] =
  [1,10] =
  [1,11] =
  [1,12] =
}
```

可以追加传入第 3 个参数，此时这个参数代表是否去除返回结果中的空字符分量：

- 如果第 3 个参数为 true，则返回结果中的空字符分量将被去除；
- 如果第 3 个参数为 false，则返回结果中的空字符分量将不会被去除。

追加传入第 3 个参数的代码如下：

```
>> ostrsplit('a b cd','c ',true)
ans =
{
  [1,1] = a
  [1,2] = b
  [1,3] = d
}

>> ostrsplit('a b cd','c ',false)
ans =
{
  [1,1] = a
  [1,2] = b
  [1,3] =
  [1,4] = d
}
```

5.4.8 字符串替换

strrep()函数用于替换字符串中的某一部分。调用 strrep()函数时，我们至少需要传入 3 个参数，此时第 1 个参数代表被替换的字符串，第 2 个参数代表匹配格式，第 3 个参数代表替换字符，然后 strrep()函数找到匹配格式中的字符并将其替换为替换字符，最后返回新的字符串，代码如下：

```
>> strrep('aabcd','ab','cd')
ans = acdcd
```

此外，可以传入字符串元胞，此时 strrep()函数将对元胞中的每个字符串分量进行替换，代码如下：

```
>> strrep({'aabcd','babcd'},'ab','cd')
ans =
{
  [1,1] = acdcd
  [1,2] = bcdcd
}
```

5.4.9 字符串清除

erase()函数用于清除字符串中的某一部分。调用 erase()函数时，需要传入两个参数，此时第 1 个参数代表被清除的字符串，第 2 个参数代表匹配格式，然后 erase()函数找到匹配格式中的字符并将其清除，最后返回新的字符串，代码如下：

```
>> erase('aabcd','ab')
ans = acd
```

此外，可以传入字符串元胞，此时 erase()函数将对元胞中的每个字符串分量进行清除，代码如下：

```
>> erase({'aabcd','babcd'},'ab')
ans =
{
  [1,1] = acd
  [1,2] = bcd
}
```

5.5 数组

5.5.1 数组元素的索引

Octave 使用圆括号对数组进行索引。在索引时，可以手动指定元素在每个维度下的位置进行数组元素的索引。此时，不同维度之间的位置必须以逗号隔开，代码如下：

```
>> a = [1 2 3;4 5 6]
a =


   1   2   3
   4   5   6
>> a(1,2)
ans = 2
```

此外，可以直接指定一个索引数字进行索引。此时，这个数字代表数组元素在数组中存储的顺序，代码如下：

```
>> a = [1 2 3;4 5 6]
a =

   1  2  3
   4  5  6

>> a(1)
ans = 1
>> a(2)
ans = 4
>> a(3)
ans = 2
>> a(4)
ans = 5
>> a(5)
ans = 3
>> a(6)
ans = 6
```

此时可以发现，数组元素"1、2、3、4、5、6"在数组中存储的顺序并不是按照"1、2、3、4、5、6"的顺序，而是按照"1、3、5、2、4、6"的顺序。这是因为 Octave 中的数组元素在数组中存储的顺序是按照维度从低到高进行叠加计算的。以一个 2×2×2 的矩阵 a 为例：

(1) 数组中存储的第 1 个元素 a(1)是 a(1,1,1)。

(2) 数组中存储的第 2 个元素 a(2)是 a(2,1,1)。

(3) 数组中存储的第 3 个元素 a(3)是 a(1,2,1)。

(4) 数组中存储的第 4 个元素 a(4)是 a(2,2,1)。

(5) 数组中存储的第 5 个元素 a(5)是 a(1,1,2)。

(6) 数组中存储的第 6 个元素 a(6)是 a(2,1,2)。

(7) 数组中存储的第 7 个元素 a(7)是 a(1,2,2)。

(8) 数组中存储的第 8 个元素 a(8)是 a(2,2,2)。

然而，有一种方法可以使得数组元素在数组中存储的顺序和索引数字在数学意义上保持一致，即在定义数组后进行转置运算，代码如下：

```
>> a = [1 2 3;4 5 6]'
a =

   1  4
   2  5
   3  6
```

```
>> a(1)
ans = 1
>> a(2)
ans = 2
>> a(3)
ans = 3
>> a(4)
ans = 4
>> a(5)
ans = 5
>> a(6)
ans = 6
```

注意：由于高维矩阵不支持二维矩阵的转置运算，所以这种方法只能用于二维矩阵当中。如果想要使用转置运算解决涉及高维矩阵的问题，则需自行实现适用于高维矩阵的转置函数。

5.5.2 数组的切片

我们可以使用冒号进行切片操作。以一个数组为例：

```
>> a = [1 2;3 4]
a =

   1   2
   3   4
```

对上面的数组进行切片时，仍然使用圆括号调用的方式传入数组的索引数字，并且将切片的下界分量和切片的上界分量使用冒号隔开，代码如下：

```
>> a(2:4)
ans =

   3   2   4
```

上面的代码指定数组切片为 a 数组的第 2 个分量到第 4 个分量之间的范围。

但是，原则上切片的下界分量需要小于切片的上界分量。如果切片的下界分量大于切片的上界分量，则切片将返回空数组，代码如下：

```
>> a(4:2)
ans = [](1x0)
```

如果切片的下界分量等于切片的上界分量，则切片将返回一个单元素的数组，等效于直接按照索引数字进行索引，代码如下：

```
>> a(2:2)
ans = 3
```

此外，还可以将矩阵的维度大小指定为冒号来索引这一维度上的所有内容，并且指定需要切片的维度进行矩阵切片，代码如下：

```
>> a(1,:)
ans =

   1   2
```

上面的代码指定数组切片为 a 矩阵的第一维度是 1 的内容(第 1 行)和第二维度的所有内容(所有列)之间的范围。接下来，看一下下面的代码：

```
>> a(:,1)
ans =

   1
   3
```

上面的代码指定数组切片为 a 矩阵的第二维度是 1 的内容(第 1 列)和第一维度的所有内容(所有行)之间的范围。

如果将维度的值均指定为冒号，则切片将等于源数组，代码如下：

```
>> a(:,:)
ans =

   1   2
   3   4
```

5.5.3 创建高维数组

Octave 使用逗号或空格区分一行中的两个元素，也可以使用分号区分不同行间的两个元素，但是，使用分隔符只能至多创建二维的数组。如果要创建更高维度的数组，则可以采用高维度索引的方式，配合赋值运算进行高维数组创建，代码如下：

```
>> clear a
>> a(5,5,5,5,5) = 0;
```

上面的代码就可以创建一个大小为 5×5×5×5×5 的全 0 矩阵。

5.5.4 拼接二维数组

Octave 拼接二维数组也可以直接使用逗号、空格及分号作为分隔符，并且使用方括号进行包裹，代码如下：

```
>> [[1,2];[3] 4]
ans =

   1   2
   3   4
```

此外，也可以直接使用函数拼接二维数组。

1. horzcat()函数

horzcat()函数被用来以水平方向拼接二维数组。在使用 horzcat()函数进行数组拼接时，传入的每个参数都被视为进行拼接的源数组，而且每个源数组的尺寸必须相同，代码如下：

```
>> horzcat(1,2,3,4)
ans =

   1   2   3   4
```

2. vertcat()函数

vertcat()函数被用来以水平方向拼接二维数组。在使用 vertcat ()函数进行数组拼接时，传入的每个参数都被视为进行拼接的源数组，而且每个源数组的尺寸必须相同，代码如下：

```
>> vertcat(1,2,3,4)
ans =

   1
   2
   3
   4
```

5.5.5 拼接高维数组

我们可以调用 cat()函数将若干个相同尺寸的二维数组拼接为高维数组。

注意：cat()函数不能将三维数组或更高维度的数组直接进行拼接。如果想要拼接高维数组，则需要对高维数组的每两个相邻维度进行循环索引并拼接。

调用 cat()函数时需要至少传入 3 个参数，第 1 个参数为拼接后的矩阵维度，第 2 个和第 3 个参数为参与拼接的矩阵。在数组拼接完毕后，我们就得到了一个高维度的数组。

调用 cat()函数时，传入的维度不同，最终拼接成的矩阵也不同。拼接时的规则如下所示。

（1）当传入的维度为 2 时，将矩阵以水平方向进行拼接，代码如下：

```
>> a = cat(2,ones(2),eye(2),zeros(2))
a =

   1  1  1  0  0  0
   1  1  0  1  0  0
```

（2）当传入的维度为 3 时，将矩阵在第 3 个维度上进行拼接，代码如下：

```
>> a = cat(3,ones(2),eye(2),zeros(2))
a =

ans(:,:,1) =

   1  1
   1  1

ans(:,:,2) =

   1  0
   0  1

ans(:,:,3) =

   0  0
   0  0
```

（3）当传入的维度大于或等于 4 时，将矩阵的第 3 个维度之后的索引定义为 1，然后在最后一个维度上进行拼接，代码如下：

```
>> a = cat(4,ones(2),eye(2),zeros(2))
a =

ans(:,:,1,1) =

   1  1
   1  1

ans(:,:,1,2) =
```

```
   1  0
   0  1

ans(:,:,1,3) =

   0  0
   0  0

>> a = cat(5,ones(2),eye(2),zeros(2))
a =

ans(:,:,1,1,1) =

   1  1
   1  1

ans(:,:,1,1,2) =

   1  0
   0  1

ans(:,:,1,1,3) =

   0  0
   0  0
```

5.5.6 重新排列矩阵

1. permute()函数

permute()函数用于获取一个矩阵的广义转置。对于一个多维矩阵而言，广义转置运算需要指定一个置换向量，然后将每个维度的分量映射到置换向量相应的维度上，代码如下：

```
>> a = zeros(2,3,4,5);
>> b = permute(a,[3,4,2,1]);
>> size(b)
ans =

   4  5  3  2
```

在上面的代码中，广义转置后的矩阵将第一维度的分量映射到了第三维度，将第二维度的分量映射到了第四维度，将第三维度的分量映射到了第二维度，并且将第四维度的分量映射到了第一维度。

2. ipermute()函数

ipermute()函数用于获取一个矩阵的广义转置的逆矩阵，代码如下：

```
>> a = zeros(2,3,4,5);
>> b = ipermute(a,[3;4;2;1]);
>> size(b)
ans =

   5  4  2  3
```

5.5.7 循环更改矩阵

1. circshift()函数

circshift()函数用于循环更改矩阵中的行（和列）。调用 circshift()函数时需要传入源矩阵和需要更改的行数和列数，而且需要更改的行数或列数必须组成一个向量。除指定源矩阵外：

（1）如果向量中只有一个元素，则这个数字代表矩阵需要更改的行数。

（2）如果向量中只有两个元素，则这两个数字代表矩阵需要更改的行数和列数。

（3）如果向量中有更多元素，则前两个数字代表矩阵需要更改的行数和列数，第 3 个数字代表需要更改的维度，代码如下：

```
>> circshift([1 2 3;4 5 6;7 8 9],1)
ans =

   7  8  9
   1  2  3
   4  5  6
```

并且，行数和列数的正负也影响改变后的结果：

（1）如果行数为正，则矩阵将循环向下更改相应的行数。

（2）如果行数为负，则矩阵将循环向上更改相应的行数。

（3）如果行数为正，则矩阵将循环向右更改相应的行数。

（4）如果行数为负，则矩阵将循环向左更改相应的行数。

下面给出一个同时更改 1 行和 −1 列的代码：

```
>> circshift([1 2 3;4 5 6;7 8 9],[1, - 1])
ans =

   8  9  7
   2  3  1
   5  6  4
```

此外，对于三维及三维以上的矩阵，可以增加元素的个数，来指定要更改的维度，代码如下：

```
> a = [1 2;3 4];
>> b = cat(4,a,a)
b =

ans(:,:,1,1) =

   1  2
   3  4

ans(:,:,1,2) =

   1  2
   3  4

>> circshift(b,[1, - 1,4])
ans =

ans(:,:,1,1) =

   4  3
   2  1

ans(:,:,1,2) =

   4  3
   2  1
```

在上面的代码中，矩阵 b 的第 4 个维度均被更改了 1 行和－1 列。

2. shift()函数

shift()函数也可以用于循环更改矩阵中的行（和列）。shift()函数是一个复用函数，其复用规则如下：

(1) 如果传入的第 1 个参数是一个向量，则按照第 2 个参数指定的行数或列数循环更改对应的行或列。

(2) 如果传入的第 1 个参数是一个矩阵，则按照第 2 个参数循环更改每一行。

(3) 如果追加了第 3 个参数，则第 3 个参数代表按维度更改矩阵。

shift()函数对于参数的规定如下：

(1) 如果第 2 个参数是负数，则 shift()函数将循环向左修改矩阵的元素。

(2) 如果第 2 个参数是零，则 shift()函数将输出一个相同的矩阵。

(3) 如果第 2 个参数是正数，则 shift()函数将循环向右修改矩阵的元素。

(4) 如果追加了第 3 个参数，而且第 3 个参数为 1，则将按行循环更改矩阵。

(5) 如果追加了第 3 个参数，而且第 3 个参数为 2，则将按列循环更改矩阵。

(6) 如果追加了第 3 个参数，而且第 3 个参数为 3、4、5、…，那么将按那个维度更改矩阵。

循环更改矩阵中的行(和列)的代码如下：

```
>> shift([1 2 3 4 5],2)
ans =

   4   5   1   2   3
>> shift([1 2 3 4 5]',2)
ans =

   4
   5
   1
   2
   3
>> shift([1 2 3 4 5;2 3 4 5 6],1)
ans =

   2   3   4   5   6
   1   2   3   4   5

>> shift([1 2 3 4 5;2 3 4 5 6],1,2)
ans =

   5   1   2   3   4
   6   2   3   4   5

>> shift([1 2 3 4 5;2 3 4 5 6],1,1)
ans =

   2   3   4   5   6
   1   2   3   4   5
```

5.5.8 改变矩阵维度

shiftdim()函数用于截取矩阵在某个维度之下的低维度矩阵，或者增加矩阵的维度并生成一个高维度矩阵。

调用 shiftdim()函数时至少要传入一个参数。如果传入了一个参数，则 shiftdim()函数会输出一个相同的矩阵，相当于什么也不做。如果传入了两个参数，则第 1 个参数代表要进行修改的源矩阵，第 2 个参数是要进行修改的维度。

shiftdim()函数对于第 2 个参数的规定如下所示。

(1) 如果第 2 个参数是负数,则 shiftdim()函数将增加对应数量的维度。

(2) 如果第 2 个参数是零,则 shiftdim()函数将输出一个相同的矩阵。

(3) 如果第 2 个参数是正数,则 shiftdim()函数将循环向左修改矩阵的元素,代码如下:

```
>> size (shiftdim (a, -1))
ans =

   1  2  3  4  5

>> size (shiftdim (a, -2))
ans =

   1  1  2  3  4  5

>> size (shiftdim (a, 0))
ans =

   2  3  4  5

>> size (shiftdim (a, 1))
ans =

   3  4  5  2

>> size (shiftdim (a, 2))
ans =

   4  5  2  3
```

5.5.9 矩阵排序

1. sortrows()函数

sortrows()函数用于将一个矩阵按行排序。排列的规则和某几个列有关。由于使用 sortrows()函数排序不会改变行内元素的组合顺序,所以这种方式非常适合对矩阵进行抽象排序。调用 sortrows()函数需要传入至少一个参数,此时这个参数代表需要排序的源矩阵,并且排序的结果参考第一列中的元素,对矩阵中的每行按照从上到下递增的顺序进行排列,代码如下:

```
>> a = magic(4)
a =

   16    2    3   13
```

```
   5  11  10   8
   9   7   6  12
   4  14  15   1

>> sortrows(a)
ans =

   4  14  15   1
   5  11  10   8
   9   7   6  12
  16   2   3  13
```

此外,还可以额外指定第 2 个参数,此时第 2 个参数代表排序参考的列数。sortrows()函数排序参考的列数的规则如下:

(1) 第 2 个参数中的每个分量都代表一个排序时的参考量。

(2) 如果第 2 个参数中的一个分量是正数,则将按照此列元素从上到下递增的顺序对所有的行进行排序。

(3) 如果第 2 个参数中的一个分量是负数,则将按照此列元素从上到下递减的顺序对所有的行进行排序,代码如下:

```
>> a = magic(4)
a =

  16   2   3  13
   5  11  10   8
   9   7   6  12
   4  14  15   1

>> sortrows(a,[2, - 3,4])
ans =

  16   2   3  13
   9   7   6  12
   5  11  10   8
   4  14  15   1
```

2. sort()函数

sort()函数也可以用于对矩阵进行排序。调用 sort()函数时,至少要传入一个参数,这个参数代表要进行修改的源矩阵,代码如下:

```
>> sort([5 4 3 2 1])
ans =

   1   2   3   4   5
```

此外，还可以追加第 2 个参数，用于指定排序的维度，代码如下：

```
>> sort([5 4 3 2 1],1)
ans =

   5   4   3   2   1

>> sort([5 4 3 2 1],2)
ans =

   1   2   3   4   5
```

可以看出，一个二维矩阵按行排序和按列排序的结果是不同的。

sort()函数默认将矩阵以升序排列。如果指定了第 2 个参数，则第 2 个参数也可以被用来指定排序的规则。

- 传入 ascend 参数代表升序排列；
- 传入 descend 参数代表降序排列，代码如下：

```
>> sort([1 2 3 4 5;2 3 4 5 6],'ascend')
ans =

   1   2   3   4   5
   2   3   4   5   6

>> sort([1 2 3 4 5;2 3 4 5 6],'descend')
ans =

   2   3   4   5   6
   1   2   3   4   5
```

可以看出，一个二维矩阵在指定 ascend 参数和 descend 参数时，将得到完全相反的结果。

还可以追加第 3 个参数，同时指定排序的维度和排序的规则，代码如下：

```
>> sort([1 2 3 4 5;2 3 4 5 6],2,'ascend')
ans =

   1   2   3   4   5
   2   3   4   5   6

>> sort([1 2 3 4 5;2 3 4 5 6],2,'descend')
ans =

   5   4   3   2   1
   6   5   4   3   2
```

对于复数域而言，复数矩阵排序先按照极径排序。当极径相等时，再按照极角进行排序，代码如下：

```
>> sort([1 + i 1 - i 2 - i 1 - 2i])
ans =

   1 - 1i   1 + 1i   1 - 2i   2 - 1i
```

如果矩阵当中含有 NA 或者 NaN 元素，则这些数据不进行排序，而是按照矩阵的先后顺序直接放在排序后的数组的一端，代码如下：

```
>> sort([nan inf; - inf NA;1 2],'ascend')
ans =

  - Inf     2
     1   Inf
   NaN    NA

>> sort([nan inf; - inf NA;1 2],'descend')
ans =

   NaN    NA
     1   Inf
  - Inf     2
```

事实上这个结果在 Octave 看来是对的。根据“数组元素的索引”规则，由于 sort()函数对数组元素进行了遍历，遍历之后又改变了数组的形状，所以数组在变形之后，存放的结果就和数学意义上的结果不一致了，最终结果往往不尽人意，因此建议在使用 sort()函数对数组进行排序前，先将数组的形状加以改变，将数组变为一个向量，然后调用 sort()函数。这样做之后，sort()函数排序的结果也是一个向量，不涉及维度增加的问题，于是就避开了数组元素的索引规则。

5.5.10 改变矩阵形状

1. reshape()函数

reshape()函数可以将一个矩阵中的元素按照给定的维度重新排列组合为一个新的矩阵。调用 reshape()函数时，需要传入源矩阵和改变形状后的维度，代码如下：

```
>> reshape(zeros(1,8),[2,2,2])
ans =

ans(:,:,1) =

   0   0
```

```
    0  0

ans(:,:,2) =

    0  0
    0  0
```

上面的代码将一个 1×8 的全 0 矩阵重新排列为尺寸为 2×2×2 的全 0 矩阵。

其中，在传入改变形状后的维度时，也可以分成多个参数传入，代码如下：

```
>> reshape(zeros(1,8),2,2,2);
```

2. resize()函数

resize()函数也可以用于改变矩阵的形状。调用 resize()函数时，需要传入至少两个参数，此时第 1 个参数代表将要改变形状的源矩阵，而第 2 个参数代表输出矩阵的维度大小。如果第 2 个参数是一个数字，则最终将输出一个方阵。对于维度大小不匹配的场合，resize()函数的处理规则如下所示。

- 如果源矩阵的尺寸大于指定的尺寸，则 resize()函数将剪切多余的部分；
- 如果源矩阵的尺寸小于指定的尺寸，则 resize()函数将不足的部分填入 0 值，代码如下：

```
>> resize([1 2 3 4],2)
ans =

    1  2
    0  0

>> resize([1 2 3 4],3)
ans =

    1  2  3
    0  0  0
    0  0  0
```

此外，还可以追加更多的参数，此时除源矩阵参数之外的所有参数将代表对应矩阵维度的大小，代码如下：

```
>> resize([1 2 3 4],2,2)
ans =

    1  2
    0  0
```

```
>> resize([1 2 3 4],2,3)
ans =

   1  2  3
   0  0  0

>> resize([1 2 3 4],3,3)
ans =

   1  2  3
   0  0  0
   0  0  0

>> resize([1 2 3 4],3,3,3)
ans =

ans(:,:,1) =

   1  2  3
   0  0  0
   0  0  0

ans(:,:,2) =

   0  0  0
   0  0  0
   0  0  0

ans(:,:,3) =

   0  0  0
   0  0  0
   0  0  0
```

还可以将所有维度值作为一个矩阵传入函数，将输入参数的数量统一为两个，而最终结果等效于将维度大小参数分别传入函数，代码如下：

```
>> resize([1 2 3 4],2,2)
ans =

   1  2
   0  0

>> resize([1 2 3 4],[2,2])
```

```
ans =

   1  2
   0  0
```

3. vec()函数

vec()函数用于将矩阵的某一维度的值作为一个向量输出。调用 vec()函数时至少需要输入一个参数，此时这个参数代表源矩阵，代码如下：

```
>> vec([1 2;3 4])
ans =

   1
   3
   2
   4
```

此外，可以在调用 vec()函数时额外指定第 2 个参数，此时这个参数被用来指定要生成的向量的维度。事实上，如果不指定维度参数，则生成的向量按照第一维度（也就是按列）展开，代码如下：

```
>> vec([1 2;3 4],1)
ans =

   1
   3
   2
   4

>> vec([1 2;3 4],2)
ans =

   1  3  2  4

>> vec([1 2;3 4],3)
ans =

ans(:,:,1) = 1
ans(:,:,2) = 3
ans(:,:,3) = 2
ans(:,:,4) = 4
```

4. vech()函数

vech()函数用于获得一个方阵的下三角矩阵，并且将这个矩阵以列向量的形式输出。

调用 vech()函数时需要传入一个方阵，代码如下：

```
>> vech([1])
ans = 1
>> vech([1 2;3 4])
ans =

   1
   3
   4

>> vech([1 2 3;4 5 6;7 8 9])
ans =

   1
   4
   7
   5
   8
   9
```

5.5.11 截取或补齐矩阵元素

在进行运算时，有时需要将一个矩阵补零（或者补某种数字）以便达到指定的尺寸才能进行运算。Octave 提供了两种函数进行此类操作。

1. prepad()函数

prepad()函数被用来在矩阵左侧截取或补齐一个数组以便达到某个长度。调用 prepad()函数时至少需要传入两个参数，第 1 个参数代表源矩阵，第 2 个参数代表截取或补齐的分量个数。如果参数代表的分量个数大于源矩阵的分量个数，则 prepad()函数默认补零，代码如下：

```
>> a = [1 2 3];
>> prepad(a,2)
ans =

   2   3

>> prepad(a,4)
ans =

   0   1   2   3
```

此外，可以指定第 3 个参数，这个参数代表补齐矩阵所使用的分量，代码如下：

```
>> prepad(a,4,100)
ans =

   100     1     2     3
```

2. postpad()函数

postpad()函数被用来在矩阵右侧截取或补齐一个数组以便达到某个长度。调用postpad()函数时至少需要传入两个参数,第1个参数代表源矩阵,第2个参数代表截取或补齐的分量个数。如果参数代表的分量个数大于源矩阵的分量个数,则postpad()函数默认补零,代码如下:

```
>> a = [1 2 3];
>> postpad(a,2)
ans =

   1  2

>> postpad(a,4)
ans =

   1  2  3  0
```

此外,可以指定第3个参数,这个参数代表补齐矩阵所使用的分量,代码如下:

```
>> postpad(a,4,100)
ans =

     1     2     3   100
```

5.6 元胞

5.6.1 元胞的索引

在上述例子中,分别使用了圆括号和花括号对字符串元胞进行了索引。事实上,通过这个例子,我们也知道了元胞的两种索引方式:圆括号索引方式和花括号索引方式。其中,圆括号索引方式需要同时传入所有的下标才能返回唯一的元胞,而使用花括号进行索引则是对于元胞的独有索引方式。使用花括号进行索引相当于将元胞内的所有元素按照定义的顺序(也就是每个下标从小到大,下标按照先后顺序)进行顺序排列,最终可以返回一个单一的元素。

元胞的索引规则和数组略有不同。元胞没有维度的概念,而只有索引数字的概念,因此,元胞的使用非常灵活,可以在每个索引数字对应的元素中放入任意类型的数据,数据占据的空间大小也可以不同。

事实上，元胞的圆括号索引方式和花括号索引方式的根本区别在于：

- 使用圆括号对元胞索引将得到另一个元胞；
- 使用花括号对元胞索引将得到另一个元胞内部的元素。

5.6.2 元胞的串级索引

由于元胞的内部可以放置任意类型的数据，所以元胞内部也自然可以放置元胞，而元胞又可以被继续索引，因此我们就可以继续对这个元胞进行索引。这种索引方式被叫作串级索引。

元胞的优势在于可以使用花括号对元胞中的元素进行层级式排布，以便定义一个更复杂的元胞，来展示元胞的花括号索引方式的强大之处，代码如下：

```
>> a = {{{1,2},3},4}
a =
{
  [1,1] =
  {
    [1,1] =
    {
      [1,1] = 1
      [1,2] = 2
    }

    [1,2] = 3
  }

  [1,2] = 4
}
```

在这个元胞中很难使用圆括号对其中的某个元素进行精确索引。那么，使用花括号索引方式，对此元胞的第一个元素进行索引，得到以下结果：

```
>> a{1}
ans =
{
  [1,1] =
  {
    [1,1] = 1
    [1,2] = 2
  }

  [1,2] = 3
}
```

于是，我们发现此元胞按照花括号方式索引第 1 个元素，得到的是一个小一些的元胞。使用串级索引方式继续缩小范围，代码如下：

```
>> a{1}{1}
ans =
{
  [1,1] = 1
  [1,2] = 2
}

>> a{1}{1}{1}
ans = 1
```

在使用花括号索引方式索引 3 次后，最终索引到单一的基本数据。

此外，元胞也支持使用圆括号串级索引。在下面的元胞当中：

```
>> a = {{{1,2},3},4}
a =
{
  [1,1] =
  {
    [1,1] =
    {
      [1,1] = 1
      [1,2] = 2
    }

    [1,2] = 3
  }

  [1,2] = 4
}
```

元胞的第 1 个索引数字对应的元素是一个元胞，我们使用圆括号并使用索引数字 1 进行串级索引，即可得到以下结果：

```
>> a(1)
ans =
{
  [1,1] =
  {
    [1,1] =
    {
      [1,1] = 1
```

```
      [1,2] = 2
    }

    [1,2] = 3
  }

}
```

继续使用索引数字 1 和另一个索引数字 1 进行串级索引，即可得到以下结果：

```
>> a(1)(1)
ans =
{
  [1,1] =
  {
    [1,1] =
    {
      [1,1] = 1
      [1,2] = 2
    }

    [1,2] = 3
  }
}
```

我们发现索引结果和使用索引数字 1 进行串级索引的结果没有区别。这是因为得到的元胞是单纯的一个元胞。我们可以再使用无数个索引数字 1 进行串级索引，得到的结果都会相同。换言之，使用圆括号进行串级索引可以对元胞进行无限索引，代码如下：

```
>> a(1)(1)(1)(1)
ans =
{
  [1,1] =
  {
    [1,1] =
    {
      [1,1] = 1
      [1,2] = 2
    }

    [1,2] = 3
  }

}
```

那么，如果要取得元胞内部的元素并进行更深层次的索引，就必须使用花括号进行串级索引，代码如下：

```
>> a(1){1}
ans =
{
  [1,1] =
  {
    [1,1] = 1
    [1,2] = 2
  }

  [1,2] = 3
}
```

上面的代码表明，Octave 也支持同时使用圆括号和花括号进行混合串级索引，而且混合索引方式也具有等效形式，代码如下：

```
>> a(2){1}
ans = 4
>> a{2}
ans = 4
```

使用花括号索引某个元素等效于先使用圆括号索引这个元素，再使用花括号索引第一个元素。

5.6.3　元胞的切片

元胞可以使用冒号运算符进行切片。以一个元胞为例，代码如下：

```
>> a = {{{1,2},3},4}
a =
{
  [1,1] =
  {
    [1,1] =
    {
      [1,1] = 1
      [1,2] = 2
    }

    [1,2] = 3
  }

  [1,2] = 4
}
```

对元胞进行切片时，仍然使用圆括号调用的方式传入元胞的索引数字，并且将切片的下界分量和切片的上界分量使用冒号隔开，代码如下：

```
>> a(1:2)
ans =
{
  [1,1] =
  {
    [1,1] =
    {
      [1,1] = 1
      [1,2] = 2
    }

    [1,2] = 3
  }

  [1,2] = 4
}
```

上面的代码指定元胞切片为 a 数组的第 2 个～第 4 个分量的范围。

但是，切片的下界分量需要小于切片的上界分量。如果切片的下界分量大于切片的上界分量，则切片将返回空元胞，代码如下：

```
>> a(2:1)
ans = {}(1x0)
```

如果切片的下界分量等于切片的上界分量，则切片将返回一个元胞，等效于直接按照索引数字进行索引，代码如下：

```
>> a(2:2)
ans =
{
  [1,1] = 4
}
```

此外，可以将元胞的最后一个层级大小指定为冒号来索引前一层级的所有内容，并且指定需要切片的层级进行元胞切片，代码如下：

```
>> a(1,2,:)
ans =
{
  [1,1] = 4
}
```

上面的代码指定的元胞切片等效于不增加最后一个冒号的元胞。等效形式如下：

```
>> a(1,2)
ans =
{
  [1,1] = 4
}
```

还可以使用冒号，使用追加冒号的方式指定更多的层级。换言之，使用圆括号索引的同时使用冒号可以对元胞进行无限切片，代码如下：

```
>> a(1,2,:)
ans =
{
  [1,1] = 4
}

>> a(1,2,:,:)
ans =
{
  [1,1] = 4
}

>> a(1,2,:,:,:)
ans =
{
  [1,1] = 4
}
```

可以将元胞的层级大小指定为冒号来索引这一层级的所有内容，并且指定需要切片的层级进行元胞切片，代码如下：

```
>> a(:,1)
ans =
{
  [1,1] =
  {
    [1,1] =
    {
      [1,1] = 1
      [1,2] = 2
    }

    [1,2] = 3
  }

}
```

上面的代码指定元胞切片为 a 矩阵的第 2 层级是 1 的内容和第 1 层级的所有内容之间的范围。

如果将层级的值均指定为冒号，则切片将等于源元胞，代码如下：

```
>> a(:,:)
ans =
{
  [1,1] =
  {
    [1,1] =
    {
      [1,1] = 1
      [1,2] = 2
    }

    [1,2] = 3
  }

  [1,2] = 4
}
```

还可以同时使用冒号分隔切片的下界分量和切片的上界分量，而且将元胞的层级大小指定为冒号来索引这一层级的所有内容，进行元胞切片，代码如下：

```
>> a(:,1:2)
ans =
{
  [1,1] =
  {
    [1,1] =
    {
      [1,1] = 1
      [1,2] = 2
    }

    [1,2] = 3
  }

  [1,2] = 4
}
```

5.6.4 元胞的串级切片

因为元胞支持串级索引，所以根据切片的定义，元胞也支持串级切片。以下面的元胞为例：

```
a =
{
  [1,1] =
  {
    [1,1] =
    {
      [1,1] = 1
      [1,2] = 2
      [1,3] = 3
      [1,4] = 4
    }

    [1,2] = 5
    [1,3] = 6
    [1,4] = 7
    [1,5] = 8
  }

  [1,2] = 9
  [1,3] = 10
  [1,4] = 11
  [1,5] = 12
}
```

可以使用冒号分隔索引数字的范围。其中的一个串级切片结果如下：

```
>> a{1}{1}{2:3}
ans = 2
ans = 3
```

还可以使用冒号指定层级。其中的一个串级切片结果如下：

```
>> a{1}{1}{:,2}
ans = 2
```

此外，还可以同时使用冒号分隔索引数字的范围，并且指定层级。其中的一个串级切片结果如下：

```
>> a{1}{1}{:,2:3}
ans = 2
ans = 3
```

Octave还提供了一种更精准的切片函数，用于元胞的切片。

5.6.5 元胞的精确切片

cellslices()函数用于获取某个索引数字范围之内存储的内容，并返回这个元胞的精确切片。调用 cellslices()函数时，需要传入 4 个参数，其中第 1 个参数代表源元胞，第 2 个参数代表索引数字的下界，第 3 个数字代表索引数字的上界，第 4 个数字代表索引的深度，代码如下：

```
>> cellslices(a,1,1,2)
ans =
{
  [1,1] =
  {
    [1,1] =
    {
      [1,1] =
      {
        [1,1] = 1
        [1,2] = 2
        [1,3] = 3
        [1,4] = 4
      }

      [1,2] = 5
      [1,3] = 6
      [1,4] = 7
      [1,5] = 8
    }

  }

}
```

如果索引数字的下界参数大于索引数字的上界参数，则调用 cellslices()函数进行索引的结果为一个空元胞，代码如下：

```
>> cellslices(a,3,1,7)
ans =
{
  [1,1] = {1x5x1x1x1x1x0 Cell Array}
}
```

5.6.6 创建字符串元胞

一个字符串数组是一种所存放的元素均为字符串的数组。它和字符数组不同之处只是字符数组中的所有元素都是1×1的字符串(或者称为字符)。如果想使用具体的字符串进行索引,就不能使用字符串数组了,而应该考虑使用元胞对这些字符串进行储存,代码如下:

```
>> a = {'apple','orange';'grape','peach'};
>> a(1)
ans =
{
  [1,1] = apple
}

>> a{1}
ans = apple
```

此外,字符串元胞中的每个字符串元素占用的空间可以不同。换言之,字符串元胞没有自动扩充的特性。我们在需要一个变量存储不同长度的字符串时,不能使用数组,而应该使用元胞。

5.7 数据格式转换

5.7.1 数字类型变量转换

1. num2cell()函数

num2cell()函数用于将数字转换为元胞。这个数字可以是单个数字,也可以是数组或元胞。

调用num2cell()函数时,至少需要指定一个参数,这个参数代表需要转换的源数字,代码如下:

```
>> num2cell(1)
ans =
{
  [1,1] = 1
}
```

此外,可以追加第2个参数,用于指定转换的深度,代码如下:

```
>> a{2,3,4,5} = 0;
>> num2cell(a,4)
ans = {2x3x4 Cell Array}
>> num2cell(a,2)
ans = {2x1x4x5 Cell Array}
>> num2cell(a,3)
ans = {2x3x1x5 Cell Array}
```

```
>> num2cell(a,[2,3,4])
ans =
{
  [1,1] = {1x3x4x5 Cell Array}
  [2,1] = {1x3x4x5 Cell Array}
}
```

2. num2str()函数

num2str()函数用于将数字转换为字符串。这个数字可以是单个数字，也可以是数组或元胞。

调用 num2str()函数时，至少需要指定一个参数，这个参数代表需要转换的源数字，代码如下：

```
>> num2str(123.456)
ans = 123.456
>> num2str([1 2;3 4])
ans =

1  2
3  4
```

如果源数字以科学记数法的参数形式传入，则 num2str()函数将返回标准的科学记数法形式字符串，代码如下：

```
>> num2str(10e100)
ans = 1e+101
```

如果源数字的大小较大，则 num2str()函数将返回标准的科学记数法形式的字符串，代码如下：

```
>> num2str(111111111111111111111111111111111111111111111111111111111111111111111111111111111111)
ans = 1.111111111111111e+67
```

如果源数字的大小超过 Octave 可以表示的范围，则 num2str()函数将返回字符串 Inf，代码如下：

```
>> num2str(11111111111111111111111111111111111111111111111111111111111111111111111111111111111111111111111111111111111111111
1111111111111111111111111111111111111111111111111111111111111111111111111111111111111111111111111111111111111111111111111111111
1111111111111111111111111111111111111111111111111111111111111111111111111111111111111111111111111111111111111111111111111111111
1111111111111111111111111111111111111111111111111111111111111111111111111111111111111111111111111111111111111111111111111111111
1111111111111111111111111111111111111111111111111111111111111111111111111111111111111111111111111111111111111111111111111111111
1111111111111111111111111111111111111111111111111111111111111111111111111111111111111111111111111111111111111111111111111111111
```

```
11111111111111111111111111111111111111111111111111111111111111111111111111111111111111
11111111111111111111111)
ans = Inf
```

还可以额外传入一个参数，这个参数可以代表精确度或者格式化字符串。

当额外传入一个整数时，最终结果将舍入到参数所指定的位数。如果传入的位数参数过大，则原来的数字将原样输出为一个字符串，代码如下：

```
>> num2str(123.456,4)
ans = 123.5
>> num2str(123.456,7)
ans = 123.456
```

如果传入的是格式化字符串，则输出的字符串将按照格式化字符串进行格式化，代码如下：

```
>> num2str(123.456,'%d')
ans = 123.456
>> num2str(123.456,'%f')
ans = 123.456000
>> num2str(123.456,'%8.8f')
ans = 123.45600000
```

注意：格式化后输出的字符串将脱掉字符串前方的空格缩进。

3. num2hex()函数

num2hex()函数用于将数字转换为用十六进制表示的字符串数组。这个数字可以是单个数字，也可以是数组或元胞。

我们在调用 num2hex()函数时，至少需要指定一个参数，这个参数代表需要转换的源数字。在进行十六进制数组转换时，num2hex()函数将数字中的每个数位上对应内存中的值进行十六进制转换，代码如下：

```
>> num2hex(123.456)
ans = 405edd2f1a9fbe77
>> num2hex([1 2;3 4])
ans =

3ff0000000000000
4008000000000000
4000000000000000
4010000000000000
```

由于num2hex()函数转换的是数字在内存中的值，所以在进行转换时，根据传入的数字精度不同，返回的字符串长度也不同，代码如下：

```
>> num2hex(single([1 2;3 4]))
ans =

3f800000
40400000
40000000
40800000

>> num2hex(int8([1 2;3 4]))
ans =

01
03
02
04
```

可以追加传入一个参数cell，在追加这个参数之后，数字将被转换为用十六进制表示的字符串元胞，代码如下：

```
>> num2hex([1 2;3 4],'cell')
ans =
{
  [1,1] = 3ff0000000000000
  [2,1] = 4008000000000000
  [3,1] = 4000000000000000
  [4,1] = 4010000000000000
}
```

5.7.2 整数类型变量转换

int2str()函数用于将整数转换为字符串。

调用int2str()函数时，至少需要指定一个参数，这个参数代表需要转换的源数字，代码如下：

```
>> int2str(123)
ans = 123
```

可以对一个小数调用int2str()函数进行转换。转换后的结果相当于先对小数进行四舍五入再转换为字符串，代码如下：

```
>> int2str(123.499)
ans = 123
>> int2str(123.501)
ans = 124
```

还可以对一个复数调用 int2str()函数进行转换。此时只有实部会被转换为字符串，代码如下：

```
>> int2str(123 + i)
ans = 123
```

5.7.3 元胞类型变量转换

1. cell2mat()函数

cell2mat()函数用于将元胞转换为矩阵。

调用 cell2mat()函数时需要指定一个参数，这个参数代表需要转换的源元胞，代码如下：

```
>> cell2mat({1 2 3})
ans =

   1  2  3
```

注意：cell2mat()函数中传入的参数不得是元胞、结构体或数组的混合元胞，否则 cell2mat()函数将报错：

```
error: cell2mat: wrong type elements or mixed cells, structs, and matrices
error: called from
    cell2mat at line 53 column 11
```

2. cell2struct()函数

cell2struct()函数用于将元胞转换为结构体。

调用 cell2struct()函数时，至少需要指定两个参数，第 1 个参数代表需要转换的源元胞，第 2 个参数代表附加的字段名，代码如下：

```
>> a = cell2struct({1 2 3;4 5 6},{'1st','2nd'});
>> a(1)
ans =

  scalar structure containing the fields:
```

```
    1st = 1
    2nd = 4

>> a(2)
ans =

  scalar structure containing the fields:

    1st = 2
    2nd = 5
```

还可以指定第3个参数，这个参数代表转换源元胞所进行的维度，代码如下：

```
>> a = cell2struct({1 {2 3};4 {5 6}},{'1st','2nd'},2);
>> a(1)
ans =

  scalar structure containing the fields:

    1st = 1
    2nd =
    {
      [1,1] = 2
      [1,2] = 3
    }


>> a(2)
ans =

  scalar structure containing the fields:

    1st = 4
    2nd =
    {
      [1,1] = 5
      [1,2] = 6
    }
```

5.7.4 二进制类型变量转换

bin2dec()函数用于将二进制数字表示的字符串转换为十进制的数字。

调用 bin2dec ()函数时需要指定一个参数，这个参数代表需要转换的源字符串，代码如下：

```
>> bin2dec('111')
ans = 7
```

bin2dec()函数也支持对数组中的每个字符串元素进行转换，代码如下：

```
>> bin2dec(['111';'1110'])
ans =

    7
   14
```

如果转换的字符串含有0、1和空格之外的字符，则bin2dec()函数将返回NaN，代码如下：

```
>> bin2dec('2')
ans = NaN
```

5.7.5 十进制类型变量转换

1. dec2base()函数

dec2base()函数用于将十进制数字转换为以一个非零数字为基底的数字。事实上，dec2base()函数的作用是进行任意进制的数字转换。

在调用dec2base()函数时，至少需要指定两个参数，第1个参数代表需要转换的源数字，第2个参数代表基底，代码如下：

```
>> dec2base(1234,3)
ans = 1200201
```

上面的代码中，小于基底的数位保持原样，大于基底的数位则进行进位，最终的结果是计算十进制数字1234的三进制并表示为1200201。

dec2base()函数也可以进行矩阵类型数据的转换。转换矩阵时，矩阵内的每个元素都会按照转换规则分别进行转换，然后长度不足的元素使用前导0补齐转换后的数位，代码如下：

```
>> dec2base([1 2;3 4],3)
ans =

01
10
02
11
```

dec2base()函数还支持抽象的数字表示方法。将基底以一个字符串表示，那么输出结果将以字符串中的字符表示，此时的字符被抽象为某个数字，然后配合数字进位等运算，最终输出字符串结果，代码如下：

```
>> dec2base(0,'asd')
ans = a
>> dec2base(1,'asd')
ans = s
>> dec2base(2,'asd')
ans = d
>> dec2base(100,'asd')
ans = sadas
>> dec2base(1000,'asd')
ans = ssasaas
```

注意：dec2base()函数中传入的基底不得含有空格，否则 dec2base()函数将报错：

```
error: dec2base: whitespace characters are not valid symbols
error: called from
    dec2base at line 83 column 7
```

上面的代码中，0 被抽象为 a，1 被抽象为 b，2 被抽象为 c，以此类推进行数字表示。

2. dec2bin()函数

dec2bin()函数用于将十进制数字转换为二进制数字表示的字符串。

调用 dec2bin()函数时，至少需要指定一个参数，这个参数代表需要转换的源数字，代码如下：

```
>> dec2bin(1234)
ans = 10011010010
```

dec2bin ()函数也可以用于转换一个数组，代码如下：

```
>> dec2bin([1 2;3 4])
ans =

001
011
010
100
```

3. dec2hex()函数

dec2hex()函数用于将十进制的数字转换为十六进制数字表示的字符串。

调用 dec2hex()函数时，至少需要指定一个参数，这个参数代表需要转换的源数字，代码如下：

```
>> dec2hex(1234)
ans = 4D2
```

dec2hex()函数也可以用于转换一个数组，代码如下：

```
>> dec2hex([12 34;1234 0])
ans =

00C
4D2
022
000
```

还可以额外指定另一个参数，用于指定转换后的数字的位数。如果数字的位数大于应有的位数，则 dec2hex()函数将在数字的前面使用前导零补满返回的数字结果，代码如下：

```
>> dec2hex(1234,6)
ans = 0004D2
>> dec2hex(1234,2)
ans = 4D2
```

5.7.6 十六进制类型变量转换

1. hex2dec()函数

hex2dec()函数用于将十六进制数字表示的字符串转换为十进制的数字。

调用 hex2dec()函数时需要指定一个参数，这个参数代表需要转换的源字符串，代码如下：

```
>> hex2dec('aaa')
ans = 2730
```

hex2dec()函数也支持对数组中的每个字符串元素进行转换，代码如下：

```
>> hex2dec(['a';'b';'c';'d'])
ans =

    10
    11
    12
    13
```

如果需要转换的字符串含有 0～9、a～f、A～F 和空格之外的字符，则 hex2dec()函数将返回 NaN，代码如下：

```
>> hex2dec(['h'])
ans = NaN
>> hex2dec(["1\t"])
ans = NaN
```

2. hex2num()函数

hex2num()函数用于将十六进制数字表示的字符串数组转换为十进制的数组。

调用 hex2num()函数时，至少需要指定一个参数，这个参数代表需要转换的源数字，代码如下：

```
>> hex2num('123a')
ans =   7.1928e-221
```

hex2num()函数也支持对数组中的每个字符串元素进行转换，代码如下：

```
>> hex2num(['1000000000';'700000000a'])
ans =

   1.2882e-231
   3.1050e+231
```

还可以额外传入一个参数，来指定字符串元素的类型。hex2num()函数支持的字符串元素类型如表 5-4 所示。

表 5-4 hex2num()函数支持的字符串元素类型

类　型	含　义
int8	8 位有符号整型
uint8	8 位无符号整型
int16	16 位有符号整型
uint16	16 位无符号整型
int32	32 位有符号整型
uint32	32 位无符号整型
int64	64 位有符号整型
uint64	64 位无符号整型
char	8 位字符型
single	32 位浮点型
double	64 位浮点型

根据指定的字符串类型的不同，获得的转换结果也不同。下面的例子展示了同一个字

符串数字在指定不同的两种类型参数时，会得到不同的转换结果：

```
>> hex2num(['1';'a'],'int8')
ans =

   16
  - 96

>> hex2num(['1';'a'],'int32')
ans =

    268435456
  - 1610612736
```

5.7.7　任意进制类型变量转换

base2dec()函数用于将任意进制数字表示的字符串转换为十进制的数字。

调用 base2dec()函数时，至少需要指定两个参数，其中的第 1 个参数代表需要转换的源数字，第 2 个参数代表源字符串的基底。在进行转换后，base2dec()函数输出十进制的数字，代码如下：

```
>> base2dec('1234',9)
ans = 922
>> base2dec('1234',8)
ans = 668
```

如果转换的字符串含有不合理的字符，则 base2dec()函数将返回 NaN，代码如下：

```
>> base2dec('9',8)
ans = NaN
>> base2dec('8',7)
ans = NaN
```

base2dec()函数也可以进行矩阵类型数据的转换，代码如下：

```
>> base2dec(['12';'34'],5)
ans =

    7
   19
```

base2dec()函数还支持抽象的数字表示方法。将数字和基底以字符串表示，那么源数字在转换时将以字符串中的字符表示，此时的字符被抽象为某个数字，然后配合数字进位等运算，最终输出数字结果，代码如下：

```
>> base2dec('a','abc')
ans = 0
>> base2dec('b','abc')
ans = 1
>> base2dec('c','abc')
ans = 2
>> base2dec('abcabc','abc')
ans = 140
```

5.7.8 字符串转换

1. strjust()函数

strjust()函数用于将字符串数组的对齐方式进行调整。

调用 strjust()函数时，至少需要指定一个参数，这个参数代表需要转换的源字符串，代码如下：

```
>> a = ['1';'12';'123'];
>> strjust(a)
ans =

  1
 12
123
```

在 strjust()函数的作用下，字符串数组被改为右对齐的方式。

此外，可以追加传入一个参数，这个参数代表设定字符串数组的对齐方式。strjust()函数支持的对齐方式如表 5-5 所示。

表 5-5 strjust()函数支持的对齐方式

对齐方式	含　义
left	左对齐
center	居中
right	右对齐

下面的例子展示了将字符串数组设定为居中的用法：

```
>> a = ['1';'12';'123'];
>> strjust(a,'center')
ans =

1
```

```
12
123
```

2. str2double()函数

str2double()函数用于将字符串转换为 double 类型的数字变量。

调用 str2double()函数时，至少需要指定一个参数，这个参数代表需要转换的源字符串，代码如下：

```
>> str2double('12.34')
ans = 12.340
```

str2double()函数支持虚数字符串的转换。str2double()函数支持的虚数字符串的格式如表 5-6 所示。

表 5-6　str2double()函数支持的虚数字符串的格式

虚数字符串的格式	虚数字符串的格式	虚数字符串的格式
a+bi	a+i*b	b*i+a
a+b*i	bi+a	i*b+a

下面的例子展示了将虚数字符串转换为虚数的用法：

```
>> str2double('12.34i + 34')
ans = 34.000 + 12.340i
```

str2double()函数也可以进行矩阵类型数据的转换，代码如下：

```
>> str2double(['1';'2';'3';'4'])
ans =


   1
   2
   3
   4
```

在转换矩阵类型数据时，如果矩阵中含有空行，则 str2double()函数将略过空行，将剩余的矩阵分量正常进行转换，代码如下：

```
>> str2double(['1';'2';'';'4'])
ans =


   1
   2
   4
```

如果转换的字符串含有不合理的字符，则 str2double()函数将返回 NaN，代码如下：

```
>> str2double(['1';'2';' ';'4'])
ans =

     1
     2
   NaN
     4
```

3. str2num()函数

str2num()函数用于将字符串转换为数字。

调用 str2num()函数时，至少需要指定一个参数，这个参数代表需要转换的源字符串，代码如下：

```
>> str2num('12.34')
ans = 12.340
```

此外，str2num()函数也可以进行矩阵类型数据的转换，代码如下：

```
>> str2num(['12';'34'])
ans =

   12
   34
```

此外，str2num()函数还提供了转换的状态作为可选返回参数。此时 str2num()函数的行为遵循以下规则：

- 如果 str2num()函数转换成功，则可选参数被赋值为逻辑变量 1；
- 如果 str2num()函数转换失败，则可选参数被赋值为逻辑变量 0。

```
>> [a,optional] = str2num('1234')
a = 1234
optional = 1
>> [a,optional] = str2num('aaaa')
a = [](0x0)
optional = 0
```

str2num()函数使用了 eval()函数实现数字的转换，因此，我们可以利用 str2num()函数执行 Octave 语句，然后 str2num()函数仍然可以继续其转换过程，代码如下：

```
>> [a,optional] = str2num("b = 2")
a = 2
optional = 1
```

5.7.9 函数句柄转换

1. str2func()函数

str2func()函数用于将字符串转换为函数的句柄。

调用 str2func()函数时，至少需要指定一个参数，这个参数代表需要转换的源字符串，然后 str2func()函数将字符串解析为一个函数名称，最后返回这个函数的句柄，代码如下：

```
>> str2func('sin')
ans = @sin
```

如果函数名称对应的函数不存在，则 str2func()函数将报错，提示函数不存在，代码如下：

```
>> str2func('wrong_name')
error: @wrong_name: no function and no method found
```

注意：早期的 Octave 版本支持可选参数 global。在追加传入 global 参数时，str2func()函数在进行转换时将忽略局部函数。该参数现在已经不再被支持。

2. func2str()函数

func2str()函数用于将字符串转换为函数的句柄。

调用 func2str()函数时，至少需要指定一个参数，这个参数代表需要转换的源句柄，然后 func2str()函数将字符串解析为函数名，最后返回对应的字符串，代码如下：

```
>> func2str(@sin)
ans = sin
```

如果句柄对应的函数不存在，则 func2str()函数将报错，提示函数不存在，代码如下：

```
>> func2str(@wrong_name)
error: @wrong_name: no function and no method found
```

5.7.10 矩阵转换

1. mat2cell()函数

mat2cell()函数用于将矩阵转换为元胞。

调用 mat2cell()函数时，至少需要指定两个参数，其中，第 1 个参数代表需要转换的源矩阵，第 2 个参数代表转换矩阵的行数，代码如下：

```
>> a = [1 2 3;4 5 6;7 8 9];
>> mat2cell(a,[1 2])
ans =
{
  [1,1] =

     1  2  3

  [2,1] =

     4  5  6
     7  8  9

}
```

在上面的代码中，矩阵被转换为元胞，元胞包含两部分，第1部分含有源矩阵的第1行分量，第2部分含有源矩阵的第2～3行分量。

还可以追加传入第3个参数，这个参数代表转换矩阵的列数，代码如下：

```
>> mat2cell(a,[1 2],[2,1])
ans =
{
  [1,1] =

     1  2

  [2,1] =

     4  5
     7  8

  [1,2] = 3
  [2,2] =

     6
     9

}
```

在上面的代码中，矩阵被转换为元胞，元胞包含4部分，第1部分含有源矩阵的第1行和第1～2列围成的分量，第2部分含有源矩阵的第2～3行和第1～2列围成的分量，第3部分含有源矩阵的第1行和第3列围成的分量，第4部分含有源矩阵的第2～3行和第3列围成的分量。

以此类推，还可以继续追加传入的参数，这个参数代表转换矩阵的其他维度，代码如下：

```
>> a = [1:9 1:9 1:9];
>> a = reshape(a,[3 3 3])
a =

ans(:,:,1) =

   1  4  7
   2  5  8
   3  6  9

ans(:,:,2) =

   1  4  7
   2  5  8
   3  6  9

ans(:,:,3) =

   1  4  7
   2  5  8
   3  6  9

>> mat2cell(a,[1 2],[2 1],[1 2])
ans = {2x2x2 Cell Array}
```

2．mat2str()函数

mat2str()函数用于将元胞转换为结构体。

调用 mat2str()函数时，至少需要指定一个参数，这个参数代表需要转换的源矩阵，代码如下：

```
>> mat2str([1 2 3])
ans = [1 2 3]
```

mat2str()函数还可以转换复数矩阵，代码如下：

```
>> mat2str([1 + i 2 + j])
ans = [1 + 1i 2 + 1i]
```

还可以额外传入一个参数，这个参数代表转换后的字符串的精度，代码如下：

```
>> mat2str([123.456 2],1)
ans = [1e + 02 2]
>> mat2str([123.456 2],3)
ans = [123 2]
```

继续追加一个参数 class，此时 mat2str()函数将返回转换之后的矩阵的构造方法，然后调用 eval()函数可以调用这种方法，最后复原矩阵，代码如下：

```
>> a = mat2str([123.456 2],3,"class")
a = double([123 2])
>> eval(a)
ans =

   123     2
```

5.7.11 编码格式转换

1. unicode2native()函数

unicode2native()函数用于将 UTF-8 编码的字符串转换为本地格式的字符串。

调用 unicode2native()函数时，至少需要指定一个参数，这个参数代表需要转换的源字符串，然后 unicode2native()函数将返回本地格式的字符串。此外，我们还可以追加第 2 个参数，这个参数代表转换之后的字符串编码，例如 UTF-16 编码，转换后的字符串在 Octave 的内存中仍然以本地格式进行存储。

2. native2unicode

native2unicode()函数用于将本地格式的字符串转换为 UTF-8 编码的字符串。

调用 native2unicode()函数时，至少需要指定一个参数，这个参数代表需要转换的源字符串，然后 native2unicode()函数将返回 UTF-8 编码的字符串。此外，还可以追加第 2 个参数，这个参数代表转换之后的字符串编码，例如 UTF-16 编码，转换之后的字符串在 Octave 的内存中仍然以 UTF-8 编码进行存储。

5.7.12 转义与反转义

1. do_string_escapes()函数

do_string_escapes()函数用于字符串转义。

调用 do_string_escapes()函数时需要指定一个参数，这个参数代表需要转换的源字符串，然后 do_string_escapes()函数将把反斜杠后面的第 1 个～第 3 个字符视为一个逃逸字符进行转义，最后返回新的字符串。逃逸字符如表 5-7 所示。

在逃逸字符的转换过程中，如果遇到不能显示的字符，例如字符\1，则转换后的字符也不能显示，代码如下：

```
>> do_string_escapes('0\1\12\123\1234\12345')
ans = 0
SS4S45
```

表 5-7 逃逸字符

字符	十进制	八进制	十六进制	字符	十进制	八进制	十六进制	字符	十进制	八进制	十六进制
(sp)	32	0040	0x20	@	64	0100	0x40	`	96	0140	0x60
!	33	0041	0x21	A	65	0101	0x41	a	97	0141	0x61
"	34	0042	0x22	B	66	0102	0x42	b	98	0142	0x62
#	35	0043	0x23	C	67	0103	0x43	c	99	0143	0x63
$	36	0044	0x24	D	68	0104	0x44	d	100	0144	0x64
%	37	0045	0x25	E	69	0105	0x45	e	101	0145	0x65
&	38	0046	0x26	F	70	0106	0x46	f	102	0146	0x66
'	39	0047	0x27	G	71	0107	0x47	g	103	0147	0x67
(	40	0050	0x28	H	72	0110	0x48	h	104	0150	0x68
)	41	0051	0x29	I	73	0111	0x49	i	105	0151	0x69
*	42	0052	0x2a	J	74	0112	0x4a	j	106	0152	0x6a
+	43	0053	0x2b	K	75	0113	0x4b	k	107	0153	0x6b
'	44	0054	0x2c	L	76	0114	0x4c	l	108	0154	0x6c
—	45	0055	0x2d	M	77	0115	0x4d	m	109	0155	0x6d
*	46	0056	0x2e	N	78	0116	0x4e	n	110	0156	0x6e
/	47	0057	0x2f	O	79	0117	0x4f	o	111	0157	0x6f
0	48	0060	0x30	P	80	0120	0x50	p	112	0160	0x70
1	49	0061	0x31	Q	81	0121	0x51	q	113	0161	0x71
2	50	0062	0x32	R	82	0122	0x52	r	114	0162	0x72
3	51	0063	0x33	S	83	0123	0x53	s	115	0163	0x73
4	52	0064	0x34	T	84	0124	0x54	t	116	0164	0x74
5	53	0065	0x35	U	85	0125	0x55	u	117	0165	0x75
6	54	0066	0x36	V	86	0126	0x56	v	118	0166	0x76
7	55	0067	0x37	W	87	0127	0x57	w	119	0167	0x77
8	56	0070	0x38	X	88	0130	0x58	x	120	0170	0x78
9	57	0071	0x39	Y	89	0131	0x59	y	121	0171	0x79
:	58	0072	0x3a	Z	90	0132	0x5a	z	122	0172	0x7a
:	59	0073	0x3b	[	91	0133	0x5b	{	123	0173	0x7b
<	60	0074	0x3c	\	92	0134	0x5c	|	124	0174	0x7c
=	61	0075	0x3d	]	93	0135	0x5d	}	125	0175	0x7d
>	62	0076	0x3e	^	94	0136	0x5e	~	126	0176	0x7e
?	63	0077	0x3f	_	95	0137	0x5f				

2. undo_string_escapes()函数

undo_string_escapes()函数用于字符串反转义。

调用 undo_string_escapes()函数时需要指定一个参数，这个参数代表需要转换的源字符串，然后 undo_string_escapes()函数将对字符进行反转义，最后返回新的字符串，代码如下：

```
>> undo_string_escapes('''123\\12''')
ans = '123\\\\\\12'
```

5.7.13 图形句柄转换

1. hdl2struct()函数

hdl2struct()函数用于将图形句柄转换为结构体。

调用 hdl2struct()函数时需要指定一个参数，这个参数代表需要转换的源句柄，代码如下：

```
>> hdl2struct(gca)
ans =

  scalar structure containing the fields:
#省略若干输出
    special =

       4   3   2   1
```

2. struct2hdl()函数

struct2hdl()函数用于将结构体转换为图形句柄。

调用 struct2hdl()函数时需要指定一个参数，这个参数代表需要转换的源结构体，代码如下：

```
>> struct2hdl('a')
```

5.8 数据查询

5.8.1 对比数组分量

diff()函数用于对比不同的数组分量，并且返回相邻的每两个分量之间存在的差别。调用 diff()函数时，我们至少需要传入一个参数，此时这个参数代表进行对比的数组。diff()函数进行对比时，将进行查询的数组内的前一个分量作为基准分量，然后将后一个分量分别与基准分量进行差分运算，且 diff()函数会在对应的下标位置输出两个分量的差值，代码如下：

```
>> a = [1 2 3 4 5];
>> diff(a)
ans =
```

```
   1  1  1  1

>> a = [1 2 3 2 1];
>> diff(a)
ans =

   1  1  -1  -1
```

此外,我们还可以额外指定第二个参数,此时这个参数代表差分运算的阶数。二阶差分运算的含义就是在进行一次差分运算的基础上,对返回结果再进行一次差分运算,然后返回新的结果。将同一个数组分别进行一次差分和二次差分,对比的代码如下:

```
>> a = [1 2 3 2 1];
>> diff(a,1)
ans =

   1  1  -1  -1

>> diff(a,2)
ans =

   0  -2  0
```

此外,可以额外指定第 3 个参数,此时这个参数代表进行差分运算的矩阵维度方向。

5.8.2　查询数组分量

find()函数用于查询非零数组分量,并且返回这些数组分量的下标。调用 find()函数时,我们至少需要传入一个参数,此时这个参数代表进行查询的数组,代码如下:

```
>> find([0 0 0 2 3])
ans =

   4  5
```

在上面的代码中,由于数组元素中的第 4 个分量和第 5 个分量为非零分量,所以 find()函数返回[4 5]。

如果查询无结果,则返回空数组,代码如下:

```
>> find(0)
ans = [](0x0)
```

可以额外指定第 3 个参数,此时这个参数代表返回数组的长度限制,代码如下:

```
>> a = [0 0 1 2];
>> find(a,4)
ans =

   3   4

>> find(a,2)
ans =

   3   4

>> find(a,1)
ans = 3
```

在上面的代码中，当第 2 个参数大于或等于非零分量的个数时，find()函数返回全部非零分量的下标。当第 2 个参数小于非零分量的个数时，find()函数只返回前一部分非零分量的下标，而且返回下标的个数等于第 2 个参数。

此外，我们还可以额外指定第 3 个参数，此时这个参数代表返回数组的方向。方向的取值为 first 或 last，代码如下：

```
>> a = [0 0 1 2 0 0 3 4];
>> find(a,2,'first')
ans =

   3   4

>> find(a,3,'last')
ans =

   4   7   8
```

在上面的代码中，

- 当第 3 个参数为 first 时，find()函数返回前一部分非零分量的下标，而且返回下标的个数等于第 2 个参数；
- 当第 3 个参数为 last 时，find()函数返回后一部分非零分量的下标，而且返回下标的个数等于第 2 个参数。

一种常用的用法是：将 find()函数和其他逻辑表达式配合使用，以查询满足特定条件的数组分量。下面的代码用于查询数组中所有等于 2 的分量，并返回这些分量的下标：

```
>> a = [1 2 3 4 0 0 2];
>> b = a == 2
b =
```

```
  0  1  0  0  0  0  1

>> find(b)
ans =

   2  7
```

5.8.3　查询图形对象

1. findobj()函数

可以调用 findobj()函数查询图形对象。findobj()函数可以不带参数而直接调用,此时 findobj()函数将返回所有图形对象,代码如下:

```
>> findobj
```

还可以使用键值对方式传入筛选参数,此时 findobj()函数将只返回符合要求的图形对象。下面的代码将返回键参数为 a,且值参数为 b 的全部图形对象:

```
>> findobj a b
```

此外,还可以同时指定多个键值对,此时 findobj()函数将只返回符合全部要求的图形对象。指定了两个键值对{"a":"b"}和{"c":"d"}的代码如下:

```
>> findobj a b c d
```

可以在多个键值对之间加入逻辑参数-and、-or、-xor 或者-not,指定多个键值对参数之间的逻辑关系。指定两个键值对{"a":"b"}和{"c":"d"},且逻辑关系为或关系的代码如下:

```
>> findobj a b -or c d
```

还可以指定-property 参数,此时 findobj()函数将只返回含有此键参数的图形对象。下面的代码将返回含有键参数为 a 字符的全部图形对象:

```
>> findobj -property a
```

指定-regexp 参数,配合正则表达式返回匹配的图形对象。下面代码将返回键参数为 a 字符,且值参数内含有 b 字符的全部图形对象:

```
>> findobj -regexp a [b]
```

指定 findobj()函数的查询范围,只需额外添加图形句柄数组参数,并且将这个参数放在第一个参数的位置上，代码如下：

```
>> a = figure
a = 3
>> b = figure
b = 4
>> findobj([a b],'-regexp','a','[b]')
```

还可以指定-depth 参数，然后追加一个查询层数，限制返回的查询结果在这个查询层数之内，代码如下：

```
>> a = figure
a = 3
>> b = figure
b = 4
>> findobj([a b],'-depth',3)
ans =

   3
   4
```

其中，追加的查询层数最小为 0，代表对象列表中的对象本身。层数每增加 1，则代表每含有一层继承关系。

2. findall()函数

可以调用 findall()函数查询图形对象。findall()函数和 findobj()函数的用法大体相同，唯一的区别是 findall()函数可以额外查询隐藏的对象。

5.8.4 查询图像对象

findfigs 函数用于查询图像对象。

(1) findfigs 函数只能查询可见的图像对象。

(2) 在 findfigs 函数成功返回图像对象后，如果那些对象原先不在屏幕上显示，则它们此时将被显示在屏幕上。

(3) 如果 findfigs 函数查询失败，则不返回任何值。

调用 findfigs 函数查询图像对象的代码如下：

```
>> findfigs
```

5.8.5 查询字符串分量

1. findstr()函数

findstr()函数用于查询字符串分量。调用 findstr()函数时，至少需要传入两个参数，此时第 1 个参数代表被查询的字符串，第 2 个参数代表匹配格式，然后 findstr()函数返回匹配格式在被查询的字符串中的所有下标，代码如下：

```
>> findstr('aabbcc','a')
warning: findstr is obsolete; use strfind instead
ans =

   1  2
```

如果查询无结果，则返回空数组，代码如下：

```
>> findstr('b','a')
ans = [](0x0)
```

此外，我们还可以额外指定第 3 个参数，此时这个参数代表递归查询的开关：

- 当第 3 个参数为 0 时，findstr()函数将不会查询已经查询过的字符串部分；
- 当第 3 个参数为非 0 时，findstr()函数将查询所有字符串部分。

对于匹配格式中含有多个字符的场合，递归查询特性将非常好用。开启递归查询和关闭递归查询的代码如下：

```
>> findstr("abababa","aba",1)
ans =

   1  3  5

>> findstr("abababa","aba",0)
ans =

   1  5
```

在上面的代码中，调用 findstr()函数在开启递归查询和关闭递归查询时的返回结果不同。

2. strfind()函数

strfind()函数用于查询字符串分量。调用 strfind()函数时，至少需要传入两个参数，此时第 1 个参数代表被查询的字符串，第 2 个参数代表匹配格式，然后 strfind()函数返回匹配格式在被查询的字符串中的所有下标，代码如下：

```
>> strfind('aabbcc','a')
ans =

   1  2
```

如果查询无结果,则返回空数组,代码如下:

```
>> strfind('b','a')
ans = [](0x0)
```

还可以额外指定 overlaps 参数,此时接下来的参数代表递归查询的开关:

- 当接下来的参数为 false 时,strfind()函数将不会查询已经查询过的字符串部分;
- 当接下来的参数为 true 时,strfind()函数将查询所有字符串部分。

对于匹配格式中含有多个字符的场合,递归查询特性将非常好用。开启递归查询和关闭递归查询的代码如下:

```
>> strfind("abababa","aba","overlaps",true)
ans =

   1   3   5

>> strfind("abababa","aba","overlaps",false)
ans =

   1   5
```

在上面的代码中,调用 strfind()函数在开启递归查询和关闭递归查询时的返回结果不同。

此外,strfind()函数还支持多字符串匹配。只需将多个字符串写成一个字符串元胞,以第 1 个参数传入,代码如下:

```
>> strfind({'aa','ab','bb'},'a')
ans =
{
  [1,1] =

     1   2

  [1,2] = 1
  [1,3] = [](0x0)
}
```

3. strmatch()函数

strmatch()函数用于查询字符串分量。调用 strmatch()函数时,至少需要传入两个参数,此时第 1 个参数代表匹配格式,第 2 个参数代表被查询的字符串数组或字符串元胞,然后 strmatch()函数返回成功匹配的字符串分量索引。strmatch()函数在查询时只匹配和匹配长度相同的字符串长度,只要这个长度之内的字符相同,就视为匹配成功,代码如下:

```
>> strmatch('a',{'aabbcc','a','a '})
ans =

   1  2

>> strmatch('a',['aabbcc';'a';'a '])
ans =

   1
   2
```

如果查询无结果，则返回空数组，代码如下：

```
>> strmatch('b','a')
ans = [](0x0)
```

还可以额外指定 exact 参数，此时 strmatch()函数将进行全字匹配，代码如下：

```
>> strmatch('a',['aabbcc';'a';'a '])
ans =

   1
   2

>> strmatch('a',['aabbcc';'a';'a '],"exact")
ans = 2
```

4. strcmp()函数

strcmp()函数用于对比字符串分量。调用 strcmp()函数时，我们需要传入两个字符串参数，如果两个字符串相同，则返回 1；如果两个字符串不相同，则返回 0，代码如下：

```
>> strcmp('1','2')
ans = 0
>> strcmp('1','1')
ans = 1
```

5. strncmp()函数

strncmp()函数用于对比字符串分量。调用 strncmp()函数时，需要传入两个字符串参数，此时前两个参数为进行对比的字符串参数，第 3 个参数为对比的字符个数。如果两个字符串在前几个字符个数内相同，则返回 1；如果两个字符串在前几个字符个数内不相同，则返回 0，代码如下：

```
>> strncmp('1','123',2)
ans = 0
```

```
>> strncmp('1','123',1)
ans = 1
```

6. strcmpi()函数

strcmpi()函数用于对比字符串分量。调用 strcmpi()函数时,需要传入两个字符串参数,在认为大小写字母相同的前提下,如果两个字符串相同,则返回 1;如果两个字符串不相同,则返回 0,代码如下:

```
>> strcmpi('a','A')
ans = 1
>> strcmpi('ab','A')
ans = 0
```

7. strncmpi()函数

strncmpi()函数用于对比字符串分量。调用 strncmpi()函数时,需要传入两个字符串参数,此时前两个参数为进行对比的字符串参数,第 3 个参数为对比的字符个数。在认为大小写字母相同的前提下,如果两个字符串在前几个字符个数内相同,则返回 1;如果两个字符串在前几个字符个数内不相同,则返回 0,代码如下:

```
>> strncmpi('ab','A',1)
ans = 1
>> strncmpi('ab','A',2)
ans = 0
```

5.8.6 查询字符索引

1. index()函数

index()函数用于查询某个字符在字符串中的索引位置。调用 index()函数时,至少需要传入两个参数,此时第 1 个参数代表被查询的字符串,第 2 个参数代表匹配字符,然后 index()函数返回匹配格式在被查询的字符串中的第 1 个下标,代码如下:

```
>> index('aabbcc','a')
ans = 1
```

如果查询无结果,则返回 0,代码如下:

```
>> index('b','a')
ans = 0
```

2. rindex()函数

rindex()函数用于查询某个字符在字符串中的索引位置。调用 rindex()函数时,至少需要传入两个参数,此时第 1 个参数代表被查询的字符串,第 2 个参数代表匹配字符,然后

rindex()函数返回匹配格式在被查询的字符串中的最后一个下标，代码如下：

```
>> rindex('aabbcc','a')
ans = 2
```

如果查询无结果，则返回 0，代码如下：

```
>> rindex('b','a')
ans = 0
```

3. strchr()函数

strchr()函数用于查询某个字符在字符串中的索引位置。调用 strchr()函数时，至少需要传入两个参数，此时第 1 个参数代表被查询的字符串，第 2 个参数代表匹配字符，然后 strchr()函数返回匹配格式在被查询的字符串中的所有下标，代码如下：

```
>> strchr('aabbcc','a')
ans =

   1  2
```

如果查询无结果，则返回空数组，代码如下：

```
>> strchr('b','a')
ans = [](0x0)
```

可以追加第 3 个参数，此时这个参数代表查询的字符个数。当查询操作到达指定的字符个数时便不再继续查询，代码如下：

```
>> strchr('aabbcc','a')
ans =

   1  2

>> strchr('aabbcc','a',1)
ans = 1
```

还可以指定第 4 个参数，这个参数代表查询的方向。方向参数可以被指定为 first 或者 last，代码如下：

```
>> strchr('aabbcc','a',1,'first')
ans = 1
>> strchr('aabbcc','a',1,'last')
ans = 2
```

第 6 章 使用 Octave 进行简单计算

在第 3 章中，读者已经学习了运算符的分类方式及具体的运算符种类。我们简单回顾运算符的知识。

6.1 计算之前的准备工作

在进行一系列全新的 Octave 计算之前，建议进行以下操作来清除之前的运算痕迹：

```
>> clf
```

上面的命令将清除先前运算过程中造成的图像对象中存储的内容。

```
>> close all force
```

上面的命令将强制关闭 Octave 生成的所有窗口。

```
>> clear all
```

上面的命令将清除先前运算过程中在内存中存储的内容。

```
>> clc
```

上面的命令将清除先前运算过程中在命令窗口中存储的内容。在进行完这 4 个步骤后，用户的工作区就是干净的。

注意：在进行计算之前先进行清理工作是一种良好的习惯，既可以方便之后的运算结果的查看，又可以避免先前运算的变量对本次运算造成不可预知的影响。

6.2 只用运算符进行计算

在清理完成工作区之后，开始正式进入计算环节。运算符计算同时适用于数字类型和矩阵类型的变量。我们在进行运算符计算之前，需要了解 Octave 的矩阵自动扩展特性。

6.2.1 矩阵自动扩展特性

Octave 在进行矩阵运算时，如果涉及按元素运算，并且运算符两端的元素数量不匹配，则 Octave 会将元素少的矩阵自动扩展到元素多的矩阵的对应尺寸。

1. 矩阵自动扩展特性在二维矩阵中的规则

(1) 如果按元素运算的运算符左右两矩阵行尺寸相等，但列尺寸为 1，则矩阵将按照列方向自动扩展。

(2) 如果按元素运算的运算符左右两矩阵列尺寸相等，但行尺寸为 1，则矩阵将按照行方向自动扩展。

(3) 如果按元素运算的运算符左右两矩阵行尺寸不相等，列尺寸也不相等，但元素少的矩阵中只包含一个元素，则矩阵将同时按照行方向和列方向自动扩展。

(4) 如果按元素运算的运算符左右两矩阵不满足以上规则，则矩阵无法自动扩展。

2. 矩阵自动扩展特性在高维矩阵中的规则

(1) 元素少的矩阵首先按照“矩阵自动扩展特性在二维矩阵中的规则”自动扩展，扩展为新的二维矩阵。

(2) 新的二维矩阵按照维度方向自动扩展到每个元素多的矩阵的维度上。

在这种设计之下，Octave 可以确保两个尺寸不等的矩阵在某些隐含条件之下也可以进行按元素计算，而不必添加额外的扩展预处理步骤，而且矩阵自动扩展的过程是暂时的，只有在计算时才进行扩展，这样便不会更改原有的变量内容。

下面将配合矩阵的自动扩展特性的数学意义，详细给出矩阵自动扩展的示例。例如：

```
>> [1 2 3;4 5 6;7 8 9].*[1;2;3]
```

它的计算结果如下：

```
ans =

    1   2   3
    8  10  12
   21  24  27
```

计算公式为

$$\boldsymbol{a} * \boldsymbol{b} = \begin{bmatrix} \boldsymbol{a}_{11}\boldsymbol{b}_{11} & \boldsymbol{a}_{12}\boldsymbol{b}_{11} & \boldsymbol{a}_{13}\boldsymbol{b}_{11} \\ \boldsymbol{a}_{21}\boldsymbol{b}_{21} & \boldsymbol{a}_{22}\boldsymbol{b}_{21} & \boldsymbol{a}_{23}\boldsymbol{b}_{21} \\ \boldsymbol{a}_{31}\boldsymbol{b}_{31} & \boldsymbol{a}_{32}\boldsymbol{b}_{31} & \boldsymbol{a}_{33}\boldsymbol{b}_{31} \end{bmatrix} \tag{6-1}$$

本例中，

$$\boldsymbol{a} = \begin{bmatrix} 1 & 2 & 3 \\ 4 & 5 & 6 \\ 7 & 8 & 9 \end{bmatrix}, \quad \boldsymbol{b} = \begin{bmatrix} 1 \\ 2 \\ 3 \end{bmatrix}$$

式(6-1)中的.*符号可视为一个运算符，其作用是首先将矩阵按照列方向进行自动扩展，然后计算两矩阵的 Hadamard 积。最终元素少的矩阵的列被复制了多次，而且我们可以写出这段代码的等效代码，并且计算出结果：

```
>> [1 2 3;4 5 6;7 8 9].*[1 1 1;2 2 2;3 3 3]
ans =

    1    2    3
    8   10   12
   21   24   27
```

又例如：

```
>> [1 2 3;4 5 6;7 8 9].*[1 2 3]
```

它的计算结果如下：

```
ans =

    1    4    9
    4   10   18
    7   16   27
```

本例中，

$$\boldsymbol{a}=\begin{bmatrix}1 & 2 & 3\\ 4 & 5 & 6\\ 7 & 8 & 9\end{bmatrix},\quad \boldsymbol{b}=\begin{bmatrix}1 & 2 & 3\end{bmatrix}$$

计算结果如下：

```
>> [1 2 3;4 5 6;7 8 9].*[1 2 3;1 2 3;1 2 3]
ans =

    1    4    9
    4   10   18
    7   16   27
```

再例如：

```
>> [1 2 3;4 5 6;7 8 9].*[3]
```

它的计算结果如下：

```
ans =

    3    6    9
```

```
 12  15  18
 21  24  27
```

本例中，

$$a = \begin{bmatrix} 1 & 2 & 3 \\ 4 & 5 & 6 \\ 7 & 8 & 9 \end{bmatrix}, \quad b = [3]$$

计算结果如下：

```
>> [1 2 3;4 5 6;7 8 9].*[3 3 3;3 3 3;3 3 3]
ans =

   3   6   9
  12  15  18
  21  24  27
```

6.2.2 只用运算符进行计算的示例

为了展示更丰富的计算结果,在本节中一律采用矩阵类型的变量作为示例。

【例 6-1】 两个矩阵分别为 $\begin{bmatrix} 1 & 2 & 3 \\ 4 & 5 & 6 \\ 7 & 8 & 9 \end{bmatrix}$ 和 $\begin{bmatrix} 1 \\ 2 \\ 3 \end{bmatrix}$。

(1) 计算第 1 个矩阵与第 2 个矩阵按矩阵求和的结果。

结果如下：

```
>> [1 2 3;4 5 6;7 8 9]+[1;2;3]
ans =

  2   3   4
  6   7   8
  10  11  12
```

(2) 计算第 1 个矩阵与第 2 个矩阵按元素求和的结果。

结果如下：

```
>> [1 2 3;4 5 6;7 8 9].+[1;2;3]
ans =

   2   3   4
   6   7   8
  10  11  12
```

(3) 计算第1个矩阵与第2个矩阵按矩阵求差的结果。

结果如下:

```
>> [1 2 3;4 5 6;7 8 9]-[1;2;3]
ans =

   0  1  2
   2  3  4
   4  5  6
```

(4) 计算第1个矩阵与第2个矩阵按元素求差的结果。

结果如下:

```
>> [1 2 3;4 5 6;7 8 9].-[1;2;3]
ans =

   0  1  2
   2  3  4
   4  5  6
```

(5) 计算第1个矩阵与第2个矩阵按矩阵求积的结果。

结果如下:

```
>> [1 2 3;4 5 6;7 8 9]*[1;2;3]
ans =

   14
   32
   50
```

(6) 计算第1个矩阵与第2个矩阵按元素求积的结果。

结果如下:

```
>> [1 2 3;4 5 6;7 8 9].*[1;2;3]
ans =

    1   2   3
    8  10  12
   21  24  27
```

【例 6-2】 两个矩阵分别为 $\begin{bmatrix}1 & 2 & 3\\4 & 5 & 6\\7 & 8 & 9\end{bmatrix}$ 和$[1 \quad 2 \quad 3]$。

(1) 计算第 1 个矩阵与第 2 个矩阵按矩阵右除的结果。

结果如下：

```
>> [1 2 3;4 5 6;7 8 9]/[1 2 3]
ans =

   1.0000
   2.2857
   3.5714
```

(2) 计算第 1 个矩阵与第 2 个矩阵按元素右除的结果。

结果如下：

```
>> [1 2 3;4 5 6;7 8 9]./[1 2 3]
ans =

   1.0000   1.0000   1.0000
   4.0000   2.5000   2.0000
   7.0000   4.0000   3.0000
```

(3) 计算第 1 个矩阵与第 2 个矩阵按矩阵左除的结果。

结果如下：

```
>> [1 2 3;4 5 6;7 8 9]\[1;2;3]
warning: matrix singular to machine precision, rcond = 1.54198e-18
ans =

  -0.055556
   0.111111
   0.277778
```

(4) 计算第 1 个矩阵与第 2 个矩阵按元素左除的结果。

结果如下：

```
>> [1 2 3;4 5 6;7 8 9].\[1;2;3]
ans =

   1.00000   0.50000   0.33333
   0.50000   0.40000   0.33333
   0.42857   0.37500   0.33333
```

【例 6-3】 矩阵和数字分别为 $\begin{bmatrix} 1 & 2 & 3 \\ 4 & 5 & 6 \\ 7 & 8 & 9 \end{bmatrix}$ 和 3。

(1) 计算矩阵与数字按矩阵求幂的结果。

结果如下：

```
>> [1 2 3;4 5 6;7 8 9]^3
ans =

   468    576    684
  1062   1305   1548
  1656   2034   2412
```

(2) 计算矩阵与数字按矩阵求幂的结果，使用第 2 种写法。

结果如下：

```
>> [1 2 3;4 5 6;7 8 9]**3
ans =

    468    576    684
   1062   1305   1548
   1656   2034   2412
```

(3) 计算矩阵与数字按元素求幂的结果。

结果如下：

```
>> [1 2 3;4 5 6;7 8 9].^3
ans =

     1     8    27
    64   125   216
   343   512   729
```

(4) 计算矩阵与数字按元素求幂的结果，使用第 2 种写法。

结果如下：

```
>> [1 2 3;4 5 6;7 8 9].**3
ans =

     1     8    27
    64   125   216
   343   512   729
```

【例 6-4】 矩阵为 $\begin{bmatrix}1 & 2 & 3\\4 & 5 & 6\\7 & 8 & -9\end{bmatrix}$。

（1）计算矩阵取负的结果。

结果如下：

```
>> -[1 2 3;4 5 6;7 8 -9]
ans =

  -1  -2  -3
  -4  -5  -6
  -7  -8   9
```

（2）计算矩阵取正的结果。

结果如下：

```
>> +[1 2 3;4 5 6;7 8 -9]
ans =

   1  2  3
   4  5  6
   7  8  -9
```

（3）计算矩阵按矩阵转置的结果。

结果如下：

```
>> [1 2 3;4 5 6;7 8 -9]'
ans =

   1  4  7
   2  5  8
   3  6  -9
```

（4）计算矩阵按元素转置的结果。

结果如下：

```
>> [1 2 3;4 5 6;7 8 -9].'
ans =

   1  4  7
   2  5  8
   3  6  -9
```

6.3 使用简单的运算函数进行计算

6.3.1 通用代数函数

通用代数函数同时适用于数字类型和矩阵类型的变量。为了展示更丰富的计算结果，在本节中一律采用矩阵类型的变量作为示例。

【例 6-5】 矩阵为$\begin{bmatrix}1 & 2 & 3\\4 & 5 & 6\\7 & 8 & 9i\end{bmatrix}$。计算该复数矩阵的转置矩阵。

结果如下：

```
>> ctranspose([1 2 3;4 5 6;7 8 9i])
ans =

   1 - 0i  4 - 0i  7 - 0i
   2 - 0i  5 - 0i  8 - 0i
   3 - 0i  6 - 0i  0 - 9i
```

【例 6-6】 两个矩阵分别为$\begin{bmatrix}1 & 2 & 3\\4 & 5 & 6\\7 & 8 & 9\end{bmatrix}$和$\begin{bmatrix}1\\2\\3\end{bmatrix}$。

（1）计算两矩阵按元素左除的结果。

结果如下：

```
>> ldivide([1 2 3;4 5 6;7 8 9],[1;2;3])
ans =

   1.00000  0.50000  0.33333
   0.50000  0.40000  0.33333
   0.42857  0.37500  0.33333
```

（2）计算两矩阵相减的结果。

结果如下：

```
>> minus([1 2 3;4 5 6;7 8 9],[1;2;3])
ans =

   0  1  2
   2  3  4
   4  5  6
```

（3）计算两矩阵按矩阵左除的结果。

结果如下：

```
>> mldivide([1 2 3;4 5 6;7 8 9],[1;2;3])
warning: matrix singular to machine precision, rcond = 1.54198e-18
ans =
```

```
  - 0.055556
   0.111111
   0.277778
```

【例 6-7】 矩阵为$\begin{bmatrix}1 & 2 & 3\\4 & 5 & 6\\7 & 8 & 9\end{bmatrix}$。

（1）计算该矩阵的 10 次幂。

结果如下：

```
>> mpower([1 2 3;4 5 6;7 8 9],10)
ans =

   132476037840   162775103256   193074168672
   300005963406   368621393481   437236823556
   467535888972   574467683706   681399478440
```

（2）计算该实数矩阵转置的结果。

结果如下：

```
>> transpose([1 2 3;4 5 6;7 8 9])
ans =

   1  4  7
   2  5  8
   3  6  9
```

【例 6-8】 矩阵为$\begin{bmatrix}1 & 2 & 3\\4 & 5 & 6\\7 & 8 & -9\end{bmatrix}$。

（1）计算该矩阵取负的结果。

结果如下：

```
>> uminus([1 2 3;4 5 6;7 8 -9])
ans =

  -1   -2   -3
  -4   -5   -6
  -7   -8   9
```

（2）计算该矩阵取正的结果。

结果如下：

```
>> uplus([1 2 3;4 5 6;7 8 -9])
ans =

   1   2   3
   4   5   6
   7   8  -9
```

6.3.2 通用判断函数

通用判断函数同时适用于数字类型和矩阵类型的变量。为了展示更丰富的计算结果，在本节中一律采用矩阵类型的变量作为示例。

【例 6-9】 两个矩阵分别为$\begin{bmatrix}1 & 2 & 3\\4 & 5 & 6\\7 & 8 & 9\end{bmatrix}$和$\begin{bmatrix}1\\2\\3\end{bmatrix}$。

（1）计算第 1 个矩阵是否等于第 2 个矩阵。

结果如下：

```
>> eq([1 2 3;4 5 6;7 8 9],[1;2;3])
ans =

  1  0  0
  0  0  0
  0  0  0
```

（2）计算第 2 个矩阵是否大于或等于第 2 个矩阵。

结果如下：

```
>> ge([1 2 3;4 5 6;7 8 9],[1;2;3])
ans =

  1  1  1
  1  1  1
  1  1  1
```

（3）计算第 1 个矩阵是否大于第 2 个矩阵。

结果如下：

```
>> gt([1 2 3;4 5 6;7 8 9],[1;2;3])
ans =

  0  1  1
```

```
  1  1  1
  1  1  1
```

（4）计算第 1 个矩阵和第 2 个矩阵是否完全相等。

结果如下：

```
>> isequal([1 2 3;4 5 6;7 8 9],[1;2;3])
ans = 0
```

（5）计算第 1 个矩阵和第 2 个矩阵是否完全相等，额外包含 NaN 的判断。

结果如下：

```
>> isequaln([1 2 3;4 5 6;7 8 9],[1;2;3])
ans = 0
```

（6）计算第 1 个矩阵是否小于或等于第 2 个矩阵。

结果如下：

```
>> le([1 2 3;4 5 6;7 8 9],[1;2;3])
ans =

  1  0  0
  0  0  0
  0  0  0
```

（7）计算第 1 个矩阵是否小于第 2 个矩阵。

结果如下：

```
>> lt([1 2 3;4 5 6;7 8 9],[1;2;3])
ans =

  0  0  0
  0  0  0
  0  0  0
```

（8）计算第 1 个矩阵是否不等于第 2 个矩阵。

结果如下：

```
>> ne([1 2 3;4 5 6;7 8 9],[1;2;3])
ans =

  0  1  1
  1  1  1
  1  1  1
```

6.3.3 通用逻辑函数

通用逻辑函数同时适用于数字类型和矩阵类型的变量。为了展示更丰富的计算结果，在本节中一律采用矩阵类型的变量作为示例。

【例 6-10】 两个矩阵分别为$\begin{bmatrix}1 & 2 & 3\\4 & 5 & 6\\7 & 8 & 9\end{bmatrix}$和$\begin{bmatrix}1\\2\\3\end{bmatrix}$。

(1) 计算第 1 个矩阵和第 2 个矩阵的与运算。

结果如下：

```
>> and([1 2 3;4 5 6;7 8 9],[1;2;3])
ans =

  1  1  1
  1  1  1
  1  1  1
```

(2) 计算第 1 个矩阵和第 2 个矩阵的或运算。

结果如下：

```
>> or([1 2 3;4 5 6;7 8 9],[1;2;3])
ans =

  1  1  1
  1  1  1
  1  1  1
```

(3) 计算第 1 个矩阵和第 2 个矩阵的异或运算。

结果如下：

```
>> xor([1 2 3;4 5 6;7 8 9],[1;2;3])
ans =

  0  0  0
  0  0  0
  0  0  0
```

【例 6-11】 矩阵为$\begin{bmatrix}1 & 2 & 3\\4 & 5 & 6\\7 & 8 & 9\end{bmatrix}$。计算矩阵的非运算。

结果如下：

```
>> not([1 2 3;4 5 6;7 8 9])
ans =

  0  0  0
  0  0  0
  0  0  0
```

【例 6-12】 矩阵为$\begin{bmatrix}1 & 2 & 3\\4 & 5 & 6\\0 & 0 & 0\end{bmatrix}$。

(1) 计算矩阵的掩模运算,并规定真值为 1,假值为 0。

结果如下:

```
>> merge([1 2 3;4 5 6;0 0 0],1,0)
ans =

   1  1  1
   1  1  1
   0  0  0
```

(2) 计算矩阵的掩模运算,并规定真值为 1,假值为 0,使用第 2 种方法。

结果如下:

```
>> ifelse([1 2 3;4 5 6;0 0 0],1,0)
ans =

   1  1  1
   1  1  1
   0  0  0
```

6.3.4　矩阵基本函数

矩阵基本函数只适用于矩阵类型的变量。

【例 6-13】 矩阵为$\begin{bmatrix}1 & 2 & 3\\4 & 5 & 6\\7 & 8 & 9\end{bmatrix}$。

(1) 计算该矩阵的平衡矩阵。

结果如下:

```
>> balance([1 2 3;4 5 6;7 8 9])
ans =
```

```
   1  2  3
   4  5  6
   7  8  9
```

(2) 计算该矩阵的条件数。

结果如下：

```
>> cond([1 2 3;4 5 6;7 8 9])
ans =   3.8131e+16
```

(3) 计算该矩阵与特征值有关的条件数。

结果如下：

```
>> condeig([1 2 3;4 5 6;7 8 9])
ans =

   1.0396
   1.0396
   1.0000
```

(4) 计算该矩阵的行列式。

结果如下：

```
>> det([1 2 3;4 5 6;7 8 9])
ans =   6.6613e-16
```

(5) 计算该矩阵的特征值。

结果如下：

```
>> eig([1 2 3;4 5 6;7 8 9])
ans =

   1.6117e+01
  -1.1168e+00
  -1.3037e-15
```

(6) 对该矩阵进行旋转变换，并指定旋转因子为 1。

结果如下：

```
>> givens([1 2 3;4 5 6;7 8 9],1)
ans =

    0.70711  0.70711
   -0.70711  0.70711
```

(7) 对该矩阵和该矩阵的副本进行广义奇异值分解。

结果如下：

```
>> [U, V, X, C, S] = gsvd([1 2 3;4 5 6;7 8 9],[1 2 3;4 5 6;7 8 9])
U =

   0.870629  0.274479    0.408248
   0.482718  - 0.316728  - 0.816497
   0.094808  - 0.907934  0.408248

V =

   0.870629  0.274479    0.408248
   0.482718  - 0.316728  - 0.816497
   0.094808  - 0.907934  0.408248

X =

  0.408248     - 0.757780  - 0.509021
  - 0.816497   - 0.053744  - 0.574843
  0.408248     0.650293    - 0.640666

C =

Diagonal Matrix

   0.70711      0
         0  0.70711

S =

Diagonal Matrix

   0.70711      0
         0  0.70711
```

(8) 计算该矩阵的逆矩阵。

结果如下：

```
>> inv([1 2 3;4 5 6;7 8 9])
warning: matrix singular to machine precision, rcond = 1.54198e - 18
ans =

  - 4.5036e + 15  9.0072e + 15   - 4.5036e + 15
   9.0072e + 15  - 1.8014e + 16    9.0072e + 15
  - 4.5036e + 15  9.0072e + 15   - 4.5036e + 15
```

(9) 计算该矩阵的逆矩阵，使用第 2 种方法。

结果如下：

```
>> inverse([1 2 3;4 5 6;7 8 9])
warning: matrix singular to machine precision, rcond = 1.54198e-18
ans =

  -4.5036e+15   9.0072e+15  -4.5036e+15
   9.0072e+15  -1.8014e+16   9.0072e+15
  -4.5036e+15   9.0072e+15  -4.5036e+15
```

(10) 获取矩阵的类型。

结果如下：

```
>> matrix_type([1 2 3;4 5 6;7 8 9])
ans = Full
```

(11) 计算矩阵的范数。

结果如下：

```
>> norm([1 2 3;4 5 6;7 8 9])
ans = 16.848
```

(12) 计算该矩阵的零空间标准正交基。

结果如下：

```
>> null([1 2 3;4 5 6;7 8 9])
ans =

  -0.40825
   0.81650
  -0.40825
```

(13) 计算适用于该矩阵范围的标准正交基。

结果如下：

```
>> orth([1 2 3;4 5 6;7 8 9])
ans =

   0.21484  -0.88723
   0.52059  -0.24964
   0.82634   0.38794
```

（14）计算矩阵的摩尔-彭罗斯伪逆。

结果如下：

```
>> pinv([1 2 3;4 5 6;7 8 9])
ans =

  -6.3889e-01  -1.6667e-01   3.0556e-01
  -5.5556e-02   3.6675e-17   5.5556e-02
   5.2778e-01   1.6667e-01  -1.9444e-01
```

（15）计算矩阵的秩。

结果如下：

```
>> rank([1 2 3;4 5 6;7 8 9])
ans = 2
```

（16）计算该矩阵的条件数倒数。

结果如下：

```
>> rcond([1 2 3;4 5 6;7 8 9])
ans =    1.5420e-18
```

（17）计算该矩阵的迹。

结果如下：

```
>> trace([1 2 3;4 5 6;7 8 9])
ans = 15
```

（18）化简该矩阵。

结果如下：

```
>> rref([1 2 3;4 5 6;7 8 9])
ans =

   1.00000   0.00000  -1.00000
   0.00000   1.00000   2.00000
   0.00000   0.00000   0.00000
```

（19）计算该矩阵的向量范数。

结果如下：

```
>> vecnorm([1 2 3;4 5 6;7 8 9])
ans =

    8.1240    9.6437   11.2250
```

【例 6-14】 矩阵为$\begin{bmatrix}1 & 2 & 3\\4 & 5 & 6\\7 & 8 & 9\end{bmatrix}\boldsymbol{x}=\begin{bmatrix}1\\2\\3\end{bmatrix}$，求 $\boldsymbol{x}$。

结果如下：

```
>> linsolve([1 2 3;4 5 6;7 8 9],[1 2 3]')
warning: matrix singular to machine precision, rcond = 1.54198e-18
warning: called from
    linsolve at line 108 column 7
ans =

  -0.055556
   0.111111
   0.277778
```

【例 6-15】 两个矩阵分别为$\begin{bmatrix}1 & 2 & 3\\4 & 5 & 6\\7 & 8 & 9\end{bmatrix}$和$\begin{bmatrix}1\\2\\3\end{bmatrix}$。对该矩阵进行改进的施密特正交化。

结果如下：

```
>> mgorth([1 2 3]',[1 2 3;4 5 6;7 8 9])
ans =

  -0.26773
  -0.53464
  -0.80155
```

6.3.5 矩阵构造函数

矩阵构造函数只适用于矩阵类型的变量。

【例 6-16】 给定矩阵$\begin{bmatrix}1 & 2 & 3\\4 & 5 & 6\\7 & 8 & 90\end{bmatrix}$。

(1) 获取该矩阵的下三角矩阵。

结果如下：

```
>> tril([1 2 3;4 5 6;7 8 90],0)
ans =

    1   0   0
    4   5   0
    7   8  90
```

（2）获取该矩阵的拟下三角矩阵。

结果如下：

```
>> tril([1 2 3;4 5 6;7 8 90],1)
ans =

   1   2   0
   4   5   6
   7   8  90

>> tril([1 2 3;4 5 6;7 8 90],-1)
ans =

  0  0  0
  4  0  0
  7  8  0

>> tril([1 2 3;4 5 6;7 8 90],-2)
ans =

  0  0  0
  0  0  0
  7  0  0
```

（3）获取该矩阵的上三角矩阵。

结果如下：

```
>> triu([1 2 3;4 5 6;7 8 90],0)
ans =

   1   2   3
   0   5   6
   0   0  90
```

（4）获取该矩阵的拟上三角矩阵。

结果如下：

```
>> triu([1 2 3;4 5 6;7 8 90],1)
ans =

  0  2  3
  0  0  6
  0  0  0

>> triu([1 2 3;4 5 6;7 8 90],2)
```

```
ans =

   0  0  3
   0  0  0
   0  0  0

>> triu([1 2 3;4 5 6;7 8 90], -1)
ans =

    1   2   3
    4   5   6
    0   8  90
```

(5) 获取该矩阵的对角线元素。

结果如下：

```
>> diag([1 2 3;4 5 6;7 8 90])
ans =

    1
    5
   90
```

(6) 获取矩阵的上 Cholesky 因子。

结果如下：

```
>> chol([1 2 3;4 5 6;7 8 90])
ans =

   1  2  3
   0  1  0
   0  0  9
```

(7) 获取矩阵的上 Cholesky 因子的逆矩阵。

结果如下：

```
>> cholinv([1 2 3;4 5 6;7 8 90])
ans =

    5.11111  -2.00000   0.03704
   -2.00000   1.00000  -0.00000
   -0.03704  -0.00000   0.01235
```

(8) 获取这个矩阵的上 Cholesky 因子的逆矩阵,使用第 2 种方法。

结果如下:

```
>> chol2inv([1 2 3;4 5 6;7 8 90])
ans =

    1.160044444  - 0.079911111  - 0.000074074
  - 0.079911111    0.040177778  - 0.000148148
  - 0.000074074  - 0.000148148    0.000123457
```

(9) 删除这个矩阵的第 1 行和第 1 列,然后获取上 Cholesky 因子。

结果如下:

```
>> choldelete([1 2 3;4 5 6;7 8 90],1)
ans =

    5.38516   6.68503
    0.00000   90.00172
```

(10) 移动矩阵的第 1 列～第 2 列的范围,然后获取上 Cholesky 因子。

结果如下:

```
>> cholshift([1 2 3;4 5 6;7 8 90],1,2)
ans =

    5.38516   4.08530   6.68503
    0.00000   7.02213   89.67214
    8.00000   0.00000   7.69529
```

(11) 获取矩阵的 Hessenberg 分解。

结果如下:

```
>> hess([1 2 3;4 5 6;7 8 90])
ans =

    1.00000   - 3.59701   - 0.24807
  - 8.06226    75.10769   - 32.06154
    0.00000   - 34.06154    19.89231
```

(12) 获取这个矩阵的 LU 分解。

结果如下:

```
>> [L, U] = lu([1 2 3;4 5 6;7 8 90])
L =
```

```
    0.14286  1.00000  0.00000
    0.57143  0.50000  1.00000
    1.00000  0.00000  0.00000

U =

    7.00000  8.00000   90.00000
    0.00000  0.85714   -9.85714
    0.00000  0.00000  -40.50000
```

(13) 获取这个矩阵的 QR 分解。

结果如下：

```
>> [Q, R] = qr([1 2 3;4 5 6;7 8 90])
Q =

  -0.12309    0.90453    0.40825
  -0.49237    0.30151   -0.81650
  -0.86164   -0.30151    0.40825

R =

  -8.12404   -9.60114   -80.87111
   0.00000    0.90453   -22.61335
   0.00000    0.00000    33.06811
```

(14) 再给定一个单位矩阵，获取这两个矩阵的 QZ 分解。

结果如下：

```
>> [A, B] = qz([1 2 3;4 5 6;7 8 90],eye(3))
A =

   90.81734    2.24339    3.97559
    0.00000   -0.47309   -1.77817
    0.00000    0.00000    5.65576

B =

    1.00000   -0.00000    0.00000
    0.00000    1.00000   -0.00000
    0.00000    0.00000    1.00000
```

(15) 再给定一个单位矩阵，获取这个矩阵的 Hessenberg 三角分解，再进行 QZ 分解。

结果如下：

```
>> [A, B] = qzhess([1 2 3;4 5 6;7 8 90],eye(3))
A =

    1.00000   3.59701     - 0.24807
    8.06226   75.10769     32.06154
    0.00000   34.06154     19.89231

B =

    1.00000   0.00000   0.00000
    0.00000   1.00000   0.00000
    0.00000   0.00000   1.00000
```

(16) 获取矩阵的 Schur 分解。

结果如下：

```
>> schur([1 2 3;4 5 6;7 8 90])
ans =

    90.81734    2.24339     3.97559
    0.00000   - 0.47309   - 1.77817
    0.00000     0.00000     5.65576
```

(17) 将矩阵的 Schur 分解变为复数域内的上三角 Schur 形式。

结果如下：

```
>> [U, T] = rsf2csf([1 2 3;4 5 6;7 8 90],[90.81734 2.24339 3.97559; ...
                        0.00000  - 0.47309  - 1.77817; ...
                        0.00000   0.00000      5.65576;])
U =

    1   2   3
    4   5   6
    7   8   90

T =

    90.81734    2.24339     3.97559
    0.00000   - 0.47309   - 1.77817
    0.00000     0.00000     5.65576
```

(18) 获取矩阵的 SVD 分解。

结果如下：

```
>> svd_driver('gesvd');
>> [U, S, V] = svd([1 2 3;4 5 6;7 8 90])
U =

  -0.035662  -0.306620  -0.951164
  -0.074109  -0.948337   0.308487
  -0.996612   0.081491   0.011096

S =

Diagonal Matrix

   90.93237        0          0
          0  5.92456          0
          0        0    0.45106

V =

  -0.0803717  -0.5957453   0.7991420
  -0.0925388  -0.7938134  -0.6010798
  -0.9924601   0.1222614  -0.0086706
```

(19) 获取矩阵的 SVD 分解,使用第 2 种方式。

结果如下:

```
>> svd_driver('gesdd');
>> [U, S, V] = svd([1 2 3;4 5 6;7 8 90])
U =

  -0.035662  -0.306620  -0.951164
  -0.074109  -0.948337   0.308487
  -0.996612   0.081491   0.011096

S =

Diagonal Matrix

   90.93237         0          0
          0   5.92456          0
          0         0    0.45106

V =

  -0.0803717  -0.5957453   0.7991420
  -0.0925388  -0.7938134  -0.6010798
  -0.9924601   0.1222614  -0.0086706
```

(20) 构造一个 Krylov 子空间的正交基。

结果如下：

```
>> [U, H, NU] = krylov([1 2 3;4 5 6;7 8 90],ones(3,3),1)
U =

  - 0.57735
  - 0.57735
  - 0.57735

H = 42.000
NU = 1
```

【例 6-17】 给定两个矩阵 $\begin{bmatrix}1 & 2 & 3\\4 & 5 & 6\\7 & 8 & 90\end{bmatrix}$ 和 $\begin{bmatrix}1 & 2\\3 & 4\end{bmatrix}$。

将这两个矩阵构造为拟对角线矩阵。

结果如下：

```
>> blkdiag([1 2 3;4 5 6;7 8 90],[1 2;3 4])
ans =

     1     2     3     0     0
     4     5     6     0     0
     7     8    90     0     0
     0     0     0     1     2
0    0     0     3     4
>> blkdiag([1 2;3 4],[1 2 3;4 5 6;7 8 90])
ans =

     1     2     0     0     0
     3     4     0     0     0
     0     0     1     2     3
     0     0     4     5     6
```

【例 6-18】 给定矩阵 $\begin{bmatrix}1 & 2 & 0\\4 & 5 & 0\\0 & 0 & 90\end{bmatrix}$。获取这个拟对角线矩阵的广义特征值。

结果如下：

```
>> ordeig([1 2 0;4 5 0;0 0 90])
ans =
```

```
    6.46410
   -0.46410
    90.00000
```

【例 6-19】 给定两个矩阵 $\begin{bmatrix}1 & 2 & 3\\4 & 5 & 6\\7 & 8 & 90\end{bmatrix}$ 和 $\begin{bmatrix}1 & 1 & 1\\1 & 1 & 1\\1 & 1 & 1\end{bmatrix}$。获取两个子空间的最大空间主角。

结果如下：

```
>> subspace([1 2 0;4 5 0;0 0 90],[1 1 1;1 1 1;1 1 1])
ans = 5.5511e-16
```

【例 6-20】 给定矩阵 [1 2 3]，获取这个向量将 1 反射到第二列的 Householder 反射。

结果如下：

```
>> [house, beta, zer] = housh([1 2 3],1,2)
house =

   0.33333  0.66667  1.00000

beta = 0
zer = 1
```

6.3.6 矩阵代数函数

矩阵代数函数只适用于矩阵类型的变量。

【例 6-21】 给定矩阵 $\begin{bmatrix}1 & 2 & 3\\4 & 5 & 6\\7 & 8 & 90\end{bmatrix}$。

(1) 求返回矩阵的指数。

结果如下：

```
>> expm([1 2 3;4 5 6;7 8 90])
ans =

   7.8706e+36   9.1123e+36   9.5781e+37
   1.6092e+37   1.8630e+37   1.9583e+38
   2.2491e+38   2.6039e+38   2.7371e+39
```

（2）求返回矩阵的对数。

结果如下：

```
>> logm([1 2 3;4 5 6;7 8 90])
warning: logm: principal matrix logarithm is not defined for matrices with negative
eigenvalues; computing non-principal logarithm
warning: called from
    logm at line 75 column 5
ans =

   -0.24239 + 2.51082i  0.70513 - 0.88124i  0.11582 - 0.02481i
    1.43473 - 1.79618i  1.25350 + 0.63042i  0.18270 + 0.01775i
    0.25393 - 0.03544i  0.25176 + 0.01244i  4.48195 + 0.00035i
```

（3）求返回矩阵的平方根。

结果如下：

```
>> sqrtm([1 2 3;4 5 6;7 8 90])
ans =

   0.49786 + 0.54972i  0.69068 - 0.19294i  0.26665 - 0.00543i
   1.40135 - 0.39325i  1.94917 + 0.13802i  0.49333 + 0.00389i
   0.60886 - 0.00776i  0.66444 + 0.00272i  9.46097 + 0.00008i
```

【例 6-22】 给定两个矩阵 $\begin{bmatrix}1 & 2 & 3\\4 & 5 & 6\\7 & 8 & 90\end{bmatrix}$ 和 $\begin{bmatrix}1 & 2 & 3\\4 & 5 & 6\\7 & 8 & 90\end{bmatrix}$。

（1）求返回两矩阵的 Kronecker 积。

结果如下：

```
>> kron([1 2 3;4 5 6;7 8 90],[1 2 3;4 5 6;7 8 90])
ans =

      1     2     3     2     4     6     3     6     9
      4     5     6     8    10    12    12    15    18
      7     8    90    14    16   180    21    24   270
      4     8    12     5    10    15     6    12    18
     16    20    24    20    25    30    24    30    36
     28    32   360    35    40   450    42    48   540
      7    14    21     8    16    24    90   180   270
     28    35    42    32    40    48   360   450   540
     49    56   630    56    64   720   630   720  8100
```

（2）求返回两矩阵的乘积。

结果如下：

```
>> blkmm([1 2 3;4 5 6;7 8 90],[1 2 3;4 5 6;7 8 90])
ans =

    30    36  285
    66    81  582
   669   774  8169
```

【例 6-23】 求解 Sylvester 方程 $\begin{bmatrix}1 & 2 & 3\\4 & 5 & 6\\7 & 8 & 90\end{bmatrix}\boldsymbol{x}+\boldsymbol{x}\begin{bmatrix}1 & 2 & 3\\4 & 5 & 6\\7 & 8 & 90\end{bmatrix}=\begin{bmatrix}1 & 2 & 3\\4 & 5 & 6\\7 & 8 & 90\end{bmatrix}$。

结果如下：

```
>> sylvester([1 2 3;4 5 6;7 8 90],[1 2 3;4 5 6;7 8 90],[1 2 3;4 5 6;7 8 90])
ans =

   5.0000e-01   -3.1862e-16   3.0510e-16
  -2.8181e-15    5.0000e-01   1.1245e-16
   1.7374e-16    6.4993e-17   5.0000e-01
```

第 7 章 脚　本

在使用 Octave 进行运算时，经常会遇到大量计算步骤的情况。在计算步骤过多的场合，每次完成计算都要输入大量命令，而且这些命令以函数为主。那么，有没有一种方法可以通过一条命令来完成大量计算步骤的输入呢？有的，可以通过脚本实现。

脚本是一种存放大量计算步骤的方式。用户可以将大量计算步骤写入脚本中，然后保存成脚本文件。在 Octave 中，可以通过文件名的方式或者绝对路径的方式进行调用。调用之后，Octave 开始执行脚本，执行的顺序是从上到下的。在脚本内的所有计算步骤执行完毕之后，Octave 重新开始等待用户的输入，这个时候用户就可以进行其他操作了。

脚本中的程序在运行时可能会在两种模式下运行：

- 这些程序在 Octave 客户端内执行时，和直接在命令行窗口内执行程序的执行结果将完全一致，视为以交互模式运行程序；
- 这些程序在 Octave 客户端外执行时，和直接在命令行窗口内执行程序的执行结果可能不一致，视为以脚本模式运行程序。

对于函数而言，本书将在第 8 章进行专门讲解。本章会给出一些简单的函数，由于对于脚本的讲解必须涉及函数，而鉴于在本书中还没有对函数进行系统讲解，所以在本章中只给出一些简单的函数。另外，这些简单的函数也可以起到抛砖引玉的作用，引出第 8 章对函数的讲解。

7.1 脚本命名规则

7.1.1 脚本名称限制

Octave 对脚本名称的限制分为以下几个方面：

- 脚本名称不得以数字开头；
- 脚本内容中的第一条语句不得以 function 关键字开头；
- 如果脚本名称或前缀名和关键字重名，则脚本的调用会被限制。

注意：如果脚本内容中的第一个运算语句以 function 关键字开头，则 Octave 将把这个文件中的所有内容视为一个函数，而不再视为脚本。

为了方便调用脚本，我们可以在 Octave 脚本后添加.m 后缀。对于带有.m 后缀的文件，Octave 会直接将它视为一个 Octave 脚本，并且可以不输入.m 后缀进行调用。

此外，对于和关键字重名的脚本而言，我们不可以通过以上方式进行调用。

编辑一个名为 do.m 的脚本，将其内容编辑为

```
#!/usr/bin/octave
#第 7 章/do.m
fprintf('1');
```

保存内容后，在命令行窗口中输入：

```
>> do
```

将无法得到正确输出，因为此时 do 语句调用的是 do 关键字。

此外，对于文件名中含有空格的脚本，不可以直接调用其文件名前缀来执行脚本，但可以调用 run()函数来执行。

调用 run()函数时需要传入脚本的以下 3 种参数之一：

- ❑ 绝对路径；
- ❑ 省略.m 后缀的文件名；
- ❑ 不省略.m 后缀的文件名。

例如，在当前路径下新建一个名为 a b.m 的脚本，且脚本内容为

```
#!/usr/bin/octave
#第 7 章/a b.m
a = 2
```

那么可以使用如下方式成功调用并得到正确结果：

```
>> run('a b')
a = 2
```

这个例子使用不省略.m 后缀的文件名作为 run()函数调用时传入的参数。

注意：如果工作空间内的变量名前缀和脚本重名，则调用脚本名时不会执行脚本，而会调用变量。建议在调用 Octave 脚本时尽量使用 run()函数，以防止不必要的运算逻辑错误。

7.1.2 脚本路径规则

Octave 在调用脚本时支持：

- ❑ 绝对路径；
- ❑ 省略.m 后缀的文件名；
- ❑ 不省略.m 后缀的文件名。

对于前缀名相同，但一个文件含有.m 后缀，另一个文件不含有.m 后缀的两个文件而言，如果省略后缀名，则 Octave 将只调用含有.m 后缀的文件（即便含有.m 后缀的文件不是一个 Octave 脚本，Octave 也不会调用不含有.m 后缀的文件）。

7.1.3　Octave 的关键字

Octave 规定了 42 个关键字，并且规定关键字不得被用作变量名或者函数名。Octave 的关键字如表 7-1 所示。

表 7-1　Octave 的关键字

序号	关键字	序号	关键字	序号	关键字
1	__FILE__	15	endenumeration	29	global
2	__LINE__	16	endevents	30	if
3	break	17	endfor	31	methods
4	case	18	endfunction	32	otherwise
5	catch	19	endif	33	parfor
6	classdef	20	endmethods	34	persistent
7	continue	21	endparfor	35	properties
8	do	22	endproperties	36	return
9	else	23	endswitch	37	switch
10	elseif	24	endwhile	38	try
11	end	25	enumeration	39	until
12	end_try_catch	26	events	40	unwind_protect
13	end_unwind_protect	27	for	41	unwind_protect_cleanup
14	endclassdef	28	function	42	while

7.2　脚本结构组成

7.2.1　Shebang

Octave 支持 Shebang 表示方法，来指定脚本的执行程序为 Octave 程序。如果一个 Octave 程序脚本想要在 Linux 终端上直接运行，则必须在脚本的第一行写入#!，代码如下：

```
#!/usr/bin/octave
```

上面的代码就是一个 Shebang，使用#!符号开头，代表该脚本使用路径为/usr/bin/

octave 的程序来运行下面的所有语句。

在指定 Shebang 之后，就可以按正常的逻辑和语法编写 Octave 程序了。下面给出一个带有 Shebang 的脚本范例：

```
#!/usr/bin/octave
#第 7 章/shebang_helloworld.m
sprintf("hello world!")
```

如果 Linux 系统上含有/usr/bin/octave 文件，且这个文件指向一个可用的 Octave 可执行文件，则执行该脚本后将输出 ans = hello world!。

注意：Shebang 不是必需的。一个不含 Shebang 的 Octave 脚本仍然有效。Windows 系统不会识别 Shebang。

7.2.2 注释

1. 行注释

Octave 需要使用%符号或者#符号作为行注释开始的标志。在 Octave 中，%符号注释和#符号注释的表现相同。

以%符号为开头的注释，可以单独起一行，也可以直接放在一行之间，则这一行的后半部分全部会被 Octave 解释器忽略。

另外，Octave 可以使用#符号作为行注释的开始标志。#符号标记的注释部分，也可以写在行当中，这样#符号之后的内容也可以作为注释内容，我们可以自己写入相应的注释内容，其中的内容也不会被解释器识别。

2. 块注释

块注释用于方便地编写多行注释。一个块注释以#{符号或%{符号标记块注释的开始，并且以#}符号或%}符号标记块注释的结束，代码如下：

```
>> function a = f()
#{
sprintf('head line')
sprintf('middle line')
sprintf('tail line')
%}
sprintf('not - in - comments line')
endfunction
>> f
ans = not - in - comments line
```

建议将#{符号、%{符号、#}符号和%}符号单独写到一行当中。如果#{符号、%{符号、#}符号和%}符号的所在行中含有注释内容，则块注释的内容将改变，代码如下：

```
>> function a = f()
 #{sprintf('head line')
sprintf('middle line')
sprintf('tail line') %}
sprintf('not-in-comments line')
endfunction
>> f
ans = middle line
ans = tail line
ans = not-in-comments line
```

此时块注释的第二行之后不代表注释中的内容。

3. 文档注释

文档注释用于在文档中表明不同注释间的层次关系。在一行的最开头写入%%符号或者##符号代表文档注释。一个文档注释可以同时包括几行行注释，同一个文档注释中的所有行都要使用%符号或者#符号作为开头，代码如下：

```
##block comment 1
#under block comment 1
##block comment 2

#not under a block comment
%% block comment 3
#under block comment 3
% under block comment 3
a = 1;
% not under a block comment
```

通过上面的例子，我们可以知道：

- 每个%%符号或者##符号都代表一个文档注释；
- 文档注释和行注释之间有从属关系：行注释可以从属于文档注释，而文档注释不可以从属于行注释；
- 紧贴文档注释的行注释从属于这个文档注释；
- 不紧贴文档注释的行注释不从属于任何文档注释；
- 紧贴从属于文档注释的行注释的行注释也从属于同一个文档注释。

文档注释在绝大部分情况下，解析的效果和行注释没有差别，但是，在生成文档时，文档注释的层次关系就可以体现出来了，如字号加大、缩进靠前等特性。

此外，在某些 IDE 当中，文档注释的内容可以被加粗显示，以便于阅读。

7.2.3　帮助文本

我们可以调用 help 函数获取一个函数的帮助文本。调用 help 函数时，只需要在 help

后追加要查询帮助文本的函数的名称，示例代码如下：

```
>> help plot
```

这样便可以返回 plot()函数的帮助文本。

help 函数返回函数中的第一块注释内容，也就是从第一次出现注释的位置到下一行不是注释的位置。这些注释内容也叫帮助文本。帮助文本支持：

- 行注释；
- 块注释；
- 文档注释。

注意：help 函数在处理块注释内容时，同样遵循"如果'#{'符号、'%{'符号、'#}'符号和'%}'符号的所在行中含有注释内容，则块注释的内容将改变"这个逻辑。

---

help 函数以纯文本形式返回帮助文本，不会格式化帮助文本中的内容，代码如下：

```
>> function c = d()
#won't change line with '\n'
##won't display document comments specially
endfunction
>> help d
'd' is a command - line function

won't change line with '\n'
won't display document comments specially
```

在 help 函数输出的帮助文本中，既不会格式化帮助文本的内容，也不会体现帮助文本中文档注释的层次关系。

7.2.4 运算语句与注释风格

对于一个脚本文件而言，运算语句是最核心的部分。在一个脚本有运算语句的前提之下，Octave 才可以解析这些运算语句。

为保持良好的编程风格，建议在编写运算语句时增加适当的注释。下面以一个脚本为例，给出一种推荐的注释风格：

```
sprintf("this is a script")
function res = add1to5()
    ## -- 这里写用法 1
    ## -- 这里写用法 2 等,放在不同的文档注释层次中
    ##这里写函数的用途
    #定义、用例等
```

```
    #共同作为帮助文本,放在同一个文档注释层次中
    for tmp = 1:5
        #加入合理的缩进
        res += tmp; #计算函数的返回值
        #消除内部变量的输出
endfunction
```

一个好的注释风格需要包含以下几点：

- 在函数中编写帮助文本；
- 在帮助文本中说明函数用法、用途等信息；
- 在函数的用途信息中说明函数用途、定义、用例等信息；
- 在注释中使用文档注释标记层次关系；
- 在代码块和行注释中注意上下文的缩进；
- 在需要的场合标记行注释和行内注释。

7.3　调用脚本时消除歧义

我们知道，在 Octave 中可以只使用文件名进行脚本调用。如果脚本文件名和变量名重复，则可以调用 run()函数消除歧义，下面给出一个消除歧义的例子。

如果在当前路径下新建一个名为 a.m 的脚本，脚本内容如下：

```
a = 1
```

然后，使用如下命令：

```
>> clear a
```

此命令清除工作空间中的 a 变量，然后调用 a 命令，此时输出：

```
>> a
a = 1
```

说明脚本被成功调用，并且脚本向工作空间添加了 a 变量，其值为 1。于是，我们知道此时的 a 命令是 a.m 脚本。

然后，将脚本内容改为

```
a = 2
```

保存此脚本内容，再次调用 a 命令，此时输出：

```
>> a
a = 1
```

输出的值没有成功被赋值为2，说明脚本没有被调用。于是我们知道最后调用的a命令指的其实是a变量，而不是a.m脚本。

此时我们可以调用run()函数消除歧义。调用run()函数的写法如下：

```
>> run('a')
a = 2
```

此时"a变量"被重新赋值了，说明a.m脚本成功被调用。

7.4 脚本运算流程

因为Octave在执行脚本时不去查询整个脚本的内容，所以在Octave中的脚本编写可以极其灵活。对于一个名称而言，可能在这一条语句当中代表一个变量，下一个语句当中就被视为一个函数名。这也是Octave的强大之处，正所谓"无招胜有招"！

由于在Octave脚本中可以包含所有的运算逻辑，下面给出一个在脚本中改变变量类型的例子。

脚本内容代码如下：

```
#!/usr/bin/octave
#第7章/tester.m
a = 1
function b = a()
    b = 2
endfunction
fprintf("call function a, b =  %d\n", a)
```

然后清空工作空间中的所有变量，去掉工作空间中的a变量或a函数，代码如下：

```
>> clear all
```

执行这个脚本，得到输出如下：

```
>> tester;
a = 1
b = 2
call function a, b = 2
```

在上面的代码中，a首先被视为a变量，然后又被视为a函数。随后，脚本调用a函数，a

函数将 b 变量赋值为 2。在脚本运算的过程中，a 指代的内容成功改变了。

7.4.1 上下文

1. 上下文的概念

上下文的概念是在调用一个函数时自动加载的符号列表。

2. 函数与上下文的关联规则

在上下文的概念中，符号可以指变量名、函数名和对象名等。函数调用和上下文的关联规则如下：

- 在一个函数被调用时，Octave 自动备份调用时的上下文，然后该函数使用此上下文；
- 在一个函数被调用时，函数体内的语句不但可以调用局部符号，还可以调用上下文中的符号；
- 在一个函数返回时，Octave 自动恢复调用该函数时备份的上下文。

3. 脚本与上下文的关联规则

在运行脚本时，如果脚本被函数所调用，则脚本使用的上下文既可以是主调函数(caller)的上下文，也可以是最上层的上下文(base)。根据上下文的不同，脚本中的符号列表也不同。

脚本运行时的上下文默认遵循如下规则：

- 如果在函数中调用一个脚本，则这个脚本运行时的上下文就是主调函数；
- 如果不在函数中调用一个脚本，则这个脚本运行时的上下文就是最上层的上下文。

7.4.2 source()函数指定上下文

我们可以借助 source()函数调用脚本，同时指定一个特定的上下文。

source()函数是 Octave 对于脚本文件调用的一个入口函数。我们可以使用 source()函数对一个任意的文件进行解释，然后执行文件里面的内容。这样可以不将命令写作函数的标准格式。很多时候，用户确实不需要考虑函数的输入、输出行为，而只需要进行一些基本操作。使用 source()函数可以省去不必要的麻烦。

在不指定上下文的情况下，调用 source()函数、调用 run()函数和直接调用脚本的行为相同。source()函数的不同之处在于：我们可以追加第二个参数作为此脚本的上下文。

下面给出一段代码，用于演示 source()函数对于上下文的影响：

```
#!/usr/bin/octave
#第 7 章/callit.m
c(in) #调用 c()函数.此文件依然是脚本文件,而不是函数文件

#!/usr/bin/octave
#第 7 章/b.m
function o = b(in) #设计 callit.m 的入口函数 b(),用于创造不同的上下文环境
    in += 3;
```

```
    callit                              #使用脚本名直接调用脚本
    d(in);
endfunction

#!/usr/bin/octave
#第 7 章/c.m
function o = c(in)                      #设计 c()函数,用于设计一个函数传值的场合
    fprintf("here, in = %d\n",in)
endfunction

#!/usr/bin/octave
#第 7 章/d.m
function d(in) #在 d()函数处改变上下文
    source('callit.m','base')           #使用 base 上下文调用脚本
    source('callit.m','caller')         #使用 caller 上下文调用脚本
endfunction
```

将工作空间中的 in 变量设定为 1，将 b()函数传入的 in 变量设定为 3。最终的结果如下：

```
>> in = 1;
>> b(3)
here, in = 6
here, in = 1
here, in = 1
```

我们可以得出如下结论：

- 使用脚本名直接调用脚本时，读取的变量来自 caller 上下文的 in 变量；
- 使用 base 上下文调用脚本时，读取的变量来自 base 上下文的 in 变量；
- 使用 caller 上下文调用脚本时，读取的变量来自 caller 上下文的 in 变量。

此外，对于和关键字重名的脚本而言，我们可以使用 source()函数进行调用，代码如下：

编辑一个名为 do.m 的脚本，编辑其内容为

```
fprintf('1')
```

保存此内容后，在命令行窗口中输入如下代码：

```
>> source('do.m')
```

可以得到正确的结果，结果如下：

```
1 >>
```

7.4.3 批量运行脚本

我们在调用并且运行一个脚本文件时，脚本里面的每条命令都必须被执行。根据这个原理，我们可以将自己想要调用的命令全部放入脚本文件，在需要批量调用命令时，只需调用脚本便可以完成大批命令的调用。下面给出一个批量运行脚本的例子。

在当前路径下，向脚本文件 add1to2n3.m 中写入以下内容：

```
#!/usr/bin/octave
#第 7 章/add1to2n3.m
clear all
add1
add2
add3
```

保存此内容后，在当前路径下向脚本文件 add1.m 中写入以下内容：

```
#!/usr/bin/octave
#第 7 章/add1.m
a = 1
```

保存此内容后，在当前路径下向脚本文件 add2.m 中写入以下内容：

```
#!/usr/bin/octave
#第 7 章/add2.m
a += 2
```

保存此内容后，在当前路径下向脚本文件 add3.m 中写入以下内容：

```
#!/usr/bin/octave
#第 7 章/add3.m
a += 3
```

保存此内容后，调用脚本 add1to2n3.m，得到如下结果：

```
>> add1to2n3
a = 1
a = 3
a = 6
```

在实际编程过程中，可以将一个大程序按照功能分成多个小程序，然后将其写入多个脚本文件。执行时，只需额外设计一个入口脚本，将所有脚本文件按照逻辑组合起进行批量调用，即可得到预期结果。

7.4.4 嵌套运行脚本

嵌套运行脚本也有益于组织程序结构。下面给出一个嵌套运行脚本的例子。

在当前路径下，向脚本文件 add1to2n3_.m 中写入以下代码：

```
#!/usr/bin/octave
#第 7 章/add1to2n3_.m
clear all
add1_
```

保存此内容后，在当前路径下向脚本文件 add1_.m 中写入以下代码：

```
#!/usr/bin/octave
#第 7 章/add1_.m
a = 1
add2_
```

保存此内容后，在当前路径下向脚本文件 add2_.m 中写入以下代码：

```
#!/usr/bin/octave
#第 7 章/add2_.m
a += 2
add3_
```

保存此内容后，在当前路径下向脚本文件 add3_.m 中写入以下代码：

```
#!/usr/bin/octave
#第 7 章/add3_.m
a += 3
```

保存此内容后，调用脚本 add1to2n3_.m，得到结果如下：

```
>> add1to2n3_
a = 1
a = 3
a = 6
```

可以看到，嵌套运行脚本也可以将多个脚本中的程序联系起来。

7.4.5 使用脚本加载函数

即便一个脚本文件可能不用 function 关键字开始，但是我们仍然可以通过脚本加载函数。脚本文件的强大之处在于可以在一个脚本文件内定义函数，而且可以一次性加载这些函数。等到用户需要执行这些函数的时候,还可以按需调用。如果要实现这两个特性,则 Octave 规定脚本文件不能以 function 关键字开头(注释语句和空格字符除外),否则 Octave 会认为这个文件是函数文件,而非脚本文件。

使用脚本加载函数时,可以只加载一个函数,也可以加载多个函数。下面给出同时使用一个脚本加载两个函数的例子。

在当前路径下,向脚本文件 two_functions.m 中写入以下代码:

```
#!/usr/bin/octave
#第 7 章/two_functions.m
clear all
function r = a()
    r = 10;
endfunction
function r = b()
    r = 2;
endfunction
```

保存此脚本后,执行如下代码:

```
>> two_functions
```

即可向 Octave 内存空间中导入 a()函数和 b()函数。

此时,two_functions.m 脚本中的 a()函数和 b()函数已经导入了 Octave 的内存空间。随后单独调用 a()函数,代码如下:

```
>> a
ans  =  10
```

调用 a()函数后成功得到返回结果。

注意:从脚本中导入的函数不保存在工作空间中,而只是保存在内存空间中。

第 8 章 函　　数

8.1 函数命名规则

函数在命名时，首先需要满足 Octave 对于变量的命名规则。这是因为 Octave 的函数也是一种内置的变量类型。

并且，如果使用文件作为 Octave 函数的载体，则我们也需要将文件名和函数名统一，并且加上.m 后缀，这样就可以正常使用这个文件类型的函数了。

Octave 中的函数名的限制如下：

(1) 函数名必须使用 ASCII 字符组合而成。

(2) 函数名不得以数字开头。

(3) 函数名不得使用关键字。

8.2 函数定义方法

Octave 的函数定义由 function 关键字、传入参数列表及返回参数列表组成。

Octave 使用 function 关键字、函数名和 endfunction 关键字定义一个函数。函数的定义使用 function 关键字开始，使用 endfunction 关键字或 end 关键字结束。

一个函数名为 function_empty 的函数的最小定义代码如下：

```
#!/usr/bin/octave
#第 8 章/function_empty.m
function function_empty
endfunction
```

此外，还可以在函数名之后使用圆括号定义传入参数列表，在 function 关键字和函数名之间定义返回的参数列表，然后使用等号连接。

一个函数名为 function_empty_2 的函数的完整定义代码如下：

```
#!/usr/bin/octave
#第 8 章/function_empty_2.m
function [argout1,argout2] = function_empty_2(argin1, argin2)
endfunction
```

注意：如果返回参数列表中含有多个返回值，则需要将这些返回值使用矩阵进行包裹。

8.2.1　函数的层次结构

Octave 的内嵌函数分为私有函数、子函数和嵌套函数。

1. 私有函数

Octave 中含有私有函数的概念。有时一个函数需要借助其他函数完成自身的功能，并且我们不希望那些函数被随意调用，此时就需要引入私有函数。引入私有函数的方法是将私有函数放在主函数所在位置的 private 文件夹之下，代码如下：

```
#!/usr/bin/octave
#第 8 章/function_outside.m
function function_outside
    fprintf('caller outside!\n')
    function_inside
endfunction

#!/usr/bin/octave
#第 8 章/private/function_inside.m
function function_inside
    fprintf('subfunction inside!\n')
endfunction

>> function_outside
caller outside!
subfunction inside!
```

2. 嵌套函数

Octave 中允许对函数进行嵌套定义，而且被嵌套定义的函数称为嵌套函数，代码如下：

```
#!/usr/bin/octave
#第 8 章/function_nested.m
function function_nested
    fprintf('nested x1!\n')
    function function_nested_nested
        fprintf('nested x2!\n')
```

```
    endfunction
    function_nested_nested
endfunction

>> function_nested
nested x1!
nested x2!
```

嵌套函数和子函数非常像，二者的共同之处是只有外层函数或者父函数对用户可见，然而嵌套函数允许内层函数访问外层函数中的变量。这种共享变量的做法通过全局变量实现，但全局变量只对父函数及其子函数可见，对于其他函数是不可见的。

实际上，使用共享变量可以降低编程的难度，一般而言，如果不是一定要用全局变量，则推荐使用子函数而不是嵌套函数进行函数的分解。下面给出一个内层函数访问外层函数中变量的示例，代码如下：

```
#!/usr/bin/octave
#第 8 章/function_nested_2.m
function x = function_nested_2
    fprintf('nested x1!\n')
    x = 1;
    function function_nested_nested_2
        fprintf('nested x2!\n')
        x = 2;
    endfunction
    function_nested_nested
endfunction

>> function_nested_2
nested x1!
nested x2!
ans = 2
```

在上面的例子中，嵌套函数 function_nested_nested_2 中的 x 变量和嵌套函数 function_nested_2 中的 x 变量是同一个变量。内层函数成功访问了外层函数的 x 变量。

嵌套函数的局部变量受到更加严格的作用域限制。在上面的例子中，内层函数 function_nested_nested_2 中的 x 变量无法从外部访问。我们只能访问外层函数 function_nested_2 的 x 变量。这主要是出于安全考虑，防止因为泄露变量而造成不可预知的函数执行错误。

嵌套函数可调用的函数同样受到更加严格的作用域限制。Octave 规定嵌套函数可调用如下种类的函数：

- 全局可见函数；

- ❑ 外层函数可调用的函数；
- ❑ 兄弟函数；
- ❑ 直接子函数。

3. 形参传递

下面的代码可以用来说明内嵌函数的形参传递过程：

```
#!/usr/bin/octave
#第 8 章/function_param_pass_by.m
function x = function_param_pass_by
    x = 1;
    function p = function_param_pass_by_2(x)
        p = 2;
        function o = function_param_pass_by_3(x)
            o = x + 2;
        endfunction
        p += function_param_pass_by_3(x) + x;
    endfunction
    x += function_param_pass_by_2(x) * 3;
endfunction

>> function_param_pass_by
ans = 19
```

此时，函数执行的过程可以展开为 1＋3×[2×(1＋2)]，结果为 19。

8.2.2 eval()函数用法与局部变量作用域改变

如果函数接收的参数(指形参)和工作空间中的某些参数名称相同，则 Octave 在执行函数时，对于这些参数读取的是函数接收的参数(指形参)，但是，如果在内嵌函数之内调用了 eval()函数，则可能导致变量作用域的改变问题，代码如下：

```
#!/usr/bin/octave
#第 8 章/function_param_change_scope.m
function y = function_param_change_scope(in)
    function_param_change_scope_2();
    eval(in);
    function function_param_change_scope_2
    endfunction
endfunction

>> function_param_change_scope('x = 2')
error: can not add variable "x" to a static workspace
>> function_param_change_scope('y = 5')
y = 5
ans = 5
```

上面的例子中在内嵌函数中调用了 eval()函数，而且 eval()函数成功在内嵌函数的作用域中创建了局部变量，但是这个局部变量在其父函数中也可以被访问。换言之，使用 eval()函数可能会导致变量作用域改变，从而降低程序的可读性。

注意：为避免出现变量作用域改变的情况，不建议在内嵌函数中使用 eval()函数。

8.2.3 函数的全局变量

global 关键字指定某个元素为全局变量。使用 global 关键字可以对某些变量进行预先声明，声明这些变量是存在于 Octave 工作空间中的变量。全局变量的作用域既在函数体之内，也在函数体之外。

注意：global 关键字只是声明了对应的参数存在于 Octave 的工作空间中，但在函数体内对被声明的参数的改动不会同步到工作空间当中。这是因为全局变量在改变作用域时实质上是对于变量进行了一次临时复制，并且被临时复制的变量不会进入工作空间。

global 关键字必须指定一个参数，这个参数代表全局变量的变量名，代码如下：

```
>> global a
```

在使用 global 关键字时，还可以在使用的同时“声明并初始化一个变量”，代码如下：

```
>> global a = 2
```

如果不在 global 关键字之后编写赋值语句，则对应的参数会查找工作空间内的同名变量。根据工作空间内是否存在同名变量，Octave 在解析时可能发生两种情况：

(1) 如果可以找到工作空间内的同名变量，则对应变量被赋值为工作空间内的同名变量的值。

(2) 如果找不到工作空间内的同名变量，则 Octave 将在工作空间中生成一个同名变量，而且对应变量被赋值为一个 0×0 矩阵。

注意：不建议使用“在使用 global 关键字时只传入参数名”这种用法。在 Octave 中使用这种用法也将产生警告信息。

```
warning: global: 'a' is defined in the current scope.
warning: global: in a future version, global variables must be declared before use.
warning: global: existing local value used to initialize global variable.
```

如果在函数内部声明并初始化全局变量，则这种全局变量不但不会覆盖函数外部的同名变量，还会保持自身的状态，起到类似于持久变量的作用。在函数外部声明并初始化一个变量，并且在函数内部声明并初始化一个同名的全局变量，最后对比这两个变量的代码如下：

```
>> a = 1;
>> function b;
global a = 3;
a = a + 1
endfunction
>> b
a = 4
>> b
a = 5
>> a
a = 1
>> b
a = 6
>> a
a = 1
```

全局变量是声明性质的，它只会在函数体外或者一个函数体内起效一次，这导致大于一次的全局变量初始化不会起作用，代码如下：

```
>> global x = 1;
>> global x = 2;
```

在上面的代码当中，x 的值其实被赋值为 1，而不会被赋值为 2。

使用 global 关键字声明的变量名称可以和函数的参数列表中的变量名称重复。如果二者产生重复，且我们在函数体外部再次使用 global 关键字声明同名变量，则 Octave 在解析函数时，将函数体外部的同名变量的值按照局部变量的值处理，并且放弃函数体外部的 global 关键字的赋值语句部分。我们称这种情形为全局变量顶替局部变量。

8.2.4　全局变量顶替局部变量

我们来看全局变量在顶替局部变量前后的变化，代码如下：

```
>> a = 1;
>> function b;
global a = 3;
a = a + 1
endfunction
>> b
a = 4
```

```
>> b
a = 5
>> b
a = 6 # 此时 a 变量是临时变量
>> a
a = 1 # 可以看到工作空间的变量数值没有改变,仍然是 1
>> global a = 3; # 这里 global 关键字改变了 a 变量的作用域
warning: global: 'a' is defined in the current scope.
warning: global: in a future version, global variables must be declared before use.
warning: global: global value overrides existing local value
>> b
a = 7
>> b
a = 8 # 可以看到 a 变量的数值依然沿用局部变量的数值
>> a
a = 8 # 可以看到工作空间中的 a 变量的数值改变了
```

在上面的例子中,在函数外部使用 global 关键字之前的 a 变量都是局部变量,不改变工作空间内的 a 变量数值,但是,在函数外部使用 global 关键字时,global 关键字将 a 变量的作用域调整至函数外部。于是,a 变量变成了全局变量,而且此时的全局变量和局部变量的引用也相同,这就导致了函数内部对变量 a 的改变也同时影响工作空间的 a 变量。

既然 global 关键字涉及全局变量顶替局部变量的情形,那么在顶替变量时,我们往往难以察觉,也会对最终的运算结果造成难以察觉的错误。好在 Octave 给出了警告信息,因此我们在使用 global 关键字时,如果看到 Octave 输出关于 global 关键字的警告信息,则应该立刻思考是否发生了顶替变量的情况,以防止不希望发生的计算错误。

8.2.5 函数的持久变量

persistent 关键字指定某个元素为持久变量。

对于在函数体中定义的临时变量而言,其作用域只限于函数体之内。那么,函数调用完毕后,定义的临时变量会被全部从内存当中清除。

对变量进行持久化的意义在于:将一个临时变量在函数调用完毕之后仍然保存在内存内,并且变量名不会改变,如果下次函数再调用同名变量,则变量的值会沿用之前的变量值,代码如下:

```
>> function b;
persistent a = 0;
a = a + 1
endfunction
>> b
a = 1
```

```
>> b
a = 2
```

持久变量对不同的函数之间具有独立性。不同的函数之间，即便定义了同名的持久变量，也不会相互影响，代码如下：

```
>> function b;
persistent a = 0;
a = a + 1
endfunction
>> b
a = 1
>> b
a = 2
>> function c;
persistent a = 0;
a = a + 1
endfunction
>> c
a = 1
>> b
a = 3
>> c
a = 2
```

可以发现：b 函数中的 a 变量和 c 函数中的 a 变量是相互独立的，它们的值互不影响。

8.2.6　申请固定内存空间

1. mlock()函数

调用 mlock()函数为函数指定一个固定的内存空间。函数在读入内存空间之后，每次调用函数会动态使用内存空间，调用结束后又会释放内存空间。如果在函数定义中首先加入 mlock()函数语句，则在初始化此函数时，函数 mlock()被调用，之后的内存分配都是固定的。初始化之后，即便使用 clear 命令清除函数，这个函数也不会被清除，代码如下：

```
function my_function()
    mlock();
endfunction
```

2. munlock()函数

调用 munlock()函数解锁一个函数的固定空间，并且从内存空间中清除这个函数。

3. mislocked()函数

调用 mislocked()函数则可以查询某个函数内存空间的状态：

- 返回值为 1,代表此函数具有固定内存空间;
- 返回值为 0,代表此函数具有动态内存空间。

组合调用 munlock()函数和 mislocked()函数的代码如下:

```
>> my_function();
>> mislocked("my_function")
ans = 1
>> munlock("my_function");
>> mislocked("my_function")
ans = 0
```

4. persistent 关键字和 mlock()函数的联系

persistent 关键字和 mlock()函数有着非常紧密的联系。如果指定一个变量为持久变量,则需要一个具有固定内存空间的函数容纳这个变量。此时就出现了一个常用的场景:

- 将函数设定为固定空间函数;
- 将变量设定为持久变量。

下面给出一段代码,用于展示 persistent 关键字和 mlock()函数的组合用法:

```
#!/usr/bin/octave
#第 8 章/function_persistent_mlock.m
function function_persistent_mlock
  mlock();
  persistent counter = 0;
  printf ("the counter is %d!\n", ++counter);
endfunction

>> function_persistent_mlock
the counter is 1!
>> function_persistent_mlock
the counter is 2!
>> function_persistent_mlock
the counter is 3!
```

例子中的计数器在每次调用函数时都会自增 1。

8.2.7 函数的调用优先级

如果一个作用域中含有多个同名函数,则它们调用的优先级按照从高到低的顺序如下:

- 子函数、嵌套函数;
- 私有函数;
- 构造方法;
- 普通方法;

- ❑ 自动加载的函数；
- ❑ 函数文件；
- ❑ 内置函数。

8.2.8 自动加载的函数

可以调用 autoload()函数从文件中自动加载一个函数。

自动加载的意义在于实现符号链接的功能，代码如下：

```
$ ln -s a b
```

这一条 Linux 命令的意义是新建一个从 a 到 b 的符号链接，但是，有些文件系统不支持符号链接功能。此时可以使用 autoload()函数，将这一连接过程抽象为以下代码：

```
autoload('b','a 的路径')
```

autoload()函数的特别之处在于允许从多种文件中读取函数。autoload()函数当前支持的文件种类包括：

- ❑ m 文件；
- ❑ mex 文件；
- ❑ oct 文件。

即便这些文件的后缀被改变了，Octave 也可以正确加载指定的函数。

在调用 autoload()函数进行自动加载函数时，需要传入两个参数。其中，第 1 个参数为要加载的函数名，第 2 个参数代表源文件的路径，代码如下：

```
>> autoload('b','b.m')
warning: autoload: 'b.m' is not an absolute filename
```

解除一个函数自动加载的方法是：再次调用 autoload()函数，并且追加第 3 个参数 remove，代码如下：

```
>> autoload('b','b.m','remove')
warning: autoload: 'b.m' is not an absolute filename
```

8.3 输入输出

8.3.1 判断函数

Octave 中的所有判断函数如表 8-1 所示。

表 8-1 Octave 中的所有判断函数

序号	函 数 名	功 能
1	is_absolute_filename()	判断当前变量是否为带有绝对路径的文件名
2	isequalwithequalnans()	判断当前变量是否类型相同、空间相同并且里面的内容也相同
3	isobject()	判断当前变量是否为对象
4	is_dq_string()	判断当前变量是否为使用双引号括起来的字符串
5	isfield()	判断当前变量是否为当前结构体中的字段名
6	is_function_handle()	判断当前变量是否为函数句柄
7	isfigure()	判断当前变量是否为函数图像句柄
8	is_leap_year()	判断当前变量是否为闰年
9	isfile()	判断当前变量是否为文件
10	is_rooted_relative_filename()	判断当前变量是否为带有相对路径的文件名
11	isfinite()	判断当前变量是否为有限数字
12	is_sq_string()	判断当前变量是否为使用单引号括起来的字符串
13	isfloat()	判断当前变量是否为浮点数
14	ispc()	判断当前设备是否为 PC
15	is_valid_file_id()	判断当前变量是否为打开的文件
16	isfolder()	判断当前变量是否为文件夹
17	ispref()	判断当前变量是否为当前组中的预设字段
18	isa()	判断当前变量是否属于当前类型
19	isglobal()	判断当前变量是否为全局变量
20	isprime()	判断当前变量是否为素数
21	isalnum()	判断当前变量是否为英文字母和 0～9 中的数字
22	isgraph()	判断当前变量是否为可以打印的字符(不包含空格字符)
23	isprint()	判断当前变量是否为可以打印的字符(不包含空格字符)
24	isalpha()	判断当前变量是否为字母
25	isgraphics()	判断当前变量是否为图像句柄
26	isprop()	判断当前变量是否为当前对象中的字段
27	isappdata()	判断当前变量是否为当前图像句柄中的字段
28	isguirunning()	判断 Octave 当前是否运行在 GUI 模式下
29	ispunct()	判断当前变量是否为标点符号
30	isargout()	判断当前变量是否为函数输出变量
31	ishandle()	判断当前变量是否为句柄
32	isreal()	判断当前变量是否为实数
33	isascii()	判断当前变量是否为 ASCII 字符
34	ishermitian()	判断当前变量是否为 Hermite 矩阵或者 Skew-Hermite 矩阵
35	isrow()	判断当前变量是否为行向量
36	isaxes()	判断当前变量是否为带有坐标轴的图像的句柄
37	ishghandle()	判断当前变量是否为存在的函数图像的句柄
38	isscalar()	判断当前变量是否为向量

续表

序号	函 数 名	功　能
39	isbanded()	判断当前变量是否在当前的上界和下界之间
40	ishold()	判断当前变量是否会在保留画布的情况下被绘制出来
41	issorted()	判断当前变量是否按照从小到大的顺序排列
42	isbool()	判断当前变量是否为布尔类型变量
43	isieee()	判断当前设备是否按照 IEEE 标准进行浮点数计算
44	isspace()	判断当前变量是否为空白符号(这里的空白符号包括：空格、换页、回车、换行、水平制表符和垂直制表符)
45	iscell()	判断当前变量是否为元胞
46	isindex()	判断当前变量是否为当前对象的有效索引
47	issparse()	判断当前变量是否为稀疏矩阵
48	iscellstr()	判断当前变量是否为元胞数组
49	isinf()	判断当前变量是否为无穷大
50	issquare()	判断当前变量是否为方阵
51	ischar()	判断当前变量是否为字符类型
52	isinteger()	判断当前变量是否为整数类型
53	isstr()	判断当前变量是否为字符串类型
54	iscntrl()	判断当前变量是否为控制字符
55	isjava()	判断当前变量是否为 Java 对象
56	isstring()	判断当前变量是否为字符串类型
57	iscolormap()	判断当前变量是否为三元组颜色类型
58	iskeyword()	判断当前变量是否为关键字
59	isstrprop()	判断当前变量是否为字符串属性
60	iscolumn()	判断当前变量是否为列向量
61	isletter()	判断当前变量是否为字母
62	isstruct()	判断当前变量是否为结构体
63	iscomplex()	判断当前变量是否为复数
64	islogical()	判断当前变量是否为逻辑类型
65	isstudent()	判断当前软件版本是否为学生版 MATLAB 此函数在 Octave 中将返回 0
66	isdebugmode()	判断当前软件是否在调试模式下运行
67	islower()	判断当前变量是否为小写字母
68	issymmetric()	判断当前变量是否为对称或斜对称矩阵
69	isdefinite()	判断当前变量是否为对称正定矩阵
70	ismac()	判断当前机器是否为 Mac
71	istril()	判断当前变量是否为下三角矩阵
72	isdeployed()	判断当前程序是否被编译过，并且与 Octave 解释器分开运行
73	ismatrix()	判断当前变量是否为矩阵
74	istriu()	判断当前变量是否为上三角矩阵
75	isdiag()	判断当前变量是否为对角阵

续表

序号	函 数 名	功 能
76	ismember()	判断两个矩阵中是否有相同的行或相同的列
77	isunix()	判断当前操作系统是否为 UNIX
78	isdigit()	判断当前变量是否为数字
79	ismethod()	判断当前变量是否为方法
80	isupper()	判断当前变量是否为大写字母
81	isdir()	判断当前路径是否为文件夹
82	isna()	判断当前变量是否为 NA
83	isvarname()	判断当前变量是否为变量名
84	isempty()	判断当前变量是否为空矩阵
85	isnan()	判断当前变量是否为 NaN
86	isvector()	判断当前变量是否为向量
87	isequal()	判断两个变量是否相等
88	isnull()	判断当前变量是否为空矩阵或空字符串
89	isxdigit()	判断当前变量是否为十六进制数字
90	isequaln()	在假定 NaN==NaN 的前提下判断当前变量是否相等
91	isnumeric()	判断当前变量是否为数字

8.3.2 参数列表判断

Octave 可以判断输入参数和输出参数的个数。对于 Octave 而言，一个函数可以输出多个参数。在这种设计之下，Octave 必须实现参数列表的判断功能。

1. nargin()函数

nargin()函数用来返回一个函数的输入参数的个数。调用 nargin()函数时，可以不指定任何参数，此时 nargin()函数代表返回当前所在函数中的输入参数的个数，代码如下：

```
>> function o = a(i1, i2, i3)
    o = nargin
endfunction
>> a
o = 0
ans = 0
>> a(1,2,3,4,5)
o = 5
ans = 5
```

此外，nargin()函数还有一个用法：返回一个函数定义时的输入参数的个数。在调用 nargin()函数时传入要查询的函数名或函数句柄，即可查询对应函数在定义中的参数列表中有多少个参数，代码如下：

```
>> function o = a(i1,i2,i3)
    o = nargin
endfunction
>> b = @a;
>> nargin(b)
ans = 3
```

例子中的函数 a()在定义时规定了 3 个参数，在使用 nargin()函数查询其参数列表中的参数个数后，正确返回个数为 3 个。

此外，如果一个函数在设计参数列表时，参数列表中的最后一个参数为 varargin，则在使用 nargin()函数查询其参数列表中的参数个数后返回的参数个数是负数，代码如下：

```
>> function o = a(i1,i2,i3,varargin)
    o = nargin
endfunction
>> b = @a;
>> nargin(b)
ans = -4
```

nargin()函数的返回值为－4，代表着函数 a 在定义中的参数列表中的参数个数为 4 个，并且最后一个参数为 varargin。

注意： nargin()函数对编译过的函数(例如以.oct 为后缀的函数文件)不起作用。

---

2. inputname()函数

inputname()函数用于返回某一个输入参数的值，而且只在函数体内被调用时才起作用。调用 inputname()函数时，至少需要传入一个参数，这个参数代表要返回的参数序号，代码如下：

```
>> function o = a(i1,i2)
    o = inputname(1);
endfunction
>> z = 1;
>> x = 2;
>> a(z,x)
ans = z
```

如果传入的参数列表长度小于参数序号，则 inputname()函数将返回空字符，代码如下：

```
>> function o = a(i1,i2)
    o = inputname(3);
```

```
endfunction
>> z = 1;
>> x = 2;
>> a(z,x)
ans =
```

在上面的例子中，传入函数 a()的参数列表长度为 2，而调用的 inputname(3)要获取参数列表中的第 3 个值，然而第 3 个值不存在，因此 inputname()函数将返回空字符。

如果传入外部函数的参数不以变量名的形式传入，则 inputname()函数也会返回一个空字符，代码如下：

```
>> function o = a()
    inputname(3)
endfunction
>> a
ans =
>> a(1,2,3,4)
ans =
```

在上面的例子中，传入函数 a 的参数列表为 1、2、3、4，没有使用变量形式传入，因此 inputname()函数会返回一个空字符。

可以额外追加一个 false 参数，用于将空字符输出替换为没有使用变量形式传入的参数，代码如下：

```
>> function o = a(i1, i2)
    o = inputname(3, false);
endfunction
>> z = 1;
>> x = 2;
>> a(1,2,3)
ans = 3
```

3. silent_functions()函数

silent_functions()函数用于抑制函数的输出值。如果要抑制函数的最终输出值，则需要传入逻辑类型变量 1。如果不抑制函数的最终输出值，则需要传入逻辑类型变量 0，代码如下：

```
>> function a()
    a = 1
    fprintf('You may or you may not see the output.\n')
endfunction
>> b = silent_functions(0);
```

```
>> a
a = 1
You may or you may not see the output.
>> b = silent_functions(1);
>> a
You may or you may not see the output.
```

在上面的例子中,在抑制函数的输出后,函数中未以分号结尾的语句不再输出到命令行窗口中。

还可以在函数内部进行 silent_functions()函数的调用,并且追加 local 参数,用于在函数退出后复原是否抑制函数的最终输出值的选项,代码如下:

```
>> function a0()
    a = 0
    silent_functions(a,'local');
    fprintf('You may or you may not see the output.\n')
endfunction
>> function a1()
    a = 1
    silent_functions(a,'local');
    fprintf('You may or you may not see the output.\n')
endfunction
>> a0
You may or you may not see the output.
>> a1
You may or you may not see the output.
```

4. nthargout()函数

nthargout()函数用于获得由函数句柄或字符串函数指定的函数的输出参数。调用 nthargout()函数时,需要至少传入两个参数,此时第 1 个参数用于索引输出参数,第 2 个参数用于指定函数的句柄,代码如下:

```
>> function [o1 o2 o3] = a()
    o1 = 1;
    o2 = 2;
    o3 = 3;
endfunction
>> nthargout(1,@a)
ans = 1
```

也可以将用于索引的参数写为矩阵的形式,一次性返回多个输出参数,代码如下:

```
function [o1 o2 o3] = a()
    o1 = 1;
```

```
    o2 = 2;
    o3 = 3;
endfunction
>> nthargout([1,2],@a)
ans =
{
  [1,1] = 1
  [1,2] = 2
}
```

还可以追加输出参数的个数，以满足同一函数在不同输出参数的个数条件下有不同输出的需求，代码如下：

```
>> nthargout([1,2],1,@a)
error: outargs(2): out of bound 1
error: called from
    nthargout at line 106 column 7
>> nthargout([1,2],2,@a)
ans =
{
  [1,1] = 1
  [1,2] = 2
}
```

上面的例子中分别请求了第 1 个输出参数的值和第 2 个参数的值，但是，由于上面的请求限制了输出参数的个数为 1，输出参数的个数少于要请求的参数的个数，所以程序报错。下面的请求限制了输出参数的个数为 2，满足请求的条件，所以 nthargout()函数正确返回第 1 个输出参数的值和第 2 个参数的值。

5. nargout()函数

在 Octave 中，函数返回的值可能与返回参数的分量个数有关。Octave 在同一个函数中可以根据调用时指定的返回参数的分量个数来决定不同的行为。这种操作通常需要配合 nargout()函数实现。可以调用 nargout()函数获取一个函数的输出参数的个数。调用 nargout()函数时，可以不指定任何参数，此时 nargout()函数代表返回当前所在函数中的返回参数分量的个数，代码如下：

```
>> function [o1,o2] = a()
    o1 = 1;
    o2 = 2;
    fprintf("nargout is %d\n",nargout())
endfunction
>> a;
nargout is 0
```

```
>> z = a;
nargout is 1
>> [z,x] = a;
nargout is 2
```

从上面的例子中，可以总结出如下规律：

（1）如果在函数调用时没有指定函数的返回变量，则 nargout()函数将返回 0。

（2）如果在函数调用时指定了函数的返回变量，则 nargout()函数将返回参数分量的数量。

对于 nargout()函数返回 0 的情况，Octave 将其解释为对于内置变量 ans 的隐式赋值不计入输出参数的计数，而在不指定函数的返回变量时，函数的返回值将被赋值给内置变量 ans。nargout 的值为 0。

还可以在调用 nargout()函数时传入一个函数句柄，此时 nargout()函数将返回对应函数定义时的输出参数的个数，代码如下：

```
>> function [o1,o2] = a()
endfunction
>> b = @a;
>> nargout(b)
ans = 2
```

注意：Octave 不允许在最顶层上下文执行 nargout()语句，否则函数将报错：error: nargout: invalid call at top level。

---

6. narginchk()函数和 nargoutchk()函数

narginchk()函数用于检查传入参数的数目是否正确，nargoutchk()函数用于检查输出参数的数目是否正确。narginchk()函数和 nargoutchk()函数检查的逻辑如下：

（1）在调用 narginchk()函数或 nargoutchk()函数时指定参数数量的下界和上界。

（2）如果调用函数中的参数数量超出参数数量的下界和上界，则 narginchk()函数或 nargoutchk()函数返回错误信息。

（3）如果调用函数中的参数数量在参数数量的下界和上界内，则 narginchk()函数或 nargoutchk()函数什么都不做。

下面给出 narginchk()函数和 nargoutchk()函数的用法代码：

```
>> function a()
    narginchk(1,2)
endfunction
>> a
```

```
error: narginchk: not enough input arguments
error: called from
    narginchk at line 53 column 5
    a at line 2 column 5
>> a(1)
>> a(1,2)
>> a(1,2,3)
error: narginchk: too many input arguments
error: called from
    narginchk at line 55 column 5
    a at line 2 column 5
```

上面的例子调用 narginchk()函数将传入参数数量的下界指定为 1，并且将参数数量的下界指定为 2。如果传入函数的参数数量为 1 或 2，则函数正常执行。如果传入函数的参数数量小于 1 或大于 2，则函数正常报错，并且不再执行剩余的程序部分。调用 narginchk()函数对返回参数列表进行限制的代码如下：

```
>> function [o1,o2,o3] = a()
    nargoutchk(1,2)
    o1 = 1;
    o2 = 2;
    o3 = 3;
endfunction
>> a
error: nargoutchk: Not enough output arguments.
error: called from
    nargoutchk at line 97 column 7
    a at line 2 column 5
>> x = a
x = 1
>> [x,y] = a
x = 1
y = 2
>> [x,y,z] = a
error: nargoutchk: Too many output arguments.
error: called from
    nargoutchk at line 99 column 7
    a at line 2 column 5
```

上面的代码使用 nargoutchk()函数将返回参数数量的下界指定为 1，并且将参数数量的下界指定为 2。如果返回函数的参数数量为 1 或 2，则函数正常执行。如果返回函数的参数数量小于 1 或大于 2，则函数正常报错，并且不再执行剩余的程序部分。

换言之，narginchk()函数和 nargoutchk()函数对函数的传入参数的数量或返回参数的数量做出了限制。可以在必要的时候加入这样的限制，以避免意料之外的运算结果。

7. validateattributes()函数

validateattributes()函数用于检查输入参数的有效性。在调用 validateattributes()函数时,需要附加有效性检查的条件:

(1) 如果输入参数满足有效性条件,则 validateattributes()函数什么也不做。

(2) 如果输入参数不满足有效性条件,则 validateattributes()函数将抛出错误。

下面以字符型参数 1 为例,给出检查成功的代码如下:

```
>> validateattributes('1',{'char'},{'real'})
```

下面以字符型参数 1 为例,给出变量类型检查失败的代码如下:

```
>> validateattributes('1',{'notachar'},{'real'})
error: input must be of class:

  notachar

but was of class char
error: called from
    validateattributes at line 233 column 5
```

下面以字符型参数 1 为例,给出变量属性检查失败的代码如下:

```
>> validateattributes('1',{'char'},{'complex'})
error: validateattributes: unknown ATTRIBUTE complex
error: called from
    validateattributes at line 402 column 9
```

注意:validateattributes()函数的检查顺序是:先检查变量类型,后检查变量属性。如果变量类型和变量属性均不满足要求,则 validateattributes()函数抛出的错误只与变量类型有关,而不再检查变量属性是否出错。

validateattributes()函数除支持自定义变量类型和变量属性外,还支持一些内置的变量类别。这些内置类别如表 8-2 所示。

表 8-2 validateattributes()函数的内置类别

内置类别	用　　途
float	测试参数是否属于 single 类型或 double 类型
integer	测试参数是否属于 int8/int16/int32/int64/uint8/uint16/uint32/uint64 类型
numeric	测试参数是否属于数字类型
<=	追加若干个参数,测试参数是否小于或等于那些参数
<	追加若干个参数,测试参数是否小于那些参数

续表

内置类别	用　途
>=	追加若干个参数，测试参数是否大于或等于那些参数
>	追加若干个参数，测试参数是否大于那些参数
2d	测试参数是否为一个二维数组（空矩阵虽然可以是任意维度的矩阵，但它是 0×0 数组，因此也是二维数组）
3d	测试参数的维度是否小于 3
binary	测试参数是否只由 1 或 0 组成
column	测试参数是否只有一列
decreasing	测试参数是否递减，并且不含 NaN
diag	测试参数是否是对角矩阵
even	测试参数是否是偶数
finite	测试参数是否是有限数字
increasing	测试参数是否递增，并且不含 NaN
integer	测试参数是否是整数
ncols	追加一个参数，测试参数的列数是否等于这个追加的参数
ndims	追加一个参数，测试参数的维度是否等于这个追加的参数
nondecreasing	测试参数是否非递减，并且不含 NaN
nonempty	测试参数是否非空
nonincreasing	测试参数是否非递增，并且不含 NaN
nonnan	测试参数是否非 NaN
nonnegative	测试参数是否非负
nonsparse	测试参数是否非稀疏矩阵
nonzero	测试参数是否非零
nrows	追加一个参数，测试参数的行数是否等于这个追加的参数
numel	追加一个参数，测试参数的元素数是否等于这个追加的参数
odd	测试参数是否是奇数
positive	测试参数是否是正数
real	测试参数是否是实数
row	测试参数是否只有一行
scalar	测试参数是否是标量
size	追加一个参数，测试参数的尺寸是否等于这个追加的参数
square	测试参数是否是方阵
vector	测试参数是否只有一行或一列

8. validatestring()函数

validatestring()函数用于检查一个字符串是否存在于几个字符串选项之中。调用 validatestring()函数时需要传入两个参数，其中的第 1 个参数是进行匹配的字符串，第 2 个参数是一个或多个字符串。validatestring()函数支持全字匹配或部分匹配，代码如下：

```
>> validatestring('a',{'apple','banana'})
ans = apple
>> validatestring('a',{'a','banana'})
ans = a
```

如果 validatestring()函数成功匹配了多个参数，则程序将报错，代码如下：

```
>> validatestring('a',{'apple','banana','append'})
error: validatestring: 'a' allows multiple unique matches:
apple, append
error: called from
    validatestring at line 132 column 7
```

8.3.3 可变参数列表

1. varargin

在 Octave 中，我们可以调用 varargin 函数，在调用函数时传入可变参数。varargin 函数必须被放在参数列表的最后一个参数的位置上才会被视为可变参数。如果 varargin 函数没有被放在参数列表的最后一个参数的位置上，则这个位置上的参数将被视为普通参数。此时，在对应位置上和对应位置之后传入的参数将会全部被传入参数之内，代码如下：

```
>> function o = a(varargin)
    o = [varargin{:}]
endfunction
>> a(1,2,3,4)
ans =

   1  2  3  4
```

例子中传入了 4 个参数，并且这 4 个参数都被视为可变参数传入函数当中。为了证明这 4 个参数均为可变参数，在例子中还设计了一个包装逻辑，先在函数内部调用 varargin 函数获取这 4 个参数的值，然后将这 4 个参数包装为一个数组并输出。

如果不调用 varargin 函数，则传入的参数将不被视为一个列表或元胞，代码如下：

```
>> function o = a(notvarargin)
    o = [notvarargin{:}]
endfunction
>> a(1,2,3,4)
error: scalar cannot be indexed with {
error: called from
    a at line 2 column 6
```

此时，由于传入的参数不被视为一个列表或元胞，而是仅仅被视为一个标量，所以对参数的索引失效，从而函数报错。

2．varargout

我们还可以调用 varargout 函数，将返回参数列表的最后一个参数视为可变参数。varargout 函数必须被放在参数列表的最后一个参数的位置上才可以被视为可变参数。如果 varargout 函数没有被放在参数列表的最后一个参数的位置上，则这个位置上的参数将被视为普通参数，代码如下：

```
>> function varargout = a()
  for i = 1:nargout
    varargout{i} = i;
  endfor
endfunction
>> [a,b,c,d] = a()
a = 1
b = 2
c = 3
d = 4
```

在上面的例子中，输出参数的个数在调用函数时由输出参数列表决定。在例子中，每次调用 varargout 函数为可变输出参数赋值时都需要循环一次，每次循环只能为可变参数增加一个标量。

事实上，还可以使用中间变量对可变输出参数进行一次性赋值，代码如下：

```
>> function varargout = a()
    b = {}
    for i = 1:nargout
        b(i) = i;
    endfor
    varargout = b;
endfunction
>> [a,b,c,d] = a()
a = 1
b = 2
c = 3
d = 4
```

8.3.4 遍历输入参数列表

我们可以配合 varargin 函数和 varargout 函数对输入参数进行可变参数化处理，并且将遍历后的参数进行输出。先定义一个函数 a，其作用是遍历并输出所有的输入参数，代码如下：

```
function varargout = a(varargin)
    for i = 1:length([varargin{:}])
        varargout{i} = varargin{i};
    endfor
endfunction
```

然后，按如下方式调用函数 a，此时函数 a 可成功返回部分输入参数或者所有输入参数：

```
>> [o1,o2,o3,o4] = a(9,7,5,3)
o1  =  9
o2  =  7
o3  =  5
o4  =  3
```

并且这种遍历的输出是可以控制的。可以根据不同的输出参数列表决定输出的结果，代码如下：

```
>> function varargout = a(varargin)
    for i = 1:length([varargin{:}])
        varargout{i} = varargin{i};
    endfor
endfunction
>> [o1,o2,o3] = a(9,7,5,3)
o1  =  9
o2  =  7
o3  =  5
>> [o1,o2] = a(9,7,5,3)
o1  =  9
o2  =  7
>> [o1] = a(9,7,5,3)
o1  =  9
```

事实上，Octave 已经内置了这样的函数。deal()函数也用于遍历输入参数，并且返回这些参数，代码如下：

```
>> [z,x,c] = deal(1,[2;3],{4,5})
z  =  1
x  =

   2
   3

c  =
```

```
{
  [1,1] = 4
  [1,2] = 5
}
```

然而，deal()函数的输出是不可控制的。我们无法在传入参数列表和返回参数列表长度不相等的时候调用 deal()函数，代码如下：

```
>> [z,x] = deal(1,[2;3],{4,5})
error: deal: nargin > 1 and nargin != nargout
error: called from
    deal at line 92 column 5
```

如果想固定返回参数的个数，则返回参数的输出行为就不可以被控制。反之，如果想控制返回参数的输出行为，则返回参数的个数就不能固定，必须手动更改调用时的输出参数列表。

注意：正所谓"有得必有失"，两种实现各有优劣。我们在设计函数的时候，也要按照具体的情况，这样才能给出具体的最优实现。

8.3.5 使用占位符略过参数

1. 在返回参数时略过参数

某些函数的传入参数和返回参数与参数的位置有关。我们仍然以上面例子中的函数为例，如果在调用时只在输出参数列表中指定一个参数，则将返回第一个输出值。如果我们想获得第二个输入值，则原则上应该在输出参数列表中指定至少两个参数。

然而，我们如果只需第二个输入值，则可以在调用时在输出参数列表中只指定一个值，将不需要的参数位置使用"～"作为占位符填入，代码如下：

```
>> [~,o2] = a(9,7,5,3)
o2 = 7
```

上面的例子中指定了一个占位符，这样在只指定一个返回变量的前提下就可以正确返回第 2 个传入变量了。

2. 在传入参数时略过参数

类似地，也可以在定义时在传入参数列表中指定占位符，代码如下：

```
>> function varargout = a(~,varargin)
    for i = 1:length([varargin{:}])
        varargout{i} = varargin{i};
    endfor
```

```
endfunction
>> [o1,o2] = a(9,7,5,3)
o1  =  7
o2  =  5
```

上面的例子中指定了一个占位符，这样在指定若干个传入变量的前提下就可以跳过第1个传入变量了，但是可以正确返回第2个和第3个传入变量。

不可以在调用时在输入参数列表中指定占位符，代码如下：

```
>> [o1,o2] = a(~,7,5,3)
parse error:

  invalid use of empty argument (~) in index expression

>>> [o1,o2] = a(~,7,5,3)
                ^
```

也不可以在定义时在输出参数列表中指定占位符，代码如下：

```
>> function [~,varargout] = a(varargin)
parse error:

  syntax error

>>> function [~,varargout] = a(varargin)
               ^
```

那么，如果想在调用时在传入参数列表中跳过某些参数，则可以自行实现跳过传入参数的逻辑。假定传入的某个参数为空矩阵，此时就可以跳过和这个参数有关的计算步骤，代码如下：

```
>> function o = a(z,x,c)
     idx = 0;
     o = [];
     if(!(size(z)(1) == 0&&size(z)(2) == 0))
         idx += 1;
         o(idx) = z;
     endif
     if(!(size(x)(1) == 0&&size(x)(2) == 0))
         idx += 1;
         o(idx) = x;
     endif
     if(!(size(c)(1) == 0&&size(c)(2) == 0))
```

```
        idx += 1;
        o(idx) = c;
    endif
endfunction
>> a(1,[],3)
ans =

   1   3

>> a(1,2,3)
ans =

   1   2   3
```

注意：空矩阵在判断时不可以使用逻辑运算符，因为空矩阵参与的任何逻辑运算均会返回一个 0×0 空矩阵，而不会返回逻辑类型变量。要判断一个矩阵是否为空，推荐的做法是调用判断函数 isempty()，或者判断其第 1 个维度值和第 2 个维度值是否均等于 0。而且，由于 Octave 中允许 1×0 空矩阵和 0×1 空矩阵，所以我们也不能将矩阵的某个维度不为非 0 作为空矩阵的判断条件。

8.3.6 参数列表分解

parseparams()函数用于对参数列表进行分解。其作用在于，对于使用 varargin()函数指定的输入列表而言，通常将必须传入的非字符串元素写在前面，将可选的字符串元素（例如键值对）写在最后并作为可变参数，代码如下：

```
>> [m,o] = parseparams({1,2,"color","red"})
m =
{
  [1,1] = 1
  [1,2] = 2
}

o =
{
  [1,1] = color
  [1,2] = red
}
```

此时，调用 parseparams()函数可以方便地将必须传入的参数和可选参数分离开。

8.3.7 返回参数检查

isargout()函数用于检查参数是否被成功返回。我们必须将 isargout()函数放入函数体中，在调用 isargout()函数时，需要传入一个参数名，然后 isargout()函数将检查参数名对应的参数将要被返回。isargout()函数返回的是逻辑变量，如果返回 1 则代表参数名对应的参数将要被返回，如果返回 0 则代表参数名对应的参数不会被返回，代码如下：

```
>> function varargout = a(varargin)
    for i = 1:length([varargin{:}])
        varargout{i} = varargin{i};
    endfor
    fprintf("status is %d\n",isargout([varargin{2}]))
endfunction
>> [o1,o2] = a(1,2,3,4)
status is 1
o1 = 1
o2 = 2
>> o1 = a(1,2,3,4)
status is 0
o1 = 1
```

上面的例子中，在指定两个返回变量时，第 2 个传入变量将要被返回，而在指定一个返回变量时，第 2 个传入变量不会被返回。这就体现了 isargout()函数的检查作用。我们可以使用 isargout()函数及时对变量进行检查，以防止不必要的运算错误的发生。

8.4 函数设计思想

8.4.1 函数调用的方法

在 Octave 中，函数支持 3 种调用方法：

- 括号调用；
- 直接调用；
- 句柄调用。

函数的标准调用方式是：在函数名之后输入一对圆括号，然后在圆括号内部输入参数列表，最后执行语句。

此外，也可以只输入函数名，而不输入圆括号直接调用函数。直接调用函数等效于调用函数时不向函数传入参数。换言之，直接调用函数等效于调用函数时不向圆括号中填写任何内容，代码如下：

```
>> function ok = a()
fprintf("OK\n")
```

```
endfunction
>> a
OK
>> a()
OK
```

此外，使用句柄也可以调用函数。我们只需将一个句柄指向一个函数的实例，然后这个句柄就等效于这个函数的实例了。具体的句柄用法可以参考第 9 章。

8.4.2 函数传入参数的方法

在 Octave 中，函数支持两种传入参数的方法：

- ❑ 使用括号传入参数；
- ❑ 直接传入参数。

函数的标准传参方式是：在函数名之后输入一对圆括号，然后在圆括号内部输入参数列表。参数列表使用逗号作为分隔符将不同的参数隔开。

此外，也可以不写圆括号，改为使用空格字符作为分隔符将不同的参数隔开，也可以达到传入参数的目的。

Octave 的函数同时兼容两种传入参数的方法，代码如下：

```
>> fprintf "1 %d\n" 2
150
>> fprintf("1 %d\n",2)
12
```

直接传入的参数无论属于什么数据类型，一律视为字符类型进行处理。直接传入的参数视为字符流，而且可以对单引号或者双引号进行正确解析。换言之，可以将直接传入的参数以省略分隔符的形式进行字符串的拼接，代码如下：

```
>> fprintf 2' '2"\n"
2 2
```

然而，由于直接传入的参数对数据类型存在限制，有些需要数学计算的函数就不可以使用直接输入参数的办法了。这类函数设计了参数类型的判断逻辑，在接收非数字类型的参数时就会报错，代码如下：

```
>> resize(1,1)
ans = 1
>> resize 1 1
error: invalid conversion from string to real N-D array
```

```
>> linspace(1,1,1)
ans = 1
>> linspace 1 1 1
error: linspace: N must be a scalar
```

根据这个等效原则，也可以不使用括号写出更复杂的函数调用代码，代码如下：

```
>> eval eval 1
ans = 1
```

上面的代码就调用了两个 eval()函数，而没有使用任何圆括号。

8.4.3　递归式函数

Octave 允许对函数进行递归调用。递归分为直接递归和间接递归。直接递归方式的函数在函数体内直接调用自身。如果一个函数调用其他函数，而那个函数又回过头来调用此函数，则称为间接递归。

1. 直接递归

下面给出一段代码，函数使用直接递归的方式，倒序输出从 5 到 1 的阿拉伯数字：

```
#!/usr/bin/octave
#第 8 章/print1to5.m
function res = print1to5(x)
    if(x == 0)
        return
    else
        fprintf("%d\n",x)
        print1to5(x - 1)
    endif
endfunction

>> print1to5(5)
5
4
3
2
1
```

2. 间接递归

下面给出一段代码，函数使用间接递归方式，每隔 10s 刷新一次 GUI 窗口，同时在窗口中获取工作区中的变量信息：

```
#!/usr/bin/octave
#第 8 章/flushwindow.m
```

```
function a = flushwindow()
    f = figure;
    b1 = uicontrol (f, "string", "Search", "position", [10 10 300 40]);
    e1 = uicontrol (f, "style", "edit", "string", "Input Search Words", "position", [10 60
300 40]);
    c1 = uicontrol (f, "style", "listbox", "string", who, "position", [10 110 300 200]);
    pause(10)
    flush()
endfunction

#!/usr/bin/octave
#第 8 章/flush.m
function flush()
    pause(10)
    flushwindow()
endfunction

>> flush
```

通过间接递归的方式可以方便地将多个独立的函数使用逻辑串联起来，因此使用间接递归进行无限循环是非常普遍的一种用法。

8.5 内联函数

Octave 的内联函数用于使用类似函数方程式的写法定义一个函数，代码如下：

```
>> f = inline('x + 1')
```

对应的就是函数方程式 $f(x)=x+1$。然后，可以使用如下代码：

```
>> f(1)
```

上面的代码代表将 x 赋值为 1 并计算表达式 $f(1)$。

8.6 逻辑控制

8.6.1 顺序逻辑

Octave 在执行函数时按照从上到下的顺序执行，代码如下：

```
#!/usr/bin/octave
#第 8 章/normal_logic.m
function a = normal_logic()
```

```
    a = 1;
    a = 2;
    a = 3;
endfunction

>> a = normal_logic
a = 3
```

在例子中，a 变量先后被赋值为 1、2 和 3，最终结果为 3。

8.6.2　循环逻辑

Octave 支持 while 循环、do 循环和 for 循环。

1. while 循环

while 循环使用 while 关键字开始，在 while 关键字后紧跟循环条件，使用 endwhile 关键字或 end 关键字结束，中间部分编写循环体。在开始一轮 while 循环时，先检查是否满足循环条件：

(1) 如果循环条件为真值，则执行一次循环体内的内容，再检查是否满足循环条件。

(2) 如果循环条件为假值，则不再执行循环体内的内容，循环结束。

然后，在执行一次循环体内的内容结束后，继续重复以上步骤判断循环条件。这样就形成了完整的循环逻辑。

下面给出一个 while 循环的代码如下：

```
#!/usr/bin/octave
#第 8 章/while_logic.m
function a = while_logic()
    i = 0;
    while(i < 3)
        a = i++;
    endwhile
endfunction

>> a = while_logic
a = 2
```

2. do 循环

do 循环使用 do 关键字开始，在 until 关键字后紧跟循环条件，使用 until 关键字结束，中间部分编写循环体。在开始一轮 do 循环时，先执行一次循环体内的内容，然后检查是否满足循环条件：

(1) 如果循环条件为真值，则不再执行循环体内的内容，循环结束。

(2) 如果循环条件为假值，则再执行一次循环体内的内容，然后检查是否满足循环条件。

然后，继续重复以上步骤判断循环条件，这样就形成了完整的循环逻辑。

do 循环的代码如下：

```
#!/usr/bin/octave
#第 8 章/do_logic.m
function a = do_logic()
    i = 0;
    do
        a = i++;
    until(i < 3)
endfunction

>> a = do_logic
a  =  0
```

3. for 循环

for 循环使用 for 关键字开始，在 for 关键字后紧跟循环变量，使用 endfor 关键字或 end 关键字结束，中间部分编写循环体。在开始一轮 for 循环时，先枚举循环变量：

(1) 如果循环变量没有枚举完毕，则执行一次循环体内的内容，然后继续枚举循环变量。

(2) 如果循环变量已经枚举完毕，则不再执行循环体内的内容，循环结束。

然后，继续重复以上步骤枚举循环变量，这样就形成了完整的循环逻辑。

for 循环的代码如下：

```
#!/usr/bin/octave
#第 8 章/for_logic.m
function a = for_logic()
    for i = 1:3
        a = i++;
    endfor
endfunction

>> a = for_logic
a  =  3
```

8.6.3 判断逻辑

Octave 使用 if 关键字、elseif 关键字和 else 关键字形成判断逻辑。判断逻辑使用 if 关键字开始，使用 endif 关键字或 end 关键字结束。然后，在 if 关键字之后编写判断条件，另起一行编写执行语句：

(1) 如果判断条件为真值，则执行执行语句并结束判断逻辑。

（2）如果判断条件为假值，则跳过执行语句并结束判断逻辑。

可以选择加入 else 语句。然后，另起一行编写其他执行语句：

（1）如果判断条件为真值，则执行执行语句并结束判断逻辑。

（2）如果判断条件为假值，则跳过执行语句，执行其他执行语句并结束判断逻辑。

还可以选择加入 elseif 关键字。然后，在 else 关键字之后编写额外判断条件，另起一行编写额外执行语句：

（1）如果判断条件为真值，则执行执行语句并结束判断逻辑。

（2）如果判断条件为假值，则跳过执行语句，并且判断额外判断条件。

（3）如果额外判断条件为真值，则执行额外执行语句并结束判断逻辑。

（4）如果额外判断条件为假值，则跳过额外执行语句，并且继续判断下一个额外判断条件。

（5）如果所有额外判断条件均为假值，则跳过额外执行语句，执行其他执行语句并结束判断逻辑。

这样就形成了完整的判断逻辑。

使用 if 关键字、elseif 关键字和 else 关键字形成判断逻辑的代码如下：

```
#!/usr/bin/octave
#第 8 章/if_logic.m
function a = if_logic(in)
    if(in == 1)
        a = 'a is equal to 1';
    elseif(in > 1)
        a = 'a is greater than 1';
    else
        a = 'a is smaller than 1';
    endif
endfunction

>> a = if_logic(1)
a  =  a is equal to 1
```

8.6.4　分支逻辑

Octave 使用 switch 关键字、case 关键字和 otherwise 关键字形成分支逻辑。分支逻辑使用 switch 关键字开始，使用 endswitch 关键字或 end 关键字结束。然后，在 switch 关键字之后编写判断变量，在 case 关键字之后编写分支条件，另起一行编写执行语句：

（1）如果分支条件等于判断变量，则执行执行语句并结束分支逻辑。

（2）如果分支条件不等于判断变量，则跳过当前执行语句并判断下一个分支逻辑。

（3）如果所有的分支条件均不等于判断变量，则返回零值并结束分支逻辑。

可以选择加入 otherwise 关键字，然后在 otherwise 关键字之后另起一行编写执行语句：

（1）如果分支条件等于判断变量，则执行执行语句并结束分支逻辑。

（2）如果分支条件不等于判断变量，则跳过当前执行语句并判断下一个分支逻辑。

（3）如果所有的分支条件均不等于判断变量，则执行 otherwise 关键字下的执行语句并结束分支逻辑。

这样就形成了完整的分支逻辑。

使用 switch 关键字、case 关键字和 otherwise 关键字形成分支逻辑的代码如下：

```
#!/usr/bin/octave
#第 8 章/switch_logic.m
function a = switch_logic(in)
    a = 0;
    switch(in)
        case 1
            a = a + 1;
        case 2
            a = a + 2;
        case 3
            a = a + 3;
        otherwise
            a = a + 4;
    endswitch
endfunction

>> a = switch_logic(1)
a = 1
```

8.6.5 返回语句

Octave 允许在函数中包含 return 关键字作为返回语句。Octave 中的返回语句的作用是将句柄的控制权返回给程序的其余部分。换言之，Octave 的 return 关键字返回的是句柄，而不是一个数值，代码如下：

```
#!/usr/bin/octave
#第 8 章/return_logic.m
function o = return_logic(in)
    while(1)
        if(in == 'ok')
            return
        else
            return_logic(input('Input a new string:'))
        endif
```

```
    return
    endwhile
endfunction
```

在上面的函数中，函数要求传入一个参数。当且仅当这个参数为 ok 这一字符串时，函数才可以正常退出，否则程序将一直要求输入新的参数，并提示 Input a new string:，直到参数为 ok 这一字符串，代码如下：

```
>> return_logic '12'
Input a new string:'34'
Input a new string:'ok'
>>
```

这个例子可以用来解释 return 关键字返回句柄的流程：return 关键字使函数从循环中或条件语句中退出函数变得更容易。在这个例子中，如果输入的参数为 ok 这一字符串，则函数将执行到第 1 个 return 关键字处，然后第 1 个 return 关键字退出条件语句，并且将句柄返回给外部的 while 关键字。随后，函数执行到第 2 个 return 关键字处，然后第 2 个 return 关键字退出循环语句，并且将句柄返回给外部的 ok()函数。最后，ok()函数执行完毕，函数正常返回。

此外，由于 return 关键字不返回数值，所以 Octave 也规定：不得向 return 关键字中传入参数。如果向 return 关键字中传入参数，则程序将报错。

注意：Octave 隐式地在每个函数的末尾都添加了 return 语句。此外，如果在顶层使用 return 关键字，则 Octave 将忽略这种调用，什么也不做。

8.6.6 跳出语句

Octave 允许在函数中包含 break 关键字作为跳出语句。Octave 中的跳出语句的作用是跳出当前循环逻辑，代码如下：

```
#!/usr/bin/octave
#第 8 章/break_logic.m
function a = break_logic()
    for i = 1:3
        if(i == 2)
            break
        else
            a = i++;
        endif
    endfor
```

```
endfunction

>> break_logic
ans = 1
```

8.6.7 继续语句

Octave 允许在函数中包含 continue 关键字作为继续语句。Octave 中的继续语句的作用是停止本轮循环并开始下一轮循环，代码如下：

```
#!/usr/bin/octave
#第 8 章/continue_logic.m
function a = continue_logic()
    for i = 1:3
        if(i == 2)
            continue
        else
            a = i++;
        endif
    endfor
endfunction

>> continue_logic
ans = 3
```

8.7 回调函数

注意：本节内容与句柄、GUI 控件和绘图紧密相关。在第 9 章中将详细介绍有关句柄的内容，在第 11 章中将详细介绍有关 GUI 控件的内容，在第 12 章中将详细介绍有关绘图的内容。

8.7.1 函数的回调思想

函数的回调思想和监听器设计模式有密不可分的关系。

在很多时候，我们希望一个函数可以随时起作用，但还要求这个函数必须在需要触发的时候才能起作用。这时候，就需要在一个对象内部设置一个监听器。监听器的作用在于随时监听外部的动作，而且一旦监听器监听到外部的触发信号，监听器就会起效。

监听器的特性如下：

- 对象被创建时，监听器被一同创建；

- 可以在一个对象内部设置多个监听器；
- 每个监听器之间的功能不完全相同；
- 当一个对象创建完毕之后，监听器全部开始监听外部的信号；
- 当外部信号触发了监听器，监听器可以立刻调用对应的函数；
- 不同的对象之间的监听器独立存在；
- 只要对象的实例存在，监听器就会一直存在；
- 对象被销毁时，监听器被一同销毁。

在监听器的作用下，只要程序触发了一个监听器，那么监听器就会立刻调用回调函数。回调函数的执行流程和主程序是分离的，因此回调函数不会打乱整个程序的运算结果。

注意：虽然监听器在触发时会立即调用回调函数，但是回调函数的内部可以写入其他的逻辑，以此控制函数内部语句的执行时间，从而达到"延时调用函数"的效果。

8.7.2 触发一个回调函数句柄

下面给出一个触发回调函数的好例子。在 Octave 中输入：

```
>> plot((1:100),besselh(100,1:100))
```

之后，Octave 会因为贝塞尔函数曲线的精度过高而提示一个警告，大意是"重新组织输入变量的格式，或者换用 gnuplot 画图处理程序"，如下所示：

```
>> warning: opengl_renderer: data values greater than float capacity. (1) Scale data, or (2)
Use gnuplot
```

然而，这句警告不是在任何条件之下都能触发的。要触发这句警告，必须满足下列条件之一：

- 生成作图窗口；
- 移动作图窗口；
- 作图窗口获得焦点；
- 作图窗口失去焦点；
- 在作图窗口区域之内单击；
- 在作图窗口区域之内右击；
- 在作图窗口区域之内滚动鼠标滚轮。

提示 事实上，如果想要正常画出这个贝塞尔函数曲线，则只需加入如下命令，然后输入贝塞尔函数曲线的绘制命令便可以成功绘制图形。命令为

```
>> graphics_toolkit ("gnuplot")
```

此时，回调函数就相当于监听器，无论图形函数是否变化，而且无论图形函数如何变化，只要回调函数监听到了触发回调函数的动作，Octave 就会立刻调用回调函数。

8.7.3 自动绑定的回调函数

1. 回调函数的结构

回调函数可以与图形对象相联系，并且在某个特定的时间发生时触发。基本的结构如下：

```
function mycallback (hsrc, evt)
函数体
endfunction
```

此处的 hsrc 就是一个起到回调作用的句柄，evt 是一个可变参数，表示事件的其他参数。

函数可以被用来提供一个句柄，用来处理一个一般的 Octave 函数，并且被作为一个句柄（也就是匿名函数）起效果。或者被作为一个 Octave 命令的字符串起效果。第二种用法不被推荐，因为在解析 Octave 命令的字符串时经常会出现语法错误。

这里可以关联一个对象，或者触发一个对象的创建指令，然后初始化这个对象，代码如下：

```
a = {};
a = plot (x, "DeleteFcn", @(h, e) disp ("Window Deleted"))
```

这里当两条命令执行完毕时，第二条命令中的 a 被重定义为一个带有句柄的函数，而函数在调用时相当于创建了一个对象，因而会触发 plot()函数中的@(h, e)句柄（这就是“回调”的真正体现），这个句柄又调用了 disp()回调语句。体现在运行效果上，会显示一个 Window Deleted 的提示，具体如下：

```
>> a = {};
>> a = plot (x, "DeleteFcn", @(h, e) disp ("Window Deleted"))
Window Deleted
a = -200.57
```

注意： 这里的“对象”指的是 C++ 语言中的“对象”（Object），和 Octave 中的“对象”（Object）含义不同，虽然二者的名词是完全相同的。这是因为 Octave 使用 C/C++ 语言实现回调函数，并且回调函数的原理知识又涉及 C++ 语言的设计理念，而且 Octave 在实现内部计算时也恰好用到了 C++ 语言的“对象”设计方式，所以在这里沿用了 C++ 语言的“对象”这一含义。我们可以不必关注这一细节。为了让书中的内容更容易理解，关于此后不加引号标记的对象二字，我们都可以认为是 Octave 中的对象（虽然不一定如此，但如果一个对象的含义在解释时，适用于 C++ 语言的解释和适用于 Octave 的解释相近，作者此后也会使用这样的简易描述）。

额外的用户输入将被送入回调函数的输入当中，而且必须放在默认输入的两个参数之后，代码如下：

```
plot (x, "DeleteFcn", {@mycallback, "1"})
…
function mycallback (h, evt, arg1)
  fprintf ("Closing plot % d\n", arg1);
endfunction
```

注意：在 mycallback()函数中的 evt 参数只在使用 Qt 环境下的 Octave 中才起作用。

---

2. 回调函数的参数

对于鼠标单击操作而言，evt 有两个有效数值可以选择：1 是单击，2 是右击。对于键盘输入操作而言，evt 被设计为如下字段：Key(字符串)、Character(字符串)和 Modifier(字符串组成的元胞)；对于其他事件而言，evt 被设计为两个可以自由定义的矩阵。

所有可以用于图形对象的基本回调函数的参数包含 CreateFcn、DeleteFcn 和 ButtonDownFcn。

(1) CreateFcn 参数对应的句柄在对象创建的时候被调用。特别地，在对应的对象被替换掉了的场合，不会调用 CreateFcn 参数对应的句柄。

(2) DeleteFcn 参数对应的句柄在对象删除的时候被调用。

(3) ButtonDownFcn 参数对应的句柄在鼠标按键被按下的时候被调用。

注意：使用 gnuplot 绘图时，在图像界面上的非图像部分上单击不会调用 ButtonDownFcn 参数对应的句柄。

默认而言，回调函数的执行是按照队列方式顺序执行的，但是有几个函数例外：drawnow()、figure()、getframe()、waitfor()和 pause()。以上函数具有更高的优先级，可以中断回调函数的队列执行顺序(中断整个队列，而且中断之后的队列行为不可控制)。

3. 回调函数的中断方式

具体而言，用于中断的回调函数不应该被设为 off 状态(具体的设定可以通过设定 interruptible property 实现)。这样，Octave 就能根据函数执行时内部分配的优先级决定回调函数的执行顺序。回调函数的中断方式参数有 queue(缺省值)和 cancel。

(1) 使用 queue 回调函数的中断方式参数时，回调函数执行完毕之后中断回调函数。

(2) 使用 cancel 回调函数的中断方式参数时，回调函数执行完毕之后不中断。

特别地，当执行删除命令、图像缩放命令或者图像关闭命令时默认中断。

8.7.4 手动绑定、解绑监听器

如果想使用更细致的回调方式，则需要手动绑定监听器。

注意：监听器的设计思想早已有之。例如 Android 和 JavaFX 当中就有使用监听器绑定控件的设计。这种设计的好处主要有两个：一是使得代码结构更加易懂；二是便于开发人员只绑定需要监听的控件，这样将大大减小系统的开销。

下面讲解监听器的用法。

1. 绑定监听器

我们可以调用 addlistener()函数为句柄绑定监听器。调用 addlistener()函数时，需要传入 3 个参数，第 1 个参数代表图形句柄，第 2 个参数代表被控参数，第 3 个参数代表监听器函数句柄和附加参数组成的键值对，代码如下：

```
#!/usr/bin/octave
#第 8 章/onPositionListener.m
function out = onPositionListener(a,b,c)
    sprintf('call %s',c)
endfunction

>> addlistener(gcf,"position",{@onPositionListener,"onPositionListener"})
ans = call onPositionListener
>> ans = call onPositionListener
ans = call onPositionListener
ans = call onPositionListener
ans = call onPositionListener
ans = call onPositionListener
ans = call onPositionListener
```

然后，只要拖动图形窗口的位置，即可出现多个 ans=call onPositionListener 的提示。每次出现 ans=call onPositionListener 的提示，都代表触发了一次回调函数。

还可以为一张图形句柄绑定多个监听器，代码如下：

```
#!/usr/bin/octave
#第 8 章/onPositionListener2.m
function out = onPositionListener2(a,b,c)
    sprintf('call %s',c)
endfunction

#!/usr/bin/octave
#第 8 章/onPositionListener3.m
function out = onPositionListener3(a,b,c)
```

```
    sprintf('call %s',c)
endfunction

>> addlistener(gcf,"position",{@onPositionListener,"onPositionListener"})
ans = call onPositionListener
>> addlistener(gcf,"position",{@onPositionListener2,"onPositionListener2"})
>> addlistener(gcf,"position",{@onPositionListener3,"onPositionListener3"})
>> ans = call onPositionListener
ans = call onPositionListener2
ans = call onPositionListener3
ans = call onPositionListener
ans = call onPositionListener2
ans = call onPositionListener3
ans = call onPositionListener
ans = call onPositionListener2
ans = call onPositionListener3
ans = call onPositionListener
ans = call onPositionListener2
ans = call onPositionListener3
```

可见多个监听器按照绑定顺序依次被触发。

2. 解绑监听器

可以调用 dellistener()函数为句柄解绑监听器。调用 dellistener()函数时,需要传入 3 个参数,第 1 个参数代表图形句柄,第 2 个参数代表被控参数,第 3 个参数代表监听器函数句柄,代码如下:

```
>> dellistener(gcf,"position",@onPositionListener3)
```

还可以将第 3 个参数留空。此时所有绑定了同一属性的监听器会一并被解绑,而无论那些监听器是什么,代码如下:

```
>> dellistener(gcf,"position")
```

8.8 测试函数

Octave 内置了函数的测试功能。我们可以调用 test 函数进行函数的测试。

8.8.1 测试步骤

在调用 test 函数前,需要在程序中编写测试程序。测试程序统一使用行注释方式进行注释,因此,可以将测试程序直接写入要运行的正常程序中,并且测试程序不会以常规方式运行。然后，在注释符号后追加“!”符号，代表测试步骤，代码如下：

```
#!/usr/bin/octave
#第 8 章/midifileinfo.m

##Copyright (C) 2019 John Donoghue <john.donoghue@ieee.org>
##Copyright (C) 2020, 2021 Yu Hongbo <Linuxbckp@gmail.com>
##Copyright (C) 2020, 2021 Tsinghua University Press Ltd
##
##This program is free software: you can redistribute it and/or modify it
##under the terms of the GNU General Public License as published by
##the Free Software Foundation, either version 3 of the License, or
##(at your option) any later version.
##
##This program is distributed in the hope that it will be useful, but
##WITHOUT ANY WARRANTY; without even the implied warranty of
##MERCHANTABILITY or FITNESS FOR A PARTICULAR PURPOSE. See the
##GNU General Public License for more details.
##
##You should have received a copy of the GNU General Public License
##along with this program. If not, see
##<https://www.gnu.org/licenses/>.

%!shared testname
%! testname = file_in_loadpath("data/c_maj_melody.mid");

%!test
%! info = midifileinfo(testname);
%! t = info.header;
%! assert(info.header.format, 1);
%! assert(info.header.tracks, 2);
%! assert(info.header.ticks_per_qtr, 480);
%! assert(info.header.ticks, 224);
%! assert(info.header.frames, 1);
%! assert(length(info.track), 2);
%! assert(length(info.other), 0);
```

在调用 test 函数时，直接在 test 函数后追加被测函数名或文件名，代码如下：

```
>> test midifileinfo
>> test midifileinfo.m
```

test 函数将输出测试通过的结果，结果如下：

```
>> test midifileinfo
PASSES 1 out of 1 test
```

或输出测试失败的结果，结果如下：

```
>> test midifileinfo
 ***** test
info = midifileinfo(testname);
t = info.header;
assert(info.header.format, 1);
assert(info.header.tracks, 2);
assert(info.header.ticks_per_qtr, 480);
assert(info.header.ticks, 224);
assert(info.header.frames, 1);
assert(length(info.track), 2);
assert(length(info.other), 0);
!!!!! test failed
fclose: invalid stream number =  -1
shared variables scalar structure containing the fields:

    testname =
```

8.8.2　测试原则

调用 test 函数进行测试时：

- 如果测试步骤中不出现错误，则测试通过；
- 如果测试步骤中出现错误，则测试失败。

因此，只需找到测试点，并且写出报错的判断逻辑。

此外，Octave 还提供了更方便的断言函数和断言失败函数。我们可以调用这两种函数，从而简化报错的判断逻辑。

8.8.3　断言函数

我们可以调用 assert()函数断言一个表达式的结果是否符合预期。在调用 assert()函数时，至少需要传入一个参数，这个参数代表被测试的表达式。

- 如果表达式的值为零值，则 assert()函数将断言为假并输出报错信息；
- 如果表达式的值不为零值，则 assert()函数将断言为真，而且不会输出任何信息。

代码如下：

```
>> assert(1 == 0)
error: assert (1 == 0) failed
error: called from
    assert at line 92 column 11

>> assert(1 == 1)
```

还可以追加一个参数，这个参数代表指定的错误信息。下面的例子指定断言错误时输出的错误信息为 cuowu：

```
>> assert(1 == 0,'cuowu')
error: cuowu
error: called from
    assert at line 94 column 11
```

此外，断言函数也支持同时指定实际值和期望值。在这种定义之下，第 1 个参数代表断言的实际值，第 2 个参数代表断言的期望值，代码如下：

```
>> assert(1,'1')
error: ASSERT errors for: assert (1,'1')

  Location | Observed | Expected | Reason
     .          1          1        Expected string, but observed number
```

在上面的例子中，第 1 个参数是数字 1，第 2 个参数是字符串 1，断言结果为假，原因是“期望值为字符串类型，而实际值却为数字类型”。

在这种定义之下，我们还可以额外指定公差参数，这个参数代表在实际值和期望值类型相同且两参数之差的绝对值小于这个参数时断言也为真，代码如下：

```
>> assert(1,2,3)
>>
>> assert(1,2)
error: ASSERT errors for: assert (1,2)

  Location | Observed | Expected | Reason
    ()          1          2          Abs err 1 exceeds tol 0 by 1
```

可以看到，在公差为 3、实际值为 1、期望值为 2 时，断言为真。如不指定公差，则断言为假。

8.8.4 断言失败函数

我们可以调用 fail()函数断言某段代码的失败结果是否符合预期。在调用 fail()函数时，至少需要传入一个参数，这个参数代表断言报错的代码。

- 如果代码报错，则 fail()函数不报错、不返回任何值；
- 如果代码不报错，则 fail()函数报错并返回期望的报错信息。

代码如下：

```
>> fail("error('error');")

>> fail("warning('warning');")
```

```
warning: warning
error: expected error <.> but got none
error: called from
    fail at line 137 column 3
```

还可以追加 warning 参数，此时第 1 个参数代表断言报警告的代码。

- 如果代码报警告，则 fail()函数不报错、不返回任何值；
- 如果代码不报警告，则 fail()函数报错并返回期望的报警告信息。

追加 warning 参数的代码如下：

```
>> fail("warning('warning');","warning")

>> fail("error('error');","warning")
error: expected warning <.>
but got error < error >
error: called from
    fail at line 137 column 3
```

此外，还可以追加模式信息。如果代码报错的信息或报警告的信息和模式参数不匹配，则 fail()函数也会断言为假，而且使用模式信息替换掉默认的报错信息或报警告信息，代码如下：

```
>> fail("warning('warning');",'def')
warning: warning
error: expected error < def > but got none
error: called from
fail at line 137 column 3

>> fail("error('error');","warning",'error')
error: expected warning < error >
but got error < error >
error: called from
fail at line 137 column 3

>> fail("error('error');",'error')

>> fail("error('error');",'another_error')
error: expected error < another_error >
but got < error >
error: called from
    fail at line 137 column 3
>>
```

8.8.5 标准测试项

测试函数可以识别同一个测试程序中的不同测试项。将测试程序改写为如下代码：

```
#!/usr/bin/octave
#第8章/midifileinfo2.m

##Copyright (C) 2019 John Donoghue <john.donoghue@ieee.org>
##Copyright (C) 2020, 2021 Yu Hongbo <Linuxbckp@gmail.com>
##Copyright (C) 2020, 2021 Tsinghua University Press Ltd
##
##This program is free software: you can redistribute it and/or modify it
##under the terms of the GNU General Public License as published by
##the Free Software Foundation, either version 3 of the License, or
##(at your option) any later version.
##
##This program is distributed in the hope that it will be useful, but
##WITHOUT ANY WARRANTY; without even the implied warranty of
##MERCHANTABILITY or FITNESS FOR A PARTICULAR PURPOSE. See the
##GNU General Public License for more details.
##
##You should have received a copy of the GNU General Public License
##along with this program. If not, see
##<https://www.gnu.org/licenses/>.

%!shared testname
%! testname = file_in_loadpath("data/c_maj_melody.mid");

%!test
%! info = midifileinfo(testname);
%! t = info.header;
%! assert(info.header.format, 1);
%! assert(info.header.tracks, 2);
%! assert(info.header.ticks_per_qtr, 480);

%!test
%! info = midifileinfo(testname);
%! t = info.header;
%! assert(info.header.ticks, 224);
%! assert(info.header.frames, 1);
%! assert(length(info.track), 2);
%! assert(length(info.other), 0);
```

此时，这个测试程序内就含有两个测试项。调用 test()函数将显示以下内容：

```
>> test midifileinfo
PASSES 2 out of 2 tests
```

可以看到测试项由一项变为了两项。

8.8.6　测试程序的其他语法

除标准测试项外，test()函数还支持其他语法：

```
%!assert
```

(1) 上面的代码代表断言测试项。

```
%!testif
```

(2) 上面的代码需要追加一个测试条件，代表“满足此测试条件才会运行此测试项”。

```
%!xtest
```

(3) 上面的代码代表“如果此测试项中存在错误，则在调用测试函数时也不输出此测试项之内的报错信息”。此测试项通常被用于含有已知错误的场合，然后消除已知错误的信息输出。

```
%!shared
```

(4) 上面的代码需要追加若干变量，代表“追加的变量在所有测试项中均可用”。

```
%!error
```

(5) 上面的代码需要追加一段代码。代表“如果这段代码不报错，则此测试项失败”。

```
%!warning
```

(6) 上面的代码需要追加一段代码。代表“如果这段代码不报警告，则此测试项失败”。

```
%!function
```

(7) 上面的代码定义一个临时函数，代表“定义的函数在所有测试项中均可用”。

```
%!endfunction
```

(8) 上面的代码代表“结束定义一个临时函数”。

```
%!demo
```

（9）上面的代码代表“此测试项只有在指定 test 函数为 demo 或 verbose 级别时才会运行”。

```
%!#
```

（10）上面的代码代表“禁用一个测试项”，或者代表“注释一行测试代码”。

8.8.7 测试函数的输出级别

此外，还可以追加第 2 个参数，这个参数代表 test 函数的输出级别：

- 当第 2 个参数为 quiet 时，test 函数不输出任何内容；
- 当第 2 个参数为 normal 时，test 函数输出标准测试内容和结果；
- 当第 2 个参数为 verbose 时，test 函数输出详细测试内容和结果。

在测试通过时的 3 种输出级别的代码如下：

```
>> test midifileinfo quiet
PASSES 1 out of 1 test
>> test midifileinfo normal
PASSES 1 out of 1 test
>> test midifileinfo verbose
>>>>> 第 8 章/midifileinfo.m
***** shared testname
testname = file_in_loadpath("data/c_maj_melody.mid");
***** test
info = midifileinfo(testname);
t = info.header;
assert(info.header.format, 1);
assert(info.header.tracks, 2);
assert(info.header.ticks_per_qtr, 480);
assert(info.header.ticks, 224);
assert(info.header.frames, 1);
assert(length(info.track), 2);
assert(length(info.other), 0);
PASSES 1 out of 1 test
```

在测试失败时的 3 种输出级别的代码如下：

```
>> test midifileinfo quiet

>> test midifileinfo normal
***** test
info = midifileinfo(testname);
t = info.header;
assert(info.header.format, 1);
```

```
assert(info.header.tracks, 2);
assert(info.header.ticks_per_qtr, 480);
assert(info.header.ticks, 224);
assert(info.header.frames, 1);
assert(length(info.track), 2);
assert(length(info.other), 0);
!!!!! test failed
fclose: invalid stream number = -1
shared variables scalar structure containing the fields:

    testname =

>> test midifileinfo verbose
>>>>>第 8 章/midifileinfo.m
 ***** shared testname
testname = file_in_loadpath("data/c_maj_melody.mid");
 ***** test
info = midifileinfo(testname);
t = info.header;
assert(info.header.format, 1);
assert(info.header.tracks, 2);
assert(info.header.ticks_per_qtr, 480);
assert(info.header.ticks, 224);
assert(info.header.frames, 1);
assert(length(info.track), 2);
assert(length(info.other), 0);
!!!!! test failed
fclose: invalid stream number = -1
shared variables scalar structure containing the fields:

    testname =
```

可见，test 函数在不指定输出级别时，默认输出为 normal 级别。

此外，还可以指定第 3 个参数，这个参数代表日志文件的句柄或日志文件的文件名。在指定第 3 个参数时，测试输出将被同步输出到日志中。

8.9 函数的重载

Octave 支持两种函数的重载方式。有时需要通过重载实现：

- ❑ 将一个函数名指代的函数从一个函数变为另一个函数；
- ❑ 调用同一个函数的不同版本。

在其他编程语言中，有时也将第 2 种重载方式称为“函数重载”。在 Octave 中也沿用了此说法，因此，如果在 Octave 中发现了“函数重载”的说法，它特指第 2 种函数的重载方式。

表示第1种函数的重载(将一个函数名指代的函数从一个函数变为另一个函数)的代码如下：

```
>> clear all
>> sin(pi)
ans = 1.2246e-16
>> function o = sin(i)
    o = 1;
endfunction
>> sin(pi)
ans = 1
```

表示第2种函数的重载(函数重载,调用同一个函数的不同版本)的代码如下：

```
>> function o = a(varargin)
    if(nargin > 1)
        o = 'multiple inputs';
    elseif(nargin == 1)
        o = 'single input';
    else
        o = 'get an exception';
    endif
endfunction
>> a(1)
ans = single input
>> a(1,2)
ans = multiple inputs
>> a()
ans = get an exception
```

要实现函数重载,只需将新的函数导入Octave内存空间中,与正常导入一个函数的做法一致。

- 重载过的函数还可以被继续重载,此后Octave会根据对应的函数名调用新的重载函数；
- 重载过的函数还可以被撤销重载,此后Octave会根据对应的函数名调用内置函数。

8.9.1 函数的存储空间

函数重载依赖于Octave的内存空间分配。我们需要先弄清Octave对于函数的内存空间分配的特性,才能弄懂Octave对于函数重载的具体处理方式。

根据Octave对于函数的内存空间分配的特性,我们可以将内存空间分配方式归类为两种：

- 静态内存分配方式；

❑ 动态内存分配方式。

一个函数在调用前，必须被加载进内存中。采用静态内存分配方式的函数在第一次加载时便确定其在内存空间中的位置。然后，Octave将记录这个位置空间，直到退出Octave时，这部分内存空间都会被预留出来，仅供对应的、采用静态内存分配方式的函数使用，而采用动态内存分配方式的函数在内存空间中的位置不确定。这类函数每次加载进入内存时，Octave都会随机为其开辟一块内存空间。

事实上，Octave较多地使用动态内存分配方式。

8.9.2　静态内存分配函数

根据Octave函数的定义方式的不同，函数不一定会被一直存入内存空间。具体的行为包括：

❑ 在命令行窗口内直接定义的函数会被一直存放于内存空间内；

❑ 使用脚本导入的函数会被一直存放于内存内；

❑ 使用函数文件定义的函数不会被一直存放于内存空间内。

如果函数被一直存放在内存空间之内，则其优先级要高于没有被一直存放在内存空间内的函数。此时就相当于被一直存放在内存空间之内的函数重载了没有被一直存放在内存空间内的函数。

8.9.3　调用内置函数时消除歧义

我们知道，Octave的内置函数也可以被其他函数重载。如果内置函数被重载了，则正常调用函数时就不会调用内置函数，而是调用重载后的函数，但是，我们可以调用builtin()函数，手动指定调用的函数为内置函数，代码如下：

```
>> function o = sin(in)
o = 1;
endfunction
>> sin(2)
ans = 1
>> builtin('sin',2)
ans = 0.90930
```

可见，在一个存在函数重载的上下文中，我们既可以调用重载后的函数，也可以调用内置版本的函数。调用builtin()函数可以成功消除同名函数在调用时的歧义。

第9章 句　柄

9.1 句柄介绍

句柄是类似于指针性质的语句，它可以指向其他的任何变量。在 Octave 中，句柄被@符号所定义。可以利用 Octave 的句柄语法将一个函数的实体赋值给句柄变量，然后就可以在各种需要函数的场合创建一个句柄，并且通过句柄方式调用一个函数。

9.2 句柄的用途

9.2.1 简化函数名

句柄的一个用途是简化函数名。

```
>> fprintf("hello world!")
```

在上面的代码中，fprintf 的函数名过长，如果 Octave 可以使用其他名称替换该函数名，则可以缩短编程的时间。句柄可以实现这一操作。

令

```
>> f = @fprintf
```

然后，

```
f("1")
```

那么，上面的代码就等效于

```
fprintf("1")
```

Octave 使用@符号生成了一个句柄，将 f 变量名指向 fprintf 函数名，所以此时 f()函数就代表 fprintf()函数。

9.2.2 引用函数

除了可以通过句柄调用函数之外，也可以通过句柄方式引用一个函数。在引用函数时，句柄被视为一个变量，此时的句柄名称不代表对函数的调用，而只代表了一个函数的引用，代码如下：

```
>> f = @sin;
>> quad(f,0,pi)
ans = 2
```

我们知道，在 Octave 程序中，如果出现函数名，则一定代表对这个函数的调用。在上面的例子中，直接在 f 的位置上输入 sin，代码如下：

```
>> quad(sin,0,pi)
```

上面的代码在运行时会报错，因为上面代码中的 sin 是对 sin()函数的调用，而不是对 sin()函数的引用。运行上面的代码后，Octave 将提示以下内容：

```
error: Invalid call to sin. Correct usage is:

-- sin (X)
```

这段报错信息的大意是“在调用 sin()函数时，由于用法不正确而出错”，可见上面代码中的 sin 是对 sin()函数的调用，而不是对 sin()函数的引用，所以类似于这种需要“将函数作为一个变量而不去调用”的场合，就需要对函数的引用，此时我们必须借助于句柄实现引用功能。

此外，由于句柄只是对函数的一个引用，因此，在从内存空间中清除句柄之后，对应的函数不会被清除，仍然会保留在内存空间中，代码如下：

```
>> function b = a() # 导入 a 函数
a = 1
endfunction
>> c = @a # 定义 c 句柄
c = @a
>> c()
a = 1
>> clear c # 清除 c 句柄
>> a # 调用 a 函数
a = 1
```

上面的代码在清除 c 句柄之后，a 函数仍然可以被调用。

9.2.3 使用句柄消除函数歧义

在 Octave 当中，句柄指向的实际上是函数的内存空间。利用这个特性，可以在函数重载前后分别指定句柄来消除歧义，代码如下：

```
>> clear all
>> function o = a() # 导入 a 函数
    i = 1;
    fprintf("here, i = %d\n",i)
endfunction
>> b = @a;
>> function o = a() # 导入新的 a 函数，并重载原有的 a 函数
    i = 2;
    fprintf("here, i = %d\n",i)
endfunction
>> c = @a;
>> b()
here, i = 1
>> c()
here, i = 2
```

在这个例子中，a 函数在当前上下文中被导入了两次，而且产生了函数重载。将 b 句柄指向第 1 个 a 函数，然后将 c 句柄指向第 2 个 a 函数，最后分别调用 b 句柄指向的 a 函数和 c 句柄指向的 a 函数，得到了不同的结果。这说明：

- b 句柄和 c 句柄调用的不是同一个 a 函数；
- b 句柄和 c 句柄指向的不是同一个 a 函数；
- 在重载前后的 a 函数均存在于内存空间当中。

注意：这段程序不可以使用脚本文件的形式被执行。如果将此程序保存到脚本中，然后调用脚本，则 Octave 将报错。报错信息如下：

```
parse error near line 7 of file XXX

  duplicate subfunction or nested function name

>>> function o = a()
```

我们不妨趁热打铁，研究一下 Octave 的句柄功能是如何实现的。在上面的程序当中追加 clear 函数，清除 a 函数：

```
>> clear a
```

检查 a 函数是否被清除了：

```
>> a
error: 'a' undefined near line 1 column 1
```

然后，再调用 b 句柄指向的 a 函数和 c 句柄指向的 a 函数，得到如下结果：

```
>> b()
here, i = 1
>> c()
here, i = 2
```

从上面的结果可以发现：在原有的 a 函数被清除之后，b 句柄指向的 a 函数和 c 句柄指向的 a 函数仍然可以被调用。这说明 Octave 的句柄在指向一个函数后会复制一个函数，在调用指向的函数时也会调用复制后的函数。

所以，根据句柄的这个原理，可以在一个需要进行函数重载的场合，及时分配函数句柄以避免程序的歧义问题。

9.3 句柄的特性

9.3.1 句柄允许指向的内容

Octave 的句柄允许指向以下两种变量：

- 函数；
- 方法。

这里的方法是类中 methods 语句块中包含的内容。

9.3.2 feval()函数用法与调用句柄

1. feval()函数用法

可以调用 feval()函数调用句柄，或者直接在句柄之后写上参数列表。如果句柄之后没有参数列表，则 Octave 规定应手动填写一对圆括号，代码如下：

```
>> f = @sin;
>> feval(f,pi/4)
ans = 0.70711
```

由于 feval()函数的限制，将上述代码写成：

```
>> feval(@sin(pi))
```

这种写法是不正确的，因为 feval()函数的第一个参数只支持函数名的传入，而不支持函数调用的传入。

除了使用 feval()函数调用句柄之外，也可以直接在句柄之后加上参数列表。

使用 feval()函数进行句柄的调用是一种较为安全的方式。feval()函数接收的第 1 个参数必须是句柄的名称。如果句柄所指的函数对象可以接收其他参数，则那些参数可以依次作为 feval()函数的第 2 个、第 3 个、第 4 个……参数传入。

feval()函数相当于为句柄的调用提供了一个隔离的环境，代码如下：

```
>> sin = 1
sin = 1
>> sin(pi)
error: sin(3.14159): subscripts must be either integers 1 to (2^63) - 1 or logicals (note:
variable 'sin' shadows function)
>> feval('sin',pi)
ans = 1.2246e-16
```

在上面的例子中，sin 对象已经被重载为一个 double 类型的数据，正常调用 sin()函数已经发生报错，但是由于 feval()调用的是 sin()函数的句柄，所以 sin()函数被正常调用了。

2. 通过 feval()函数调用句柄

此外，feval()函数还可以接收除函数对象之外的其他类型的句柄对象。换言之，feval()函数可以接收所有种类的句柄对象。

下面给出一段从字符串中读取句柄并执行的例子，代码如下：

```
>> a = "linspace";
>> feval(a,1,10,10)
ans =

    1   2   3   4   5   6   7   8   9   10
```

9.4 句柄的常用用法

9.4.1 句柄赋值

由于句柄本身也是一种对象，所以在 Octave 中，当然支持直接使用句柄变量对一个变量赋值，代码如下：

```
>> a = @sin
a = @sin
>> b = a
b = @sin
>> fprintf("%s | %s\n",class(a),class(b))
function_handle | function_handle
```

从示例中可以分析得到，在使用一个句柄变量对另一个变量赋值后，两个变量的类型均为 function_handle 类型，也就是函数句柄类型。

9.4.2 从句柄中获得值

1. get()函数

使用 get()函数，可以返回句柄中的值，返回的值为结构体类型。

get()函数至少需要指定一个参数，将参数的同名句柄对象作为源句柄。另外，可以追加第 2 个参数，此时第 2 个参数将作为需要获取的键名。

get()函数在只有一个参数的情形下调用，返回的结果是一个结构体格式。如果追加了键名参数，则返回值将是字符串格式，而不是包含所有键值对的结构体格式。

例如，使用 get()函数获取一张图形窗口的全部属性，代码如下：

```
>> a = figure();
>> get(a)
ans =

  scalar structure containing the fields:

    beingdeleted = off
    busyaction = queue
    buttondownfcn = [](0x0)
    children = [](0x1)
    clipping = on
    createfcn = [](0x0)
    deletefcn = [](0x0)
    handlevisibility = on
    hittest = on
    interruptible = on
    parent = 0
    pickableparts = visible
    selected = off
    selectionhighlight = on
    tag =
    type = figure
    uicontextmenu = [](0x0)
    userdata = [](0x0)
    visible = on
    alphamap =

       1
       1
       1
       1
```

```
   1
   1
   1
   1
   1
   1
   1
   1
   1
   1
   1
   1
   1
   1
   1
   1
   1
   1
   1
   1
   1
   1
   1
   1
   1
   1
   1
   1
   1
   1
   1
   1
   1
   1
   1
   1
   1
   1
   1
   1
   1
   1
   1
   1
   1
```

```
   1
   1
   1
   1
   1
   1
   1
   1
   1
   1
   1
   1
   1
   1
   1

closerequestfcn = closereq
color =

   1  1  1

colormap =

   0.2670040   0.0048743   0.3294152
   0.2726517   0.0258457   0.3533673
   0.2771063   0.0509139   0.3762361
   0.2803562   0.0742015   0.3979015
   0.2823900   0.0959536   0.4182508
   0.2832046   0.1168933   0.4371789
   0.2828093   0.1373502   0.4545959
   0.2812308   0.1574799   0.4704339
   0.2785162   0.1773480   0.4846539
   0.2747355   0.1969692   0.4972505
   0.2699818   0.2163303   0.5082545
   0.2643686   0.2354047   0.5177319
   0.2580262   0.2541617   0.5257802
   0.2510987   0.2725732   0.5325222
   0.2437329   0.2906195   0.5380971
   0.2360733   0.3082910   0.5426518
   0.2282632   0.3255865   0.5463354
   0.2204250   0.3425172   0.5492871
   0.2126666   0.3591022   0.5516350
   0.2050791   0.3753661   0.5534932
   0.1977219   0.3913409   0.5549535
   0.1906314   0.4070615   0.5560891
   0.1838194   0.4225638   0.5569522
```

```
    0.1772724   0.4378855   0.5575761
    0.1709575   0.4530630   0.5579740
    0.1648329   0.4681295   0.5581427
    0.1588454   0.4831171   0.5580587
    0.1529512   0.4980530   0.5576847
    0.1471316   0.5129595   0.5569733
    0.1414022   0.5278543   0.5558645
    0.1358330   0.5427501   0.5542887
    0.1305821   0.5576525   0.5521757
    0.1258984   0.5725631   0.5494454
    0.1221631   0.5874763   0.5460234
    0.1198724   0.6023824   0.5418306
    0.1196266   0.6172658   0.5367956
    0.1220459   0.6321070   0.5308480
    0.1276677   0.6468818   0.5239242
    0.1368349   0.6615629   0.5159668
    0.1496433   0.6761197   0.5069243
    0.1659673   0.6905190   0.4967519
    0.1855384   0.7047252   0.4854121
    0.2080305   0.7187010   0.4728733
    0.2331273   0.7324064   0.4591059
    0.2605315   0.7458020   0.4440959
    0.2900007   0.7588465   0.4278259
    0.3213300   0.7714979   0.4102927
    0.3543553   0.7837140   0.3914876
    0.3889303   0.7954531   0.3714207
    0.4249331   0.8066739   0.3500988
    0.4622468   0.8173376   0.3275447
    0.5007536   0.8274091   0.3037990
    0.5403370   0.8368582   0.2789167
    0.5808612   0.8456634   0.2530009
    0.6221708   0.8538156   0.2262237
    0.6640873   0.8613210   0.1988794
    0.7064038   0.8682063   0.1714949
    0.7488853   0.8745222   0.1450376
    0.7912731   0.8803462   0.1212910
    0.8333021   0.8857801   0.1033262
    0.8747175   0.8909453   0.0953508
    0.9152963   0.8959735   0.1004700
    0.9548396   0.9010058   0.1178764
    0.9932479   0.9061566   0.1439362

currentaxes = [](0x0)
currentcharacter =
currentobject = [](0x0)
```

```
currentpoint =

   0
   0

dockcontrols = off
filename =
graphicssmoothing = on
integerhandle = on
inverthardcopy = on
keypressfcn = [](0x0)
keyreleasefcn = [](0x0)
menubar = figure
name =
number = 1
nextplot = add
numbertitle = on
outerposition =

     1  568  562  513

paperorientation = portrait
paperposition =

   0.25000  2.50000  8.00000  6.00000

paperpositionmode = manual
papersize =

    8.5000  11.0000

papertype = usletter
paperunits = inches
pointer = arrow
pointershapedata =

   0   0   0   0   0   0   0   0   0   0   0   0   0   0   0   0
   0   0   0   0   0   0   0   0   0   0   0   0   0   0   0   0
   0   0   0   0   0   0   0   0   0   0   0   0   0   0   0   0
   0   0   0   0   0   0   0   0   0   0   0   0   0   0   0   0
   0   0   0   0   0   0   0   0   0   0   0   0   0   0   0   0
   0   0   0   0   0   0   0   0   0   0   0   0   0   0   0   0
   0   0   0   0   0   0   0   0   0   0   0   0   0   0   0   0
   0   0   0   0   0   0   0   0   0   0   0   0   0   0   0   0
   0   0   0   0   0   0   0   0   0   0   0   0   0   0   0   0
```

```
    0  0  0  0  0  0  0  0  0  0  0  0  0  0  0  0
    0  0  0  0  0  0  0  0  0  0  0  0  0  0  0  0
    0  0  0  0  0  0  0  0  0  0  0  0  0  0  0  0
    0  0  0  0  0  0  0  0  0  0  0  0  0  0  0  0
    0  0  0  0  0  0  0  0  0  0  0  0  0  0  0  0
    0  0  0  0  0  0  0  0  0  0  0  0  0  0  0  0
    0  0  0  0  0  0  0  0  0  0  0  0  0  0  0  0

pointershapehotspot =

    0  0

position =

    300   205   560   415

renderer = opengl
renderermode = auto
resize = on
resizefcn = [](0x0)
selectiontype = normal
sizechangedfcn = [](0x0)
toolbar = auto
units = pixels
windowbuttondownfcn = [](0x0)
windowbuttonmotionfcn = [](0x0)
windowbuttonupfcn = [](0x0)
windowkeypressfcn = [](0x0)
windowkeyreleasefcn = [](0x0)
Windowscrollwheelfcn = [](0x0)
Windowstyle = normal
```

根据刚才图形窗口的示例，继续获得其 renderer 属性，代码如下：

```
>> get(a,"renderer")
ans = opengl
```

注意：句柄在对象被销毁时会一并被销毁，所以在使用句柄属性前，先要确保句柄的有效性。如果句柄不存在，则在 Octave 中一般会给出类似 error：get：invalid handle（=1）的错误提示。

---

2. hdl2struct()函数

还可以调用 hdl2struct()函数，此函数用于获取图形对象的句柄的值。调用 hdl2struct()函数时需要传入一个句柄，然后 hdl2struct()函数会以结构体形式返回该句柄的所有属性值。

如果该句柄指向的对象之下还有子对象，则在返回的结构体当中也会包含子对象的属性值。最终返回的结构体是一个可以包含嵌套结构的结构体，代码如下：

```
hdl2struct(groot)
ans =

  scalar structure containing the fields:

    handle = 0
    type = root
    properties =

      scalar structure containing the fields:

        pickableparts = visible
        tag =
        userdata = [](0x0)
        visible = on
        callbackobject = [](0x0)
        commandWindowsize =

           0   0

        currentfigure = [](0x0)
        fixedwidthfontname = Courier
        monitorpositions =

              1      1   1920   1080

        pointerlocation =

           0   0

        pointerwindow = 0
        screendepth = 32
        screenpixelsperinch = 141.58
        screensize =

              1      1   1920   1080

        showhiddenhandles = off
        units = pixels

    children = [](0x0)
    special = [](0x0)
```

9.4.3 匿名函数

有时在编写程序时不需要对函数体进行详细定义，代码如下：

```
y = x + 1
```

如果被写为一般的函数形式，则它需要被写成如下形式：

```
function y = octavetest(x)
    y = x + 1;
endfunction
```

而且调用时需要写成如下形式：

```
>> octavetest(x)
```

这种标准的函数写法使得函数表达式的计算过程更加复杂。Octave 为优化这个问题，允许通过匿名函数的形式达到以下目的：

- 在函数定义时允许不写函数名；
- 在函数调用时不写函数名。

Octave 的匿名函数正是通过句柄实现的。下面给出匿名函数的一个示例：

```
>> y = @(x)x + 1
y =

@(x) x + 1

>> y(1)
ans = 2
```

示例中包括了 $y=x+1$ 的函数定义和函数调用。定义时将@符号和后面的圆括号连起来，构成一个函数的参数列表，在参数列表的后面追加匿名的函数体，这个函数体包含参数列表中参数的部分都被视为匿名参数，然后将这个匿名函数赋值给一个变量，这个变量在技术上也就成为匿名函数的入口了。

调用匿名函数时，只需将匿名函数名当成正常的函数名，然后正常调用函数。匿名函数的调用和正常函数的调用没有区别。

注意：Octave 的程序语法规定：匿名函数的参数列表必须使用圆括号括起来，而且“@”符号与圆括号之间必须连写、不允许加入任何字符，但圆括号与匿名函数体之间的空格可以省略。我们可以在圆括号和匿名函数体之间加入空格，这样操作不会影响程序的含义。

9.4.4 获得图形对象的句柄

对于 Octave 图形对象而言，在生成一张图形对象的同时会自动生成一个概念意义上的句柄。这个句柄在默认情况下不存放在内存空间中，如果想要获得哪个句柄，就需要使用 Octave 提供的方法去获得句柄。

Octave 提供了以下几种能够获取图形对象的句柄的函数：

- gca()；
- gcbf()；
- gcbo()；
- gcf()；
- gco()；
- groot()。

1. gca()函数

调用 gca()函数可以返回当前坐标轴对象的句柄。如果 Octave 当前没有正在运行的对象，则调用 gca()函数时会自动生成一个全新的 figure()对象，然后在这个对象上绘制二维的直角坐标系。其原理与上面的 gcf()函数的例子类似，这里不再给出示例。

2. gcbf()函数

对于触发回调函数对应的对象而言，可以调用 gcbf()函数包裹一个回调函数，代码如下：

```
>> fig = gcbf()
```

gcbf()函数用于返回一个正在执行的回调函数所对应的图像，它被显示在新的 figure 中。

在没有正在执行回调函数的场合，调用 gcbf()函数将返回一个空矩阵。此外，gcbf()函数的返回值与 gcbo()函数指定第 2 个参数时的返回值相同。

3. gcbo()函数

如果不希望使用句柄方式调用回调函数，则可以调用包裹一个回调函数的 gcbo()函数，代码如下：

```
>> h = gcbo()
>> [h,fig] = gcbo()
```

gcbo()函数返回一个正在起作用的句柄。在没有正在执行回调函数的场合，调用 gcbo()函数将返回一个空矩阵。

还可以为 gcbo()函数指定第 2 个参数，则直接返回正在执行的回调函数所对应的图像，它被显示在新的 figure 中。

4. gcf()函数

调用 gcf()函数可以返回当前所在图形对象的句柄。如果 Octave 当前没有正在运行的对象,则调用 gcf()函数时会自动生成一个全新的 figure()对象。下面给出这个示例。

```
>> close all;
>> get(gcf,"color")
ans =

   1   1   1
```

可见在调用 gcf()函数后确实生成了一个新的图形对象,而且 get()函数也成功获得了对应句柄的 color 值。

5. gco()函数

调用 gco()函数可以返回当前所在图形中的所有对象的句柄。如果为 gco()函数指定一个参数,则 gco()函数可以被用来返回指定参数所对应的图形中的某个对象的句柄。

6. groot()函数

我们可以通过调用 groot()函数返回根对象的句柄。

根据每个人的操作系统环境不同和窗口环境不同,得到的根对象句柄也不同。下面给出了作者的 PC 上的根对象的句柄详情:

```
>> get(groot)
ans =

  scalar structure containing the fields:

    beingdeleted = off
    busyaction = queue
    buttondownfcn = [](0x0)
    children = [](0x1)
    clipping = on
    createfcn = [](0x0)
    deletefcn = [](0x0)
    handlevisibility = on
    hittest = on
    interruptible = on
    parent = [](0x0)
    pickableparts = visible
    selected = off
    selectionhighlight = on
    tag =
    type = root
    uicontextmenu = [](0x0)
    userdata = [](0x0)
    visible = on
    callbackobject = [](0x0)
```

```
commandWindowsize =

   0   0

currentfigure = [](0x0)
fixedwidthfontname = Courier
monitorpositions =

       1     1  1920   1080

pointerlocation =

   0   0

pointerwindow = 0
screendepth = 32
screenpixelsperinch = 141.58
screensize =

       1     1  1920   1080

showhiddenhandles = off
units = pixels
```

9.4.5 设置句柄的参数值

1. set()函数

我们可以调用 set()函数为句柄所指向的图形对象设置数值。set()函数在调用时，必须将第一个参数指定为句柄，并且必须指定其他参数，作为待赋值的变量名。

调用 set()函数设置句柄所指对象的属性时，可以遵从以下 3 种方式：

- 使用键值对方式连续传入两个参数，而且其中的第 1 个参数代表键名，第 2 个参数代表待赋的值。这种方式只允许一次传入一组键值对参数；
- 使用元胞方式连续传入两个参数，而且其中的第 1 个参数代表键名，第 2 个参数代表待赋的值。这种方式允许一次传入多组键值对参数；
- 使用结构体方式传入一个参数，而且其中的参数以键值对方式存储。

注意：set()函数只能设置图形的句柄。

2. struct2hdl()函数

此外，我们还可以调用 struct2hdl()函数直接将一个结构体转换成图形句柄。如果我们将结构体中的属性修改好之后直接赋值给一张图形的句柄，则图形属性也会相应地发生改变，这种逻辑也相当于设置了句柄的参数值。

第 10 章

Octave 的矩阵操作

在使用 Octave 进行矩阵操作时，主要是对多个矩阵进行内部数据的批量操作。例如，如果我们想要对一个长度上的变量进行操作，就需要创建一个线性空间。如果想生成某个知名的矩阵，则最好的方式是生成一个示例矩阵。

10.1 创建空间

10.1.1 创建线性空间

我们可以调用 linspace()函数进行线性空间的创建。

调用 linspace()函数时，至少需要传入两个参数，得到一个连续变化的数组(一维矩阵)。数组的长度为 100，代码如下：

```
>> a = linspace(1,10);
>> size(a)
ans =

    1   100
```

在这个示例当中，a 由于 linspace()函数的作用，被赋值为 1～10 的数组(一维矩阵)，而且这个数组(一维矩阵)的第 1 个元素为 1，第 100 个元素为 10。

如果想要继续控制线性空间中采样点的个数，还可以传入第 3 个参数，这个参数代表采样点的个数，代码如下：

```
>> a = linspace(1,10,10);
>> size(a)
ans =

    1   10
```

在上面的代码中，新的线性空间的长度变为 10。

10.1.2　创建对数空间

类似地，Octave 还提供了一个适用于对数空间的创建方法。我们可以调用 logspace()函数进行对数空间的创建，代码如下：

```
>> a = logspace(1,10);
>> size(a)
ans =

    1   50
```

这里和上面的 linspace()函数有所不同，可以看出，logspace()函数默认的采样点个数为 50。

```
>> a = logspace(1,10,10);
>> size(a)
ans =

    1   10
```

追加传入第 3 个参数之后，logspace()函数创建的对数空间的长度变为 10。

10.2　特殊矩阵

10.2.1　生成几种常见特殊矩阵

Octave 内置如下的特殊矩阵生成函数：

- Hadamard 矩阵；
- Hankel 矩阵；
- Hilbert 矩阵；
- Hilbert 逆矩阵；
- Magic 矩阵；
- Pascal 矩阵；
- Rosser 矩阵；
- Toeplitz 矩阵；
- Vandermonde 矩阵；
- Wilkinson 矩阵。

详细的特殊矩阵生成方式如表 10-1 所示。

表 10-1　特殊矩阵生成方式

函数名	矩阵含义	用法
hadamard	Hadamard 矩阵	hadamard(n)
hankel	Hankel 矩阵	hankel(c)
	Hankel 矩阵	hankel(c,r)
hilb	Hilbert 矩阵	hilb(n)
invhilb	Hilbert 逆矩阵	invhilb(n)
magic	Magic 矩阵	magic(n)
pascal	Pascal 矩阵	Pascal(n)
	Pascal 矩阵	Pascal(n,t)
rosser	Rosser 矩阵	rosser()
toeplitz	Toeplitz 矩阵	toeplitz(c)
	Toeplitz 矩阵	toeplitz(c,r)
vander	Vandermonde 矩阵	vander(c)
	Vandermonde 矩阵	vander(c,n)
wilkinson	Wilkinson 矩阵	wilkinson(n)

下面给出几段简单的代码：

```
>> hadamard(12)
ans =

    1    1    1    1    1    1    1    1    1    1    1    1
    1   -1   -1    1   -1   -1   -1    1    1    1   -1    1
    1    1   -1   -1    1   -1   -1   -1    1    1    1   -1
    1   -1    1   -1   -1    1   -1   -1   -1    1    1    1
    1    1   -1    1   -1   -1    1   -1   -1   -1    1    1
    1    1    1   -1    1   -1   -1    1   -1   -1   -1    1
    1    1    1    1   -1    1   -1   -1    1   -1   -1   -1
    1   -1    1    1    1   -1    1   -1   -1    1   -1   -1
    1   -1   -1    1    1    1   -1    1   -1   -1    1   -1
    1   -1   -1   -1    1    1    1   -1    1   -1   -1    1
    1    1   -1   -1   -1    1    1    1   -1    1   -1   -1
    1   -1    1   -1   -1   -1    1    1    1   -1    1   -1
>> hankel([1 2 3])
ans =

   1   2   3
   2   3   0
   3   0   0
>> hilb(3)
ans =
```

```
   1.00000  0.50000  0.33333
   0.50000  0.33333  0.25000
   0.33333  0.25000  0.20000
>> invhilb(3)
ans =

     9   -36    30
   -36   192  -180
    30  -180   180
>> magic(3)
ans =

   8  1  6
   3  5  7
   4  9  2
>> Pascal(3)
ans =

   1  1  1
   1  2  3
   1  3  6
>> rosser
ans =

    611   196  -192   407    -8   -52   -49    29
    196   899   113  -192   -71   -43    -8   -44
   -192   113   899   196    61    49     8    52
    407  -192   196   611     8    44    59   -23
     -8   -71    61     8   411  -599   208   208
    -52   -43    49    44  -599   411   208   208
    -49    -8     8    59   208   208    99  -911
     29   -44    52   -23   208   208  -911    99
>> toeplitz([1 2 3])
ans =

   1  2  3
   2  1  2
   3  2  1
>> vander([1 2 3])
ans =

   1  1  1
   4  2  1
   9  3  1
>> wilkinson(3)
```

```
ans =

   1  1  0
   1  0  1
   0  1  1
```

10.2.2 生成眼矩阵

我们可以调用 eye()函数创建一个眼矩阵。eye()函数支持直接调用。如果直接调用 eye()函数，则其等效于 eye(1)，代码如下：

```
>> eye
ans =  1
```

eye()函数在只传入一个参数时，传入的参数代表眼矩阵的阶数，代码如下：

```
>> eye(5)
ans =

Diagonal Matrix

   1  0  0  0  0
   0  1  0  0  0
   0  0  1  0  0
   0  0  0  1  0
   0  0  0  0  1
```

此外，eye()函数还支持传入第 2 个参数，在这种用法之下，eye()函数的两个参数分别代表生成矩阵的行数和列数。在此基础上还可以追加下一个参数，这个参数代表生成矩阵的格式，代码如下：

```
>> eye(2,5,'uint32')
ans =

  1  0  0  0  0
  0  1  0  0  0

>> class(ans)
ans = uint32
```

这个例子返回了一个 2×5 的矩阵，而且生成矩阵的格式也是指定的 uint32 格式。

可以使用一个矩阵同时传入矩阵的行数和列数，并且此方法也支持格式参数的传入，代码如下：

```
>> eye([1,2],"uint16")
ans =

  1  0
```

10.2.3 生成全 1 矩阵和全 0 矩阵

ones()函数和 zeros()函数的用法与 eye()函数相同。

1. ones()函数

ones()函数用于生成全 1 矩阵，代码如下：

```
>> ones([1,2],"uint16")
ans =

  1  1
```

2. zeros()函数

zeros()函数用于生成全 0 矩阵，代码如下：

```
>> zeros([1,2],"uint16")
ans =

  0  0
```

10.2.4 按矩阵复制矩阵

我们可以调用 repmat()函数快速复制一个矩阵。在调用 repmat()函数时，要至少指定两个参数。第 1 个参数作为 repmat()函数的复制源，第 2 个参数作为复制的倍数，代码如下：

```
>> repmat([1 2 3],2)
ans =

   1  2  3  1  2  3
   1  2  3  1  2  3
```

这个例子中，在 repmat()函数的作用下，复制源矩阵在横向尺度和纵向尺度上均被复制到原来的 2 倍长度。

如果为 repmat()函数指定第 3 个参数，则第 2 个参数将作为横向尺度上复制的倍数，第 3 个参数将作为纵向尺度上复制的倍数。还可以追加更多参数作为维数上的复制。

如果 repmat()函数的第 2 个参数是矩阵，则矩阵的第 1 个参数将作为横向尺度上复制的倍数，第 2 个参数将作为纵向尺度上复制的倍数，后面的参数作为维数上的复制。对于维数复制的理解，给出下面的代码：

```
>> repmat([1 2 3],[2,3,2,2])
ans =

ans(:,:,1,1) =

   1   2   3   1   2   3   1   2   3
   1   2   3   1   2   3   1   2   3

ans(:,:,2,1) =

   1   2   3   1   2   3   1   2   3
   1   2   3   1   2   3   1   2   3

ans(:,:,1,2) =

   1   2   3   1   2   3   1   2   3
   1   2   3   1   2   3   1   2   3

ans(:,:,2,2) =

   1   2   3   1   2   3   1   2   3
   1   2   3   1   2   3   1   2   3
```

本例中，在同一维度上，复制源矩阵在横向尺度被复制到原来的 2 倍，在纵向尺度上被复制到原来的 3 倍，然后在第 3 个维度上整体复制 2 次，最后在第 4 个维度上再整体复制 2 次。

10.2.5 按元素复制矩阵

1. repelem()函数

repelem()函数是一个对单个元素进行复制的函数，其调用方式比较灵活。repelem()函数的第 1 个参数用于复制源数据，第 2 个参数将作为横向尺度上复制的倍数，第 3 个参数将作为纵向尺度上复制的倍数，后面的参数作为维数上的复制。下面给出示例：

```
>> repelem([1,2,3],2,3,4)
ans =

ans(:,:,1) =

   1   1   1   2   2   2   3   3   3
   1   1   1   2   2   2   3   3   3
```

```
ans(:,:,2) =

   1   1   1   2   2   2   3   3   3
   1   1   1   2   2   2   3   3   3

ans(:,:,3) =

   1   1   1   2   2   2   3   3   3
   1   1   1   2   2   2   3   3   3

ans(:,:,4) =

   1   1   1   2   2   2   3   3   3
   1   1   1   2   2   2   3   3   3
```

注意：不建议使用元胞作为复制源数据。因为 repelems()函数会将元胞拆成单个元素，并且包装为元胞，所以得到的结果往往难以阅读。

2．repelems()函数

此外，还可以调用 repelems()函数进行单个元素在行矩阵中的复制。repelems()函数只支持传入两个参数。第 1 个参数代表复制源数据，第 2 个参数代表复制方式。复制方式的概念较难理解，为了便于理解，下面给出一个简单的示例：

```
>> repelems ([8,9],[1,2;2,3])
ans =

   8   8   9   9   9
```

其中，第 1 个矩阵参数中的第 1 个元素使用下标 1 进行索引，第 1 个矩阵参数中的第 2 个元素使用下标 2 进行索引。在第 2 个矩阵中，第 1 行元素的第 1 个元素为 1，代表下标 1。在第 2 个矩阵中，第 1 行元素的第 2 个元素为 2，代表下标 2。在第 2 个矩阵中，第 2 行元素的第 1 个元素为 2，代表被下标 1 索引的元素要复制的次数。在第 2 个矩阵中，第 2 行元素的第 2 个元素为 3，代表被下标 2 索引的元素要复制的次数，所以被下标 1 索引的元素被复制了两次。被下标 2 索引的元素被复制了 3 次，最终得到了一个 1×5 的矩阵，其中 8 被复制了两次，9 被复制了 3 次。

为了更深层次地研究 repelems()函数的特性，给出下面的代码：

```
>> repelems ([{1,2}, 3], [2 1;6 5])
ans =
{
```

```
  [1,1] = 2
  [1,2] = 2
  [1,3] = 2
  [1,4] = 2
  [1,5] = 2
  [1,6] = 2
  [1,7] = 1
  [1,8] = 1
  [1,9] = 1
  [1,10] = 1
  [1,11] = 1
}

>> repelems ([[1,2], 3], [2 1;6 5])
ans =

   2  2  2  2  2  2  1  1  1  1  1
```

我们可以发现以下规律：

- 如果使用元胞类型定义的输入参数进行 repelems()函数调用，则得到的结果也是元胞类型；
- 如果使用矩阵类型定义的输入参数进行 repelems()函数调用，则得到的结果也是矩阵类型；
- 如果使用矩阵类型定义的输入参数进行 repelems()函数调用，则得到的结果和直接输入两个参数等效；
- 如果在参数当中因为使用矩阵或结构体导致传入了大于 2 个元素，则多出来的元素将被直接舍弃。

10.3 随机矩阵

10.3.1 标准随机数生成函数

rand()函数是一个随机数生成函数。如果在调用 rand()函数时不传入参数，则将生成一个 0～1 的随机数字。

rand()函数用于生成随机矩阵。rand()函数支持直接调用，如果直接调用 rand()函数，则 rand()函数将生成一个随机的、范围为 0～1 的小数。如果为 rand()函数传入一个参数，则这个参数代表生成矩阵的阶数。函数生成的矩阵为方阵，而且其中所有元素都是范围为 0～1 的小数。

注意：Octave 的随机数生成方式为假随机方式，其使用了 Mersenne Twister 算法，并且算法的周期参数为 $2^{19937}-1$。使用 Octave 连续生成 624 个随机数之后，随机数生成规律可以被破译，所以不建议使用 Octave 生成大量的随机数。

可以指定自己的随机数种子生成随机数，只需要在调用 rand()函数时指定 seed 参数，代码如下：

```
>> rand ("seed", time);
>> rand
ans = 0.98589
```

Octave 允许为 rand()函数追加数字格式参数，代码如下：

```
>> rand(1,'single')
ans = 0.34192
>> rand(1,'double')
ans = 0.76748
```

上面的例子通过追加 single 或者 double 属性，规定了生成数字的精度格式。

注意：追加的属性必须合理。例如，如果指定 uint8 属性则会出现以下报错：

```
error: invalid conversion from string to real scalar
error: octave_base_value::int64_value (): wrong type argument 'sq_string'
```

10.3.2　派生随机数生成函数

以下几种随机数生成函数由标准随机数生成函数派生而来。

为了方便地生成随机整数，我们可以调用 randi()函数快速地生成随机整数。其支持的参数种类与 rand()函数类似。

1. randi()函数

randi()函数也用于生成随机矩阵，但生成的矩阵元素均为正整数。由于 randi()函数的这一特性，在调用 randi()函数时必须指定至少一个参数。当 randi()函数传入一个参数时将只生成一个随机数字，并且这个参数代表生成数字的上限，代码如下：

```
>> randi(9)
ans = 1
>> randi(9)
ans = 8
```

此外，还可以为 randi()函数指定更多参数，确定生成矩阵的尺寸，代码如下：

```
>> randi(9,2,3)
ans =

   7  5  3
   1  7  9

>> randi(9,[2,3])
ans =

   1  5  4
   1  9  2
```

上面的例子使用追加参数的方法生成随机正整数矩阵。从例子中,可以知道 randi()函数允许以单独参数和矩阵的方式追加矩阵的行数和列数。

2. randn()函数

randn()函数用于生成随机复数。它相当于 rand()函数的返回值整体去负号。randn()函数允许生成同时包含正数和负数的矩阵。randn()函数支持直接调用,这个用法等效于 randn(1)。如果为 randn()函数传入一个参数,则 randn()函数的参数代表生成矩阵的阶数。由于 randn()函数同时生成整数和负数,所以规定 randn()函数生成元素数值的上限使用方差 1,中值 0 来规约。此外,randn()函数还允许传入更多参数,这种用法和 rand()函数类似,在这里不再给出示例。

3. randp()函数

randp()函数用于生成同时包含正数和负数的矩阵,矩阵内部的元素遵循同一个泊松分布。使用 seed 参数可以额外指定需要的泊松分布参数。准确地说,randp()生成泊松分布矩阵,即生成的随机数矩阵满足泊松分布。其中,randp()函数的第一个参数为泊松分布 P(λ)中的 λ。如果 randp()函数的第一个参数不为 1,则 randp()函数与 rand()函数的行为相同。

4. randg()函数

randg()函数用于生成同时包含正数和负数的矩阵,矩阵内部的元素遵循同一个 Gamma 分布。使用 seed 参数可以额外指定需要的 Gamma 分布参数。准确地说,randg()函数用于生成 Gamma 分布的矩阵。其中,randg()函数接收的第 1 个参数为“单元个数”。使用 Gamma 分布又可以派生出其他函数分布:

- ❑ beta 分布;
- ❑ Erlang 分布;
- ❑ chisq 分布;
- ❑ t 分布;

- F 分布；
- Dirichlet 分布；

5. rande()函数

rande()函数允许生成同时包含正数和负数的矩阵。与 randn()函数不同的是，调用 rande()函数生成的矩阵中的元素遵循同一个指数分布。此外，rande()函数还支持自定义的指数分布。如果我们想自定义 rande()函数所使用的指数分布，则只需要在传入参数的最后追加 seed 参数和对应值，构成键值对进行传入。

10.3.3 随机排列生成函数

randperm()函数用于生成一个排列。如果为 randperm()函数指定一个参数，则这个参数代表排列的长度，代码如下：

```
>> randperm(8)
ans =

   3  1  6  7  4  5  2  8
```

生成的结果为一个长度为 8 的排列，而且元素的范围是 1～8 并按照随机顺序排列的 8 个整数。

此外，还可以为 randperm()函数追加一个输入参数，第 2 个参数代表生成的排列长度，代码如下：

```
>> randperm(6,3)
ans =

   4  5  1
```

10.4 示例矩阵

Octave 中的示例矩阵的生成是随机的。一般而言，在测试用途之下，可以调用 gallery()函数进行不同示例矩阵的生成，即便示例矩阵的生成命令完全相同。

gallery()函数可以构造大量的知名矩阵用于开发调试和数学研究之用。使用有数学意义的矩阵进行开发调试或者数学研究，可以起到事半功倍的效果。

我们在调用 gallerry()函数时，至少需要传入一个参数，这个参数代表生成的示例矩阵的矩阵名，然后根据矩阵名的不同，还可以追加更多参数来控制矩阵的生成方式。

gallery()函数的详细用法如表 10-2 所示。

表 10-2 gallery()函数的详细用法

矩阵名	数学意义	用法
cauchy	创建一个柯西矩阵	C=gallery ("cauchy", X)
		C=gallery ("cauchy", X, Y)
chebspec	创建一个切比雪夫光谱微分矩阵	C=gallery ("chebspec", N)
		C=gallery ("chebspec", N, K)
chebvand	❑ 创建一个类范德蒙德矩阵 ❑ 生成的矩阵遵循切比雪夫多项式	C=gallery ("chebvand", P)
		C=gallery ("chebvand", M, P)
chow	❑ 创建一个 Chow 矩阵 ❑ 生成的矩阵是一个奇异矩阵 ❑ 生成的矩阵是一个托普利兹矩阵 ❑ 生成的矩阵是一个下海森伯矩阵	A=gallery ("chow", N)
		A=gallery ("chow", N, ALPHA)
		A=gallery ("chow", N, ALPHA, DELTA)
circul	创建一个循环矩阵	C=gallery ("circul", V)
clement	❑ 创建一个三对角矩阵 ❑ 生成的矩阵具有零对角元素	A=gallery ("clement", N)
		A=gallery ("clement", N, K)
compar	创建一个比较矩阵	C=gallery ("compar", A)
		C=gallery ("compar", A, K)
condex	❑ 创建一个"反例"矩阵 ❑ 生成的矩阵满足一个条件估计器	A=gallery ("condex", N)
		A=gallery ("condex", N, K)
		A=gallery ("condex", N, K, THETA)
cycol	❑ 创建一个循环重复的矩阵 ❑ 生成的矩阵的列全部重复或者按顺序进行周期性重复	A=gallery ("cycol", [M N])
		A=gallery ("cycol", N)
		A=gallery (..., K)
dorr	❑ 创建一个三对角矩阵 ❑ 生成的矩阵是对角占优的 ❑ 生成的矩阵具有病态特征值	[C, D, E]=gallery ("dorr", N)
		[C, D, E]=gallery ("dorr", N, THETA)
		A=gallery ("dorr", ...)
dramadah	❑ 创建一个 0、1 矩阵 ❑ 生成的矩阵为正模方阵 ❑ 生成的矩阵其逆矩阵也是正模方阵	A=gallery ("dramadah", N)
		A=gallery ("dramadah", N, K)
fiedler	❑ 创建一个 Fiedler 矩阵 ❑ 生成的矩阵是一个对称阵	A=gallery ("fiedler", C)
forsythe	❑ 创建一个 Forsythe 矩阵 ❑ 生成的矩阵是一个扰动约当块	A=gallery ("forsythe", N)
		A=gallery ("forsythe", N, ALPHA)
		A = gallery (" forsythe", N, ALPHA, LAMBDA)
frank	❑ 创建一个 Frank 矩阵 ❑ 生成的矩阵具有病态特征值	F=gallery ("frank", N)
		F=gallery ("frank", N, K)
gcdmat	❑ 创建一个最大公约数矩阵 ❑ c 是一个 $n\times n$ 矩阵，其值对应其坐标值的最大公约数，即 c(i,j)对应 gcd(i,j)	C=gallery ("gcdmat", N)

续表

矩阵名	数学意义	用　法
gearmat	❑ 创建一个 Gear 算法矩阵	A=gallery ("gearmat", N)
		A=gallery ("gearmat", N, I)
		A=gallery ("gearmat", N, I, J)
grcar	❑ 创建一个 Toeplitz 矩阵 ❑ 生成的矩阵的特征值具有高灵敏度	G=gallery ("grcar", N)
		G=gallery ("grcar", N, K)
hanowa	❑ 创建一个矩阵 ❑ 生成的矩阵的特征值位于复平面的垂直线上	A=gallery ("hanowa", N)
		A=gallery ("hanowa", N, D)
house	创建一个豪斯霍尔德矩阵	V=gallery ("house", X)
		[V, BETA]=gallery ("house", X)
integerdata	❑ 创建一个矩阵。生成的矩阵元素均为整数,其范围为[1,imax] ❑ 如果给定 imin,则生成的矩阵元素范围为[imin, imax] ❑ 我们还可以追加输出矩阵的维数参数。该维数参数可以以矩阵的形式传入。也可以作为逗号分隔的行数和列数输入 ❑ 此外,我们可以追加一个参数 j,这个参数代表一个范围内的整数索引,该索引的范围为[0,2 ^ 32−1] ❑ 在调用 integerdata()函数时,只要 imin、imax 和 j 相同,输出矩阵的值就一定相同 ❑ 可以再追加一个参数决定矩阵的数字格式,代码如下:"uint8""uint16""uint32""int8""int16"int32""single""double"。该数字格式的默认值是 double	A=gallery ("integerdata", IMAX, [M N ...], J)
		A=gallery ("integerdata", IMAX, M, N, ..., J)
		A = gallery (" integerdata ", [IMIN, IMAX], [M N ...], J)
		A = gallery (" integerdata ", [IMIN, IMAX], M, N, ..., J)
		A=gallery ("integerdata", ..., "CLASS")
invhess	创建逆上海森伯矩阵	A=gallery ("invhess", X)
		A=gallery ("invhess", X, Y)
invol	创建一个对合矩阵	A=gallery ("invol", N)
ipjfact	创建一个包含阶乘元素的汉克尔矩阵	A=gallery ("ipjfact", N)
		A=gallery ("ipjfact", N, K)
jordbloc	创建一个约当块	A=gallery ("jordbloc", N)
		A=gallery ("jordbloc", N, LAMBDA)
kahan	❑ 创建一个 Kahan 矩阵 ❑ 生成的矩阵为阶梯矩阵	U=gallery ("kahan", N)
		U=gallery ("kahan", N, THETA)
		U=gallery ("kahan", N, THETA, PERT)
kms	创建一个 Kac-Murdock-Szego 形式的特普利兹矩阵	A=gallery ("kms", N)
		A=gallery ("kms", N, RHO)

续表

矩阵名	数学意义	用　法
krylov	创建一个 Krylov 矩阵	B=gallery ("krylov", A)
		B=gallery ("krylov", A, X)
		B=gallery ("krylov", A, X, J)
lauchli	❑ 创建一个 Lauchli 矩阵 ❑ 生成的矩阵为方阵	A=gallery ("lauchli", N)
		A=gallery ("lauchli", N, MU)
lehmer	❑ 创建一个 Lehmer 矩阵 ❑ 生成的矩阵是一个对称阵 ❑ 生成的矩阵是一个正定阵	A=gallery ("lehmer", N)
lesp	❑ 创建一个三对角矩阵 ❑ 生成的矩阵是一个实数矩阵 ❑ 生成的矩阵的特征值具有高灵敏度	T=gallery ("lesp", N)
lotkin	创建一个 Lotkin 矩阵	A=gallery ("lotkin", N)
minij	❑ 创建一个对称正定矩阵 ❑ 生成的矩阵的构成元素从 1 到 n 递增	A=gallery ("minij", N)
moler	❑ 创建 Moler 矩阵 ❑ 生成的矩阵是一个正定阵 ❑ 生成的矩阵是一个对称阵	A=gallery ("moler", N)
		A=gallery ("moler", N, ALPHA)
neumann	❑ 从离散诺伊曼问题创建一个奇异矩阵 ❑ 生成的两个矩阵都是稀疏矩阵	[A, T]=gallery ("neumann", N)
normaldata	❑ 创建一个矩阵 ❑ 生成的矩阵元素遵从标准正态分布(也就是均值等于0,标准差等于1的正态分布) ❑ 如果给定 imin 和 imax,则生成的矩阵元素范围为[imin, imax] ❑ 还可以追加输出矩阵的维数参数。该维数参数可以以矩阵形式传入。也可以作为逗号分隔的行数和列数输入 ❑ 此外,可以追加一个参数 j,这个参数代表一个范围内的整数索引,该索引的范围为[0,2 ^ 32−1] ❑ 在调用 normaldata()函数时,只要 imin、imax 和 j 相同,输出矩阵的值就一定相同 ❑ 可以再追加一个参数决定矩阵的数字格式,代码如下:"uint8""uint16""uint32""int8""int16""int32""single""double"。该数字格式的默认值是 double	A=gallery ("normaldata", [M N ...], J)
		A=gallery ("normaldata", M, N, ..., J)
		A=gallery ("normaldata", ..., "CLASS")
		Q=gallery ("orthog", N)
orthog	创建正交和近似正交的矩阵	Q=gallery ("orthog", N, K)
parter	❑ 创建一个部分矩阵 ❑ 生成的矩阵是一个 Toeplitz 矩阵 ❑ 生成的矩阵的奇异值在 π 附近	A=gallery ("parter", N)

续表

矩阵名	数学意义	用法
pei	创建一个 Pei 矩阵	P=gallery ("pei", N) P=gallery ("pei", N, ALPHA)
poisson	❑ 从泊松方程创建矩阵 ❑ 生成的矩阵是一个三对角矩阵 ❑ 生成的矩阵是一个块矩阵 ❑ 生成的矩阵是一个稀疏矩阵	A=gallery ("poisson", N)
prolate	❑ 创建一个加权矩阵 ❑ 生成的矩阵是一个 Toeplitz 矩阵 ❑ 生成的矩阵是一个对称阵 ❑ 生成的矩阵具有病态特征值	A=gallery ("prolate", N) A=gallery ("prolate", N, W)
randhess	❑ 创建一个上海森伯矩阵 ❑ 生成的矩阵中的元素是随机的 ❑ 生成的矩阵是一个正交阵	H=gallery ("randhess", X)
rando	❑ 创建一个包含元素−1、0 或 1 的矩阵 ❑ 生成的矩阵中−1、0 或 1 元素的位置随机	A=gallery ("rando", N) A=gallery ("rando", N, K)
randsvd	❑ 创建一个随机矩阵 ❑ 生成的矩阵的奇异值为所指定的参数	A=gallery ("randsvd", N) A=gallery ("randsvd", N, KAPPA) A=gallery ("randsvd", N, KAPPA, MODE) A=gallery ("randsvd", N, KAPPA, MODE, KL) A=gallery ("randsvd", N, KAPPA, MODE, KL, KU)
redheff	❑ 创建一个 Redheffer 型矩阵 ❑ 生成的矩阵是一个 0、1 矩阵 ❑ 生成的矩阵与黎曼假设相关	A=gallery ("redheff", N)
riemann	创建一个与黎曼假设相关的矩阵	A=gallery ("riemann", N)
ris	❑ 创建一个汉克尔矩阵 ❑ 生成的矩阵是一个对称阵	A=gallery ("ris", N)
smoke	用 Smoke 伪谱创建一个复杂矩阵	A=gallery ("smoke", N) A=gallery ("smoke", N, K)
toeppd	❑ 创建一个 Toeplitz 矩阵 ❑ 生成的矩阵是一个对称阵 ❑ 生成的矩阵是一个正定阵	T=gallery ("toeppd", N) T=gallery ("toeppd", N, M) T=gallery ("toeppd", N, M, W) T=gallery ("toeppd", N, M, W, THETA)
toeppen	❑ 创建一个五对角 Toeplitz 矩阵 ❑ 生成的矩阵是一个稀疏矩阵	P=gallery ("toeppen", N) P=gallery ("toeppen", N, A) P=gallery ("toeppen", N, A, B) P=gallery ("toeppen", N, A, B, C) P=gallery ("toeppen", N, A, B, C, D) P=gallery ("toeppen", N, A, B, C, D, E)

续表

矩阵名	数学意义	用　法
tridiag	❑ 创建一个三对角矩阵 ❑ 生成的矩阵是一个稀疏矩阵	A=gallery ("tridiag", X, Y, Z) A=gallery ("tridiag", N) A=gallery ("tridiag", N, C, D, E)
triw	创建一个由 Kahan、Golub 和 Wilkinson 参与的上三角矩阵	T=gallery ("triw", N) T=gallery ("triw", N, ALPHA) T=gallery ("triw", N, ALPHA, K)
uniformdata	❑ 从标准均匀分布创建一个随机样本矩阵 ❑ 生成的矩阵的均匀分布的范围是 0～1 ❑ 创建一个矩阵 ❑ 生成的矩阵元素遵从标准均匀分布 ❑ 生成的矩阵元素范围为[0,1] ❑ 如果给定 imin 和 imax,则生成的矩阵元素范围为[imin, imax] ❑ 还可以追加输出矩阵的维数参数。该维数参数可以以矩阵形式传入。也可以作为逗号分隔的行数和列数输入 ❑ 此外,可以追加一个参数 j,这个参数代表一个范围内的整数索引,该索引的范围为[0,2 ^ 32－1] ❑ 在调用 normaldata()函数时,只要 imin、imax 和 j 相同,输出矩阵的值就一定相同 ❑ 可以再追加一个参数决定矩阵的数字格式,代码如下:"uint8""uint16""uint32""int8""int16"int32""single""double"。该数字格式的默认值是 double	A=gallery ("uniformdata", [M N ...], J) A=gallery ("uniformdata", M, N, ..., J) A=gallery ("uniformdata", ..., "CLASS")
wathen	创建一个 Wathen 矩阵	A=gallery ("wathen", NX, NY) A=gallery ("wathen", NX, NY, K)
wilk	创建一个由威尔金森设计或者参与讨论的各种矩阵	[A, B]=gallery ("wilk", N)

10.5 稀疏矩阵

sparse()函数是快速生成稀疏矩阵和对稀疏矩阵元素赋值的一个函数。使用这个特性,甚至可以从一个满秩矩阵、行矩阵、列矩阵或者数值中创建稀疏矩阵。

调用 sparse()函数时,至少需要传入一个参数,这个参数代表转换之前的非稀疏矩阵。

10.5.1 稀疏矩阵初始化

可以使用一个参数初始化空的稀疏矩阵。此时稀疏矩阵将直接使用这个矩阵初始化为对应的稀疏矩阵。此外，如果使用全 0 矩阵进行稀疏矩阵的初始化，则生成的稀疏矩阵将被视为空稀疏矩阵。下面给出一段初始化稀疏矩阵的代码：

```
>> a = sparse(0)
a = Compressed Column Sparse (rows = 1, cols = 1, nnz = 0 [0 % ])
```

上面的例子中初始化了一个空的、1×1 的稀疏矩阵。

此外，我们可以使用两个参数初始化空的稀疏矩阵。

(1) 此时第 1 个参数代表稀疏矩阵的行数，第 2 个参数代表稀疏矩阵的列数。

- 生成的稀疏矩阵将使用 0 进行填充；
- 生成的稀疏矩阵的大小为第 1 个参数×第 2 个参数；
- 如果稀疏矩阵的大小参数出现负数，则生成的稀疏矩阵在这个维度上的大小为 0。

代码如下：

```
>> sparse(3,5)
ans =

Compressed Column Sparse (rows = 3, cols = 5, nnz = 0 [0 % ])


>> sparse(3, - 5)
ans = Compressed Column Sparse (rows = 3, cols = 0, nnz = 0)
```

(2) 此时第 1 个参数代表稀疏矩阵的元素下标，第 2 个参数代表稀疏矩阵的元素下标。

- 生成的稀疏矩阵将使用 0 进行填充；
- 生成的稀疏矩阵的大小为第 1 个参数的最小分量×第 2 个参数的最小分量；
- 如果稀疏矩阵的大小参数出现负数，则生成的稀疏矩阵在这个维度上的大小为 0。

代码如下：

```
>> sparse([2 3],[4 5])
ans =

Compressed Column Sparse (rows = 2, cols = 4, nnz = 0 [0 % ])


>> sparse([2 - 3],[4 5])
ans =

Compressed Column Sparse (rows = 2, cols = 4, nnz = 0 [0 % ])


>> sparse([ - 2 3],[4 5])
ans = Compressed Column Sparse (rows = 0, cols = 4, nnz = 0)
```

此外,可以使用 3 个参数初始化空的稀疏矩阵。

(3) 此时第 1 个参数代表稀疏矩阵的行数,第 2 个参数代表稀疏矩阵的列数,第 3 个参数代表用于填充的值。

- 生成的稀疏矩阵将使用 0 和第 3 个参数进行填充;
- 生成的稀疏矩阵的大小为第 1 个参数×第 2 个参数;
- 生成的稀疏矩阵将只使用第 3 个参数填充下标为(第 1 个参数, 第 2 个参数)的位置,在其他位置上均使用 0 进行填充,代码如下:

```
>> sparse(3,4,5)
ans =

Compressed Column Sparse (rows = 3, cols = 4, nnz = 1 [8.3%])

  (3, 4) -> 5
```

- 如果稀疏矩阵的第 3 个参数含有多个分量,则生成的稀疏矩阵为全 0 矩阵,代码如下:

```
>> sparse(3,4,[5 6])
ans =

Compressed Column Sparse (rows = 3, cols = 4, nnz = 0 [0%])
```

- 如果稀疏矩阵的大小参数出现负数,则 sparse()函数将报错,代码如下:

```
>> sparse(-3,4,[5 6])
error: index (-3,_): subscripts must be either integers 1 to (2^63) - 1 or logicals
```

(4) 此时第 1 个参数代表稀疏矩阵的元素下标,第 2 个参数代表稀疏矩阵的元素下标,第 3 个参数代表用于填充的值。

- 生成的稀疏矩阵将使用 0 和第 3 个参数进行填充;
- 生成的稀疏矩阵的大小为第 1 个参数的最大分量×第 2 个参数的最大分量;
- 生成的稀疏矩阵将只使用第 3 个参数填充下标为(第 1 个参数,第 2 个参数)的位置,在其他位置上均使用 0 进行填充,代码如下:

```
>> sparse([2 3],[4 5],[5 6])
ans =

Compressed Column Sparse (rows = 3, cols = 5, nnz = 2 [13%])

  (2, 4) -> 5
  (3, 5) -> 6
```

❑ 如果第 3 个参数的大小既不等于第 1 个参数，也不等于第 2 个参数，且第 3 个参数含有多个分量，则 sparse()函数将报错，代码如下：

```
>> sparse([2 3],[4],[5 6 7])
error: sparse: dimension mismatch
```

❑ 如果第 3 个参数含有多个分量，且 3 个参数的尺寸全部相同，则 sparse()函数将第 3 个参数在对应下标之下的分量依次赋值到(第 1 个参数在对应下标之下的分量，第 2 个参数在对应下标之下的分量)的下标上，代码如下：

```
>> sparse([2 3],[4 5],[5 6])
ans =

Compressed Column Sparse (rows = 3, cols = 5, nnz = 2 [13%])

  (2, 4) -> 5
  (3, 5) -> 6
```

❑ 如果第 3 个参数只含有一个分量，且第 1 个参数和第 2 个参数的尺寸相同，则 sparse()函数将第 3 个参数赋值到(第 1 个参数在对应下标之下的分量，第 2 个参数在对应下标之下的分量)的下标上，代码如下：

```
>> sparse([2 3],[4 5],[6])
ans =

Compressed Column Sparse (rows = 3, cols = 5, nnz = 2 [13%])

  (2, 4) -> 6
  (3, 5) -> 6
```

❑ 如果第 1 个参数只含有一个分量，且稀疏矩阵的第 2 个参数和第 3 个参数含有多个分量，则 sparse()函数将第 3 个参数在对应下标之下的分量依次赋值到(第 1 个参数，第 2 个参数在对应下标之下的分量)的下标上，代码如下：

```
>> sparse([2],[4 5],[6 7])
ans =

Compressed Column Sparse (rows = 2, cols = 5, nnz = 2 [20%])

  (2, 4) -> 6
  (2, 5) -> 7
```

❑ 如果第 2 个参数只含有一个分量，且稀疏矩阵的第 1 个参数和第 3 个参数含有多个分量，则 sparse()函数将第 3 个参数在对应下标之下的分量依次赋值到(第 1 个参数在对应下标之下的分量，第 2 个参数)的下标上，代码如下：

```
>> sparse([2 3],[4],[6 7])
ans =

Compressed Column Sparse (rows = 3, cols = 4, nnz = 2 [17%])

  (2, 4) -> 6
  (3, 4) -> 7
```

❑ 如果稀疏矩阵的大小参数出现负数，则 sparse()函数将报错，代码如下：

```
>> sparse([-2 3],[4],[6 7])
error: index (-2,_): subscripts must be either integers 1 to (2^63) - 1 or logicals
>> sparse([2 -3],[4],[6 7])
error: index (-3,_): subscripts must be either integers 1 to (2^63) - 1 or logicals
```

此外，可以使用 5 个参数初始化空的稀疏矩阵。

(5) 此时第 1 个参数代表稀疏矩阵的元素下标，第 2 个参数代表稀疏矩阵的元素下标，第 3 个参数代表用于填充的值，第 4 个参数代表稀疏矩阵的行数，第 5 个参数代表稀疏矩阵的列数。

❑ 如果第 4 个参数大于或等于第 1 个参数的最大分量，且第 5 个参数大于或等于第 2 个参数的最大分量，则 sparse()函数才可以初始化稀疏矩阵，代码如下：

```
>> sparse([2 3],[4],[6 7],4,5)
ans =

Compressed Column Sparse (rows = 4, cols = 5, nnz = 2 [10%])

  (2, 4) -> 6
  (3, 4) -> 7
```

❑ 如果第 4 个参数小于第 1 个参数的最大分量，则 sparse()函数将报错，代码如下：

```
>> sparse([2 3],[4],[6 7],1,2)
error: sparse: row index 3out of bound 1
```

❑ 如果第 5 个参数小于第 2 个参数的最大分量，则 sparse()函数将报错，代码如下：

```
>> sparse([2 3],[4],[6 7],4,2)
error: sparse: column index 3 out of bound 2
```

- 生成的稀疏矩阵将使用 0 和第 3 个参数进行填充；
- 生成的稀疏矩阵的大小为第 4 个参数×第 5 个参数；
- 生成的稀疏矩阵将只使用第 3 个参数填充下标为(第 1 个参数，第 2 个参数)的位置，在其他位置上均使用 0 进行填充，代码如下：

```
>> sparse([2 3],[4 5],[5 6],10,10)
ans =

Compressed Column Sparse (rows = 10, cols = 10, nnz = 2 [2%])

  (2, 4) -> 5
  (3, 5) -> 6
```

- 如果第 3 个参数的大小既不等于第 1 个参数，也不等于第 2 个参数，且第 3 个参数含有多个分量，则 sparse()函数将报错，代码如下：

```
>> sparse([2 3],[4],[5 6 7],10,10)
error: sparse: dimension mismatch
```

- 如果第 3 个参数含有多个分量，且 3 个参数的尺寸全部相同，则 sparse()函数将第 3 个参数在对应下标之下的分量依次赋值到(第 1 个参数在对应下标之下的分量，第 2 个参数在对应下标之下的分量)的下标上，代码如下：

```
>> sparse([2 3],[4 5],[5 6],10,10)
ans =

Compressed Column Sparse (rows = 10, cols = 10, nnz = 2 [2%])

  (2, 4) -> 5
  (3, 5) -> 6
```

- 如果第 3 个参数只含有一个分量，且第 1 个参数和第 2 个参数的尺寸相同，则 sparse()函数将第 3 个参数赋值到(第 1 个参数在对应下标之下的分量，第 2 个参数在对应下标之下的分量)的下标上，代码如下：

```
>> sparse([2 3],[4 5],[6],10,10)
ans =

Compressed Column Sparse (rows = 10, cols = 10, nnz = 2 [2%])

  (2, 4) -> 6
  (3, 5) -> 6
```

- 如果第 1 个参数只含有一个分量，且稀疏矩阵的第 2 个参数和第 3 个参数含有多个分量，则 sparse()函数将第 3 个参数在对应下标之下的分量依次赋值到(第一个参数，第 2 个参数在对应下标之下的分量)的下标上，代码如下：

```
>> sparse([2],[4 5],[6 7],10,10)
ans =

Compressed Column Sparse (rows = 10, cols = 10, nnz = 2 [2%])

  (2, 4) -> 6
  (2, 5) -> 7
```

- 如果第 2 个参数只含有一个分量，且稀疏矩阵的第 1 个参数和第 3 个参数含有多个分量，则 sparse()函数将第 3 个参数在对应下标之下的分量依次赋值到(第 1 个参数在对应下标之下的分量，第 2 个参数)的下标上，代码如下：

```
>> sparse([2 3],[4],[6 7],10,10)
ans =

Compressed Column Sparse (rows = 10, cols = 10, nnz = 2 [2%])

  (2, 4) -> 6
  (3, 4) -> 7
```

- 如果稀疏矩阵的大小参数出现负数，则 sparse()函数将报错，代码如下：

```
>> sparse([-2 3],[4],[6 7],10,10)
error: index (-2,_): subscripts must be either integers 1 to (2^63)-1 or logicals
>> sparse([2 -3],[4],[6 7],10,10)
error: index (-3,_): subscripts must be either integers 1 to (2^63)-1 or logicals
```

(6) 此外，可以追加传入 unique 参数。

此时生成的稀疏矩阵将是一个具有独特值的稀疏矩阵。当我们向稀疏矩阵的同一个位置上初始化多次时，sparse()函数将采纳后一次的初始化结果，并且丢弃前一次的初始化结果，代码如下：

```
>> a = [1,1];
>> b = [1,1];
>> v = [1 2];
>> sparse(a,b,v)
ans = Compressed Column Sparse (rows = 1, cols = 1, nnz = 1 [100%])

  (1, 1) -> 3
```

```
>> sparse(a,b,v,'unique')
ans = Compressed Column Sparse (rows = 1, cols = 1, nnz = 1 [100%])

  (1, 1) -> 2
```

（7）追加传入 nzmax 参数。

此参数在 Octave 中不起作用，只用于兼容 MATLAB 软件，代码如下：

```
>> sparse([2 3],[4],[6 7],4,5,10)
ans =

Compressed Column Sparse (rows = 4, cols = 5, nnz = 2 [10%])

  (2, 4) -> 6
  (3, 4) -> 7
```

10.5.2　稀疏矩阵赋值

稀疏矩阵的赋值操作与创建一个空的稀疏矩阵类似。

注意：在赋值时，不能将传入的参数写为 0，而且需要将待赋值的稀疏矩阵元素的值作为右值传入稀疏矩阵的对应下标中。

下面给出一个稀疏矩阵赋值的代码：

```
>> a(1,10) = 9
a =

Compressed Column Sparse (rows = 1, cols = 10, nnz = 1 [10%])

(1, 10) -> 9
```

如果参数是一个满秩矩阵，则直接按照其矩阵的行数和列数转化为稀疏矩阵，并且不存储 0 数值，代码如下：

```
>> a = [1 2;3 0];
>> sparse(a)
ans =

Compressed Column Sparse (rows = 2, cols = 2, nnz = 3 [75%])
```

```
(1, 1) -> 1
(2, 1) -> 3
(1, 2) -> 2
```

在上面的示例中，一个 2×2 的矩阵被转化为稀疏矩阵之后，只存储了 3 个元素。进一步研究其存储空间，可以发现：

```
>> size(ans)
ans =

   2   2
```

这种情况下的稀疏矩阵没有压缩存储空间。

10.5.3 稀疏矩阵的存储空间

我们不妨深入研究稀疏矩阵在 Octave 内部是如何存储的。

在下面的例子中，设计一个二维的，但行数和列数不同的矩阵，然后继续查看稀疏矩阵的内存空间占用情况。

```
>> a = [1 2 0;3 0 0];
>> b = sparse(a)
b =

Compressed Column Sparse (rows = 2, cols = 3, nnz = 3 [50%])


  (1, 1) -> 1
  (2, 1) -> 3
  (1, 2) -> 2

>> size(b)
ans =

   2 3

>> sizeof(b)
ans = 80
```

可以发现，即便稀疏矩阵内部只存储了 3 个数值，但事实上，这个稀疏矩阵的空间比一般矩阵的空间占用还要大。可以证明，在 Octave 内，稀疏矩阵的数值空间的占用量可能会大于行数和列数的乘积。

注意：在 Octave 中，size()函数和 sizeof()函数不存在相互换算关系。我们不可以使用 size()函数的返回值先进行连乘，再乘以单个元素占用的空间来得到 sizeof()函数的返回值。上面的稀疏矩阵的示例就是一个绝妙的例子。

10.5.4　从外部文件读取稀疏矩阵

我们可以调用 spconvert()函数用于读取外部的稀疏矩阵数据，将 Octave 内部的稀疏矩阵输出到工作区中。

先写入一个外部稀疏矩阵的配置文件，预先写入的内容为

```
#!/usr/bin/octave
#第 10 章/cfg.m
1 1 23
1 2 2345
3 4 4542
3 5 23455
4 7 77674
5 8 2342
9 10 567
2 4 -5620
```

然后，将外部配置文件导入 Octave 的工作区中，代码如下：

```
>> load('cfg.m')
```

最后调用 spconvert()函数，对导入的配置进行转换，代码如下：

```
>> spconvert(cfg)
ans =

Compressed Column Sparse (rows = 9, cols = 10, nnz = 8 [8.9%])

  (1, 1) -> 23
  (1, 2) -> 2345
  (2, 4) -> -5620
  (3, 4) -> 4542
  (3, 5) -> 23455
  (4, 7) -> 77674
  (5, 8) -> 2342
  (9, 10) -> 567
```

这样就完成了从外部配置文件到 Octave 内部稀疏矩阵变量的转换过程。

从示例中,我们可以总结以下要点:

- 配置文件的格式分为 3 列;
- 配置文件的第 1 列为稀疏矩阵元素的行号;
- 配置文件的第 2 列为稀疏矩阵元素的列号;
- 配置文件的第 3 列为对应稀疏矩阵元素的值;
- 配置文件中允许写入注释,注释内容不会被读入 Octave 的工作区;
- 在导入完成后,得到的稀疏矩阵尺寸自动被确定,而且尺寸由配置文件中的最大行号和最大列号确定。

第 11 章

GUI 控件

Octave 拥有海量的内置函数，方便我们在编程过程中对于复杂而常用的控件进行调用。想象如下场景：在程序运行时需要在必要的时候发出提示信息，那么，与其使用 warning()函数和 error()函数进行警告信息和错误信息的抛出，不如调起一个对话框，并且在对话框之内标识想要的警告信息。这样，我们不但可以得到更明显的视觉效果，还可以起到更安全的强调作用，因为对话框类型的警告信息必须通过用户的单击操作才可以将其关闭。

11.1 文件管理

11.1.1 文件夹选择器

uigetdir()函数可以调起一个文件夹选择器窗口。选择好目标文件夹后，按下"选择"按钮后，这个文件夹选择器会被关闭，并且返回选择好的目标文件夹的绝对路径。

注意：uigetdir()函数不支持选择一个文件，也不能返回文件的绝对路径。

另外，如果在调用 uigetdir()函数时传入参数，则可以额外指定文件夹选择器初始所在的绝对路径。这样可以让我们从指定的路径处开始文件夹的选择。

```
>> uigetdir
```

代码运行结果如图 11-1 所示。

因为 Windows 和 Linux 系统下的文件路径定义不同，二者用这种方法返回的路径选择结果也不相同。例如，在 Windows 系统下的一个示例结果如下：

```
>> dir = uigetdir
dir = C:\Octave\Octave-5.2.0\
```

在 Linux 系统下的一个示例结果如下：

```
>> dir = uigetdir
dir = /usr/bin
```

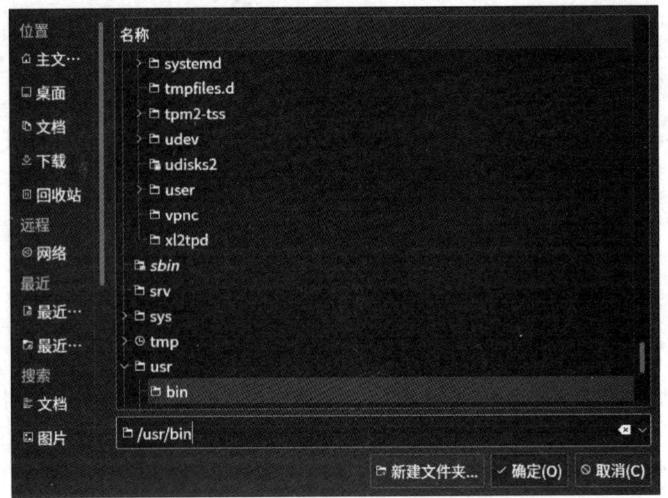

图 11-1 文件夹选择器截图

11.1.2 文件选择器

类似地，还有一个可以获得文件路径的文件选择器。使用 uigetfile()函数将弹出一个文件选择器，我们使用这个文件选择器可以获取目标文件的绝对路径。

注意：uigetfile()函数不支持选择一个文件夹，也不能返回文件夹的绝对路径。

如果在调用 uigetfile()函数时额外传入了参数，则在进行文件选择时将对这个参数代表的关键词进行筛选。如果所描述的文件名包含了这个参数，则文件就可以被显示出来。如果所描述的文件名没有包含这个参数，则文件就不能被显示出来。

在查找文件的时候，还可能根据文件的后缀筛选和查找文件。那么，根据筛选的原理，可以直接把想要筛选的后缀类型写到 uigetfile()函数的参数位置上，代码如下：

```
>> uigetfile('*.m')
```

如果想一次性筛选多个后缀或者关键词，则可使用元胞的形式将多个后缀或者关键词组合起来，共同传入函数，代码如下：

```
>> uigetfile({"*.m, *.txt"})
```

为了美化显示效果，还可以进一步操作，在传入的参数内部设置提示字符串，用于提示其他用户对于某个文件筛选器的筛选规则的解释，代码如下：

```
>> uigetfile({"*.m, *.txt",'My Programming Components'})
```

这个语句中标注了 My Programming Components 字样，此字样会被原封不动地显示在文件筛选器对应的筛选规则的开头。

对于多条筛选规则的写入，我们可以参照 1 条参数的写法，将输入参数看作 1 个矩阵，直接增加这个矩阵的 1 行，然后在新的 1 行中写入新的筛选规则和筛选规则提示，这样便可以完成多条筛选规则的输入，代码如下：

```
>> uigetfile({"*.m, *.txt",'My Programming Components';'*.doc; *.docx','My documents'})
```

代码运行结果如图 11-2 所示。

图 11-2 文件选择器截图

uigetfile()函数支持的属性名称和含义对照表如表 11-1 所示。

表 11-1 uigetfile()函数支持的属性名称和含义对照表

属性名称	含 义
Position	文件选择器左上角第一个像素的位置
MultiSelect	开启或关闭多选功能

11.1.3 文件保存器

uiputfile()函数用于将数据存放到外部文件。选中 1 个文件，然后按下“确定”按钮后将给出一个文件替换的确认提示。

```
>> uiputfile
```

代码运行结果如图 11-3 所示。

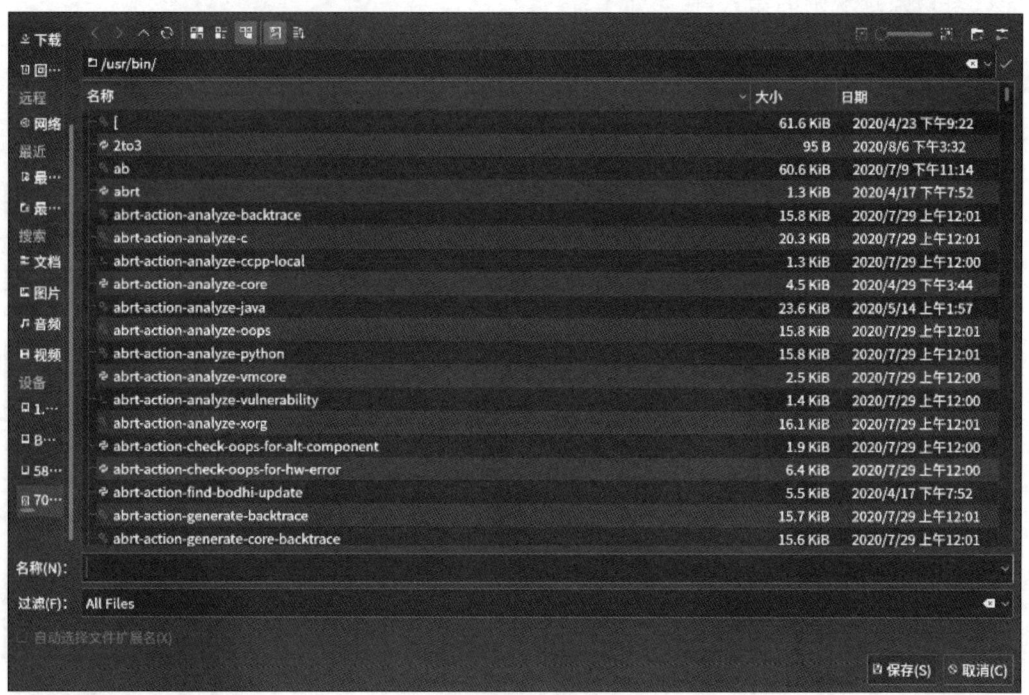

图 11-3　文件保存器截图

11.2　弹窗

11.2.1　错误弹窗

errordlg()函数可以启动一个带有错误图标的弹窗。Octave 的 errordlg()函数启动的弹窗错误的图标为一个红底圆形的减号标志，这个图标被放置于弹窗的左半部分，代码如下：

```
>> errordlg()
```

errordlg()函数可以接收两个参数，其中，第 1 个参数为错误提示语句，第 2 个参数为弹窗的标题栏文字，代码如下：

```
>> errordlg({"Error occurred:", "Error reason: Assertion 404"},"Error!")
```

上面的例子演示了一个含有错误警告和错误原因的弹窗示例，并且这个弹窗的标题为 Error!，代码运行结果如图 11-4 所示。

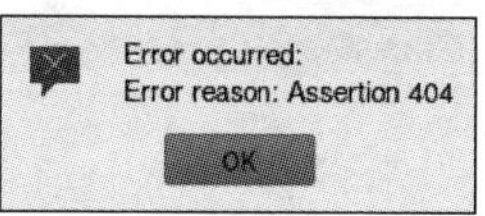

图 11-4 错误弹窗截图

11.2.2 帮助弹窗

使用 helpdlg()函数可以生成一个具有“提示”图标的弹窗。一般而言，规定一个点亮的灯泡图标的引申含义为“提示”(Hint)之意，所以在 Octave 中的“帮助弹窗”的帮助图标也是用点亮的灯泡表示的，代码如下：

```
>> helpdlg()
```

如果为 helpdlg()函数传入一个参数，则在生成的提示框中将额外附带这个参数所示的提示信息，代码如下：

```
>> a = "one"
a = one
>> helpdlg(a)
```

另外，也可以传入多行矩阵的形式，以便实现多行文本的显示，代码如下：

```
>> a = ["one";"two";"three"];
>> helpdlg(a)
```

如果想要在提示框中显示一个自定义的提示框标题，则可以为 helpdlg()函数额外传入一个文本参数，此时第 2 个参数的文本就代表提示框的标题，代码如下：

```
>> a = ["one";"two";"three"];
>> helpdlg(a,"Caption")
```

与其他弹窗类型的函数定义类似，helpdlg()函数也支持传入两个参数，并且第 1 个参数为错误提示语句，第 2 个参数为弹窗的标题栏文字，代码如下：

```
>> helpdlg({"Hint","Reason: Help"},"Hint")
```

代码运行结果如图 11-5 所示。

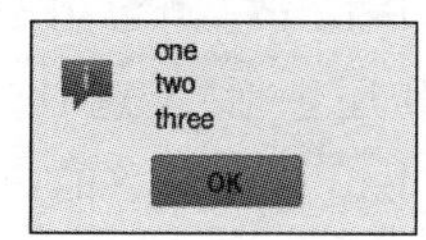

图 11-5 帮助弹窗截图

11.2.3 文本框弹窗

inputdlg()函数是一个带有文本框的弹窗，我们可以调用

inputdlg()函数,然后 Octave 将弹出一个文本框窗口,代码如下：

```
>> inputdlg('')
```

文本框窗口的提示文字可以调节。我们只需为 inputdlg()传入一个参数,便可以增加文本框的提示文字,这个字段内的内容即可作为文本在文本框显示,代码如下：

```
>> output = inputdlg ("Line 1\nLine 2\nLine 3")
```

在此基础上,如果追加第 2 个输入参数,则第 2 个参数代表用来显示的标题栏文字,代码如下：

```
>> output = inputdlg ("Enter here:", "Title")
```

文本框窗口的高度可以调节,可以根据想要呈现的文本数量,将文本框的高度适当调高,代码如下：

```
>> output = inputdlg ("Enter here","Caption",2)
```

这样就生成了一个带有 2 行高度的文本框窗口。

另外,如果再追加一个参数,则第 4 个参数代表输入框之内默认填入的文字项目,代码如下：

```
>> output = inputdlg ("Enter here","Caption",2,{"2 - Line Text Field"})
```

代码运行结果如图 11-6 所示。

图 11-6　文本框弹窗截图

11.2.4　列表弹窗

listdlg()函数用于生成一个带有菜单选项的弹窗。其样式除了将菜单项放在窗口中间之外,还包括"全选"选项、"确认"选项和"取消"选项等选项。

listdlg()函数的自定义参数使用"键值对"方式进行批量传入。每组参数间使用逗号隔开。listdlg()函数支持的属性名称和含义对照表如表 11-2 所示。

表 11-2　listdlg()函数支持的属性名称和含义对照表

属性名称	含　　义
ListString	列表项目
SelectionMode	单选或多选的选项
ListSize	列表的显示像素大小
InitialValue	列表初始选中的项目序号
Name	标题栏标题
PromptString	显示在列表上方的提示文字
OKString	“确定”按键的替换提示文字
CancelString	“取消”按键的替换提示文字

示例代码如下：

```
>> output = listdlg("ListString", {"Option 1","Option 2"})
```

代码运行结果如图 11-7 所示。

图 11-7　列表弹窗截图

11.2.5　信息框

Message Box 是信息框的称呼。我们一般使用信息框进行弹窗，并且允许用户进行一些简单的操作。例如，使用信息框可以在弹窗中放置警告信息，然后在信息之下放置“确认”按钮，使得用户可以明显地看到警告信息，然后需要用户进行进一步的单击，确认他们真正地看到了这些信息。

我们可以调用 msgbox()函数创建信息框。

- 如果 msgbox()函数在调用时只传入 1 个参数，则这个参数的含义为信息框中的正文文本内容。在 msgbox()函数传入了正文文本后，可以在其后面追加其他参数；
- 当 msgbox()函数传入 2 个参数时，第 2 个参数代表信息框的标题；
- 当 msgbox()函数传入 3 个参数时，第 3 个参数代表信息框的左侧自定义图标；
- 当 msgbox()函数传入 4 个参数时，第 4 个参数代表信息框的左侧自定义图标。此时，第 3 个和第 4 个参数是该图标以 cdata 格式的矩阵存放的键值对形式；
- 当 msgbox()函数传入 5 个参数时，第 5 个参数代表信息框的左侧自定义图标的三元组颜色。

此外，msgbox()函数支持额外的显示行为配置。使用如表 11-3 所示的参数作为最后两个以键值对方式传入的参数，以配置信息框的显示行为。

表 11-3 msgbox()函数支持的额外的显示行为配置

属性名称	含　　义
WindowStyle	信息框的风格
non-modal	默认的信息框行为，是默认值
modal	阻止用户进行 UI 界面元素的交互操作
replace	不会生成新的相同信息框替换已有的相同信息框
Interpreter	显示在列表上方的提示文字
tex	使用 TeX 风格解释器，是默认值
none	使用纯文本解释器
latex	使用 LaTeX 风格解释器

示例代码如下：

```
>> msgbox("Message")
```

代码运行结果如图 11-8 所示。

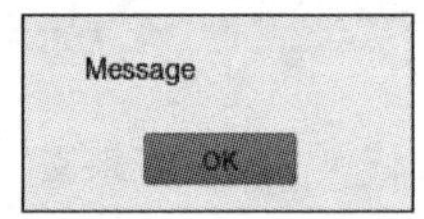

图 11-8 信息框截图

11.2.6 警告弹窗

warndlg()函数用于生成一个警告弹窗。在调用 warndlg()函数时，可以不传入任何参数，此时生成的警告弹窗将含有默认的警告文字 This is the default warning string. 和默认的警告弹窗标题 Warning Dialog。

此外，warndlg()函数支持额外的显示行为配置。配置警告弹窗的额外行为的方式可参考 msgbox()函数，二者的配置方式是相同的。

11.2.7 询问弹窗

questdlg()函数用于生成一个询问弹窗。在实际应用中，经常出现不允许用户强制退出的场景。下面给出这样的示例：

```
#!/usr/bin/octave
#第 11 章/questdlg_demo.m
function questdlg_demo()
    btn = questdlg("Close the dialog?", "Title", ...
        "Yes", "No", "No");
    if (strcmp(btn, "Yes"))
        close();
    endif
    if (strcmp(btn, "No"))
        octavetest()
    endif
endfunction
```

在这个示例中，运行 questdlg_demo.m 会生成一个对话框。当用户单击 Yes 按钮时，对话框将关闭，而当用户单击 No 按钮时，对话框将再次出现，此时模拟对话框不会关闭。代码运行结果如图 11-9 所示。

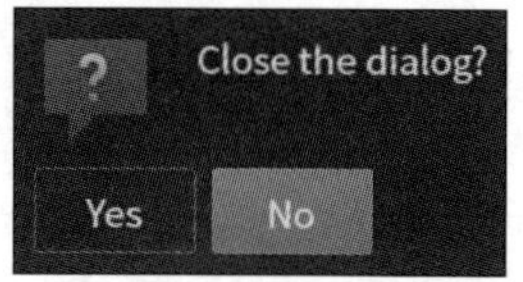

图 11-9 询问弹窗截图

此外，questdlg()函数支持至多 3 个按钮。我们可以按照实际的程序自行指定不同的按钮个数。

11.2.8 对话框

dialog()函数用于生成一个对话框。使用 dialog()函数生成的对话框默认为空的对话框，而且可以被其他 GUI 控件创建。下面的代码将创建一个具有绿色背景的对话框：

```
#!/usr/bin/octave
#第 11 章/dialog_demo.m
f = figure;
dl = dialog("color",[0.4,0.5,0.2])
b = uicontrol(dl,"string","此对话框具有绿色背景","position",[10,100,500,50]);
```

代码运行结果如图 11-10 所示。

图 11-10 具有绿色背景的对话框

此外，所有的弹窗函数都实现了 dialog()函数的句柄。dialog()函数的默认句柄与 figure()函数的默认句柄的不同之处如表 11-4 所示。

表 11-4 dialog()函数的默认句柄与 figure()函数的默认句柄的不同之处

键参数	dialog()函数默认句柄的值参数
buttonDownFcn	if isempty (allchild(gcbf)), close (gcbf), endif
colormap	[]
color	defaultuicontrolbackgroundcolor

续表

键参数	dialog()函数默认句柄的值参数
dockcontrols	off
handlevisibility	callback
integerhandle	off
inverthardcopy	off
menubar	none
numbertitle	off
paperpositionmode	auto
resize	off
windowstyle	modal

11.2.9 自定义弹窗

uicontrol()函数用于生成一个自定义弹窗，并且创建相应的控件。下面的代码将创建一个正方形的输入框：

```
#!/usr/bin/octave
#第 11 章/uicontrol_demo.m
f = figure;
e1 = uicontrol(f,"style","edit","string","正方形输入框",...
  "position",[60,60,300,300]);
```

代码运行结果如图 11-11 所示。

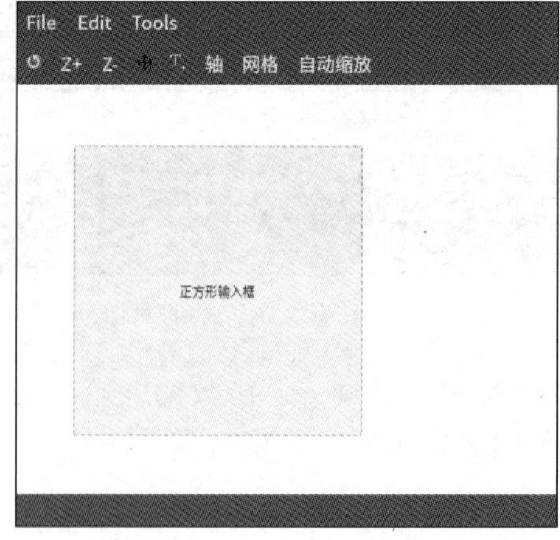

图 11-11 正方形的输入框

uicontrol()函数支持的属性名称和含义对照表如表 11-5 所示。

表 11-5　uicontrol()函数支持的属性名称和含义对照表

属性名称	含　义	属性名称	含　义	属性名称	含　义
checkbox	复选框	popupmenu	下拉菜单	slider	滑动条
edit	文本框	pushbutton	普通按钮	text	普通文本
listbox	列表框	radiobutton	单选框	togglebutton	拨动开关

如果要为某个控件在 uicontrol()中绑定句柄，则只需要在这个控件的属性中写入 callback 属性，并且把想要设置的回调函数紧跟着写入 uicontrol()函数的参数列表中。

11.3　可视化组件

11.3.1　可视化表格

uitable()函数用于生成可视化表格。在生成表格前，需要指定表格的每行名称和每列名称，然后将准备填入表格的数据一并传入 uitable()函数中，即可生成可视化表格，代码如下：

```
#!/usr/bin/octave
#第 11 章/uitable_demo.m
function uitable_demo()
    f = figure();
    d = reshape(1:9,[3,3]);
    row_names = {"Row1","Row2","Row3"};
    col_names = {"Col1","Col2","Col3"};
    t = uitable(f,"Data",d,...
            "RowName",row_names,"ColumnName",col_names);
endfunction
```

代码运行结果如图 11-12 所示。

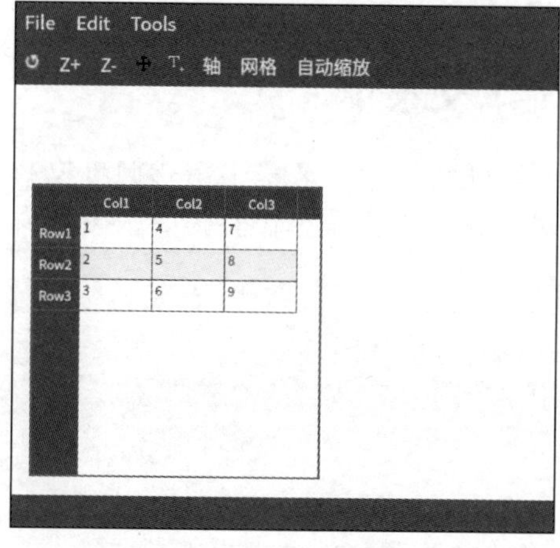

图 11-12　可视化表格截图

11.3.2 可视化菜单

uimenu()函数用于生成可视化菜单。在可视化菜单中，可以先生成菜单栏中的按钮，再生成对应按钮之下的菜单项，代码如下：

```
#!/usr/bin/octave
#第 11 章/uimenu_demo.m
function uimenu_demo()
    f = uimenu ("label", "&File", "accelerator", "f");
    g = uimenu ("label", "&Options", "accelerator", "o");
    uimenu (g, "label", "Close", "accelerator", "q", ...
            "callback", "close (gcf)");
endfunction
```

代码运行结果如图 11-13 所示。

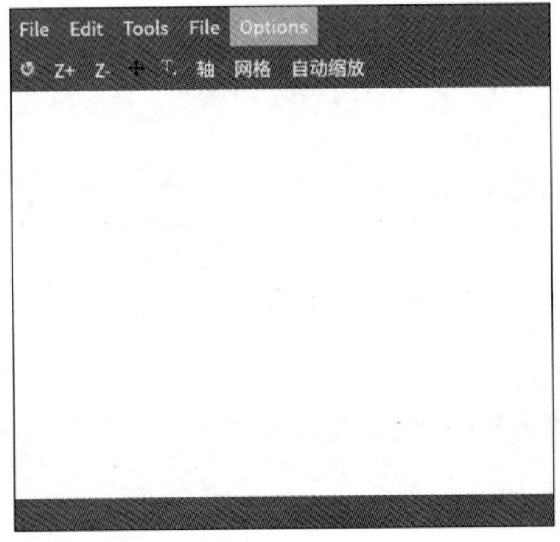

图 11-13 可视化菜单截图

11.3.3 可视化上下文菜单

uicontextmenu()用于生成可视化上下文菜单。我们可以将可视化上下文菜单当作可视化菜单的上下文，然后将可视化上下文菜单设置为一张图像窗口的菜单，代码如下：

```
#!/usr/bin/octave
#第 11 章/uicontextmenu_demo.m
function uicontextmenu_demo()
    h = figure;
    m = uicontextmenu(h);
    f = uimenu("label", "&File", "accelerator", "f");
    g = uimenu("label", "&Options", "accelerator", "o");
```

```
    uimenu(g, "label", "Close", "accelerator", "q", ...
           "callback", "close (gcf)");
    set(h,"uicontextmenu",m)
endfunction
```

代码运行结果如图 11-14 所示。

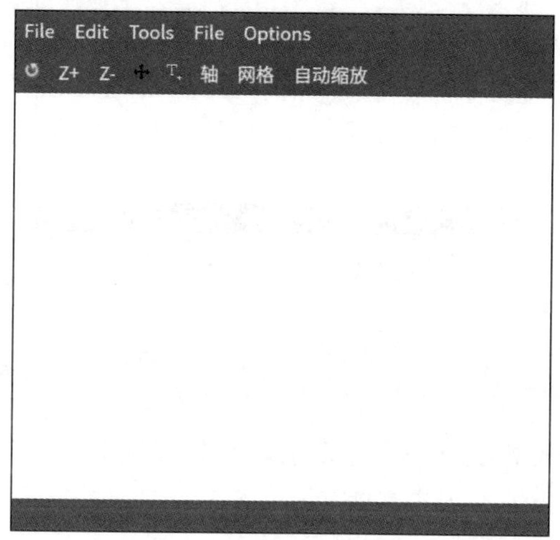

图 11-14　可视化上下文菜单截图

11.3.4　可视化面板

uipanel()用于生成可视化面板。下面的代码将生成一个面板，并且面板中有黑色的“确定”按钮和绿色的“取消”按钮：

```
#!/usr/bin/octave
#第 11 章/uipanel_demo.m
f = figure;
p = uipanel("title","控制面板","position",[.25,.25,.5,.5]);
b1 = uicontrol("parent",p,"string","确定","position",[18,10,150,36]);
b2 = uicontrol("parent",p,"string","取消","position",[18,60,150,36],"foregroundcolor",[0.
3,0.7,0.1]);
```

代码运行结果如图 11-15 所示。

11.3.5　单选按钮

uibuttongroup()用于生成单选按钮。下面的代码将生成一组单选按钮，当选中其中一个单选按钮之后，另一个单选按钮将取消选中：

图 11-15　可视化面板截图

```
#!/usr/bin/octave
#第 11 章/uibuttongroup_demo.m
f = figure;
gp = uibuttongroup(f,"Position",[0,0.5,1,1])
b1 = uicontrol(gp,"style","radiobutton","string",...
  "第 1 组,选项 1","Position",[10,150,100,50]);
b2 = uicontrol(gp,"style","radiobutton","string",...
  "第 1 组,选项 2","Position",[10,50,100,30]);
```

代码运行结果如图 11-16 所示。

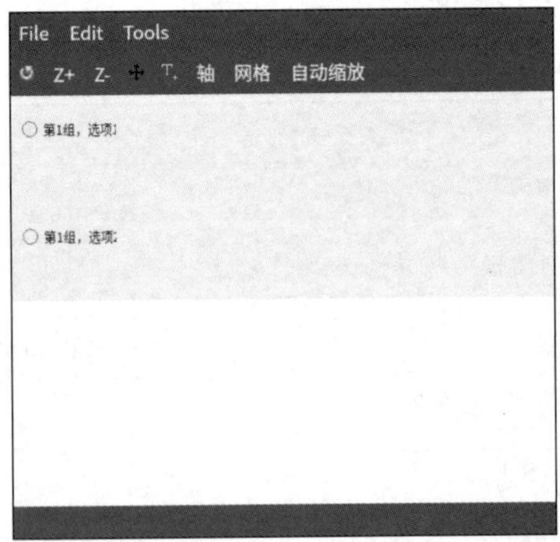

图 11-16　一组单选按钮,组内按钮互相影响

此外,调用 uibuttongroup()函数创建的按钮还可以设置为不同的分组。下面的代码将生成两组单选按钮。

在第 1 组单选按钮中，当选中其中一个单选按钮之后，第 1 组中的另一个单选按钮将取消选中。

在第 1 组单选按钮中，当选中其中一个单选按钮之后不影响第 2 组单选按钮的状态。

在第 2 组单选按钮中，当选中其中一个单选按钮之后不影响第 1 组单选按钮的状态。

代码如下：

```
#!/usr/bin/octave
#第 11 章/uibuttongroup_demo_2.m
f = figure;
gp = uibuttongroup(f,"Position",[0,0.5,1,1])
gp2 = uibuttongroup(f,"Position",[0.6,0.6,0.6,0.6])
b1 = uicontrol(gp,"style","radiobutton","string",...
  "第 1 组,选项 1","Position",[10,150,100,50]);
b2 = uicontrol(gp,"style","radiobutton","string",...
  "第 1 组,选项 2","Position",[10,50,100,30]);
b3 = uicontrol(gp2,"style","radiobutton","string",...
  "第 2 组,选项 1","Position",[10,50,100,50]);
```

代码运行结果如图 11-17 所示。

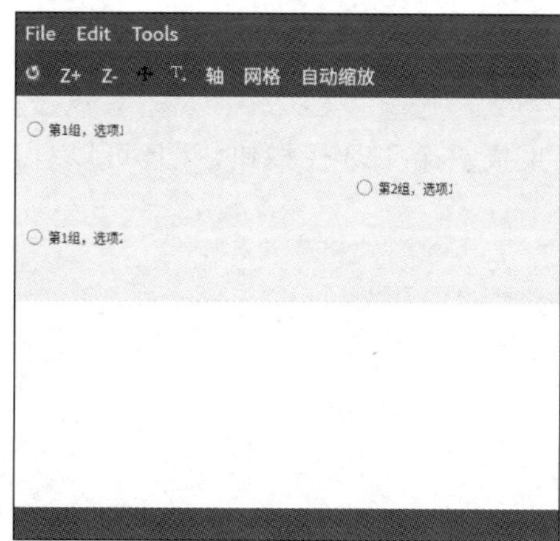

图 11-17　两组单选按钮，组内按钮互相影响，组间按钮互不影响

11.4 工具栏

uitoolbar()函数用于生成工具栏，代码如下：

```
>> t = uitoolbar;
```

还可以指定其他属性，以便对工具栏进行控制。例如下面的代码用于隐藏一张图像窗口中的工具栏：

```
>> f = figure("toolbar","none");
>> t = uitoolbar(f);
```

代码运行结果如图 11-18 所示。

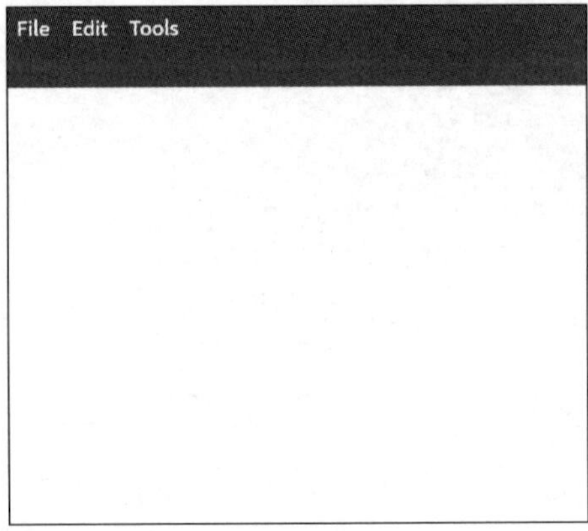

图 11-18 隐藏工具栏

11.4.1 工具栏按钮

uipushtool()函数用于生成一个工具栏按钮，并且可以自选图片表示这个按钮，代码如下：

```
#!/usr/bin/octave
#第 11 章/uipushtool_demo.m
function uipushtool_demo()
    h = uitoolbar
    img = imread('uipushtool.bmp');
    h = uipushtool(h,"cdata",img);
endfunction
```

代码运行结果如图 11-19 所示。

11.4.2 工具栏拨动开关

uitoggletool()函数用于生成一个工具栏拨动开关，并且可以自选图片来表示这个拨动开关，代码如下：

```
#!/usr/bin/octave
#第 11 章/uitoggletool_demo.m
```

```
function uitoggletool_demo()
    h = uitoolbar
    img = imread('uipushtool.bmp');
    h = uitoggletool(h,"cdata",img);
endfunction
```

代码运行结果如图 11-20 所示。

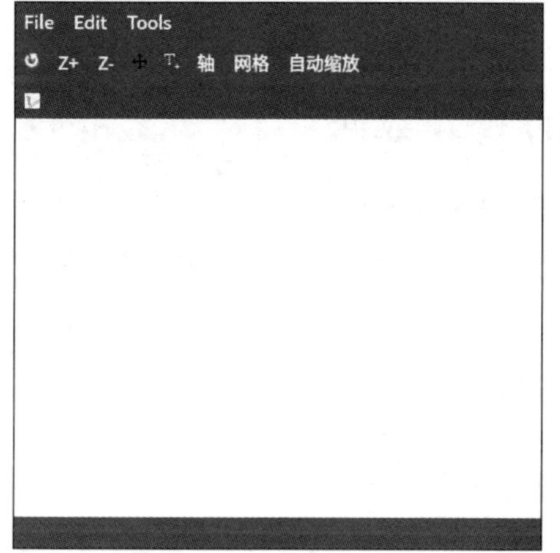

图 11-19 工具栏按钮截图

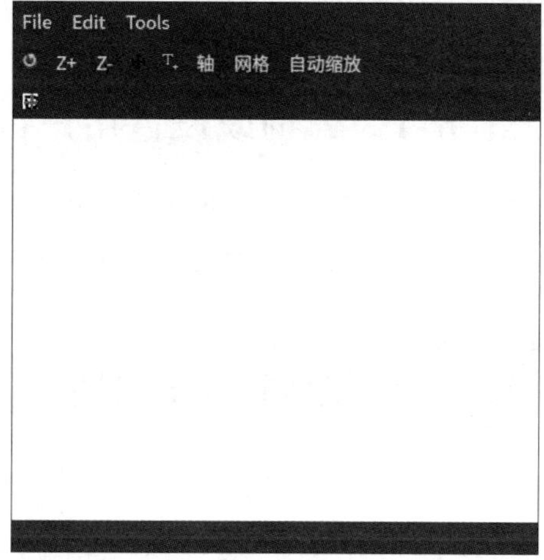

图 11-20 工具栏拨动开关截图

11.5 进度条

waitbar()函数用于持续生成进度条。

使用 Octave 生成一个 waitbar 实例对象之后，Octave 允许用户继续进行其他操作，并且允许用户再次调用 waitbar 接口改变进度条的进度。

接下来，不妨设计一段程序使 waitbar 进行连续滚动，作为 waitbar()函数的用例。设计一个参数，将参数作为 waitbar()函数的进度参数传入，然后设计循环逻辑，使参数进行循环变化，即可得到程序。程序如下：

```
#!/usr/bin/octave
#第 11 章/waitbar_demo.m
prog = 0;
h = waitbar(prog);
ticks = 100000;
prog = linspace(0,100,ticks);
for i = 1:ticks
    h = waitbar(prog(i));
endfor
```

上面的例子中滚动条大约经过 1s 跑完全程。代码运行结果如图 11-21 所示。

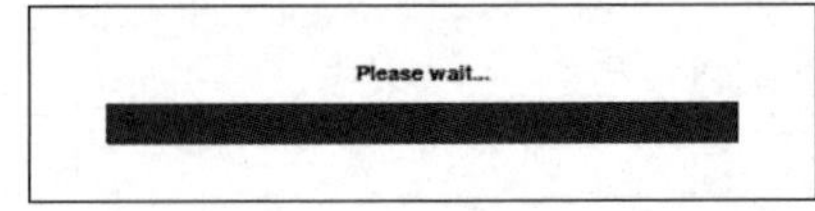

图 11-21 进度条截图

11.6 GUI 通用功能

11.6.1 查询或设置用户自定义的 GUI 数据

guidata()函数用于查询或设置用户自定义的 GUI 数据，代码如下：

```
>> guidata(a)
```

11.6.2 返回 GUI 句柄

guihandles()函数用于返回用户自定义的 GUI 句柄，代码如下：

```
>> guihandles(a)
```

11.6.3 GUI 功能查询

have_window_system()函数用于查询操作系统的 GUI 功能是否可用，代码如下：

```
>> have_window_system
```

只要 have_window_system 函数的返回值为 1，GUI 功能就可以正常生效。

11.6.4 GUI 运行模式查询

isguirunning()函数用于查询当前的 Octave 实例是否运行在 GUI 模式之下，代码如下：

```
>> isguirunning
```

- 如果当前的 Octave 实例运行在 GUI 模式之下，则 isguirunning 函数返回 1；
- 如果当前的 Octave 实例运行在 CLI 模式之下，则 isguirunning 函数返回 0。

11.6.5 精确移动窗口

我们除可以直接使用鼠标拖曳的方式移动窗口外，还可以调用 movegui()函数将窗口精确移动到特定的坐标上。

调用 movegui()函数时，至少需要传入一个参数，此时这个参数代表 GUI 对象的句柄，代码如下：

```
>> a = figure;
>> movegui(a)
```

上面的代码指定之后 movegui()函数将默认对句柄 a 进行操作。

此外，这个参数还代表要移动的目标坐标，代码如下：

```
>> clf;
>> a = figure;
>> movegui([100,100])
>> movegui([100,200])
>> movegui([100,600])
```

在上面的代码中，movegui()函数隐式调用了 gcbf 函数或 gcf 函数，因此，movegui()函数在内存中在只存在一个句柄 a 的场景下隐式地获取了句柄 a，然后 movegui()函数对句柄 a 进行操作，将句柄 a 所在窗口依次移动到坐标(100,100)、(100,200)和(100,600)处。

此外，方位坐标还支持以方位参数方式传入。方位参数是一系列预设的方位坐标，以参数形式给出，使用更加方便。movegui()函数支持的方位参数如表 11-6 所示。

表 11-6 movegui()函数支持的方位参数

参　数	含　义	参　数	含　义	参　数	含　义
north	移至屏幕上侧	northeast	移至屏幕右上角	center	移至屏幕中心
south	移至屏幕下侧	northwest	移至屏幕左上角	onscreen	移至默认位置
east	移至屏幕右侧	southeast	移至屏幕右下角		
west	移至屏幕左侧	southwest	移至屏幕左下角		

此外，还可以额外传入第 2 个参数，此时第 1 个参数代表 GUI 对象的句柄，第 2 个参数代表要移动的目标坐标，代码如下：

```
>> a = figure;
>> movegui(a,[100,600])
```

此外，第 2 个参数还可以代表一系列被忽略的事件。该事件参数为一个结构体，用于在回调函数起效前做出额外判断，代码如下：

```
>> a = figure;
>> movegui(a,b)
```

此外,还可以额外传入第3个参数,此时第1个参数代表GUI对象的句柄,第2个参数代表一系列被忽略的事件,第3个参数代表要移动的目标坐标,代码如下:

```
>> a = figure;
>> movegui(a,b,[100,600])
```

11.6.6 暂停与恢复GUI之外的程序执行

1. uiwait()函数

uiwait()函数用于暂停GUI控件之外的程序执行。直到这个GUI控件的句柄被删除,或者手动调用uiresume()函数才可以恢复GUI控件之外的程序执行,代码如下:

```
>> a = figure;
>> uiwait(a)
```

此外,还可以不加参数直接调用uiwait()函数,此时:

- 如果Octave含有GUI控件,则uiwait()函数会隐式调用gcbf函数或gcf函数,然后隐式获取某一个GUI控件的句柄,GUI控件之外的程序被暂停执行;
- 如果Octave不含有GUI控件,则uiwait()函数会直接返回。

传入两个参数,此时第1个参数代表GUI控件的句柄,第2个参数代表暂停时间,且时间以秒为单位,代码如下:

```
>> a = figure;
>> uiwait(a,2)
```

暂停时间原则上必须是一个大于1的数字。而且,如果暂停时间是一个浮点数,则真正的暂停时间将向下取整。

此外,如果暂停时间是一个小于1的数字,则真正的暂停时间将用1代替。

注意:如果暂停时间是一个小于1的数字,则Octave将报警告如下:

```
warning: waitfor: TIMEOUT value must be >= 1, using 1 instead
warning: called from
    uiwait at line 72 column 7
```

---

2. uiresume()函数

uiresume()函数用于恢复被uiwait()函数暂停的程序。调用uiresume()函数时,需要传入一个参数,这个参数代表GUI控件的句柄,代码如下:

```
>> uiresume(a)
```

3. waitfor()函数

waitfor()函数用于暂停 GUI 控件之外的程序执行，直到该 GUI 控件满足某个条件。

调用 waitfor()函数时，至少需要传入一个参数，这个参数代表 GUI 控件的句柄，此时 waitfor()函数只在 GUI 控件的句柄被删除时自动解除暂停，代码如下：

```
>> a = figure;
>> waitfor(a)
```

此外，还可以额外传入第 2 个参数，此时第 1 个参数代表 GUI 控件的句柄，第 2 个参数代表句柄的键参数。当 GUI 控件的句柄被删除时，或者 GUI 控件的句柄的键参数对应的值参数发生改变(例如 GUI 控件的选中状态改变)时，自动解除 waitfor()函数的暂停，代码如下：

```
>> a = figure;
>> waitfor(a,'selected'})
```

额外传入第 3 个参数，此时第 1 个参数代表 GUI 控件的句柄，第 2 个参数代表句柄的键参数，第 3 个参数代表句柄的值参数。当 GUI 控件的句柄被删除时，或者 GUI 控件的句柄的键参数对应的值参数符合预期(例如 GUI 控件被选中)时，自动解除 waitfor()函数的暂停，代码如下：

```
>> a = figure;
>> waitfor(a,'selected','on'})
```

传入等待时间。如果传入了 timeout 参数，则紧随其后的参数代表等待时间，代码如下：

```
>> a = figure;
>> waitfor(a,'timeout',1})
```

第 12 章 绘　　图

Octave 的一大优点是支持丰富的绘图函数。我们可以调用绘图函数，配合待绘图的原始数据，轻松生成对应的图像。

在 Octave 生成图像时，生成的图像被显示在一个对话框中。

用于显示图像的对话框含有菜单栏和工具栏：

- 菜单栏中含有文件、编辑、工具等菜单项；
- 工具栏中含有放大、缩小、旋转等工具。

12.1 函数图像绘图函数

12.1.1 使用直角坐标绘图

plot()函数可用的属性分为线型、点标记、颜色。另外，使用简单记法的属性值可以进行组合，共同组成一个属性参数进行传入，代码如下：

```
#!/usr/bin/octave
#第 12 章/plot_plot.m
a=1:100;
b=a;
plot(a,b,'--om')
```

其中的第 3 个参数--om 包含了线型属性（属性为虚线）、点标记属性（属性为圆圈标记）和颜色属性（属性为洋红色）。调用 plot()函数绘图，线型属性为虚线，点标记属性为圆圈标记，颜色属性为洋红色，如图 12-1 所示。

详细的线型属性如表 12-1 所示。

表 12-1　plot()函数支持的线型属性

线型属性	含　义	线型属性	含　义
-	实线	:	散点图
--	虚线	-.	点画线

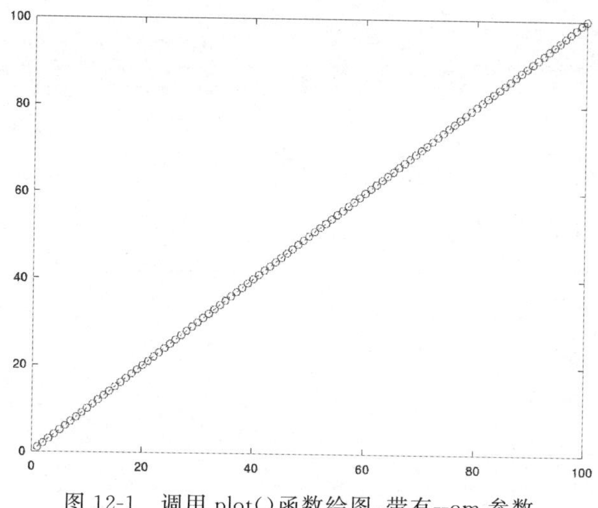

图 12-1 调用 plot()函数绘图,带有--om 参数

详细的点标记属性如表 12-2 所示。

表 12-2 plot()函数支持的点标记属性

点标记属性	含 义	点标记属性	含 义
+	使用加号标记	d	使用菱形标记
o	使用圆圈标记	∧	使用上三角形标记
*	使用星号标记	∨	使用下三角形标记
.	使用点标记	>	使用右三角形标记
x	使用乘号标记	<	使用左三角形标记
s	使用正方形标记	p	使用五角形标记
h	使用六角形标记		

详细的颜色属性如表 12-3 所示。

表 12-3 plot()函数支持的颜色属性

颜色属性	含 义	颜色属性	含 义	颜色属性	含 义	颜色属性	含 义
k	黑色	g	绿色	t	黄色	c	青色
r	红色	b	蓝色	m	洋红色	w	白色

并且,组合后的参数还可以用于指定图例的颜色。如果要改变图例的属性,则只需将这种组合后的参数写入图例字符串之前。组合参数的线型属性、点标记属性及颜色属性使用分号结束,然后写入图例内容以分号结束,共同构成一个参数。调用 plot()函数绘图,点标记属性为圆圈标记,颜色属性为蓝色,图例为 Blue Legend,代码如下:

```
#!/usr/bin/octave
#第 12 章/plot_plot2.m
a = 1:100;
b = a;
plot(a,b,'bo;Blue Legend;')
```

运行代码的结果如图 12-2 所示。

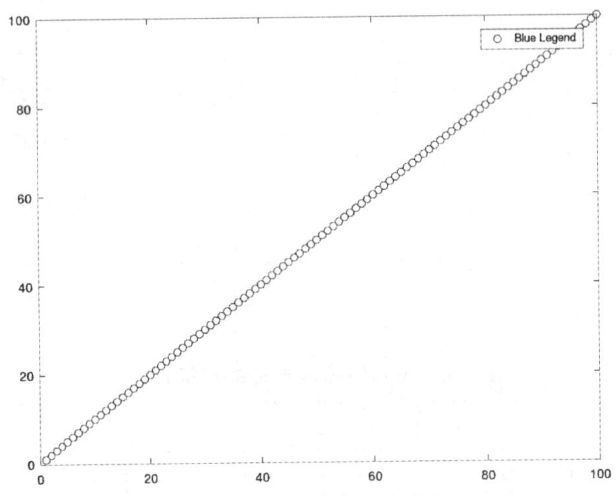

图 12-2 调用 plot()函数绘图，带有'bo;Blue Legend;'参数

此时第 3 个参数中不但含有样式属性，而且含有图例的文本内容。所以，如果采用了带有图例内容的组合参数，就不可以在此基础上追加不带有图例内容的组合参数，代码如下：

```
#!/usr/bin/octave
#第 12 章/plot_plot_3.m
a = 1:100;
b = a;
plot(a,b,'r+','bo;Blue Legend;')
```

此时 Octave 将报错：

```
error: plot: properties must appear followed by a value
error: called from
    __plt__ at line 98 column 17
    plot at line 223 column 10
```

markersize 属性用于指定画图后的点标记的大小。调用 plot()函数绘图，点标记属性为圆圈标记，颜色属性为蓝色，图例为 Blue Legend，圆圈的大小为 20pt，代码如下：

```
#!/usr/bin/octave
#第 12 章/plot_plot_4.m
a = 1:100;
b = a;
plot(a,b,'bo;Blue Legend;','markersize',20)
```

在绘制出的函数图像中,圆圈的大小为 20pt,如图 12-3 所示。

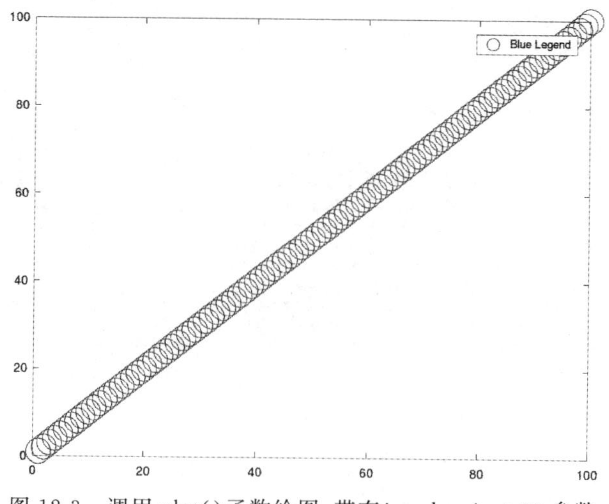

图 12-3　调用 plot()函数绘图,带有'markersize'、20 参数

这里的 markersize 值必须为数字类型。如果输入的不是数字类型,则 Octave 将报错,内容如下:

```
error: set: invalid value for double property "markersize"
error: __go_line__: unable to create graphics handle
error: called from
    __plt__>__plt2vv__ at line 495 column 10
    __plt__>__plt2__ at line 242 column 14
    __plt__ at line 107 column 18
    plot at line 223 column 10
```

12.1.2　同时使用两个独立的 y 轴绘制两条曲线

plotyy()函数用于在一张图形中同时使用两个独立的 y 轴绘制两条曲线,所以 plotyy()函数至少要传入 4 个参数。其中,前两个参数对应第 1 个图线的 x 轴分量和 y 轴分量,后两个参数对应第 2 个图线的 x 轴分量和 y 轴分量,代码如下:

```
#!/usr/bin/octave
#第 12 章/plot_plotyy.m
```

```
a = 1:100;
b1 = 1:100;
b2 = rand. * b1;
plotyy(a,b1,a,b2)
```

运行代码的结果如图 12-4 所示。

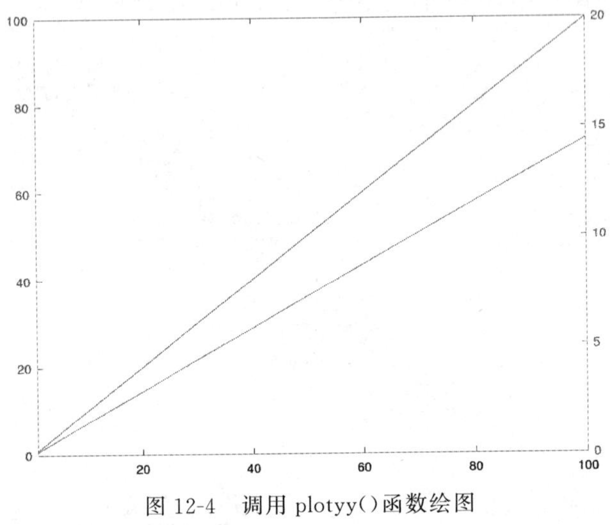

图 12-4　调用 plotyy()函数绘图

如果两组数据的 x 轴刻度不同，也可以使用 plotyy()进行绘制，但绘制出的效果差强人意。因为两组数据的 x 轴刻度发生了重叠，最终生成的函数图像不利于观看，代码如下：

```
#!/usr/bin/octave
#第 12 章/plot_plotyy_2.m
a = 1:100;
b1 = 1:100;
b2 = rand. * b1;
a2 = fliplr(a);
a3 = 2. * a2;
plotyy(a3,b1,a,b2)
```

所以，不建议使用 plotyy()函数进行 x 轴数据不相同的两组数据的组合绘图。运行代码的结果如图 12-5 所示。

12.1.3　使用三维坐标绘图

plot3()函数可以看作 plot()函数的一个三维扩展，这个函数被用于绘制三维函数图像。

由于 plot3()函数绘制的图像相比于 plot()函数多出来一个维度，所以在调用 plot3()函数时也需要多传入一个维度的参数。调用 plot3()函数时可以简单地传入 3 个维度的数值参数,此时这 3 个参数代表图像的 x 坐标、y 坐标及 z 坐标。

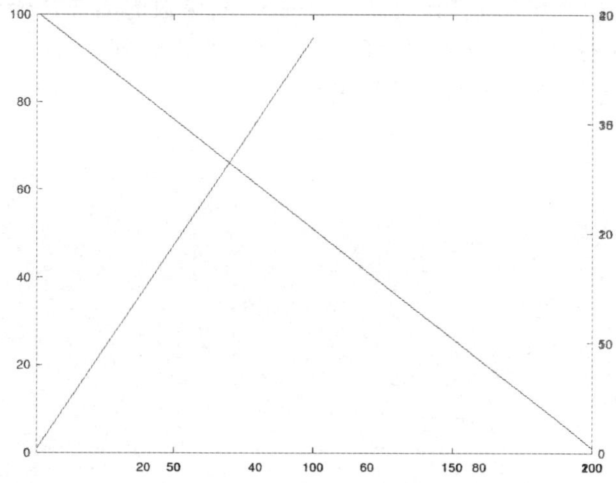

图 12-5 调用 plotyy()函数绘图,两组数据的 x 轴刻度不同

此外,plot3()函数也可以用于直接绘制虚数的函数图像,代码如下:

```
#!/usr/bin/octave
#第 12 章/plot_plot3.m
a = 1:100;
b = 3 * a;
c = a + b * i;
plot3(c)
```

运行代码的结果如图 12-6 所示。

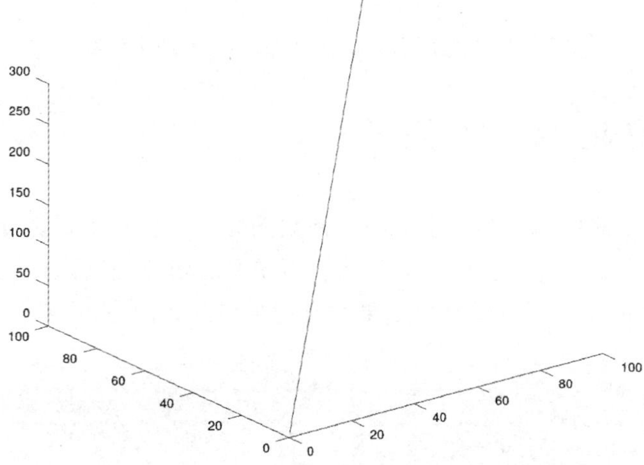

图 12-6 调用 plot3()函数绘图,直接绘制虚数的函数图像

如果使用 plot3()绘制虚数的函数图像，则只需将要绘制的虚数作为参数传入 plot3()函数中，而且只需传入一个参数。在绘制后的图像中，虚数的实部被绘制到 y 轴分量上，而其虚部被绘制到 z 轴分量上。此外，还可以使用两个参数绘制虚数的函数图像，此时第 1 个参数代表 x 轴的范围，第 2 个参数仍然被视为要绘制的虚数，代码如下：

```
#!/usr/bin/octave
#第 12 章/plot_plot3_2.m
a = 1:100;
b = 3 * a;
c = a + b * i;
x = 4 * a;
plot3(x,c)
```

运行代码的结果如图 12-7 所示。

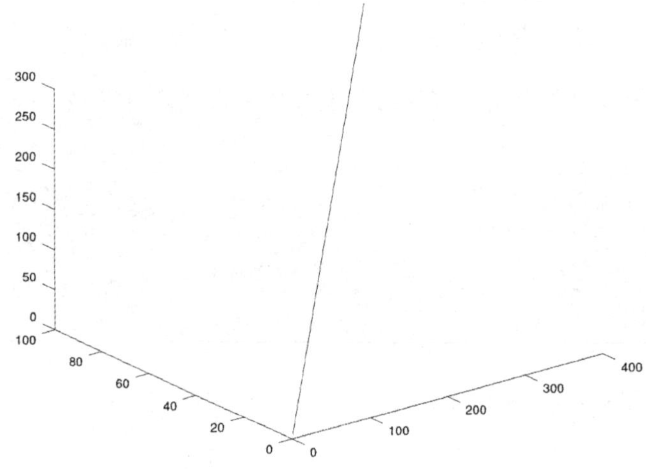

图 12-7　调用 plot3()函数绘图，带有两个参数

12.1.4　使用函数句柄绘图

1. fplot

fplot()函数用于使用函数句柄生成一个函数图像。有些函数的限定条件很多，很难使用简单的表达式写出来。此时我们可以先构造出需要的函数，然后通过指定自变量的范围，并且在 fplot()函数的作用下自动算出结果并自动画出函数图像，代码如下：

```
#!/usr/bin/octave
#第 12 章/plot_fplot.m
function b = plot_fplot(a) #定义一个函数
    transmat = [5 6;7 8];
    preprocessmat = [a;a + 1];
```

```
    tempresult = preprocessmat\transmat;
    b = tempresult(2)^3/4.5;
endfunction
```

然后可以通过调用 fplot()函数画出[－100,100]定义域内的函数图像,代码如下:

```
>> fplot(@myfun,[ - 100,100]) # 调用 fplot()函数时传入函数的句柄
warning: fplot: FN is not a vectorized function which reduces performance
warning: called from
    fplot at line 167 column 5
```

运行代码的结果如图 12-8 所示。

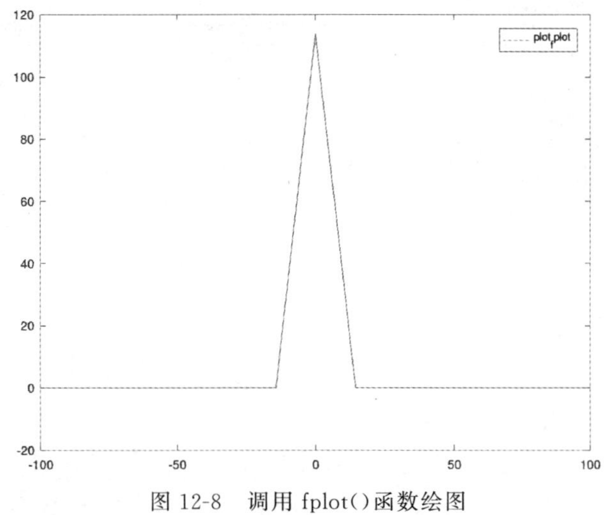

图 12-8 调用 fplot()函数绘图

这里我们可以看到 Octave 发出了警告。警告的原因是自定义的函数内部的矩阵运算没有进行正确向量化。

2. 函数内部的矩阵运算向量化

要进行正确向量化,必须满足以下条件:

- 输入参数和输出参数均为矩阵;
- 输入参数和输出参数的尺寸必须一致;
- 输入参数和输出参数的变量类型必须一致;
- 在自定义函数的计算过程中不得改变参数的尺寸。

满足以下条件的参数称为正确的向量化参数,而且满足以上条件的运算称为正确的向量化运算。如果满足了这样的条件,则 fplot()函数的运算速度会大大提高。

注意:事实上,即便我们已经满足了以上 4 个条件,fplot()函数也有可能发出这个警告。

12.1.5 使用给定函数绘图

ezplot()函数和 ezplot3()函数用于直接绘制一个给定的函数的图像，前者被用于绘制二维函数图像，后者则被用于绘制三维函数图像。调用 ezplot()函数绘制二维函数图像的代码如下：

```
#!/usr/bin/octave
#第 12 章/plot_ezplot.m
ezplot (@(x, y) x^2 + (y - x^(2/3))^2 - 1) #绘制二维图像
```

运行代码的结果如图 12-9 所示。

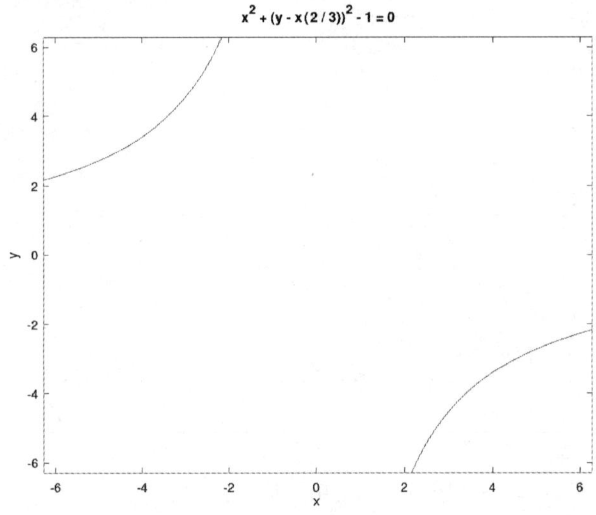

图 12-9 调用 ezplot()函数绘图，绘制二维函数图像

调用 ezplot3()函数绘制三维函数图像的代码如下：

```
#!/usr/bin/octave
#第 12 章/plot_ezplot_2.m
x = @(t)t.^2;
y = @(t)2 - t.^(2/3);
z = @(t)t.^0.4;
ezplot3(x,y,z) #绘制三维图像
```

运行代码的结果如图 12-10 所示。

在上面的例子中，可以发现 ezplot()函数和 ezplot3()函数的调用逻辑不相同。在调用 ezplot()函数时只需传入一个同时与 x 和 y 相关的函数，但在调用 ezplot3()函数时则需要传入 3 个参数方程。

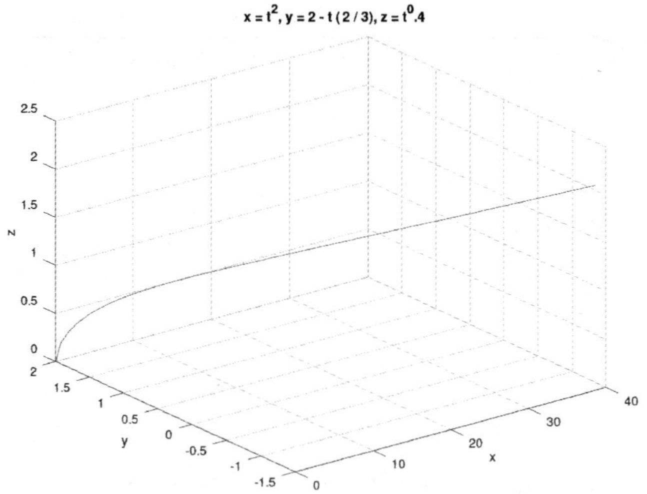

图 12-10 调用 ezplot3()函数绘图,绘制三维函数图像

此外,调用 ezplot()函数时可以手动设置函数的定义域和值域。我们只需要在调用时追加一个矩阵类型的参数。矩阵参数根据内部元素数量的不同,可以分为以下情况:

- 如果矩阵内部含有 4 个元素,则这个矩阵的前两个元素代表函数的定义域,后两个元素代表函数的值域;
- 如果矩阵内部含有两个元素,则这个矩阵中的两个元素同时代表函数的定义域和值域。

下面分别给出追加这两种矩阵的示例,代码如下:

```
#!/usr/bin/octave
#第 12 章/plot_ezplot_3.m
ezplot (@(x, y) x^2 + (y - x^(2/3))^2 - 1,[ - 100,1000])
```

调用 ezplot()函数绘图,矩阵内部含有两个分量,矩阵中的两个分量同时代表函数的定义域和值域,结果如图 12-11 所示。

调用 ezplot()函数绘图,矩阵内部含有 4 个分量,矩阵的前两个分量代表函数的定义域,矩阵的后两个分量代表函数的值域,代码如下:

```
#!/usr/bin/octave
#第 12 章/plot_ezplot_4.m
ezplot (@(x, y) x^2 + (y - x^(2/3))^2 - 1,[ - 100,1000,1,2])
```

代码的结果如图 12-12 所示。

其中,当在矩阵内部只有两个元素时,函数的定义域和值域均被设定为[-100,1000],而当在矩阵内部有 4 个元素时,函数的定义域被设定为[-100,1000],值域被设定为[1,2]。

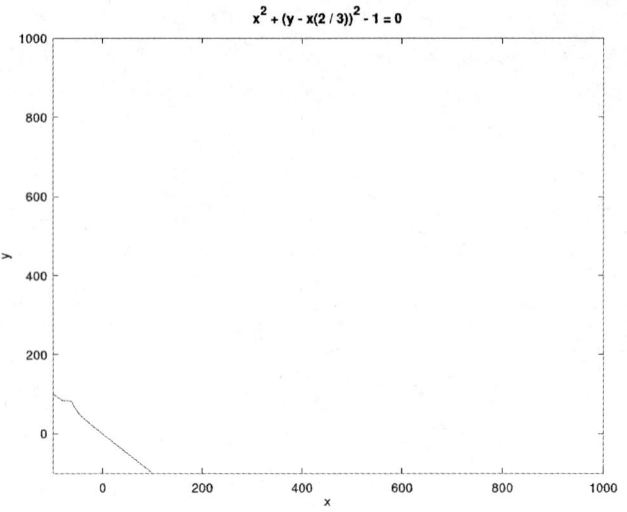

图 12-11　调用 ezplot()函数绘图,矩阵内部含有两个分量

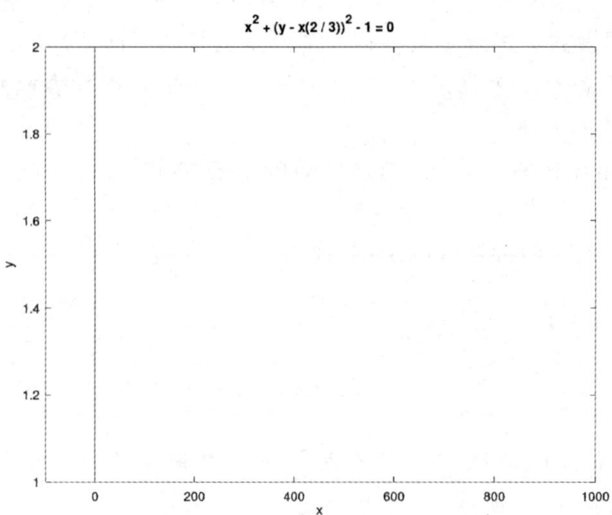

图 12-12　调用 ezplot()函数绘图,矩阵内部含有 4 个分量

在调用 ezplot3()函数时也可以追加一个矩阵类型的参数,此时这个参数就代表参数方程组中的定义域,而不代表某一个 x、y、z 分量的定义域。

12.1.6　使用极坐标绘图

极坐标系描述的是点在极坐标系之下的表示。点在极坐标系下绘制时使用极坐标,而极坐标在 Octave 中的表示方式通常遵循以下方式进行定义:

- 使用两个参数进行定义;

- ❑ 第 1 个参数表示极角大小；
- ❑ 第 2 个参数表示极径大小。

polar()函数用于绘制极坐标函数的图像。我们可以向 polar()函数中直接传入极角大小和极径大小，代码如下：

```
#!/usr/bin/octave
#第 12 章/plot_polar.m
polar(ones(1,30).*pi/3,linspace(1,30,30));
```

调用 polar()函数绘制一条极角为 60°、极径为 30 的线，结果如图 12-13 所示。

polar()函数也可以绘制复数的极坐标函数的图像。我们也可以只传入一个复数参数，此时：

- ❑ 复数的实部视为极坐标函数图像的极角大小；
- ❑ 复数的虚部视为极坐标函数图像的极径大小。

此外，polar()函数还支持对线型、点标记和颜色样式参数的指定，只需将三者任意排列组合，然后追加到参数列表中。polar()和 plot()函数支持的线型、点标记及颜色参数相同，代码如下：

```
#!/usr/bin/octave
#第 12 章/plot_polar_2.m
polar([ones(1,30).*pi/3,linspace(1,30,30)],'-.cs');
```

调用 polar()函数绘图，线型属性为点画线，点标记属性为正方形标记，颜色属性为青色，结果如图 12-14 所示。

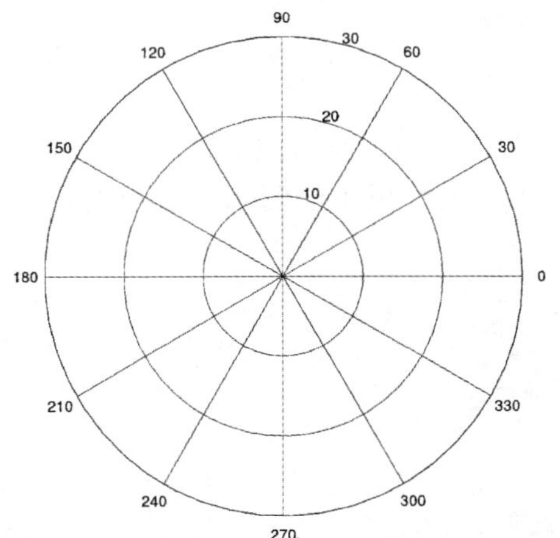

图 12-13　调用 polar()函数绘图

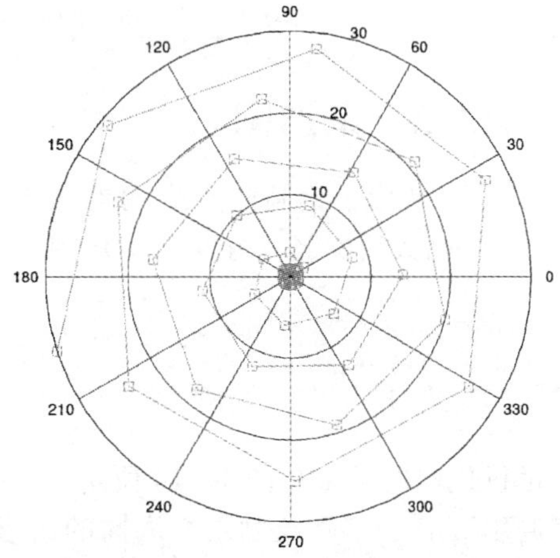

图 12-14　调用 polar()函数绘图，带有'-.cs'参数

12.2 统计图绘图函数

12.2.1 直方图

hist()函数用于绘制直方图，代码如下：

```
#!/usr/bin/octave
#第 12 章/plot_hist.m
hist([1 2 4])
```

运行代码的结果如图 12-15 所示。

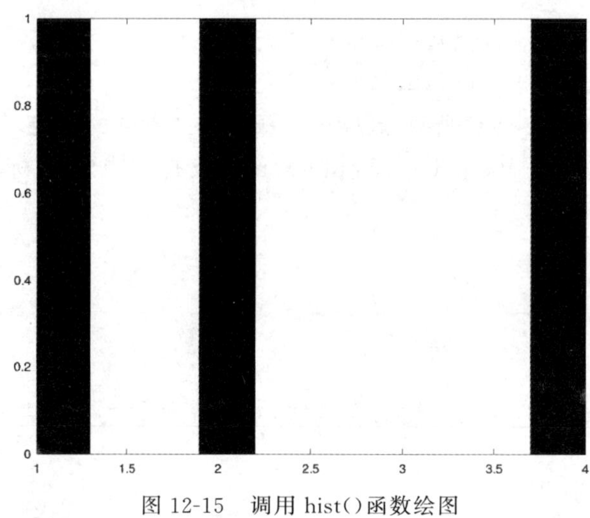

图 12-15 调用 hist()函数绘图

12.2.2 条形图

bar()函数用于绘制竖直方向的条形图，而 barh()函数用于绘制水平方向的条形图。调用 bar()函数绘制竖直方向的条形图的代码如下：

```
#!/usr/bin/octave
#第 12 章/plot_bar.m
bar([1 2 4])
```

运行代码的结果如图 12-16 所示。

调用 barh()函数绘制水平方向的条形图的代码如下：

```
#!/usr/bin/octave
#第 12 章/plot_bar.m
barh([1 2 4])
```

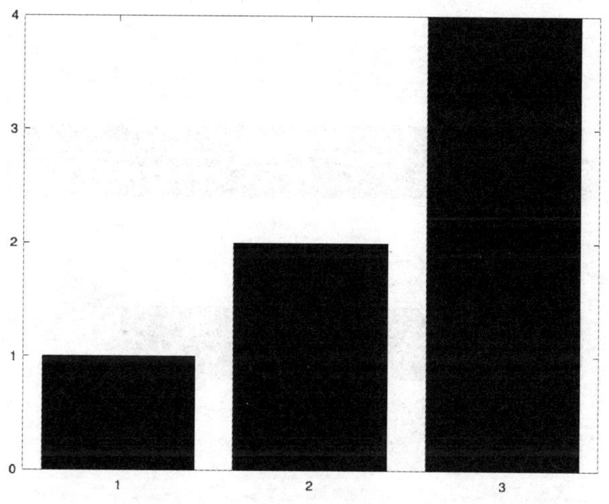

图 12-16 调用 bar()函数绘图

运行代码的结果如图 12-17 所示。

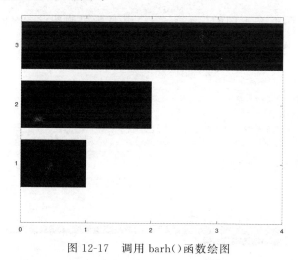

图 12-17 调用 barh()函数绘图

bar()函数和 barh()函数可以只传入一个参数,此时传入的参数代表一组值在条形图上展示的长度。传入的矩阵参数的元素按照从下到上的顺序依次排布,每个元素的值表现为条形图的长度。在这个用法中,条形图的纵坐标是连续排列的,画出的条形图的每个条带也是连续分布的。

如果为 bar()函数或者 barh()函数指定两个参数,则第 1 个参数代表条形图中每个条带的序号,第 2 个参数代表条形图的长度,代码如下:

```
#!/usr/bin/octave
#第 12 章/plot_barh_2.m
barh([1 2 4],[3 4 5])
```

运行代码的结果如图 12-18 所示。

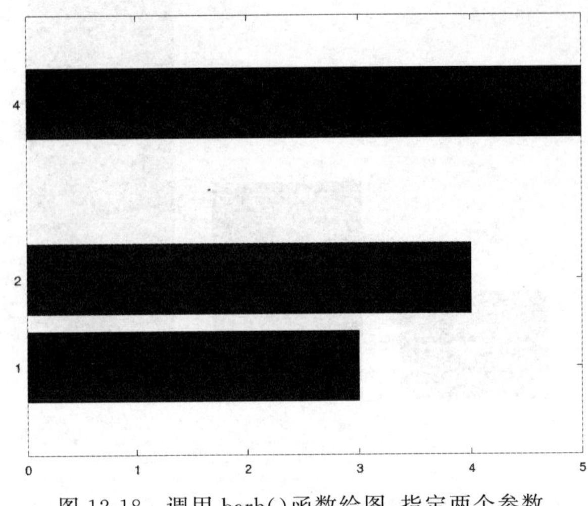

图 12-18 调用 barh()函数绘图,指定两个参数

可以看到,在例子中,条形图的序号不连续,并且画出的条形图之间的条带也不连续。

barh()函数除了支持一组元素的条形图绘制之外,还支持多组元素的条形图绘制,代码如下:

```
#!/usr/bin/octave
#第 12 章/plot_barh_3.m
barh([1 2 4],[3 4 5;4 5 6;2 7 3])
```

运行代码的结果如图 12-19 所示。

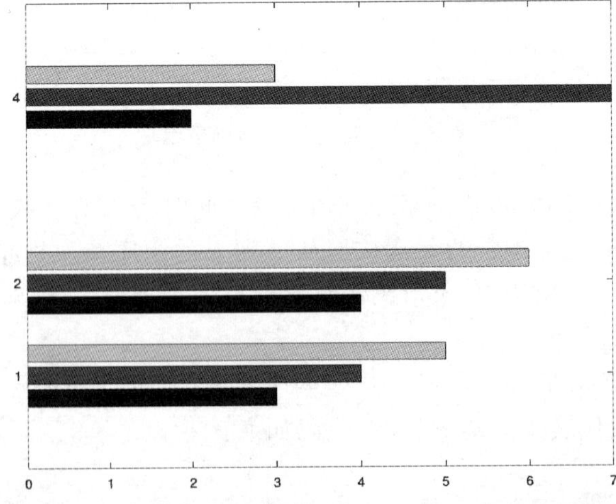

图 12-19 调用 barh()函数绘图,绘制多组元素的条形图

在上面的例子中，条形图长度参数的维度变为3，在得到的条形图中每组条带也各包含3个条带。

此外，bar()函数和barh()函数允许我们进一步更改条带的宽度。在调用bar()函数或者barh()函数时追加一个宽度参数即可更改条带的宽度。详细的宽度意义如下所示：

- 当这个宽度的绝对值大于1时，代表每个条带之间将互相覆盖；
- 当这个宽度的绝对值等于1时，代表每个条带之间将紧密贴合；
- 当这个宽度的绝对值小于1时，代表每个条带之间将含有空隙；
- 特别地：当这个宽度的绝对值等于0时，不会显示条带。

bar()函数和barh()函数允许在多组元素的条形图绘制过程中指定组内条带的排布方式。支持的排布方式如表12-4所示。

表12-4　bar()函数和barh()函数支持的排布方式

排布方式	含　义
grouped	组内条带平铺展示
stacked	组内条带叠加展示
hist	组内条带密铺展示，每组条带在 Y 轴上居中展示
histc	组内条带密铺展示，每组条带在 Y 轴上靠边展示

此外，bar()函数和barh()函数也支持键值对方式的属性参数设置。支持的额外属性如表12-5所示。

表12-5　bar()函数和barh()函数支持的额外属性

额外属性	含　义
basevalue	水平线位置
facecolor	条带的填充颜色
edgecolor	条带的边框颜色

这种键值对方式的属性参数设置事实上使用了set()函数对条形图的句柄进行句柄内部属性的设置，代码如下：

```
>> a = bar([1 2;3 6])
a =
  - 757.47
  - 760.38
>> set(a(1),"facecolor","g")
>> set(a(2),"edgecolor","b")
>> set(a,"basevalue",3)
```

12.2.3　茎叶图

stemleaf()函数用于绘制茎叶图。stemleaf()函数可以只传入两个参数，此时第1个参数是一个整数向量，在此参数中的每个非零数都被向下取整，然后将处理后的数的最后一位作为叶子数，其余位作为茎节点；第 2 个参数是茎叶图的数据，代码如下：

```
>> stemleaf([1 2 3 4 50 60],'123')
        Data: 123
```

运行代码的结果如下：

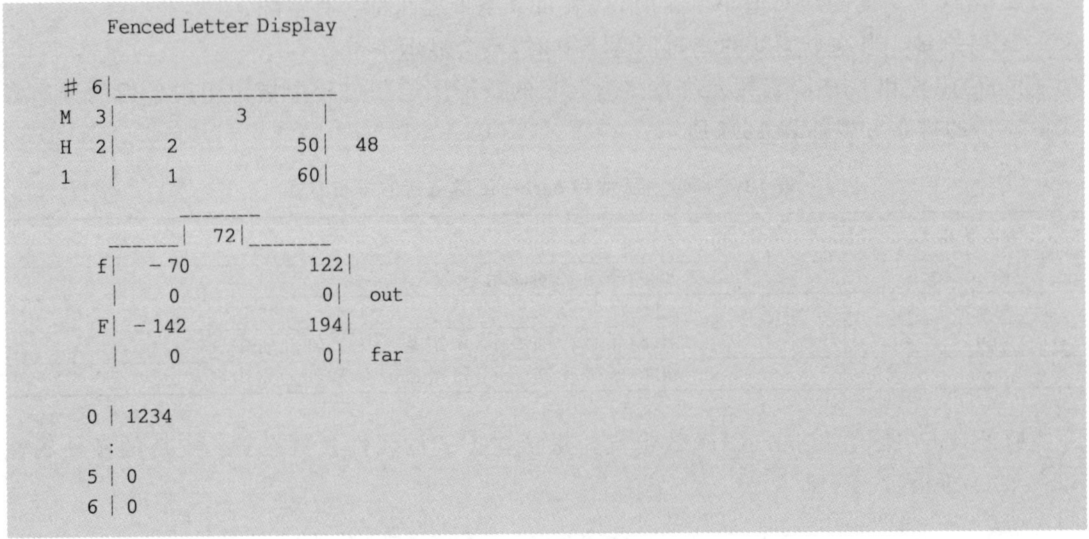

```
      Fenced Letter Display

 # 6|_____________________
 M  3|          3        |
 H  2|     2           50|   48
 1   |     1           60|
                 _______
         ______|  72|_______
      f|   - 70           122|
       |     0              0|   out
      F|  - 142           194|
       |     0              0|   far

    0 | 1234
      :
    5 | 0
    6 | 0
```

此外，还可以为 stemleaf()函数指定第 3 个参数，这个参数代表每个茎的宽度，代码如下：

```
>> stemleaf([1 2 3 4 50 60],'123',1)
        Data: 123
```

运行代码的结果如下：

```
      Fenced Letter Display

 # 6|_____________________
 M  3|          3        |
 H  2|     2           50|   48
 1   |     1           60|
                 _______
         ______|  72|_______
      f|   - 70           122|
       |     0              0|   out
      F|  - 142           194|
       |     0              0|   far

    0 | 1,2,3,4,50,60
```

12.2.4 阶梯图

stairs()函数用于绘制阶梯图。在只使用一个参数调用 stairs()函数时，默认将参数中的每个元素均视为步进为 1 的元素，然后进行阶梯图的绘制，代码如下：

```
#!/usr/bin/octave
#第 12 章/plot_stairs.m
stairs([1 4 7])
```

运行代码的结果如图 12-20 所示。

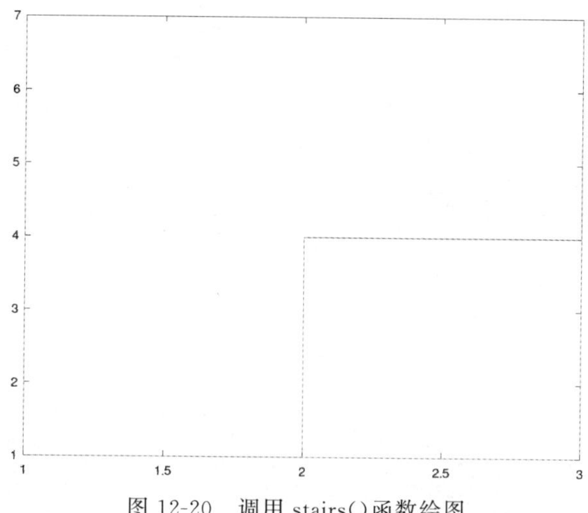

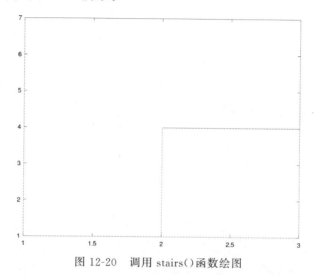

图 12-20 调用 stairs()函数绘图

在调用 stairs()函数时，还可以进一步指定每个阶梯上升的位置，这需要额外指定一个位置参数。在调用 stairs()函数并指定两个参数时，第 1 个参数代表每个阶梯上升的位置，第 2 个参数代表每个阶梯上升后的值，代码如下：

```
#!/usr/bin/octave
#第 12 章/plot_stairs_2.m
stairs([1 2 4],[1 4 7])
```

运行代码的结果如图 12-21 所示。

由于 stairs()函数以线的形式进行绘图，所以该函数同样支持线型、点标记和颜色参数的选择，而且可供选择的参数与 plot()函数的线型参数相同。在指定参数时，只需将组合好的参数追加到数据参数的后面，代码如下：

```
#!/usr/bin/octave
#第 12 章/plot_stairs_3.m
stairs([1 2 4],[1 4 7],'--o')
```

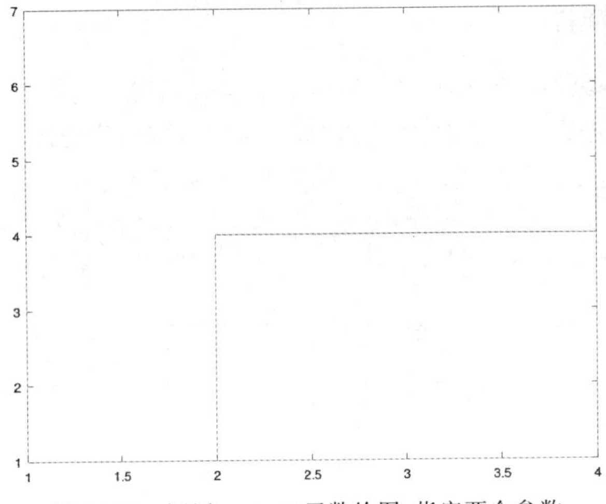

图 12-21 调用 stairs()函数绘图，指定两个参数

运行代码的结果如图 12-22 所示。

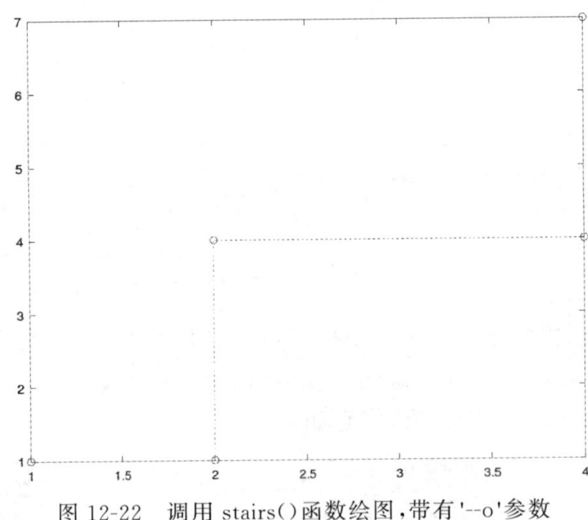

图 12-22 调用 stairs()函数绘图，带有'--o'参数

12.2.5 树干图

stem()函数被用于绘制树干图。调用 stem()函数绘制出来的树干图，其头部有明显的点标记，默认像是火柴一样，因此，“树干图”又被称为“火柴图”。调用 stem()函数绘制树干图的代码如下：

```
#!/usr/bin/octave
#第 12 章/plot_stem.m
stem([1 4 7])
```

运行代码的结果如图 12-23 所示。

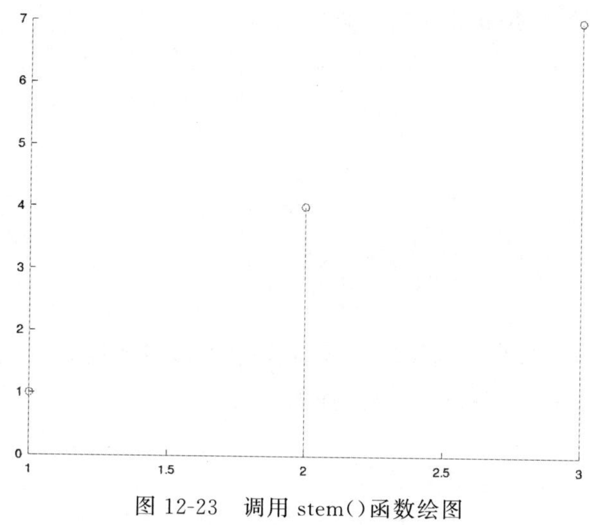

图 12-23 调用 stem()函数绘图

stem()在生成树干图时同样支持分组，但是分组的风格只能是叠加样式的，代码如下：

```
#!/usr/bin/octave
#第 12 章/plot_stem_2.m
stem(rand(3,5))
```

调用 stem()函数绘图，分组的风格是叠加样式的，每个分组的颜色均不同，运行代码的结果如图 12-24 所示。

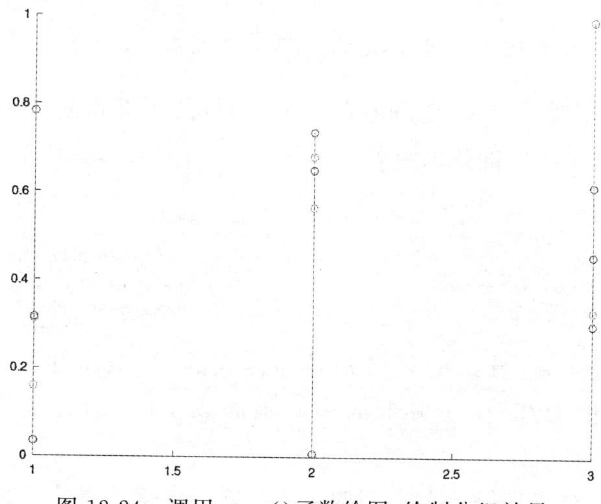

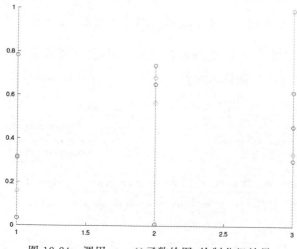

图 12-24 调用 stem()函数绘图，绘制分组效果

可以看到树干图被绘制成了 3 组，每组树干图中均绘制了 5 个数据。

实际上，stem()函数只是相当于将数据的线型设定为直线，并且将点标记设定为圆圈，所以才得到树干图的效果。我们可以根据 plot()函数的风格更改线型、点标记和颜色参数，只需将这 3 种参数任意组合，然后追加到数据参数后便可以更改绘制树干图的风格，代码如下：

```
#!/usr/bin/octave
#第 12 章/plot_stem_3.m
stem(rand(3,5),'-- sr')
```

调用 stem()函数绘图，分组的风格是叠加样式的，线型属性为虚线，点标记属性为正方形标记，颜色属性为红色，运行代码的结果如图 12-25 所示。

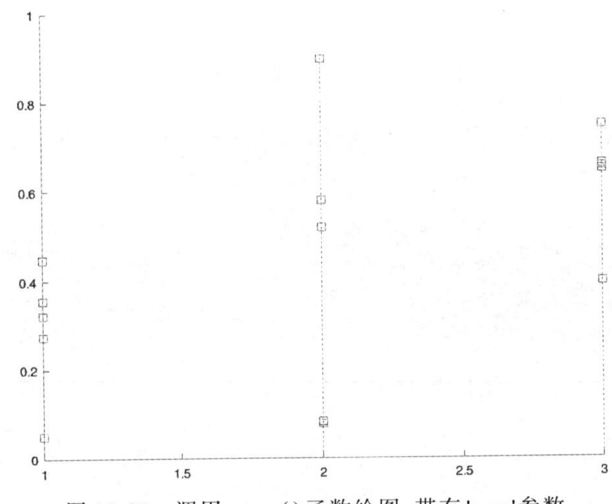

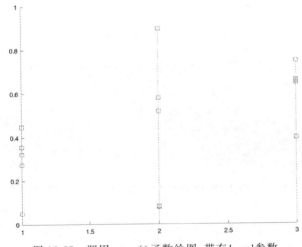

图 12-25 调用 stem()函数绘图，带有'--sr'参数

stem()函数在绘制树干图时，支持填入 filled 参数。如果我们在调用 stem()函数时追加了这个参数，则在树干图中的数据点就会被涂为实心的形状，代码如下：

```
#!/usr/bin/octave
#第 12 章/plot_stem_4.m
stem(rand(3,5),'-- sr','filled')
```

调用 stem()函数绘图，分组的风格是叠加样式的，线型属性为虚线，点标记属性为正方形标记，颜色属性为红色，正方形的中心被涂成实心，运行代码的结果如图 12-26 所示。

此外，stem()函数也支持键值对类型的属性设置。支持的属性如表 12-6 所示。

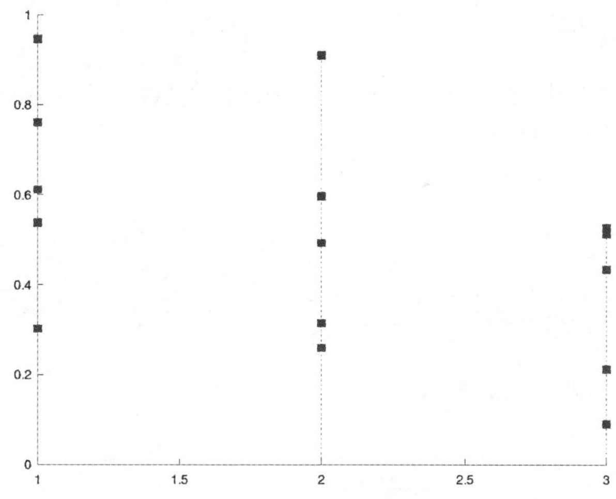

图 12-26　调用 stem()函数绘图,带有'--sr'、'filled'参数

表 12-6　stem()函数支持的属性

支持的属性	含　　义
linestyle	线型
linewidth	线宽
color	树干部分颜色,如果同时指定了 markeredgecolor 参数或者 markerfacecolor 参数
	整体颜色,如果未指定 markeredgecolor 参数和 markerfacecolor 参数
marker	点标记类型
markeredgecolor	点标记边缘颜色
markerfacecolor	点标记填充颜色
markersize	点标记尺寸
baseline	基准线句柄
basevalue	基准线位置

stem3()函数和 stem()函数类似,也用于绘制树干图,二者支持的参数也相同,不同点是 stem3()函数绘制的是三维树干图。根据 stem3()函数传入的数据参数的形式的不同,在三维树干图中的表现分为以下几种情况:

- 如果只传入一个行矩阵,则绘制出的树干图沿着 x 轴方向顺序排布,在 y 轴上的分量恒定,在 z 轴上的分量等于矩阵参数中的每个分量;
- 如果传入一个多行的矩阵,则行内参数按 x 轴方向顺序排布,行间参数按 y 轴方向顺序排布,在 z 轴上的分量等于矩阵参数中的每个分量;
- 如果传入 3 个行矩阵,则第 1 个行矩阵的分量代表在 x 轴上的分量,第 2 个行矩阵的分量代表在 y 轴上的分量,第 3 个行矩阵的分量代表在 z 轴上的分量。

12.2.6 散点图

scatter()函数用于绘制散点图。在调用 scatter()函数时，需要至少传入两个参数。在传入两个参数时，第 1 个参数代表散点的 x 坐标分量，第 2 个参数代表散点的 y 坐标分量，代码如下：

```
#!/usr/bin/octave
#第 12 章/plot_scatter.m
scatter(rand(10,10),rand(10,10))
```

运行代码的结果如图 12-27 所示。

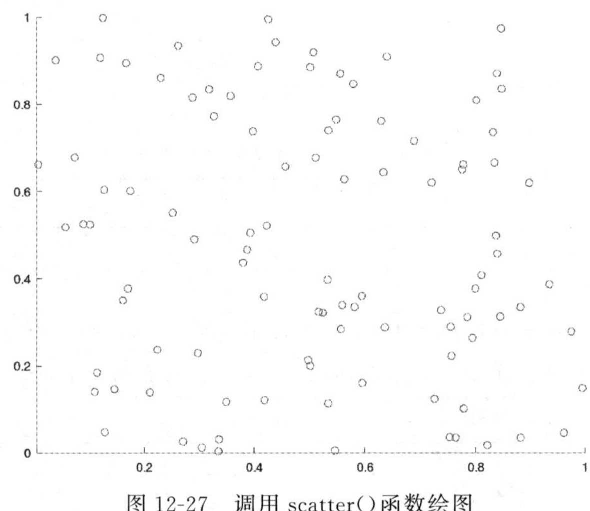

图 12-27 调用 scatter()函数绘图

上面的例子可以生成 100 个随机散点。

如果在调用 scatter()函数时追加其他参数，则追加的第 1 个参数代表散点的大小，代码如下：

```
#!/usr/bin/octave
#第 12 章/plot_scatter_2.m
scatter(rand(10,10),rand(10,10),121)
```

调用 scatter()函数绘图，每个散点的大小为 11pt，运行代码的结果如图 12-28 所示。

在上面的例子中，传入的散点的大小参数为 121，这意味着散点的大小为 11×11=121，也就是散点的直径为 11pt。我们也可以为每个散点分别指定一个大小，但这需要直接传入等量大小参数，或者将散点的大小参数写成一个矩阵，并且这个矩阵内部的元素数量等于散点的个数，代码如下：

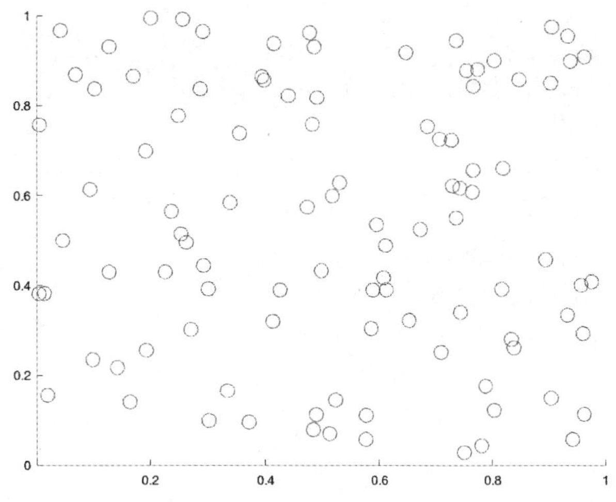

图 12-28　调用 scatter()函数绘图,带有 121 参数

```
#!/usr/bin/octave
#第 12 章/plot_scatter_3.m
scatter(rand(2,2),rand(2,2),7,8,9,10)
```

调用 scatter()函数绘图,每个散点的大小均被设置为不同的值,运行代码的结果如图 12-29 所示。

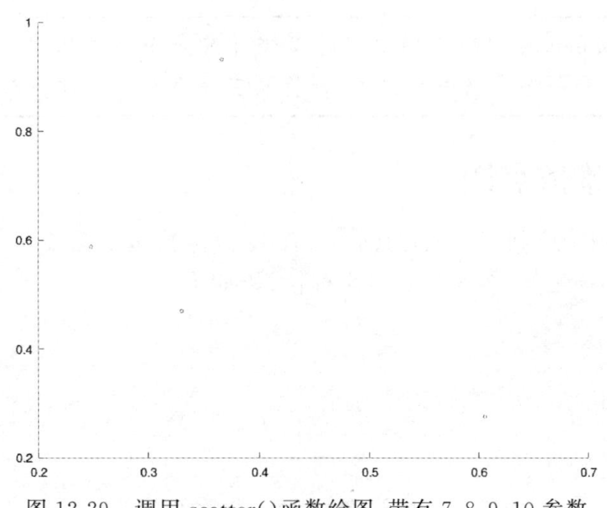

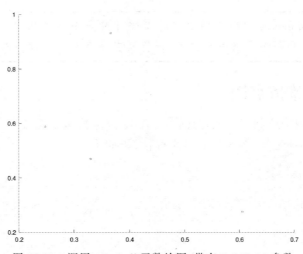

图 12-29　调用 scatter()函数绘图,带有 7、8、9、10 参数

我们可以在调用 scatter()函数时追加 filled 参数。如果追加了该参数,则绘制出的散点的中心将被涂实,否则绘制出的散点为空心的散点。我们也可以在调用 scatter()函数时追加颜色属性和点标记属性,示例代码如下:

```
#!/usr/bin/octave
#第 12 章/plot_scatter_4.m
scatter(rand(2,2),rand(2,2),121,'g','filled')
```

调用 scatter()函数绘图，每个散点的大小为 11pt，点标记属性为圆圈标记，颜色属性为绿色，圆圈的中心被涂成实心，运行代码的结果如图 12-30 所示。

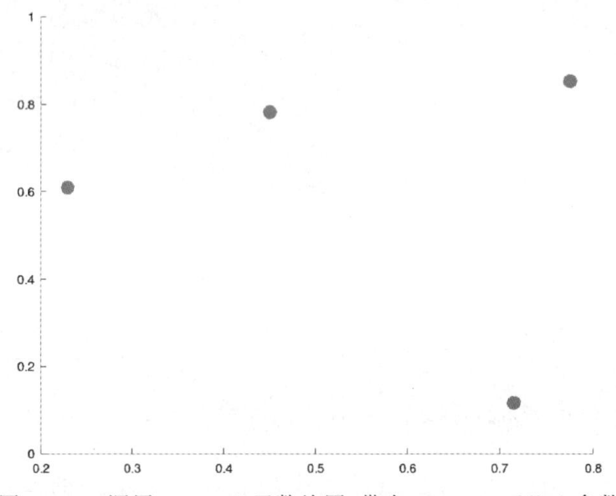

图 12-30 调用 scatter()函数绘图，带有 121、'g'、'filled'参数

注意：不建议在散点图的绘制中同时以合并为一个参数的方式传入颜色属性和点标记属性。如果合并为一个参数进行传入，则将只有一个参数起作用或者函数报错。

12.2.7 三维散点图

scatter3()函数用于绘制三维散点图。scatter3()函数至少需要传入 3 个参数，这 3 个参数分别代表散点的横坐标、纵坐标及竖坐标，代码如下：

```
#!/usr/bin/octave
#第 12 章/plot_scatter3.m
scatter3(rand(1,10),rand(1,10),rand(1,10))
```

运行代码的结果如图 12-31 所示。

此外，可以追加一个点标记大小的设置参数。参数可以是纯数字，也可以为每个点设定大小。调用 scatter3()函数绘图，每个散点的大小为 3pt，代码如下：

```
#!/usr/bin/octave
#第 12 章/plot_scatter3_2.m
scatter3(rand(1,10),rand(1,10),rand(1,10),10)
```

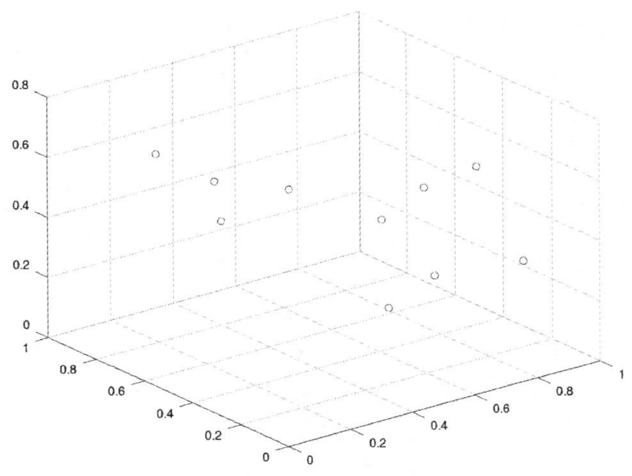

图 12-31　调用 scatter3()函数绘图

运行代码的结果如图 12-32 所示。

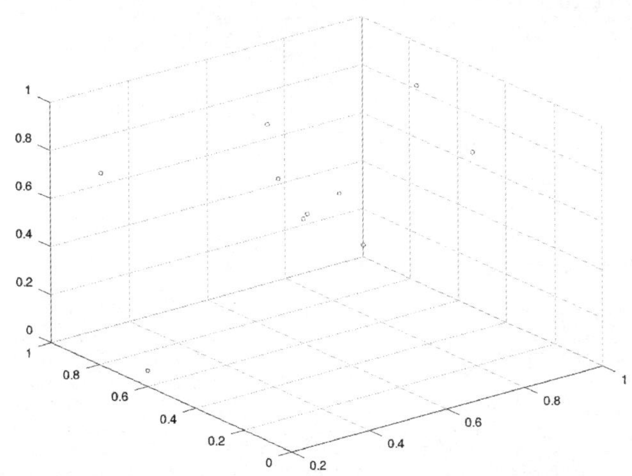

图 12-32　调用 scatter3()函数绘图，每个散点的大小为 3pt

调用 scatter3()函数绘图，每个散点的大小均被设置为不同的值，代码如下：

```
#!/usr/bin/octave
#第 12 章/plot_scatter3_3.m
scatter3(rand(1,10),rand(1,10),rand(1,10),linspace(10,190,10))
```

运行代码的结果如图 12-33 所示。

第 1 行程序将点标记大小均设定为 10，第 2 行程序将点标记大小设定的范围为[10,190]。还可以追加颜色参数，为绘制的散点指定其他的颜色，代码如下：

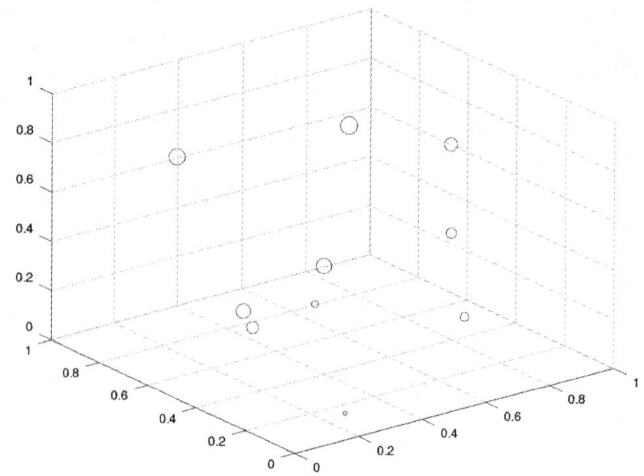

图 12-33 调用 scatter3()函数绘图，每个散点的大小均被设置为不同的值

```
#!/usr/bin/octave
#第 12 章/plot_scatter3_4.m
scatter3(rand(1,10),rand(1,10),rand(1,10),linspace(10,190,10),[0.5 0.5 0.5])
```

调用 scatter3()函数绘图，每个散点的大小均被设置为不同的值，点标记属性为圆圈标记，颜色属性为灰色，运行代码的结果如图 12-34 所示。

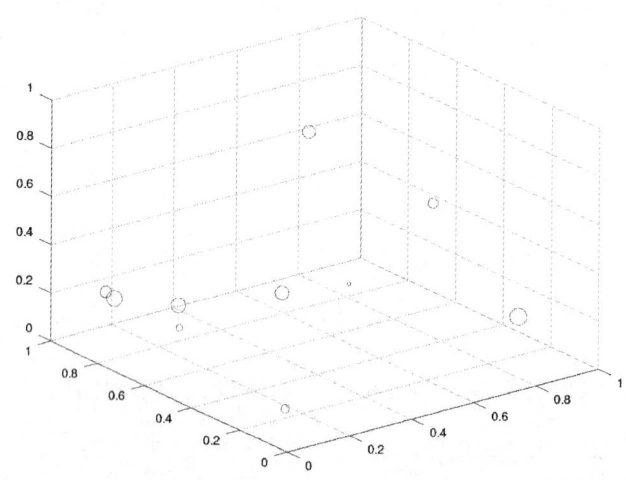

图 12-34 调用 scatter3()函数绘图，带有[0.5 0.5 0.5]参数

追加一个 filled 参数，将散点的内部也填充上颜色，代码如下：

```
#!/usr/bin/octave
#第 12 章/plot_scatter3_5.m
scatter3(rand(1,10),rand(1,10),rand(1,10),linspace(10,190,10),[0.5 0.5 0.5],"filled")
```

调用 scatter3()函数绘图,每个散点的大小均被设置为不同的值,点标记属性为圆圈标记,颜色属性为灰色,圆圈的中心被涂成实心,运行代码的结果如图 12-35 所示。

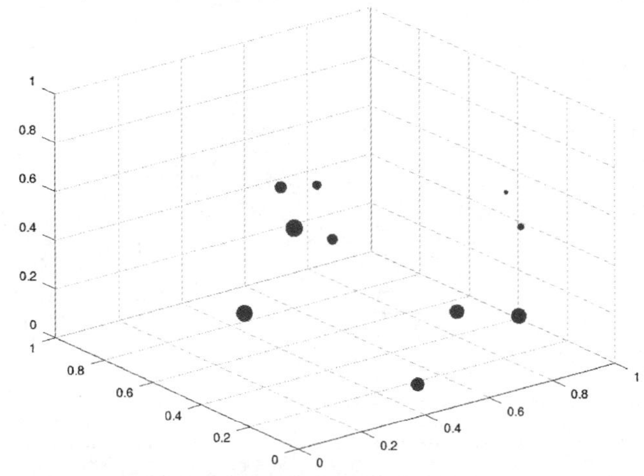

图 12-35 调用 scatter3()函数绘图,带有[0.5 0.5 0.5]、"filled"参数

12.2.8 带有分区的散点图

plotmatrix()函数绘制的是带有分区的散点图。调用 plotmatrix()函数时,标准的调用方法是传入两个矩阵参数,其规则如下:

- 第 1 个矩阵的行数代表每个分区内绘制的点的个数;
- 第 1 个矩阵的列数代表分区在横坐标轴上的个数;
- 第 1 个矩阵的行内分量代表每个分区内绘制的点的横坐标;
- 第 2 个矩阵的行数代表每个分区内绘制的点的个数;
- 第 2 个矩阵的列数代表分区在纵坐标轴上的个数;
- 第 2 个矩阵的行内分量代表每个分区内绘制的点的纵坐标;
- 第 1 个矩阵的行数和第 2 个矩阵的行数必须相等。

例如,运行如下程序:

```
#!/usr/bin/octave
#第 12 章/plot_plotmatrix.m
plotmatrix(rand(10,2),rand(10,3))
```

上面的代码将生成三行两列共 6 个分区,每个分区绘制 10 个散点,运行代码的结果如图 12-36 所示。

此外,plotmatrix()函数允许精简调用。如果只向 plotmatrix()函数中传入一个参数,则绘制出来的图形不是散点图,而是带有分区的直方图。这个直方图的元数据和散点图是相同的,读数的方法也完全一致,都是读取点的横坐标和纵坐标。

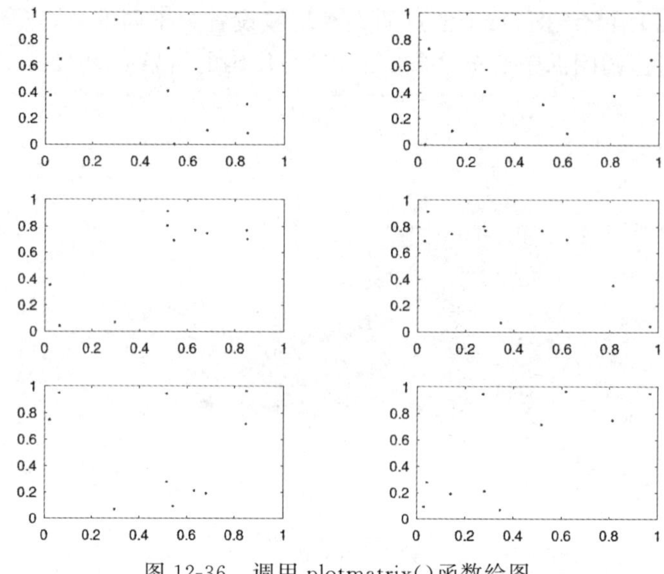

图 12-36 调用 plotmatrix()函数绘图

注意：即便向 plotmatrix()函数中传入两个完全相同的参数，plotmatrix()绘制出的图形也是散点图，而不是直方图。

如果想要设定绘制图像的线型、点标记及颜色参数，则可以将三者任意组合作为一个参数，并且在调用 plotmatrix()函数时追加此参数即可。plotmatrix()函数支持的线型、点标记及颜色参数与 plot()函数支持的线型、点标记及颜色参数相同，代码如下：

```
#!/usr/bin/octave
#第 12 章/plot_plotmatrix_2.m
plotmatrix(rand(5,2),rand(5,2),'--go')
```

并且，如果指定了线型样式，则绘制出的函数图像也将按点的顺序依次连接起来。调用 plotmatrix()函数绘图，生成两行两列共 4 个分区，每个分区绘制 5 个散点，每个分区内的线型属性为虚线，每个分区内的点标记属性为圆圈标记，每个分区内的颜色属性为绿色，运行代码的结果如图 12-37 所示。

12.2.9 帕累托图

帕累托图是一种条形图的变种，它将一个流程的重要性和改进情况同时编写进图中。帕累托图的条形图高度代表每个事件发生的频数，而且将所有条形图的高度求和得到总体比例，又根据每个条形图占总体比例的大小，将每个条形图占总体比例的大小作为频率并求和，又绘制出一条呈现上升趋势的折线。由于帕累托图含有条形图和折线图两种元素，因此帕累托图含有两个纵坐标轴。在 pareto()函数绘制出的帕累托图中，左侧纵坐标轴代表频数的大小，右侧纵坐标轴代表频率的大小。

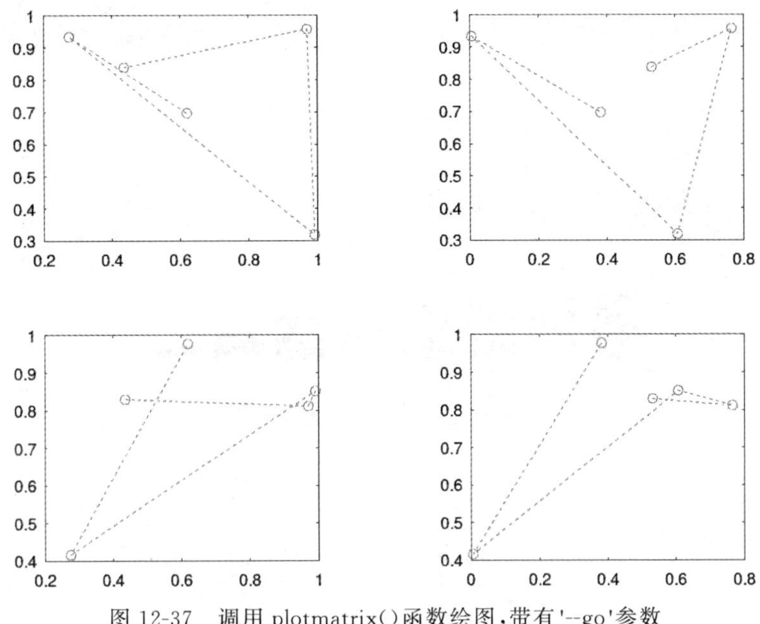

图 12-37 调用 plotmatrix()函数绘图，带有'--go'参数

调用 pareto()函数时，至少需要传入一个参数，此时传入的参数中的每个分量都认为是帕累托图的每个事件发生的频数，从而频率被自动换算出来，这样便可绘制出帕累托图，代码如下：

```
#!/usr/bin/octave
#第 12 章/plot_pareto.m
pareto(rand(1,10))
```

运行代码的结果如图 12-38 所示。

为方便进行帕累托图绘制的事件名称的选取，pareto()函数支持对每个事件进行名称或者数值的设定。只需要在调用 pareto()函数时追加名称或数值参数。在调用 pareto()函数时追加名称参数的代码如下：

```
>> pareto(rand(1,5),{'dog','cat','chick','bird','bug'})
```

运行代码的结果如图 12-39 所示。

在调用 pareto()函数时追加数值参数的代码如下：

```
>> pareto(rand(1,5),[1,2,3,4,5])
```

运行代码的结果如图 12-40 所示。

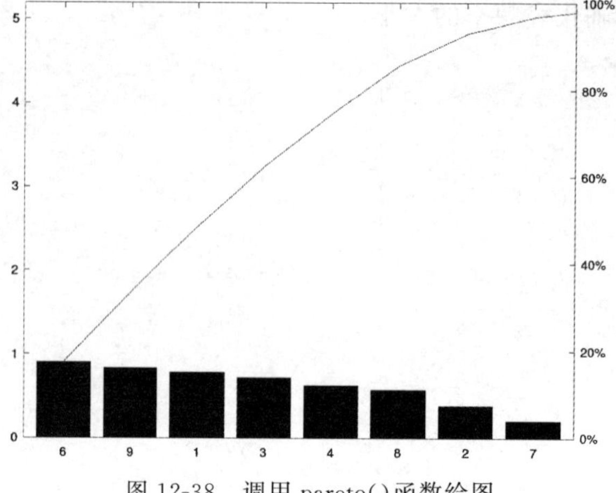

图 12-38　调用 pareto()函数绘图

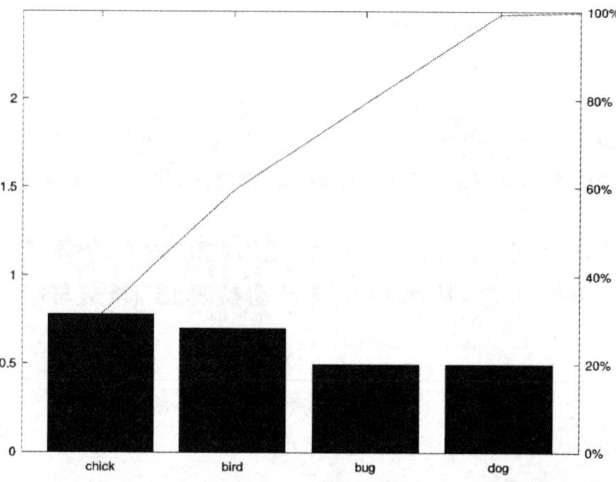

图 12-39　调用 pareto()函数绘图，追加名称参数

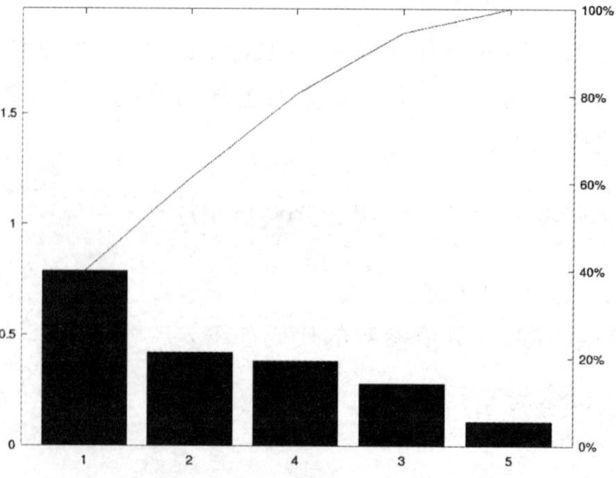

图 12-40　调用 pareto()函数绘图，追加数值参数

12.2.10　误差统计图

errorbar()函数用于绘制误差统计图。误差统计图由误差表示线和误差走势线组成。如果要实现在 30 个单位之内，每个单位存在 1 个误差，平稳累加，最后的总误差累加至 30，则误差统计图遵循如下规律：

- 误差走势线为一条直线；
- 误差走势线呈上升走势；
- 误差表示线为 30 条均匀分布的线。

于是，可以使用如下程序绘制出这个误差统计图：

```
#!/usr/bin/octave
#第 12 章/plot_errorbar.m
a = linspace(1,30,30);
errorbar(a,a,ones(1,30))
```

调用 errorbar()函数绘图，误差走势线为一条直线，误差走势线呈上升走势，误差表示线为 30 条均匀分布的线，运行代码的结果如图 12-41 所示。

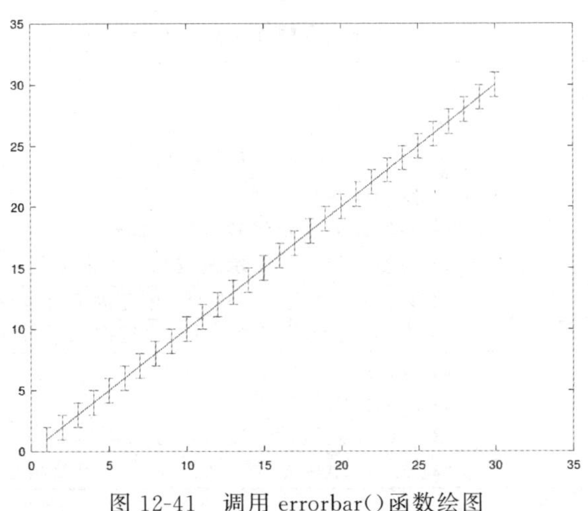

图 12-41　调用 errorbar()函数绘图

此外，errorbar()函数支持线型、点标记和颜色参数的设定。只需将线型、点标记和颜色参数任意排列组合，然后作为一个参数追加到参数列表中，代码如下：

```
#!/usr/bin/octave
#第 12 章/plot_errorbar_2.m
a = linspace(1,30,30);
errorbar(a,a,ones(1,30),'.co')
```

调用 errorbar()函数绘图，线型属性为散点图，点标记属性为圆圈标记，颜色属性为青色，运行代码的结果如图 12-42 所示。

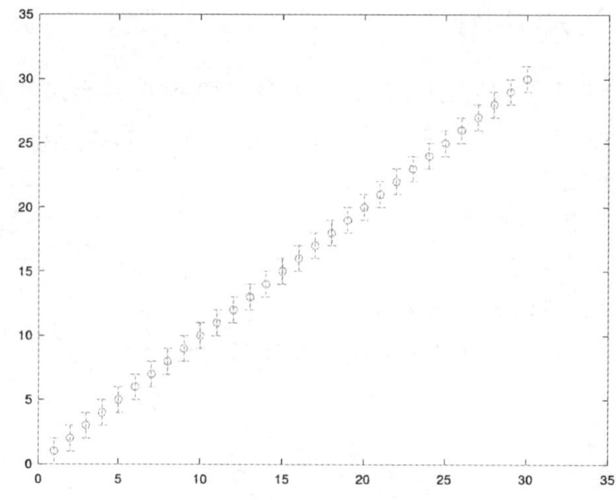

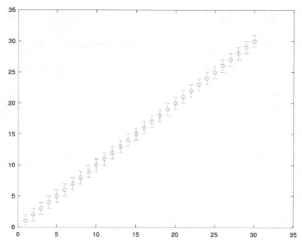

图 12-42　调用 errorbar()函数绘图，带有'.co'参数

errorbar()函数除支持全部 plot()函数规定的线型、点标记和颜色参数外，还额外支持几种不同的特有属性，如表 12-7 所示。

表 12-7　errorbar()函数额外支持的特有属性

特有属性	含　义
～	误差表示线按垂直方向绘制
>	误差表示线按水平方向绘制
～>	❑ 绘制两组误差表示线 ❑ 一组误差表示线按水平方向绘制 ❑ 另外一组误差表示线按水平方向绘制
#～	将误差表示线绘制为条状，并且按垂直方向绘制
#	将误差表示线绘制为条状，并且按水平方向绘制
#～>	❑ 将误差表示线绘制为条状 ❑ 绘制两组误差表示线 ❑ 一组误差表示线按水平方向绘制 ❑ 另外一组误差表示线按水平方向绘制

这些特有属性同样可以和线型、点标记和颜色参数进行自由组合，代码如下：

```
#!/usr/bin/octave
#第 12 章/plot_errorbar_3.m
a = linspace(1,30,30);
errorbar(a,a,ones(1,30),'#～>.co')
```

调用 errorbar()函数绘图，线型属性为散点图，点标记属性为圆圈标记，颜色属性为青色，特有属性为误差则表示将线绘制为条状，此外绘制两组误差表示线，一组误差表示线按水平方向绘制，另外一组误差表示线按水平方向绘制，运行代码的结果如图 12-43 所示。

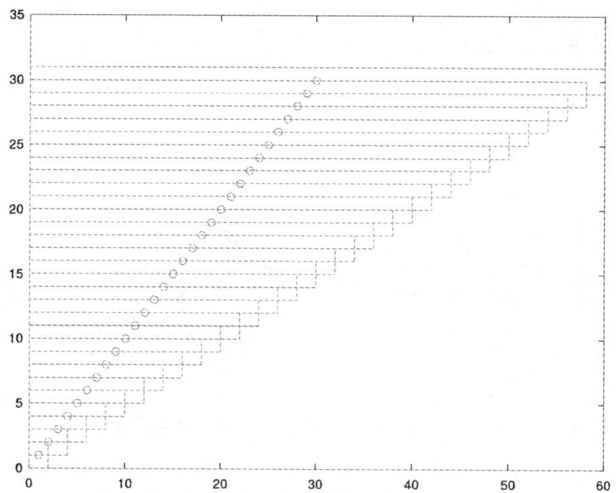

图 12-43 调用 errorbar()函数绘图,带有'#～>.co'参数

此外,误差统计图的总误差大小、上误差大小、下误差大小、上误差绝对位置、下误差绝对位置都可以手动指定。下面给出一个比较复杂的例子,代码如下:

```
#!/usr/bin/octave
#第 12 章/plot_errorbar_4.m
x = 1:10:100;
y = randi(100,1,10);
errorbar(x,y,y,zeros(1,10),'#～')
```

调用 errorbar()函数绘图,特有属性为误差则表示将线绘制为条状,并且按垂直方向绘制,在[1,100]的范围内均匀绘制 10 组误差数据,每组数据的下误差为 y(上误差为 0),运行代码的结果如图 12-44 所示。

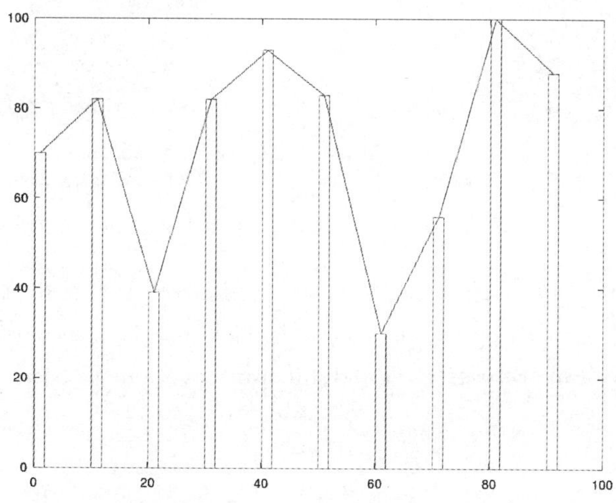

图 12-44 调用 errorbar()函数绘图,带有 zeros(1,10),'#～'参数

12.2.11 饼图

pie()函数用于绘制饼图。pie()函数至少需要传入一个参数代表饼图中的各个分量，代码如下：

```
#!/usr/bin/octave
#第 12 章/plot_pie.m
pie([1 2 3 4])
```

在绘制出的饼图中，饼图分为 4 个部分，每个部分的占比等于分量占分量总和的占比，运行代码的结果如图 12-45 所示。

由于饼图自身具有可分开展示的功能，因此 pie()函数可以追加一个参数，表示哪些分量可以被单独分出以便进行展示，代码如下：

```
#!/usr/bin/octave
#第 12 章/plot_pie_2.m
pie([1 2 3 4],[1 0 0 1])
```

在这个例子中，饼图的第 1 个分量和第 4 个分量被单独分出进行展示。并且，在追加的参数中，第 1 个分量和第 4 个分量为非 0 数字，第 2 个分量和第 3 个分量为 0，运行代码的结果如图 12-46 所示。

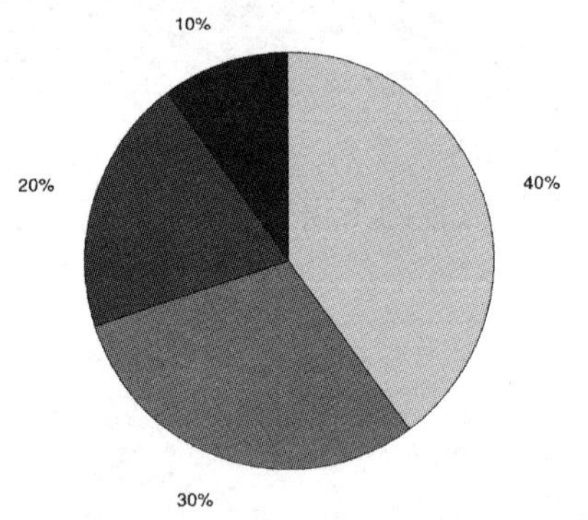

图 12-45 调用 pie()函数绘图

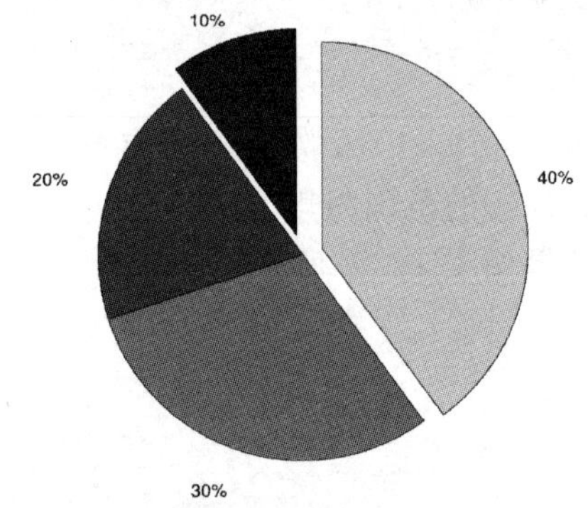

图 12-46 调用 pie()函数绘图，第 1 个分量和第 4 个分量被分开显示

还可以对饼图的每个分量进行标签的标记。再追加一个字符串元胞，将每个分量的标签依次写入元胞中，然后调用 polar()函数即可绘制出带有标签的饼图。在下面的例子中，pie()为饼图中的每个分量分别标记为 good、medium、average 和 bad：

```
#!/usr/bin/octave
#第 12 章/plot_pie_3.m
pie([1 2 3 4],[1 0 0 1],{'good';'medium';'average';'bad'})
```

调用 pie()函数绘图，第 1 个分量和第 4 个分量被突出显示，每个分量分别被标记为 good、medium、average 和 bad，运行代码的结果如图 12-47 所示。

使用 pie()函数绘制饼图时有一种特殊的用法：如果饼图中的总量小于 1，则此时的饼图分量将直接视为百分数进行绘制，代码如下：

```
#!/usr/bin/octave
#第 12 章/plot_pie_4.m
pie([0.1 0.2 0.3 0.3],[1 0 0 1],{'good';'medium';'average';'bad'})
```

此时饼图的分量求和结果为 0.9，绘制出的饼图是缺损的，而且缺损的部分占整个饼图的 10%，运行代码的结果如图 12-48 所示。

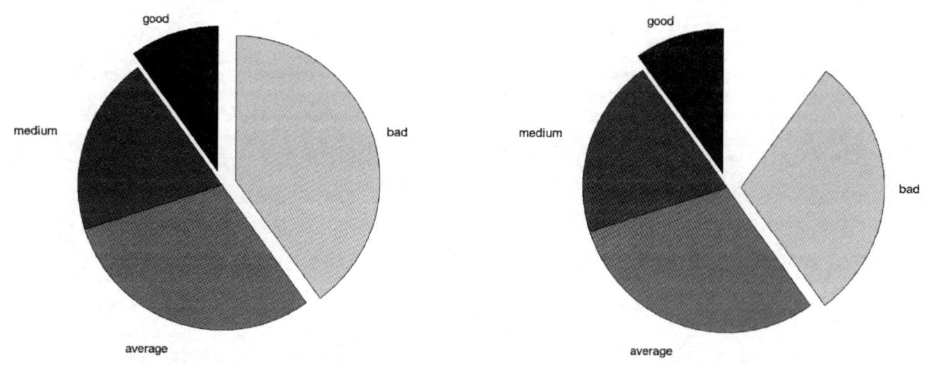

图 12-47　调用 pie()函数绘图，带有 {'good';'medium';'average';'bad'}参数

图 12-48　调用 pie()函数绘图，绘制出的饼图是缺损的

另外，还可以使用 pie3()函数进行立体饼图的绘制，而且其用法和 pie()函数完全相同，所绘制出的饼图具有立体效果。

12.2.12　玫瑰图

rose()函数用于绘制玫瑰图。玫瑰图的发明者是南丁格尔，她发明的玫瑰图在扇形图的基础上增加了长度的变化，使得总体数据的各个组成部分除可以用饼图的角度表示外，还可以使用扇形的长度表示。这个特性使得玫瑰图像比扇形图更加直观。

rose()必须接收至少一个参数，此时这个参数中的分量被视为总体数据中的所有分量，代码如下：

```
#!/usr/bin/octave
#第 12 章/plot_rose.m
rose([1 10 20 50])
```

运行代码的结果如图 12-49 所示。

这个例子中，生成的每个扇形的圆心角都是18°(这个角度也是rose()函数设定的默认圆心角角度)。此外，rose()还允许传入多行多列的矩阵参数，此时不同列之间的矩阵分量将分别被绘制成不同颜色的玫瑰图，并且最终结果显示在同一张玫瑰图中，代码如下：

```
#!/usr/bin/octave
#第 12 章/plot_rose_2.m
a = linspace(1,12,12);
a = reshape(a,3,4);
rose(a)
```

调用rose()函数绘图，同时绘制4组数据，每组数据的颜色不同，运行代码的结果如图12-50所示。

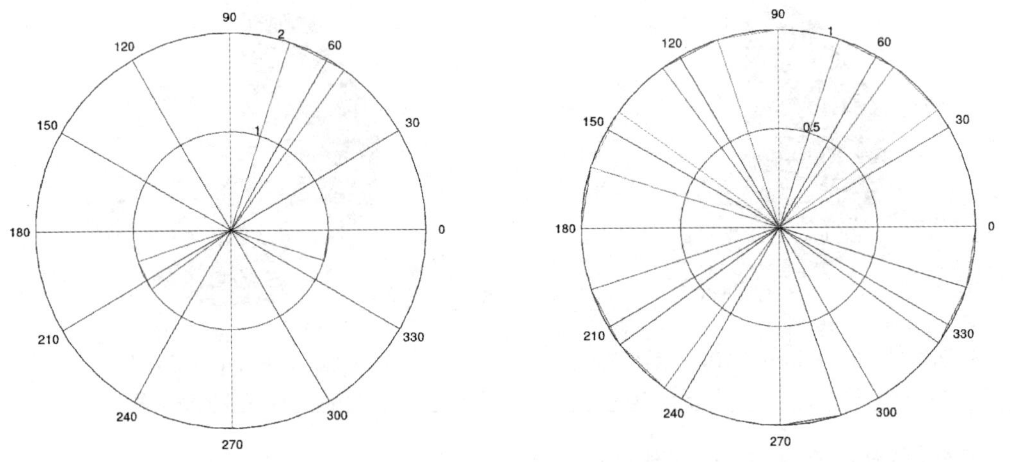

图12-49　调用rose()函数绘图

图12-50　调用rose()函数绘图，同时绘制4组数据

在rose()函数的输入形式上，我们还可以为rose()函数指定输入的参数，此参数为两个矩阵分量，此时第2个参数代表玫瑰图中每个分量的圆心角的大小，代码如下：

```
#!/usr/bin/octave
#第 12 章/plot_rose_3.m
a = linspace(1,12,12);
a = reshape(a,3,4);
rose([1 10 20 50],[1,2,3,4])
```

运行代码的结果如图12-51所示。

在rose()函数的输出形式上，我们还可以为rose()函数指定输出的参数，此参数为两个矩阵分量，但是，如果指定两个参数，则rose()函数不会绘制出玫瑰图，而是返回极坐标绘制需要的极角和极点，代码如下：

```
#!/usr/bin/octave
#第 12 章/plot_rose_4.m
a = linspace(1,12,12);
a = reshape(a,3,4);
[theta,rou] = rose([1 10 20 50]);
#polar(theta,rou)
```

此时，使用输出的极角和极径，可以进一步使用 polar()函数绘制出对应的玫瑰图，代码如下：

```
>> polar(theta,rou)
```

运行代码的结果如图 12-52 所示。

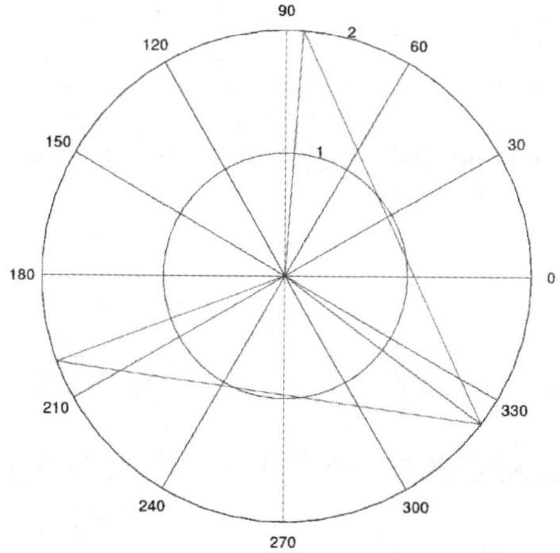

图 12-51 调用 rose()函数绘图，手动指定圆心角

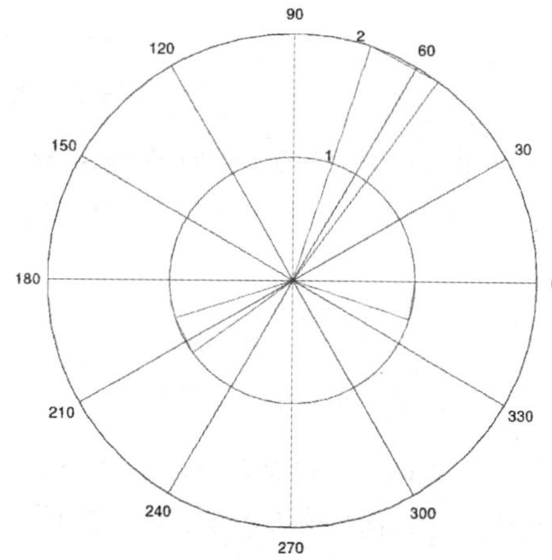

图 12-52 调用 rose()函数求解极角和极径，接着调用 polar()函数绘图

12.3 等高线图绘图函数

12.3.1 二维等高线图

contour()函数用于绘制等高线图。在等高线图中，空间中的点被等高线划分成若干个部分，而且，默认每条等高线的颜色不同，以便于区分等高线的高度，代码如下：

```
#!/usr/bin/octave
#第 12 章/plot_contour.m
contour(rand(2,2))
```

调用 contour()函数绘图，空间中的点被等高线划分成若干个部分，默认每条等高线的颜色不同,运行代码的结果如图 12-53 所示。

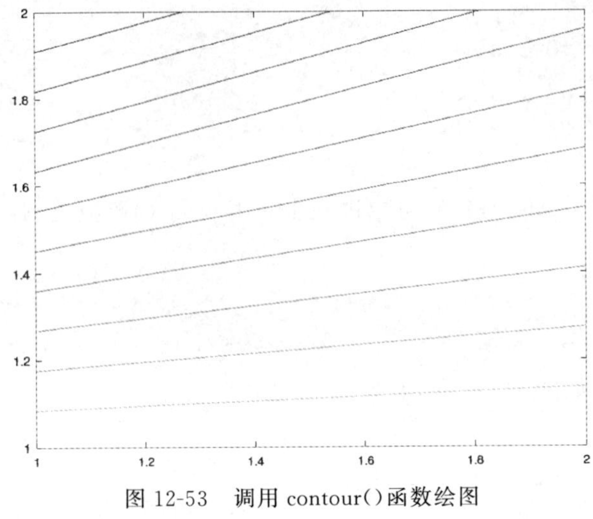

图 12-53　调用 contour()函数绘图

也可以自定义等高线的绘制风格:可以将线型和颜色参数自由组合,然后在调用 contour()函数时追加到参数列表中,代码如下:

```
#!/usr/bin/octave
#第 12 章/plot_contour_2.m
contour(rand(2,3),'--c')
```

调用 contour()函数绘图,空间中的点被等高线划分成若干个部分,线型属性为虚线,颜色属性为青色,运行代码的结果如图 12-54 所示。

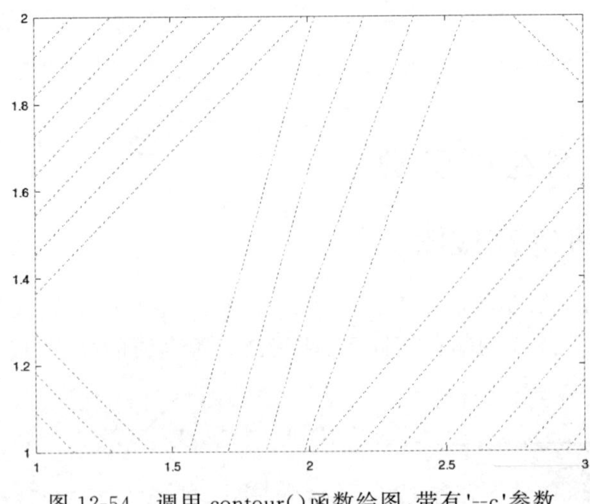

图 12-54　调用 contour()函数绘图,带有'--c'参数

此外，contour()函数拥有两个变种函数：contourf()函数和 contourc()函数。不同点在于：

- contour()函数只绘制等高线；
- contourf()函数不仅可以绘制等高线，还可以用颜色填充等高线之间的部分；
- contourc()函数只计算等高线的数值，而不绘制等高线；
- contourc()函数输出两个分量；
- contourc()函数输出的第 1 个分量是二维等高线的高度值和长度；
- contourc()函数输出的第 2 个分量是等高线的轮廓水平。

12.3.2　三维等高线图

contour3()函数用于绘制三维等高线图，代码如下：

```
#!/usr/bin/octave
#第 12 章/plot_contour3.m
a = linspace(1,30,30);
b = [a(1:15) fliplr(a(16:30))];
contour3([a;b])
```

调用 contour3()函数绘图，空间中的点被等高线划分成若干个部分，默认每条等高线的颜色不同，运行代码的结果如图 12-55 所示。

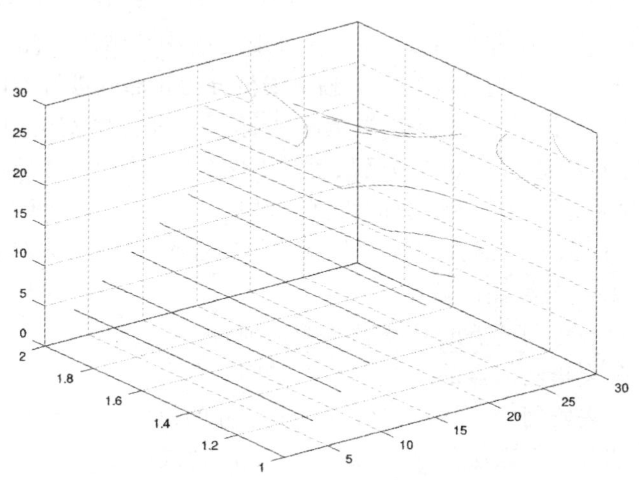

图 12-55　调用 contour3()函数绘图

当在调用 contour3()函数时只传入一个参数，如果这个参数中只有两列数据，则可以形象地认为这个参数中的所有分量被视为点的横坐标及纵坐标。

此外，contour3()函数也支持更加复杂的参数传入，此时可以抽象地将这个参数中的所有分量以向量的列数分为多组点的横坐标及纵坐标，然后也可以绘制出等高线，代码如下：

```
#!/usr/bin/octave
#第 12 章/plot_contour3_2.m
a = linspace(1,30,30);
b = [a(1:15) fliplr(a(16:30))];
contour3([a;b;a;b;a])
```

运行代码的结果如图 12-56 所示。

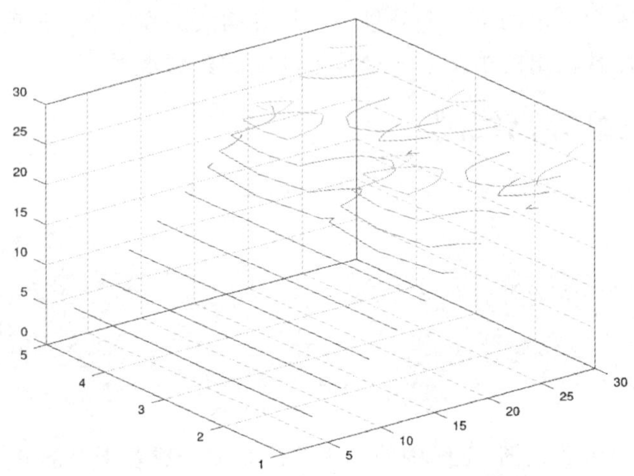

图 12-56 调用 contour3()函数绘图，使用一个更复杂的参数

在上面的例子中，参数矩阵含有 5 列，无法直观地描述其结果。此时，我们可以将此参数进行抽象化地拆分，可以看到等高线在 z 轴上侧被分为 5 部分进行绘制，而在 z 轴下侧的等高线仍然连为一条直线，5 部分恰好与矩阵的行数相等。事实上，用于绘制的参数被 contourc()函数进行了处理，counter3()函数使用了这个中间结果进行等高线图的绘制。

counter3()函数也支持对等高线图的绘制区域进行限制。理论上，一条等高线的长度可能为无限长。在 counter3()函数的数据参数之前追加要绘制的 x 坐标范围和 y 坐标范围，即可重新确定等高线的绘制区域：

- 第 1 个参数代表绘制的点的 x 坐标绘制范围；
- 第 2 个参数代表绘制的点的 y 坐标绘制范围；
- 第 3 个参数代表绘制的点在对应位置的 z 坐标的值；
- 第 1 个参数的分量个数必须等于第 3 个参数的列数；
- 第 2 个参数的分量个数必须等于第 3 个参数的行数。

调用 contour3()函数绘图，追加要绘制的 x 坐标范围和 y 坐标范围，代码如下：

```
#!/usr/bin/octave
#第 12 章/plot_contour3_3.m
a = linspace(1,30,30);
b = [a(1:15) fliplr(a(16:30))];
```

```
x = rand(1,30);
y = rand(1,2);
contour3(x,y,[a;b])
```

运行代码的结果如图 12-57 所示。

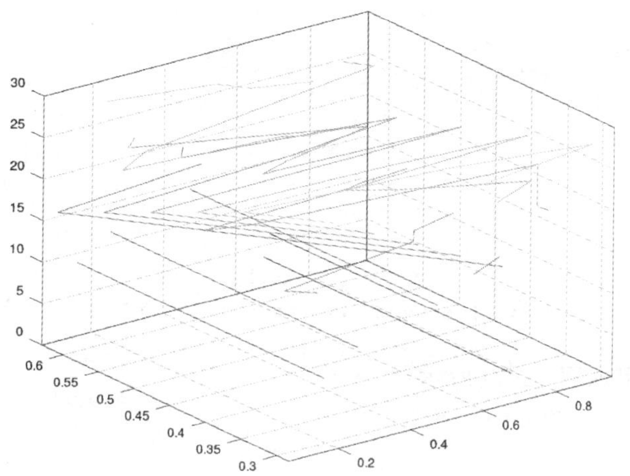

图 12-57 调用 contour3()函数绘图，追加坐标范围

此外，contour3()函数也支持追加其他参数。可以为 counter3()函数追加一个参数，此时追加的参数代表等高线的高度级别。contour3()函数默认的等高线的高度级别为 20 级。下面的例子将 contour3()函数的等高线的高度级别设定为 50 级，代码如下：

```
#!/usr/bin/octave
#第 12 章/plot_contour3_4.m
a = linspace(1,30,30);
b = [a(1:15) fliplr(a(16:30))];
contour3([a;b],50)
```

运行代码的结果如图 12-58 所示。

在追加等高线的高度级别之后，生成的等高线图按照高度被分为 50 级。

contour3()函数还支持绘制特定层级的等高线图，代码如下：

```
#!/usr/bin/octave
#第 12 章/plot_contour3_5.m
a = linspace(1,30,30);
b = [a(1:15) fliplr(a(16:30))];
x = rand(1,30);
y = rand(1,2);
contour3(x,y,[a;b],a)
```

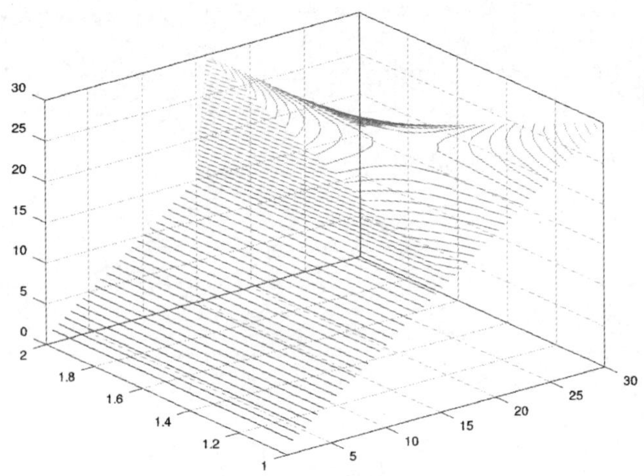

图 12-58 调用 contour3()函数绘图,追加等高线的高度级别

运行代码的结果如图 12-59 所示。

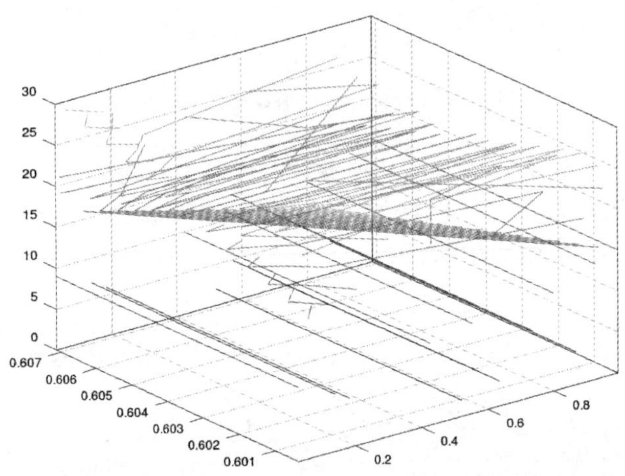

图 12-59 调用 contour3()函数绘制特定层级的等高线图

上面的例子中分别绘制了层级为 1,2,3,…,30 的等高线。将例子中的最后一行代码改为

```
>> contour3(x,y,[a;b],30)
```

也可以得到同样的结果。事实上,指定等高线的具体层级和设定层级数量是冲突的,因此只要我们指定了等高线的具体层级,就不可以再设定层级数量。与此相反,只要我们设定了层级数量,就不能指定等高线的具体层级。

12.4　向量绘图函数

12.4.1　罗盘图

compass()函数用于绘制罗盘图。在绘制罗盘图时，可以直接向compass()函数中传入罗盘指针的数值，也可以分别传入罗盘指针数值的实部和虚部，代码如下：

```
#!/usr/bin/octave
#第 12 章/plot_compass.m
compass(1 + i)
#等效于 compass(1,1)
```

运行代码的结果如图12-60所示。

此外，compass()函数还支持对线型、点标记和颜色样式参数的指定，只需将三者任意排列组合，然后追加到参数列表中。compass()和plot()函数支持的线型、点标记及颜色参数相同，代码如下：

```
#!/usr/bin/octave
#第 12 章/plot_compass_2.m
compass(1 + i,'*m')
```

调用compass()函数绘图，点标记属性为星号标记，颜色属性为洋红色，运行代码的结果如图12-61所示。

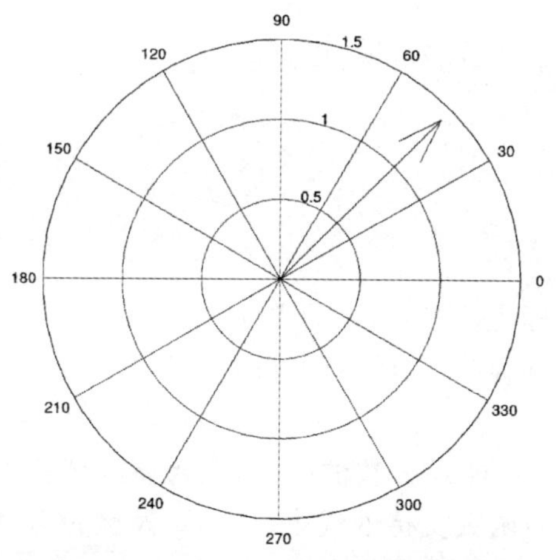

图12-60　调用compass()函数绘图

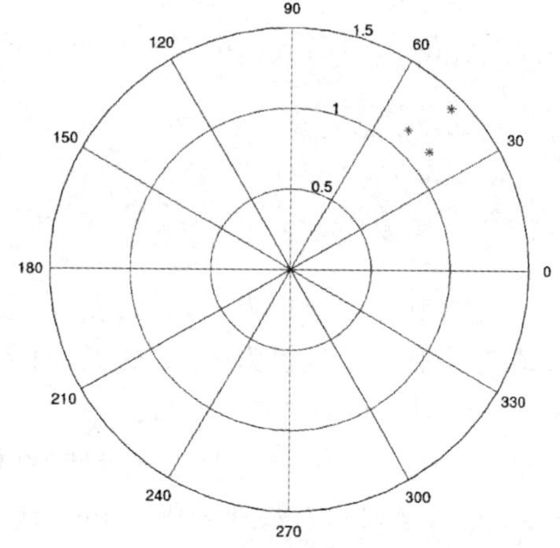

图12-61　调用compass()函数绘图，带有'*m'参数

12.4.2　向量图

quiver()函数用于绘制向量图。调用quiver()函数时，可以不指定具体的点的位置而绘

制整个场向量图。在绘制场向量图时，我们只需向 quiver()函数中传入两个参数：第 1 个参数代表向量的终点的 x 坐标，第 2 个参数代表向量的终点的 y 坐标，代码如下：

```
#!/usr/bin/octave
#第 12 章/plot_quiver.m
quiver(zeros(1,10),ones(1,10))
```

上面的代码代表了一个方向沿 y 轴向上的向量场。运行代码的结果如图 12-62 所示。

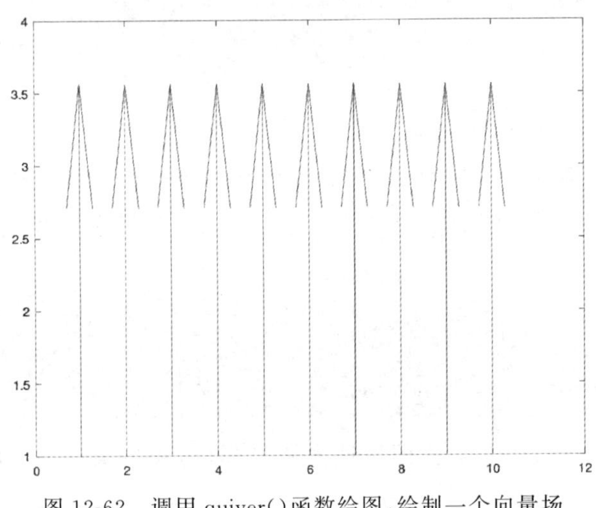

图 12-62 调用 quiver()函数绘图，绘制一个向量场

此外，quiver()函数还可以额外指定要绘制向量的点的位置，代码如下：

```
#!/usr/bin/octave
#第 12 章/plot_quiver_2.m
quiver([1 2],[1 2],[1 -1],[-1 -1])
```

- 将绘制一个坐标为(1,1)的点，向量指向坐标为(2,0)的点的方向；
- 将绘制一个坐标为(2,2)的点，向量指向坐标为(1,1)的点的方向。

运行代码的结果如图 12-63 所示。

此外，quiver()函数还支持对线型、点标记和颜色样式参数的指定，只需将三者任意排列组合，然后追加到参数列表中。quiver()和 plot()函数支持的线型、点标记及颜色参数相同，代码如下：

```
#!/usr/bin/octave
#第 12 章/plot_quiver_3.m
quiver([1 2],[1 2],[1 -1],[-1 -1],'-.rp')
```

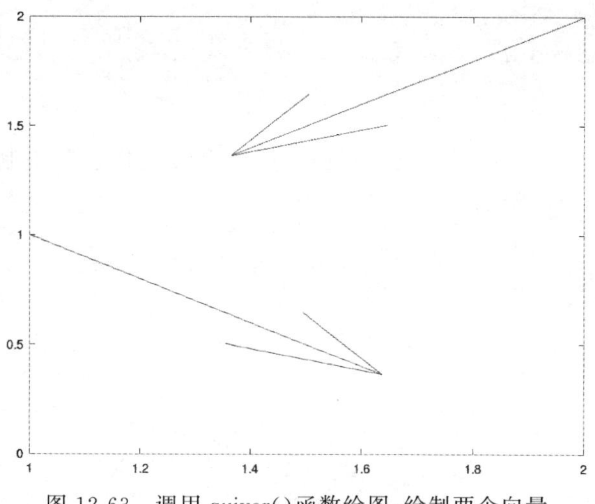

图 12-63 调用 quiver()函数绘图,绘制两个向量

调用 quiver()函数绘图,绘制两个向量,线型属性为点画线,点标记属性为点标记,颜色属性为红色,运行代码的结果如图 12-64 所示。

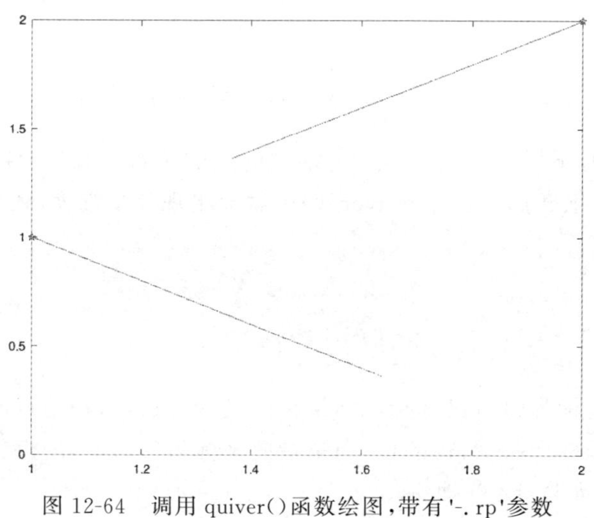

图 12-64 调用 quiver()函数绘图,带有'-. rp'参数

在指定了点标记参数之后,还可以追加 filled 参数来填充所有的点标记内部的空间。

12.4.3 三维向量图

quiver3()函数用于绘制三维向量图。quiver3()函数相比于 quiver()函数而言,绘制的矢量图多了一个维度的概念,因此 quiver3()在调用时需要额外传入 z 轴方向的参数,代码如下:

```
#!/usr/bin/octave
#第 12 章/plot_quiver3.m
quiver3(zeros(1,10),ones(1,10),zeros(1,10),zeros(1,10))
```

其中，第 1 个参数代表要绘制的点的位置，后 3 个参数代表要绘制向量的点的位置，运行代码的结果如图 12-65 所示。

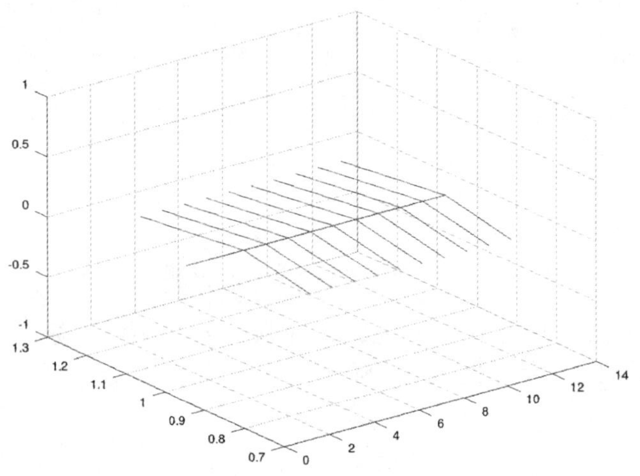

图 12-65 调用 quiver3()函数绘图，绘制一个向量场

在三维坐标系中，不但要绘制含有 3 个维度的点的位置，而且要绘制向量的点的位置。将这两个因素的 3 个维度都体现在 quiver3()中就会出现 6 个维度，代码如下：

```
#!/usr/bin/octave
#第 12 章/plot_quiver3_2.m
quiver3([1 0],[1 2],[1 1],[1 2],[-1 0],[0 1])
```

- 将绘制一个坐标为(1,1,1)的点，向量指向坐标为(2,0,1)的点的方向；
- 将绘制一个坐标为(0,2,1)的点，向量指向坐标为(1,1,1)的点的方向。

运行代码的结果如图 12-66 所示。

此外，quiver3()函数也支持和 quiver()函数相同的属性函数。

12.4.4 羽毛图

feather()函数用于绘制羽毛图，代码如下：

```
#!/usr/bin/octave
#第 12 章/plot_feather.m
a = [0:1:20] * pi/180;
feather(cos(a) + sin(a). * i)
```

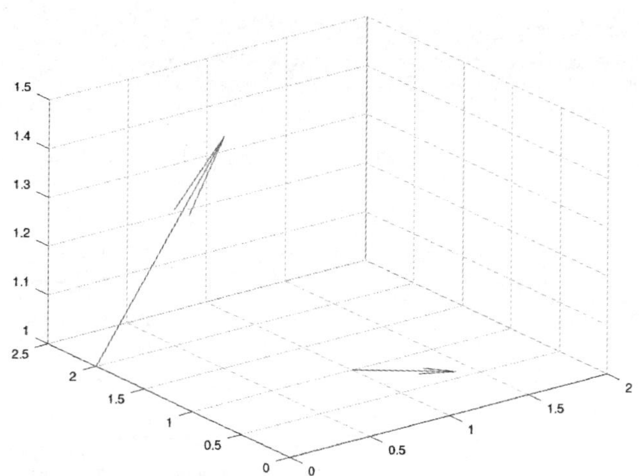

图 12-66　调用 quiver3()函数绘图，绘制两个向量

运行代码的结果如图 12-67 所示。

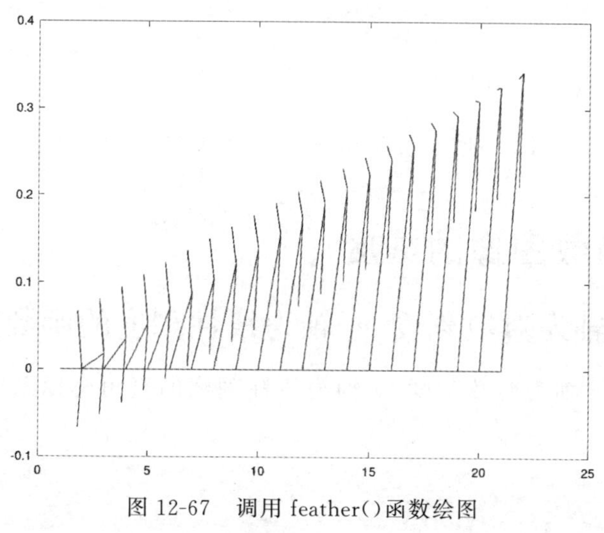

图 12-67　调用 feather()函数绘图

使用 feather()函数绘制羽毛图有两种参数的传入方式：第 1 种方式，如果指定一个参数，则指定的参数代表虚数类型的参数。第 2 种方式，也可以将虚数的实部和虚部分别传入 feather()中，得到的绘制效果是一样的。

在绘制出的羽毛图中，所有的采样点均在 $y=0$ 处开始绘制，并且绘制出的羽毛长度等于复数的模长，而绘制出的羽毛方向等于复数的虚部投影与实部投影的夹角。此外，feather()函数还支持对线型、点标记和颜色样式参数的指定，只需将三者任意排列组合，然后追加到参数列表中。feather()和 plot()函数支持的线型、点标记及颜色参数相同，代码如下：

```
#!/usr/bin/octave
#第 12 章/plot_feather_2.m
feather(1,1,'-c')
```

调用 feather()函数绘图，线型属性为实线，颜色属性为青色，运行代码的结果如图 12-68 所示。

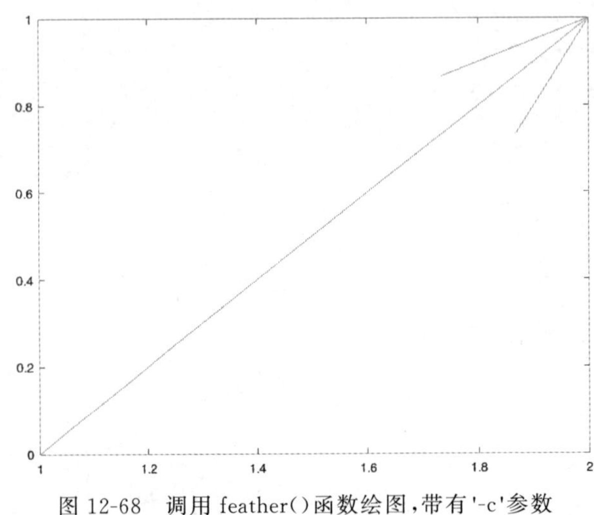

图 12-68 调用 feather()函数绘图，带有'-c'参数

12.5 改变函数图像的刻度

12.5.1 *x* 轴为对数刻度、*y* 轴为线性刻度的函数图像

semilogx 使用 x 轴为对数刻度、y 轴为线性刻度的直角坐标系绘制函数图像，代码如下：

```
#!/usr/bin/octave
#第 12 章/plot_semilogx.m
semilogx(1:9,2:10)
```

运行代码的结果如图 12-69 所示。

12.5.2 *x* 轴为线性刻度、*y* 轴为对数刻度的函数图像

semilogy 使用 x 轴为线性刻度、y 轴为对数刻度的直角坐标系绘制函数图像，代码如下：

```
#!/usr/bin/octave
#第 12 章/plot_semilogy.m
semilogy(1:9,2:10)
```

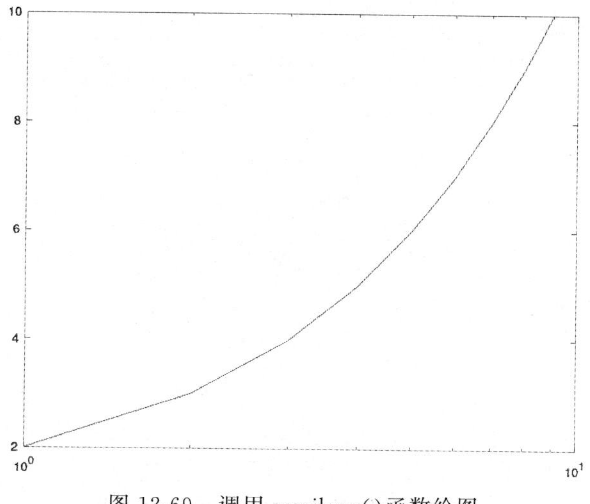

图 12-69　调用 semilogx()函数绘图

运行代码的结果如图 12-70 所示。

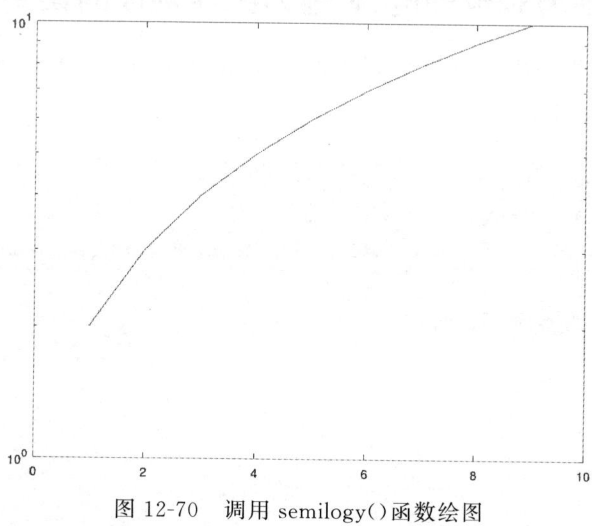

图 12-70　调用 semilogy()函数绘图

12.5.3　*x* 轴为对数刻度、*y* 轴为对数刻度的函数图像

loglog 使用 x 轴为对数刻度、y 轴为对数刻度的直角坐标系绘制函数图像，代码如下：

```
#!/usr/bin/octave
#第 12 章/plot_loglog.m
loglog(1:9,2:10)
```

运行代码的结果如图 12-71 所示。

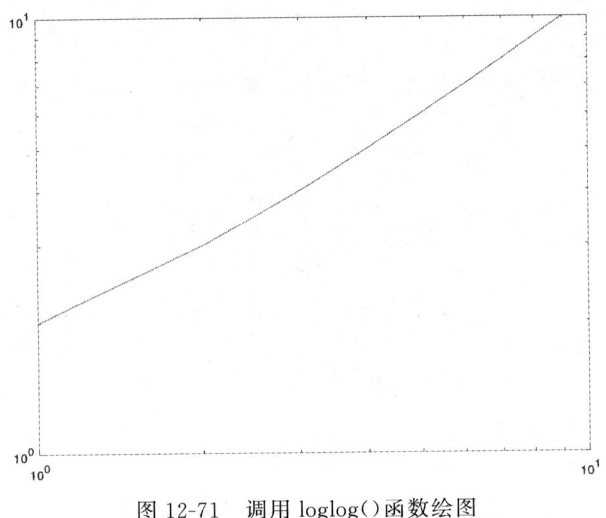

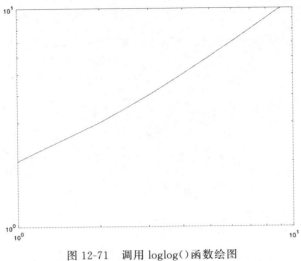

图 12-71　调用 loglog()函数绘图

12.5.4　x 轴为对数刻度、y 轴为线性刻度的误差统计图

semilogxerr()函数用于绘制半对数误差统计图，其中的 x 坐标轴为对数坐标轴，y 坐标轴为线性坐标轴，代码如下：

```
#!/usr/bin/octave
#第 12 章/plot_semilogxerr.m
semilogxerr(1:9,2:10)
```

运行代码的结果如图 12-72 所示。

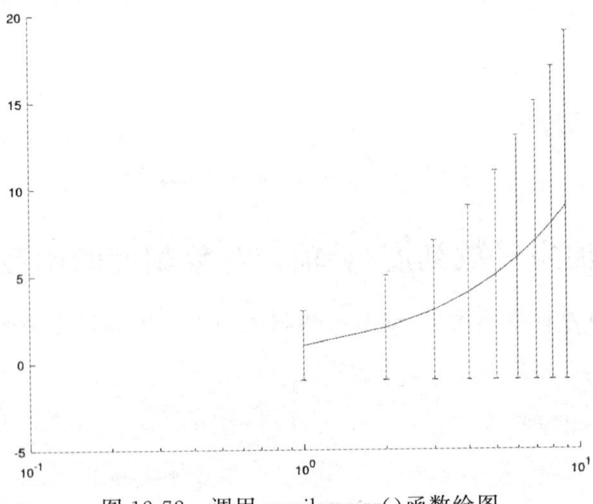

图 12-72　调用 semilogxerr()函数绘图

12.5.5 *x* 轴为线性刻度、*y* 轴为对数刻度的误差统计图

semilogyerr()函数用于绘制半对数误差统计图，其中的 x 坐标轴为线性坐标轴，y 坐标轴为对数坐标轴，代码如下：

```
#!/usr/bin/octave
#第 12 章/plot_semilogyerr.m
semilogyerr(1:9,2:10)
```

运行代码的结果如图 12-73 所示。

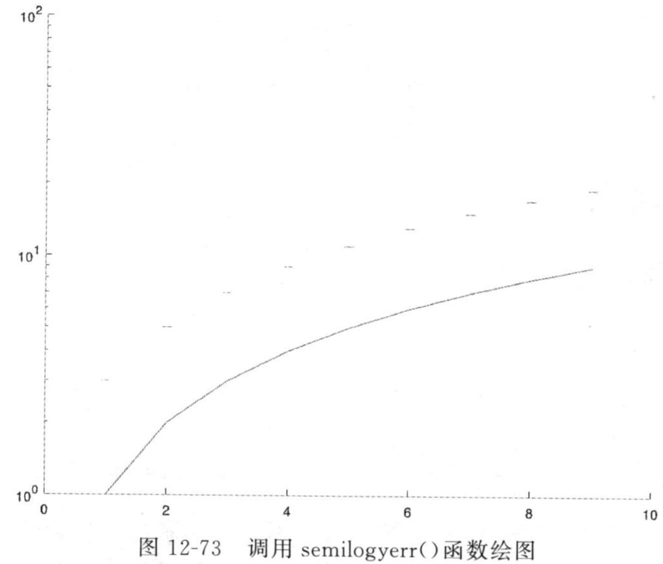

图 12-73　调用 semilogyerr()函数绘图

12.5.6 *x* 轴为对数刻度、*y* 轴为对数刻度的误差统计图

loglogerr()函数用于绘制对数误差统计图，图中的两个坐标轴都是对数坐标轴。在 semilogxerr()函数、semilogyerr()函数和 loglogerr()函数这 3 种对数坐标轴下绘制误差统计图时，也适用所有的 errorbar()函数的属性，但在对数坐标轴中的非正数均被忽略，代码如下：

```
#!/usr/bin/octave
#第 12 章/plot_loglogerr.m
loglogerr(1:9,2:10)
```

运行代码的结果如图 12-74 所示。

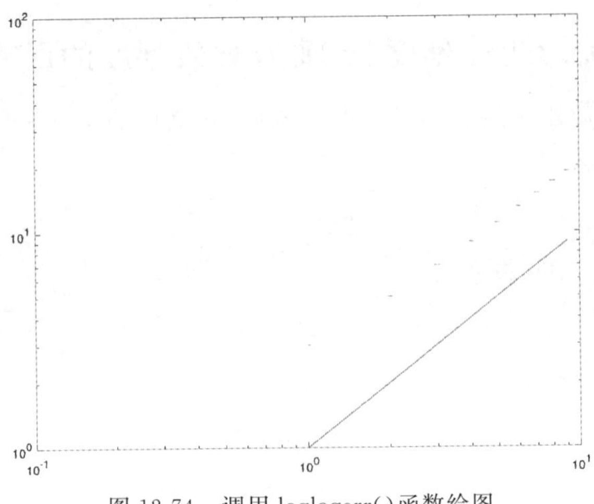

图 12-74 调用 loglogerr()函数绘图

12.6 颜色填充

12.6.1 伪彩色填充

pcolor()函数用于绘制伪彩色图，代码如下：

```
#!/usr/bin/octave
#第 12 章/plot_pcolor.m
pcolor(rand(2,4))
```

绘制出来的是一个 1×3 区域，而且被填入了不同的伪彩色。伪彩色的颜色数值在此参数之内使用顶点进行表示：在 1×3 区域中共存在 2×4 个顶点。这也是绘制出来的区域的数量不等于填入参数的尺寸的原因。运行代码的结果如图 12-75 所示。

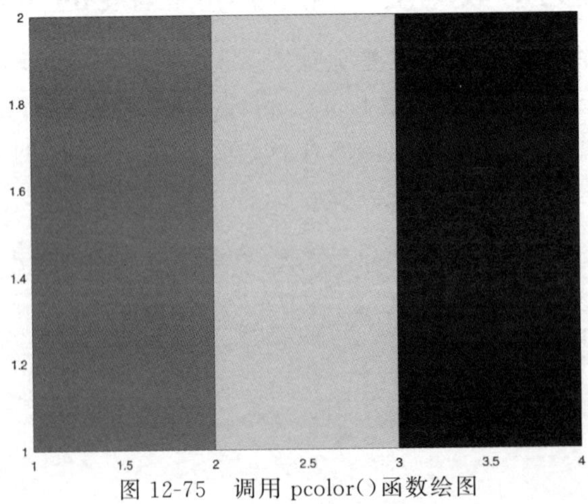

图 12-75 调用 pcolor()函数绘图

也可以额外指定绘制伪彩色区域的坐标值。只需要在 pcolor()函数的区域参数之前分别追加相应的 x 坐标和 y 坐标两个参数，代码如下：

```
#!/usr/bin/octave
#第 12 章/plot_pcolor_2.m
pcolor(linspace(2,4,4),logspace(2,4,2),rand(2,4))
```

在这个例子中，x 坐标刻度和 y 坐标刻度均发生了改变，运行代码的结果如图 12-76 所示。

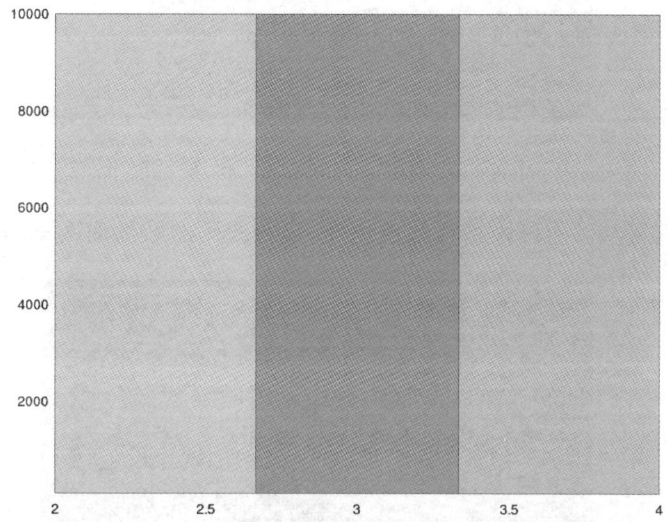

图 12-76　调用 pcolor()函数绘图，额外指定绘制伪彩色区域的坐标值

如果不使用单一颜色对每个区域进行颜色填充，则可以追加 shading()函数修改填充选项。追加 shading()函数修改填充选项，并且传入参数 interp，代码如下：

```
#!/usr/bin/octave
#第 12 章/plot_pcolor_3.m
pcolor(linspace(2,4,4),logspace(2,4,2),rand(2,4))
shading('interp')
```

此时的伪彩色图以插值形式进行颜色填充，运行代码的结果如图 12-77 所示。

追加 shading()函数修改填充选项，并且传入参数 flat，代码如下：

```
#!/usr/bin/octave
#第 12 章/plot_pcolor_4.m
pcolor(linspace(2,4,4),logspace(2,4,2),rand(2,4))
shading('flat')
```

图 12-77 调用 shading('interp')的结果

此时的伪彩色图以平铺形式进行颜色填充，运行代码的结果如图 12-78 所示。

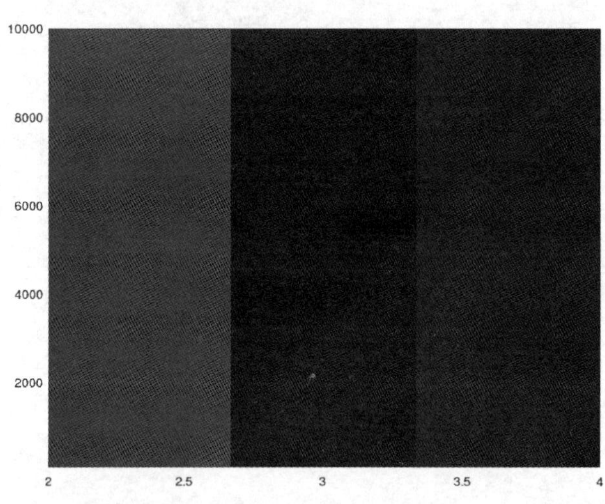

图 12-78 调用 shading('flat')的结果

追加 shading()函数修改填充选项，并且传入参数 faceted，代码如下：

```
#!/usr/bin/octave
#第 12 章/plot_pcolor_5.m
pcolor(linspace(2,4,4),logspace(2,4,2),rand(2,4))
shading('faceted')
```

此时的伪彩色图以平铺形式进行颜色填充，并且在每个区域之间的分割处添加黑边，运行代码的结果如图 12-79 所示。

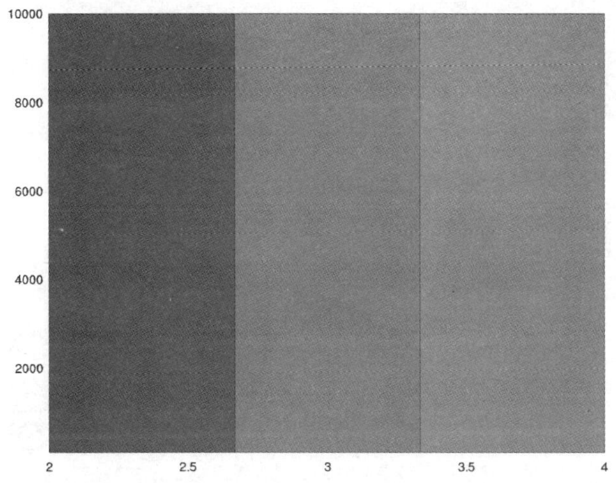

图 12-79　调用 shading('faceted')的结果

12.6.2　基线填充

area()函数用于绘制区域图。area()函数至少需接收一个参数，此时这个参数代表参数中的每个分量的纵坐标的值。绘制出的区域图连成一条折线，并且连线和水平线相交的部分被填充颜色，表示一个区域，代码如下：

```
#!/usr/bin/octave
#第 12 章/plot_area.m
area(rand(1,10) - 0.5)
```

运行代码的结果如图 12-80 所示。

此外，area()函数也支持覆盖默认的点在 x 轴分量上的坐标。只需追加每个点在 x 轴分量上的坐标，便可以使区域图完全按照给定的坐标进行绘制，代码如下：

```
>> area(linspace(1,100,10),rand(1,10) - 0.5)
```

运行代码的结果如图 12-81 所示。

在传入点坐标的前提下，还可以追加其他参数。可以追加一个数字参数，代表水平线的位置，代码如下：

```
>> area(linspace(1,100,10),rand(1,10) - 0.5,3)
```

调用 area()函数绘图，按照给定的坐标进行绘制，水平线的位置为 $y=3$，运行代码的结果如图 12-82 所示。

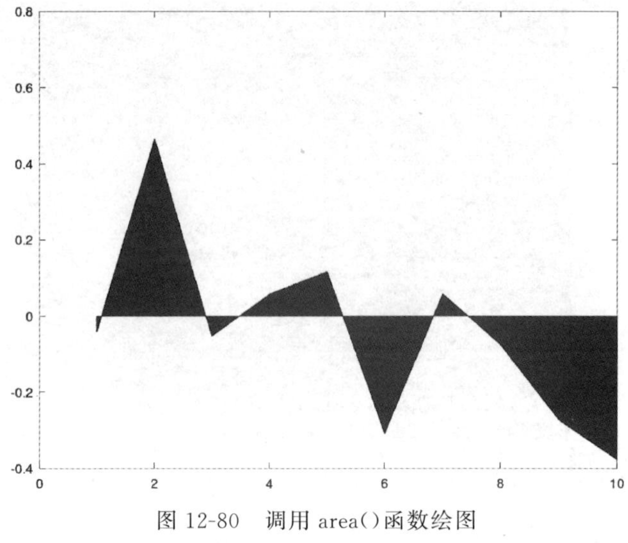

图 12-80　调用 area()函数绘图

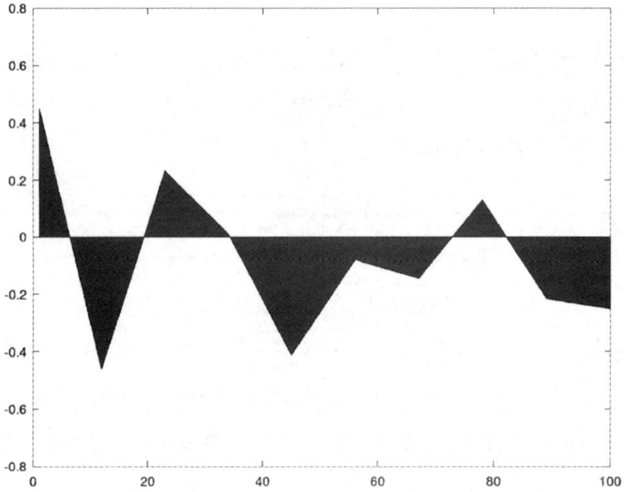

图 12-81　调用 area()函数绘图，按照给定的坐标进行绘制

12.6.3　闭区域填充

fill()函数用于绘制填充的多边形。事实上，这里的“多边形”的概念不是用边定义的，而是用顶点来定义的。我们需要传入 fill()函数的参数是多边形的每个顶点。

要绘制一个多边形，需要将多边形的所有顶点按顺序排列成横坐标和纵坐标的形式。排列的顺序可以按顺时针方向，也可以按逆时针方向。此外，还需要向 fill()函数中额外传入一个颜色参数。颜色的设置规则遵守 pcolor()函数的设置规则，代码如下：

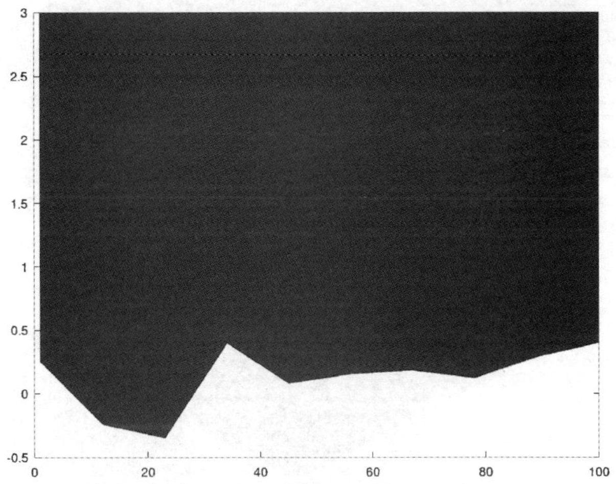

图 12-82　调用 area()函数绘图，修改水平线位置

```
#!/usr/bin/octave
#第 12 章/plot_fill.m
a = [0 0;2 0;1 1];
fill(a(:,1),a(:,2),1)
```

上面的代码将绘制一个青绿色的三角形，运行代码的结果如图 12-83 所示。

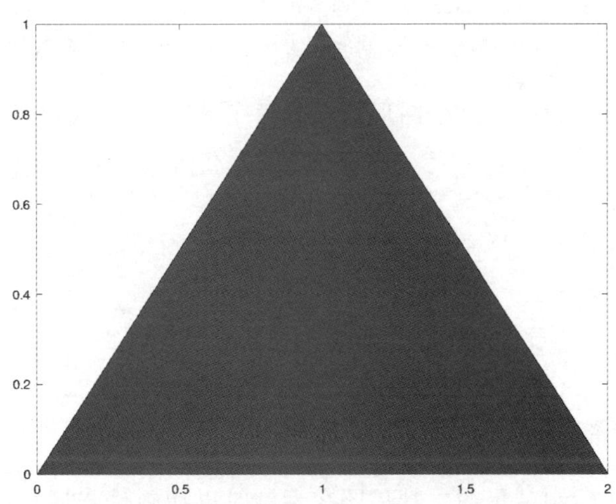

图 12-83　调用 fill()函数绘图，绘制一个青绿色的三角形

此外，由于 fill()函数填充的颜色是三元组颜色，所以可以向不同的区域内设置不同的三元组颜色。fill()函数也支持同时传入多个多边形区域的坐标参数，所以只要依次将这些参数传入 fill()函数即可，代码如下：

```
#!/usr/bin/octave
#第 12 章/plot_fill_2.m
a=[0 0;2 0;1 1];
fill(a(:,1),a(:,2),1),hold on
b=[0 1;2 1;0 3;2 3];
fill(b(:,1),b(:,2),[0.6 0.1 0.3]),hold off
```

上面的代码将绘制一个青绿色的三角形和一个玫红色的沙漏形，运行代码的结果如图 12-84 所示。

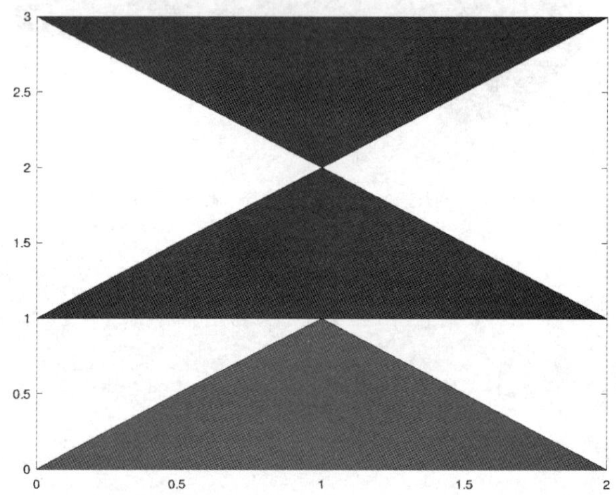

图 12-84 调用 fill()函数绘图，绘制一个青绿色的三角形和一个深红色的沙漏形

按照参数同时传入的写法，这个图形的绘制程序可以简写，代码如下：

```
#!/usr/bin/octave
#第 12 章/plot_fill_3.m
fill(a(:,1),a(:,2),1,b(:,1),b(:,2),[0.6 0.1 0.3])
```

12.7 彗星图

12.7.1 二维彗星图

comet()函数用于绘制彗星图。彗星图在绘制时以动画模式展示，在动画未结束时，程序不会进行下一步运算。我们必须等待彗星动画结束播放之后才可以进行之后的运算，代码如下：

```
#!/usr/bin/octave
#第 12 章/plot_comet.m
comet(linspace(1,10))
```

运行代码的一个暂态结果如图 12-85 所示。

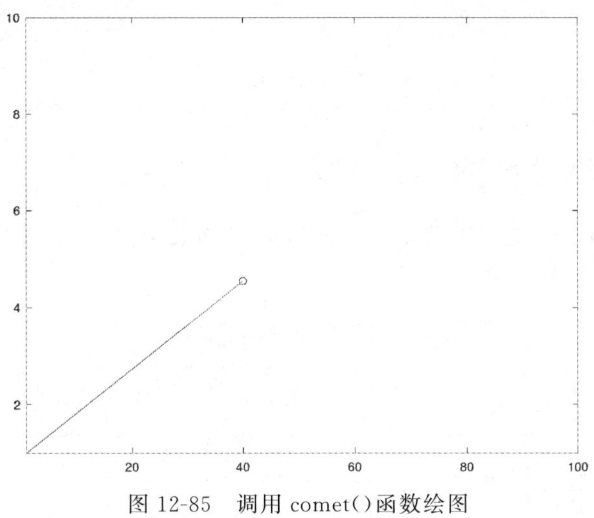

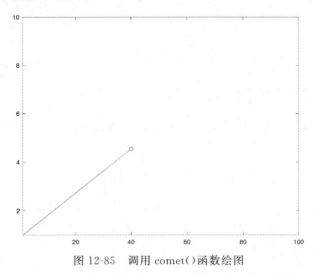

图 12-85　调用 comet()函数绘图

在上面的例子中,comet()函数只传入了一个参数,这个参数被视为彗星图绘制的每个点的纵坐标。也可以追加彗星图绘制的点的横坐标,此时彗星图将按照预定轨迹绘制,代码如下:

```
#!/usr/bin/octave
#第 12 章/plot_comet_2.m
comet([logspace(1,10) logspace(1,10)],linspace(1,10))
```

代码的一个暂态结果如图 12-86 所示。

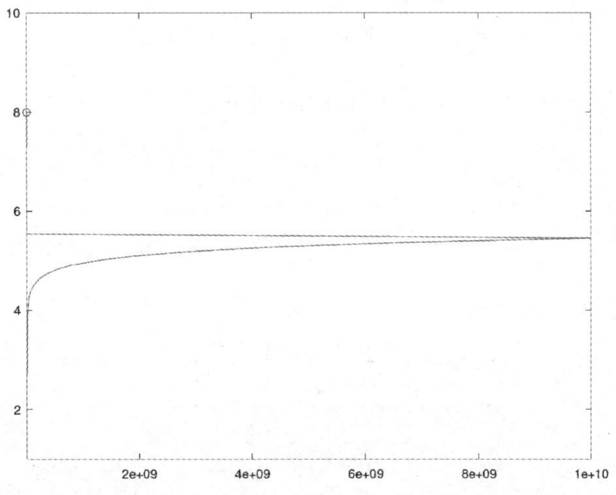

图 12-86　调用 comet()函数绘图,彗星图按照预定轨迹绘制

此外，我们还可以覆盖默认的彗星速度。默认的速度为每绘制一个点需要 0.1s，代码如下：

```
>> comet([logspace(1,10) logspace(1,10)],linspace(1,10),0.03)
```

12.7.2 三维彗星图

comet3()函数用于绘制三维彗星图。comet3()函数至少传入一个参数，此时传入的参数为竖坐标的大小，代码如下：

```
#!/usr/bin/octave
#第 12 章/plot_comet3.m
comet3(linspace(1,10))
```

运行代码的一个暂态结果如图 12-87 所示。

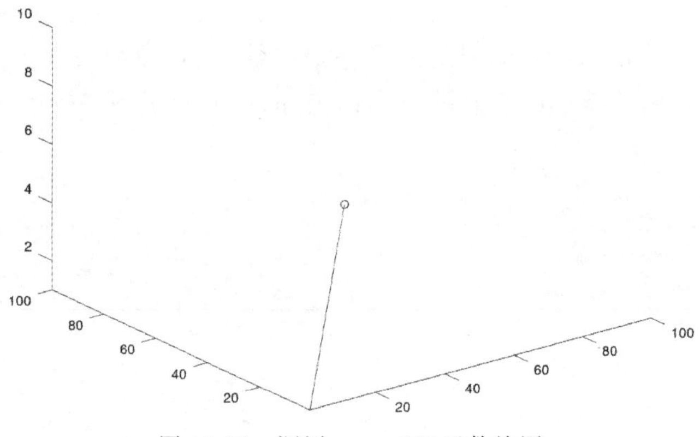

图 12-87　调用 comet3()函数绘图

也可以指定绘制点的横坐标和纵坐标，代码如下：

```
#!/usr/bin/octave
#第 12 章/plot_comet3_2.m
comet3([logspace(1,10) logspace(1,10)],[logspace(1,10) logspace(1,10)],linspace(1,10))
```

运行代码的一个暂态结果如图 12-88 所示。

此外，comet3()函数也允许覆盖默认的彗星速度。默认的速度为每绘制一个点需要 0.1s，代码如下：

```
>> comet3([logspace(1,10) logspace(1,10)],[logspace(1,10) logspace(1,10)],linspace(1,10),
0.05)
```

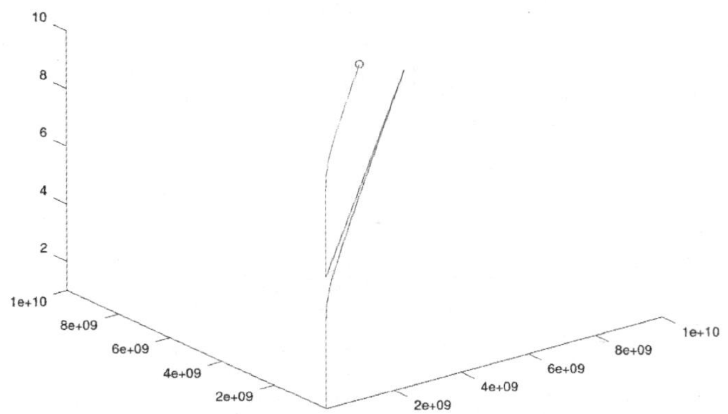

图 12-88 调用 comet3()函数绘图,彗星图按照预定轨迹绘制

12.8 平面绘图函数

12.8.1 三维网格面

mesh()函数用于绘制三维网格面。mesh()函数至少需要 3 个参数,分别代表要绘制的网格面的横坐标、纵坐标和竖坐标,代码如下:

```
#!/usr/bin/octave
#第 12 章/plot_mesh.m
a=[1 2 3;2 3 4;5 4 3;7 6 2];
mesh(a(1,:)',a(2,:)',reshape(a(1:9),3,3))
```

在调用 mesh()函数时,竖坐标参数的列数必须等于纵坐标的分量个数,而竖坐标参数的行数必须等于横坐标的分量个数。从这里也可以看出,每个横坐标分量和纵坐标分量都对应 xoy 平面上的一个网格格点,而每个网格格点的竖坐标数值被按照下标顺序存放在竖坐标参数中,运行代码的结果如图 12-89 所示。

meshc()函数用来绘制带有等高线的三维网格面,而 meshz()函数则用来绘制带有垂线的三维网格面。

12.8.2 网格面的隐藏控制

在三维网格面中,可以调用 hidden()函数进行网格面的隐藏控制。输入 hidden 或 hidden on 则可将被遮挡的网格线隐藏,输入 hidden off 则可将被遮挡的网格线显示出来。此外,还可以调用 hidden()函数获取当前的隐藏状态,代码如下:

```
>> mod = hidden()
mod = on
```

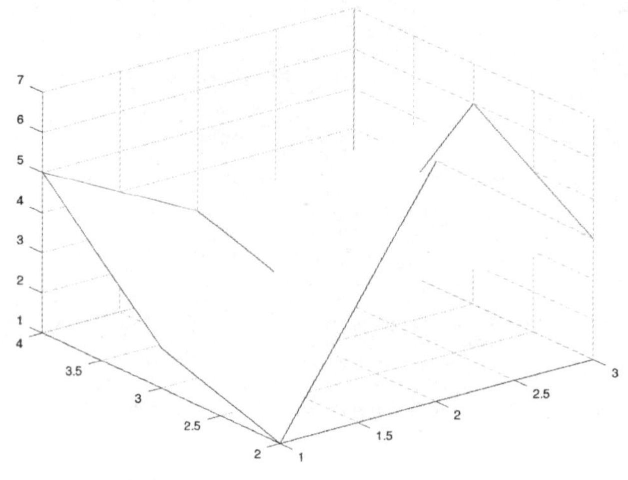

图 12-89　调用 mesh()函数绘图

12.8.3　三维阴影面

surf()函数用于绘制三维阴影面，其绘制的原理和 mesh()函数相同，都通过 3 个坐标参数决定每个点的位置和高度值，而且参数的意义也相同，代码如下：

```
#!/usr/bin/octave
#第 12 章/plot_surf.m
surf(a(1,:)',a(2,:)',reshape(a(1:9),3,3))
```

运行代码的结果如图 12-90 所示。

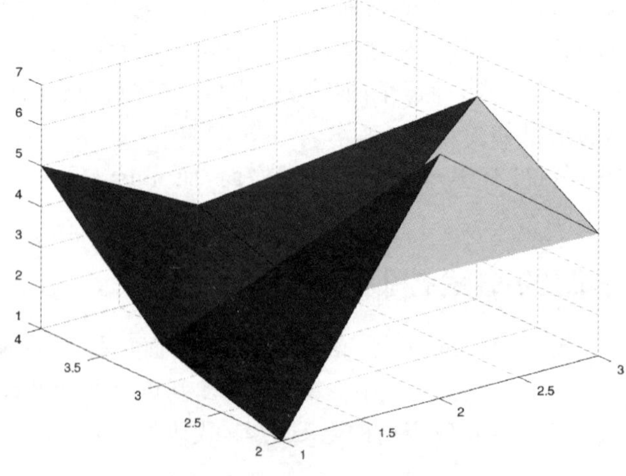

图 12-90　调用 surf()函数绘图

surfc()函数用来绘制带有等高线的三维阴影面，而surfl()函数则用来绘制带有光源的三维阴影面。我们可以追加一个参数表示光源信息。光源信息代表光源在坐标系中的位置，它可以用方位角和高度来表示，也可以用光源的三维坐标来表示，代码如下：

```
#!/usr/bin/octave
#第12章/plot_surfl.m
surfl(a(1,:)',a(2,:)',reshape(a(1:9),3,3),rand(3,3))
```

运行代码的结果如图12-91所示。

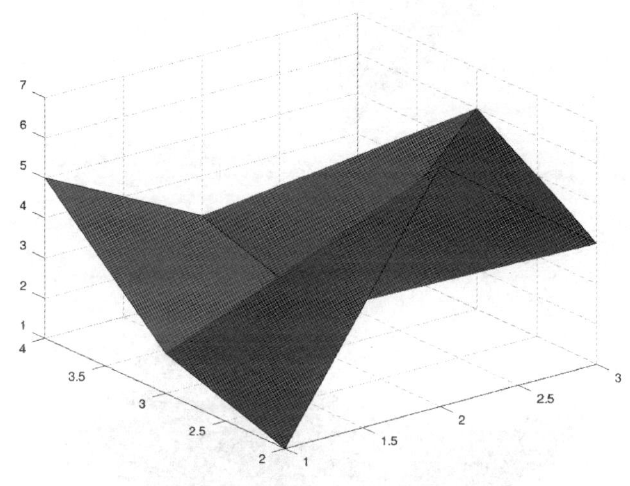

图12-91 调用surfc()函数绘图

在追加光源信息的基础上，surfl()函数支持两种绘制模式：填充颜色模式和光源模式。追加cdata参数可以将surfl()函数设置为填充颜色模式，绘制出的图形将不会附带动态反光效果，代码如下：

```
#!/usr/bin/octave
#第12章/plot_surfl_2.m
surfl(a(1,:)',a(2,:)',reshape(a(1:9),3,3),rand(3,3),"cdata")
```

运行代码的结果如图12-92所示。

追加light参数可以将surfl()函数设置为光源模式，绘制出的图形将附带动态反光效果，代码如下：

```
#!/usr/bin/octave
#第12章/plot_surfl_3.m
surfl(a(1,:)',a(2,:)',reshape(a(1:9),3,3),rand(3,3),"light")
```

运行代码的结果如图12-93所示。

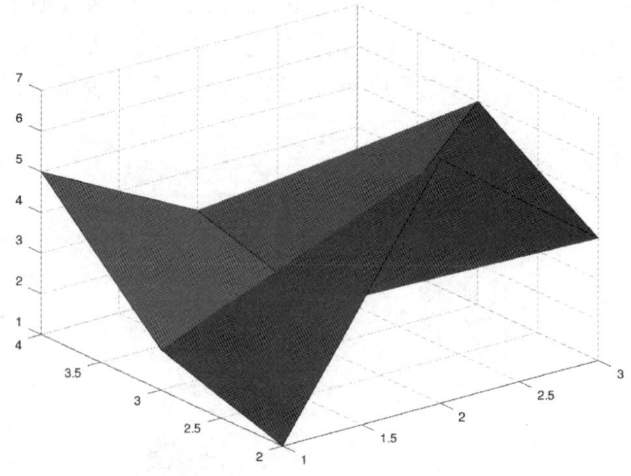

图 12-92 调用 surfc()函数绘图,追加 cdata 参数

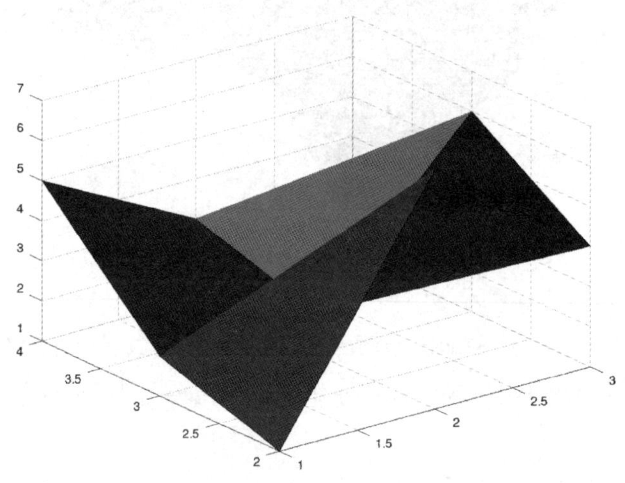

图 12-93 调用 surfc()函数绘图,追加 light 参数

还可以追加材质属性,决定绘制的三维阴影面的动态反光效果。材质属性使用一个四元矩阵进行定义。在材质矩阵中,第 1 个分量代表光强,第 2 个分量代表漫反射强度,第 3 个分量代表镜面反射强度,第 4 个分量代表镜面指数,代码如下:

```
#!/usr/bin/octave
#第 12 章/plot_surfl_4.m
surfl(a(1,:)',a(2,:)',reshape(a(1:9),3,3),rand(3,3),[0.1 0.2 1 3],"light")
```

12.8.4 带有范数信息的三维阴影面

surfnorm()函数用于绘制带有范数信息的三维阴影面。surfnorm()函数要求 3 个坐标参

数的维度完全相同，但不适用 surf()函数关于平面坐标和高度进行绘图的方法，代码如下：

```
#!/usr/bin/octave
#第 12 章/plot_surfnorm.m
a = linspace(1,10);
b = a;
c = 0.3 * a.^2 - sin(2 * sqrt(b));
surfnorm([a;c + b],[a + c;b],[c;a + b])
```

运行代码的结果如图 12-94 所示。

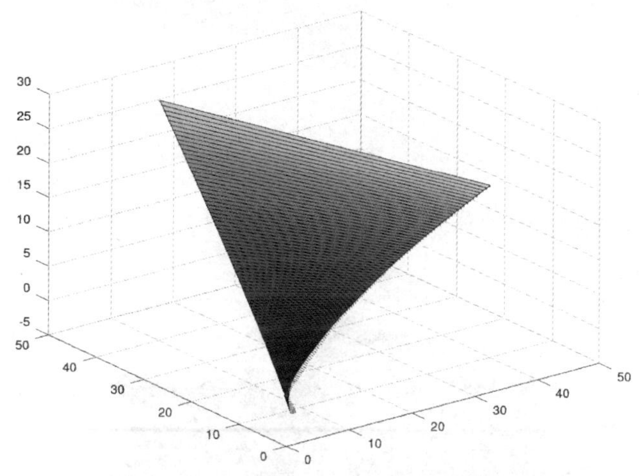

图 12-94　调用 surfnorm()函数绘图

上面的代码绘制了一个螺旋形曲面。根据绘制的红色范数短线的变化情况，可以看出其曲率发生了变化，并且呈现平稳的扭转趋势，因此判断其为螺旋形曲面。

12.8.5　带状图

ribbon()函数用于绘制带状图。ribbon()函数至少需要传入一个参数，此时这个参数代表每个点的竖坐标，代码如下：

```
#!/usr/bin/octave
#第 12 章/plot_ribbon.m
ribbon(rand(1,20))
```

运行代码的结果如图 12-95 所示。

可以手动指定绘制点的纵坐标，代码如下：

```
#!/usr/bin/octave
#第 12 章/plot_ribbon_2.m
ribbon(rand(1,20),rand(20,1))
```

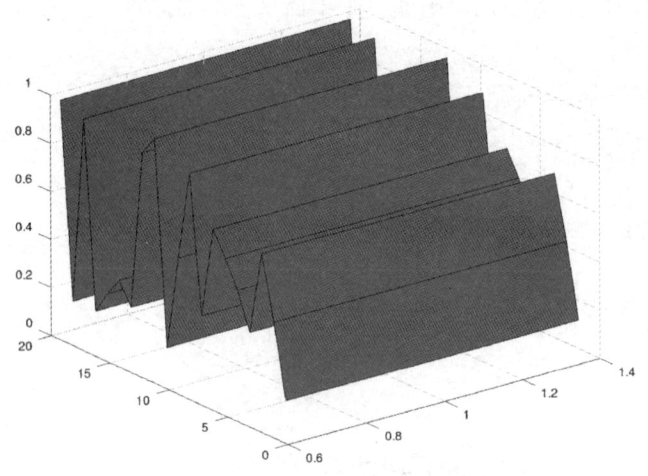

图 12-95　调用 ribbon()函数绘图

运行代码的结果如图 12-96 所示。

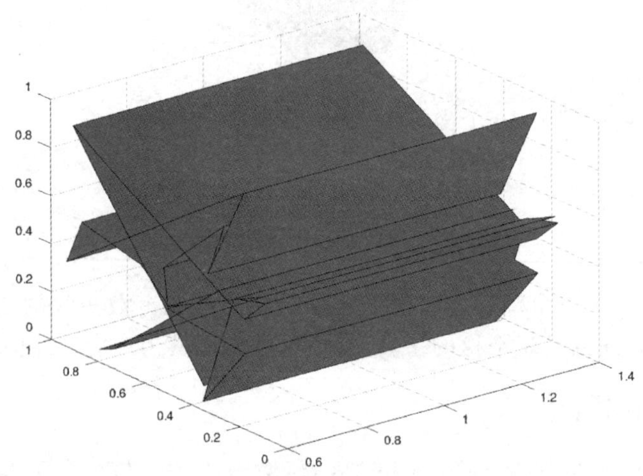

图 12-96　调用 ribbon()函数绘图，手动指定绘制点的纵坐标

事实上，这种用法需要传入一个行向量和一个列向量，这样做可以使二者共同组成一个网格形式。或者传入一个方阵，也可以满足需求，代码如下：

```
#!/usr/bin/octave
#第 12 章/plot_ribbon_3.m
ribbon(rand(20,20),rand(20,20))
```

运行代码的结果如图 12-97 所示。

此外，还可以额外指定带状图的宽度，代码如下：

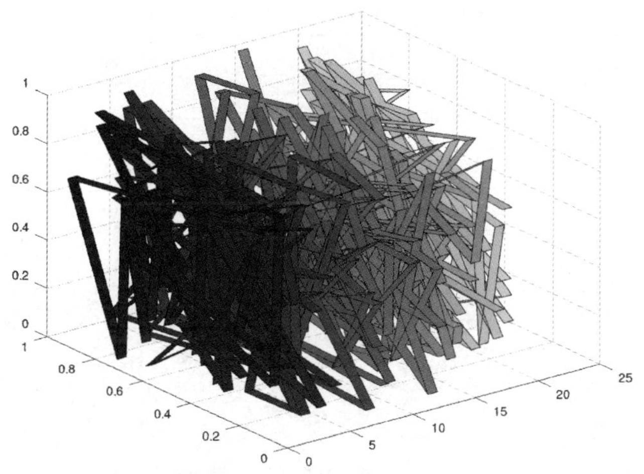

图 12-97 调用 ribbon()函数绘图,传入一个方阵

```
#!/usr/bin/octave
#第 12 章/plot_ribbon_4.m
ribbon(rand(20,20),rand(20,20),10)
```

将带状图的宽度设定为 10 个坐标单位,运行代码的结果如图 12-98 所示。

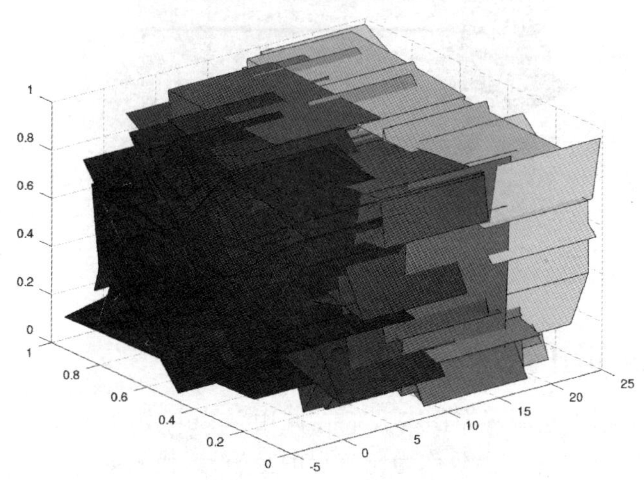

图 12-98 调用 ribbon()函数绘图,带有 10 参数

12.8.6 设定阴影效果

shading()函数用于设定阴影效果,其支持的参数如表 12-8 所示。

表 12-8 shading()函数支持的参数

参数	含　义
flat	平铺方式
faceted	平铺方式并额外绘制黑色分界线
interp	插值方式

代码如下：

```
#!/usr/bin/octave
#第 12 章/plot_shading.m
ribbon(rand(20,20),rand(20,20),10)
shading('interp')
```

将阴影的绘制效果变为插值方式，运行代码的结果如图 12-99 所示。

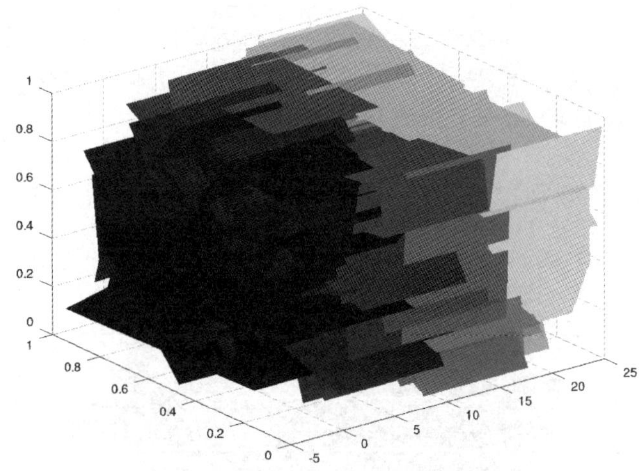

图 12-99　调用 ribbon()函数绘图，效果为插值方式

12.8.7　瀑布图

waterfall()函数用于绘制瀑布图。我们在调用 waterfall()函数进行瀑布图绘制时，可以只传入一个参数。此时这个参数作为所有点的竖坐标，代码如下：

```
#!/usr/bin/octave
#第 12 章/plot_waterfall.m
waterfall(rand(1,10))
```

运行代码的结果如图 12-100 所示。

也可以传入一个多行矩阵，随后 waterfall()函数将瀑布图分层进行绘制，代码如下：

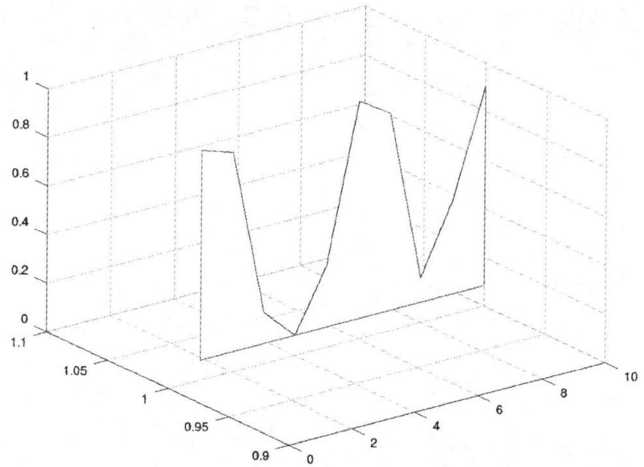

图 12-100 调用 waterfall()函数绘图

```
#!/usr/bin/octave
#第 12 章/plot_waterfall_2.m
waterfall(rand(3,10))
```

运行代码的结果如图 12-101 所示。

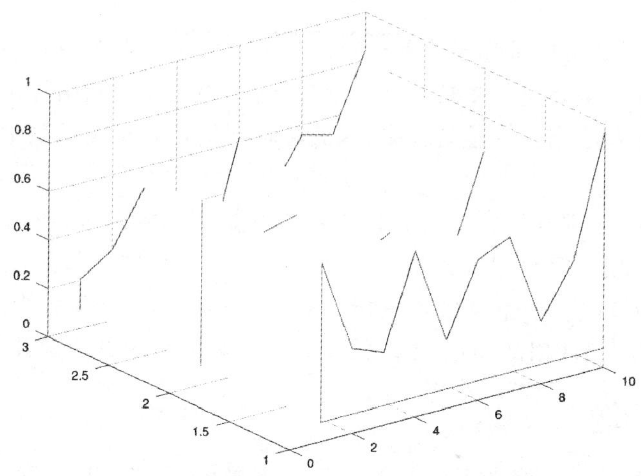

图 12-101 调用 waterfall()函数绘图,传入一个多行矩阵

对每个点精确地进行坐标定义,此时需要向 waterfall()函数传入横坐标、纵坐标和对应的竖坐标值,代码如下:

```
#!/usr/bin/octave
#第 12 章/plot_waterfall_3.m
waterfall(rand(1,10),rand(1,10),rand(10))
```

坐标参数的设置规则大体上和 mesh()函数是一致的,运行代码的结果如图 12-102 所示。

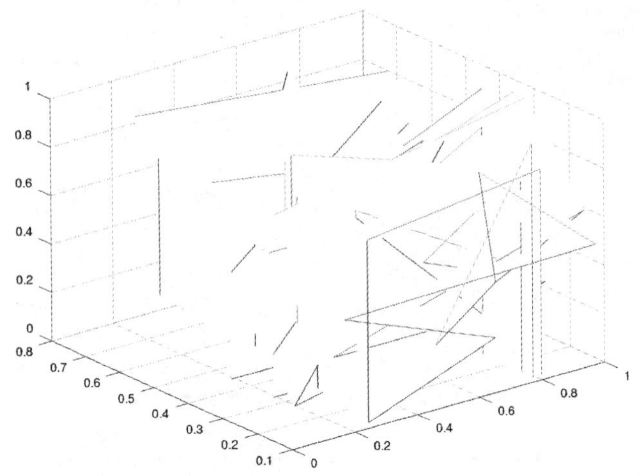

图 12-102　调用 waterfall()函数绘图,传入坐标值

12.9　通用绘图附件

通用绘图附件函数可以被用于所有的绘图当中。由于绘图窗口在同一时刻可以存在多个,所以这些函数无一例外全部支持追加句柄参数,作为通用绘图附件函数绘制的目标。一般而言,只有轴元素是绘图中的独有元素,因此将轴句柄传入绘图函数中也是最常用的一种传参方式。

通用绘图附件也全部支持键值对方式的属性设置。一般而言,我们可以在调用通用绘图附件函数时,额外使用字符串方式将需要设置的属性名和属性值按照顺序依次传入。对于唯一的绘图附件(例如:一个坐标轴只能拥有一个标题,因此标题属于唯一的绘图附件)而言,我们还可以多次调用对应的绘图附件函数来覆盖之前的属性设置。

12.9.1　标题

title()函数用于添加一张图形的标题。可以直接传入字符串参数,然后在当前轴的有效地图上增加标题,代码如下:

```
>> title('text')
```

12.9.2　图例

legend()函数用于增加图例。图例传入的形式非常宽泛。我们可以使用多种方式进行多个图例的指定，包括以下方式：

- 多个字符串；
- 单个字符串数组；
- 单个字符串元胞。

使用 legend()函数增加图例的代码如下：

```
>> legend(['a','b'])
```

如果当前的图形中没有绘制任何数据点，则 legend()函数将打印警告信息，代码如下：

```
warning: legend: plot data is empty; setting key labels has no effect
warning: called from
    legend at line 426 column 9
```

在上面的代码所绘制的图形中不会追加图例信息。

12.9.3　文本

text()函数用于在一个坐标轴对象上增加文本。在二维坐标系内调用 text()函数时需要传入 3 个参数，这 3 个参数代表文本的 x 坐标位置、文本的 y 坐标位置和需要增加的文本，代码如下：

```
>> text(10,20,'mytext')
```

在三维坐标系内调用 text()函数时需要传入 4 个参数，这 4 个参数代表文本的 x 坐标位置、文本的 y 坐标位置、文本的 z 坐标位置和需要增加的文本，代码如下：

```
>> text(10,20,30,'mytext')
```

12.9.4　坐标轴标签

xlabel()函数用于在一个坐标轴对象上的 x 坐标轴上增加标签。调用 xlabel()函数时，我们至少需要传入一个参数，这个参数代表要增加的标签字符串，代码如下：

```
>> xlabel('mylabel')
```

ylabel()函数用于在一个坐标轴对象上的 y 坐标轴上增加标签。调用 ylabel()函数时，我们至少需要传入一个参数，这个参数代表要增加的标签字符串，代码如下：

```
>> ylabel('mylabel')
```

zlabel()函数用于在一个坐标轴对象上的 z 坐标轴上增加标签。调用 zlabel()函数时，我们至少需要传入一个参数，这个参数代表要增加的标签字符串，代码如下：

```
>> zlabel('mylabel')
```

12.9.5 等高线标签

clabel()函数用于在一个等高线图上的等高线上增加标签。调用 clabel()函数时，至少需要传入两个参数，第 1 个参数代表要增加标签的等高线，第 2 个参数代表要增加标签的等高线句柄，代码如下：

```
>> [a,b] = contour(rand(2,2));
>> clabel(a,b)
```

额外追加第 3 个参数，这个参数代表增加标签的范围。增加标签的范围旨在起到过滤作用。在没有追加增加标签的范围时，所有的等高线都会增加对应的标签，而在追加增加标签的范围后，仅当等高线的高度值在增加标签的范围内时，这些值才会被作为标签增加到等高线图上，代码如下：

```
>> [a,b] = contour([1 1;2 2]);
>> clabel(a,b,[0,1,2]) #如果等高线的高度不在{0,1,2}的范围,则不会增加标签
```

还可以额外追加 manual 数，此时增加的标签可以被鼠标选中，代码如下：

```
>> [a,b] = contour(rand(2,2));
>> clabel(a,b,'manual')
```

12.9.6 坐标轴边框

box 函数被用于开启或者关闭一个坐标轴对象的边框。在一个坐标轴对象的边框开启之后，坐标轴区域的外部会出现边框，在三维坐标系内看起来如同一个盒子(box)，box 函数因此得名，代码如下：

```
>> box on
```

上面的代码将开启当前坐标轴对象的边框。

```
>> box off
```

上面的代码将关闭当前坐标轴对象的边框。

12.9.7 网格线

grid 函数被用于开启或者关闭一个坐标轴对象的网格线，代码如下：

```
>> grid on
```

上面的代码将开启当前坐标轴对象的网格线。

```
>> grid off
```

上面的代码将关闭当前坐标轴对象的网格线。

```
>> grid
```

上面的代码将改变当前坐标轴对象的网格线的开关状态。

```
>> grid minor on
```

上面的代码将开启当前坐标轴对象的副网格线。

```
>> grid minor off
```

上面的代码将关闭当前坐标轴对象的副网格线。

```
>> grid minor
```

上面的代码将改变当前坐标轴对象的副网格线的开关状态。

12.9.8 颜色条

colorbar 函数被用于开启一张图形对象的颜色条，代码如下：

```
>> colorbar
```

上面的代码将开启当前坐标轴对象的颜色条。

此外，我们可以追加方位参数，以便设置颜色条显示的位置。如果不追加方位参数，则 colorbar 函数将在当前的图形对象之外右侧显示颜色条，代码如下：

```
>> colorbar East
```

上面的代码将在当前的图形对象中右侧显示颜色条。

colorbar 函数支持的方位参数如表 12-9 所示。

表 12-9　colorbar 函数支持的方位参数

方位参数	含　义
EastOutside	在当前的图形对象之外右侧显示颜色条
East	在当前的图形对象中右侧显示颜色条
WestOutside	在当前的图形对象之外左侧显示颜色条
West	在当前的图形对象中左侧显示颜色条
NorthOutside	在当前的图形对象之外上方显示颜色条
North	在当前的图形对象中上方显示颜色条
SouthOutside	在当前的图形对象之外下方显示颜色条
South	在当前的图形对象中下方显示颜色条

此外，我们还可以追加删除参数，用来删除一张图形对象的颜色条。colorbar 函数支持的删除参数如下：

- off；
- delete；
- hide。

下面的代码将在当前的图形对象中删除颜色条：

```
>> colorbar off
```

12.9.9 提醒符号

annotation() 函数用于在一张图形对象中绘制提醒符号，起到强调作用。调用 annotation()函数时至少需要传入一个参数，这个参数代表设置提示符号类型。annotation()函数支持的提示符号类型如表 12-10 所示。

表 12-10　annotation()函数支持的提示符号类型

提示符号类型	含　义
line	线
arrow	单向箭头
doublearrow	双向箭头
textarrow	带有文本的箭头
textbox	文字框
rectangle	矩形
ellipse	椭圆形

下面的例子将提示符号类型设置为线，代码如下：

```
>> annotation('line')
```

在设置符号类型之后，annotation()函数会在当前的图形对象中绘制一个默认的提示符号，然后我们可以通过追加坐标参数的方式，继续指定提示符号的绘制位置，代码如下：

```
>> annotation('line',[0 0],[3 2])
```

在上面的代码中，第 1 个参数代表将提示符号类型设置为线，第 2 个参数代表将线绘制的起始位置设置为坐标(0,0)；第 3 个参数被认为是设置线绘制的终止位置为坐标(3,2)。

12.9.10 缩放选项

pan 函数用于更改图形对象的缩放选项。对于一张图形对象而言，在每个维度上都可以开启或关闭缩放选项。

- 当开启缩放选项时，图形对象被允许在指定的维度上缩放；
- 当开启缩放选项时，图形对象被禁止在指定的维度上缩放。

pan 函数提供了以下几种用法，如表 12-11 所示。

表 12-11 pan 函数提供的用法

用　法	含　义
pan on	图形对象被允许在所有的维度上缩放
pan off	图形对象被禁止在所有的维度上缩放
pan xon	图形对象被允许在 x 轴方向上缩放
pan yon	图形对象被允许在 y 轴方向上缩放

额外指定需要修改缩放属性的图形对象的句柄，单独调整对应图形对象的缩放属性，代码如下：

```
>> clear a b
>> a = figure; # 新建图形对象 a
>> pan on # 图形对象 a 被允许在所有的维度上缩放
>> pan(a,'on') # 图形对象 a 被允许在所有的维度上缩放
>> b = figure; # 新建图形对象 b
>> pan on # 图形对象 b 被允许在所有的维度上缩放
>> pan(a,'on') # 图形对象 a 被允许在所有的维度上缩放.此语句不改变图形对象 b 的缩放属性
```

12.9.11 旋转选项

rotate()函数用于旋转一个绘制的对象，例如函数图像、多边形、坐标轴等。在调用 rotate()函数时，我们至少需要指定 3 个参数，其中的第 1 个参数代表对象的句柄，第 2 个参数代表旋转的方向，第 3 个参数代表旋转的角度，代码如下：

```
>> a = [0 0;2 0;1 1];
>> b = fill(a(:,1),a(:,2),1);
>> rotate(b,[0 0 1],90)
```

上面的代码将三角形绕坐标系原点(也就是绕不可见的 z 轴)逆时针旋转 90°。

还可以追加第 4 个参数,这个参数代表图形旋转的锚点,代码如下:

```
>> a = [0 0;2 0;1 1];
>> b = fill(a(:,1),a(:,2),1);
>> rotate(b,[0 0 1],90,[0 0 0])
```

上面的代码将三角形的(0,0,0)点固定,然后绕坐标系原点(也就是绕不可见的 z 轴)逆时针旋转 90°。

12.9.12 三维旋转功能

rotate3d 函数用于开启或关闭一张图形对象的三维旋转功能,代码如下:

```
>> rotate3d on
```

上面的代码将开启当前图形对象的三维旋转功能。此时鼠标的旋转操作将仅限于在水平面之内旋转当前图形对象。

```
>> rotate3d off
```

上面的代码将关闭当前图形对象的三维旋转功能。此时鼠标的旋转操作将可以三维旋转当前图形对象。

12.9.13 缩放坐标轴

zoom 函数用于缩放一个坐标轴对象,代码如下:

```
>> zoom
```

上面的代码将选中或取消选中当前坐标轴对象的缩放功能。此时将鼠标指针移至画布上即可通过滚动鼠标滚轮的方式来放大或缩小当前坐标轴对象。

```
>> zoom on
```

上面的代码将选中当前坐标轴对象的缩放功能。此时将鼠标指针移至画布上即可通过滚动鼠标滚轮的方式来放大或缩小当前坐标轴对象。

```
>> zoom off
```

上面的代码将取消选中当前坐标轴对象的缩放功能。此时我们将鼠标指针移至画布上即可通过滚动鼠标滚轮的方式来放大或缩小当前坐标轴对象。

```
>> zoom xon
```

上面的代码将选中当前坐标轴对象的缩放功能。此时我们将鼠标指针移至画布上即可通过滚动鼠标滚轮的方式沿 x 轴方向放大或缩小当前坐标轴对象。

```
>> zoom yon
```

上面的代码将选中当前坐标轴对象的缩放功能。此时我们将鼠标指针移至画布上即可通过滚动鼠标滚轮的方式沿 y 轴方向放大或缩小当前坐标轴对象。

```
>> zoom out
```

上面的代码将当前坐标轴对象复原至原始大小。

```
>> zoom reset
```

上面的代码记录当前坐标轴对象的缩放程度，将这个缩放程度设定为原始大小。

12.9.14 舍弃或保留绘图

hold 函数决定是否舍弃旧的绘图。直接调用 hold 可以更改当前 hold 状态。调用 hold on 将下一次绘图绘制于同一张图形上，代码如下：

```
>> hold on
```

调用 hold off 将下一次绘图覆盖上一个绘图，代码如下：

```
>> hold off
```

12.9.15 返回绘图状态

ishold 函数用于返回当前的 hold 状态。如果返回的状态是 true(1)，则下一次绘图将绘制于同一张图形上，代码如下：

```
>> hold on
>> ishold
ans = 1
```

如果返回的状态是 false(0),则下一次绘图将覆盖上一个绘图,代码如下:

```
>> hold off
>> ishold
ans = 0
```

12.9.16 清除当前图形窗口

clf 函数用于清除当前图形窗口,代码如下:

```
>> clf
```

12.9.17 清除当前轴对象

cla 函数用于清除当前轴对象,代码如下:

```
>> cla
```

12.9.18 将当前图形窗口显示在屏幕的最顶层

shg 函数用于将当前图形窗口显示在屏幕的最顶层,代码如下:

```
>> shg
```

12.9.19 删除某个图形对象

delete()函数用于删除某个图形对象,代码如下:

```
>> delete(a)
```

12.9.20 关闭图形窗口

close 函数用于关闭一个图形窗口,代码如下:

```
>> close
```

12.9.21 关闭当前图形窗口并且清除所有有关的对象

closereq 函数用于关闭当前图形窗口并且清除所有有关的对象,代码如下:

```
>> closereq
```

12.9.22 文本显示风格

在绘图过程中，任何文本都含有文本显示风格的属性 interpreter，这个属性可以被设定为 3 种：

- none；
- tex；
- latex。

其中，none 表示原样输出，tex 表示按照 TeX 格式进行格式化输出，latex 用于兼容 MATLAB 程序，实际上等效于 none 的作用。

在 tex 属性之下，文本支持的格式化字符串如表 12-12 所示。

表 12-12 在 tex 属性之下，文本支持的格式化字符串

格式化字符串	含 义	格式化字符串	含 义
\bf	加粗	\rm	正常
\it	斜体字体	\fontname	字体名称
\sl	倾斜的字体	\fontsize	字体大小
\color	颜色		

在 tex 属性之下，文本支持的转义小写希腊字母如表 12-13 所示。

表 12-13 在 tex 属性之下，文本支持的转义小写希腊字母

转义小写希腊字母	转义小写希腊字母	转义小写希腊字母
\alpha	\beta	\gamma
\delta	\epsilon	\zeta
\eta	\theta	\vartheta
\iota	\kappa	\lambda
\mu	\nu	\xi
\o	\pi	\varpi
\rho	\sigma	\varsigma
\tau	\upsilon	\phi
\chi	\psi	\omega

在 tex 属性之下，文本支持的转义大写希腊字母如表 12-14 所示。

表 12-14 在 tex 属性之下，文本支持的转义大写希腊字母

转义大写希腊字母	转义大写希腊字母	转义大写希腊字母
\Gamma	\Delta	\Theta
\Lambda	\Xi	\Pi
\Sigma	\Upsilon	\Phi
\Psi	\Omega	

在 tex 属性之下，文本支持的转义 Ord 字符如表 12-15 所示。

表 12-15 在 tex 属性之下,文本支持的转义 Ord 字符

转义 Ord 字符	转义 Ord 字符	转义 Ord 字符
\aleph	\wp	\Re
\Im	\partial	\infty
\prime	\nabla	\surd
\angle	\forall	\exists
\neg	\clubsuit	\diamondsuit
\heartsuit	\spadesuit	

在 tex 属性之下,文本支持的转义二进制操作字符如表 12-16 所示。

表 12-16 在 tex 属性之下,文本支持的转义二进制操作字符

转义二进制操作字符	转义二进制操作字符	转义二进制操作字符
\pm	\cdot	\times
\ast	\circ	\bullet
\div	\cap	\cup
\vee	\wedge	\oplus
\otimes	\oslash	

在 tex 属性之下,文本支持的转义关系字符如表 12-17 所示。

表 12-17 在 tex 属性之下,文本支持的转义关系字符

转义关系字符	转义关系字符	转义关系字符
\leq	\subset	\subseteq
\in	\geq	\supset
\supseteq	\ni	\mid
\equiv	\sim	\approx
\cong	\propto	\perp

在 tex 属性之下,文本支持的转义箭头字符如表 12-18 所示。

表 12-18 在 tex 属性之下,文本支持的转义箭头字符

转义箭头字符	转义箭头字符	转义箭头字符
\leftarrow	\Leftarrow	\uparrow
\Rightarrow	\leftrightarrow	
\downarrow	\rightarrow	

在 tex 属性之下,文本支持的转义开关字符如表 12-19 所示。

表 12-19 在 tex 属性之下,文本支持的转义开关字符

转义开关字符	转义开关字符	转义开关字符
\lfloor	\langle	\lceil
\rfloor	\rangle	\rceil

在 tex 属性之下，文本支持的转义别名字符如表 12-20 所示。

表 12-20　在 tex 属性之下，文本支持的转义别名字符

转义别名字符
\neq

在 tex 属性之下，文本支持的转义其他字符如表 12-21 所示。

表 12-21　在 tex 属性之下，文本支持的转义其他字符

转义其他字符	转义其他字符
\ldots	\0
\deg	\copyright

12.10　绘制空的画布

figure()函数用于绘制一个空的画布。对于不同的对象而言，有时我们需要在不同的画布上分别绘制这些对象。每当要在一个空的画布上绘制时，都需要调用一次 figure()函数，代码如下：

```
>> figure (1);
>> fplot (@sin, [ - 10, 10]);
>> figure (2);
>> fplot (@cos, [ - 10, 10]);
```

上面的代码会绘制两张画布，其中第一张画布被绘制了一个正弦函数图像，第二张画布被绘制了一个余弦函数图像。

12.11　绘制子图

在 Octave 中，我们可以在一个画布中绘制多个子图，在每个子图中又可以绘制不同的内容或者不绘制任何内容。

我们可以调用 subplot()函数将一个画布分为几个抽象的部分。调用 subplot()函数时需要传入至少 3 个参数，这 3 个参数分别代表画布分区的行数、列数及要绘制部分的分区索引，代码如下：

```
>> subplot(2,2,3)
```

上面的代码可以将一个画布分成一个 2×2 的区域，并且在第 3 个区域内绘制一个空坐标轴。

具体的分区索引按照先从左到右，再从上到下的顺序进行叠加，代码如下：

```
>> subplot(10,10,35)
```

在上面的代码中的35号分区代表的是第3行第5列的分区。

在调用subplot()函数之后，就可以追加其他绘图命令在对应分区上进行绘图了，代码如下：

```
>> subplot(2,1,1)
>> ezplot (@(x) sin(x))
>> subplot(2,1,2)
>> ezplot (@(x) cos(x))
```

上面的代码将一个画布分为上下两个子图，上面的子图中被绘制了sin()函数的图像，下面的函数被绘制了cos()函数的图像。

如果将分区索引作为一个矩阵进行传入，则可以进行跨分区绘图，代码如下：

```
>> subplot(3,3,[1,2])
>> ezplot (@(x) sin(x))
>> subplot(3,3,[7,8,9])
>> ezplot (@(x) cos(x))
```

在上面的例子中，sin()函数的图像跨越了两个分区，而cos()函数的图像跨越了3个分区。

此外，还可以追加其他参数来确定其他的属性。subplot()函数支持的属性如下：

- align；
- replace；
- position。

追加align参数，此时的所有子图之间将对齐，代码如下：

```
>> subplot(2,1,1,'align')
>> ezplot (@(x) sin(x))
>> subplot(2,1,2,'align')
>> ezplot (@(x) cos(x))
```

追加replace参数，此时的所有子图将自动重设坐标轴，替代手动设定的坐标轴，代码如下：

```
>> subplot(2,1,1,'replace')
>> ezplot (@(x) sin(x))
>> subplot(2,1,2,'replace')
>> ezplot (@(x) cos(x))
```

追加position参数，此时将手动设定坐标轴的位置和尺寸，然后在position参数后追加一个数组，数组中必须含有 4 个分量：

- 第 1 个分量代表坐标轴在全图上的 x 坐标位置；
- 第 2 个分量代表坐标轴在全图上的 y 坐标位置；
- 第 3 个分量代表坐标轴的宽度；
- 第 4 个分量代表坐标轴的高度。

代码如下：

```
>> subplot(2,1,1,'position',[10,20,30,40])
>> ezplot (@(x) sin(x))
>> subplot(2,1,2,'position',[10,100,30,40])
>> ezplot (@(x) cos(x))
```

subplot()函数还有一个独特的特性，就是允许在当前激活的图形对象上进行子图的绘制。根据这个特性，我们还可以实现子图的自动刷新，代码如下：

```
>> subplot(2,1,1)
>> ezplot (@(x) sin(x))
>> subplot(2,1,1)
>> ezplot (@(x) cos(x))
```

上面的代码在指定同一个子图区域并进行绘制时，画布中的内容被自动刷新了。

12.12 动态重绘

在 Octave 中实现动态重绘，相当于用了擦写的方式，将画布上的原有图形删除，然后绘制新的图形。

12.12.1 自动动态重绘

有的绘图函数会带有自动动态重绘的功能，这些函数会在调用时删除自身句柄所在的对象，然后向句柄中传入新的对象内容，最后自动绘制新的句柄内容，代码如下：

```
>> a = [1 2 3 4 5];
>> plot([1 2 3 4 5],a)
>> a = [1 2 3 7 8];
>> plot([1 2 3 4 5],a)
```

在上面的代码中，在变量 a 更新前后，调用 plot()函数所绘制的结果不同，而且在第 2 次调用 plot()函数之后，画布中已经不存在第 1 次调用 plot()函数的函数图像了。

注意：这里有一个结论：只要删除并创建了画布上的坐标轴对象，画布上原有的图像就会被删除。上面以 plot()函数为例，演示了带有“删除并创建了画布上的坐标轴对象”

步骤的绘图函数也会自动对画布进行动态重绘。

12.12.2 手动动态重绘

cla 函数用于删除当前画布中的坐标轴对象，而 gca 函数用于在当前画布中新建一个坐标轴对象。调用这两个函数后，即可手动实现动态重绘，代码如下：

```
>> cla
>> gca
ans =  -24.009
```

在这个画布上新绘制的图形将不会受到原有图形的影响。

12.13 强制重绘

refresh 函数用于刷新图形并且强制重绘图形。此外，调用 redrawn 函数将强制重绘当前图形，也可以传入一个图形句柄来指定重绘哪一张图形。

在一个画布上往往会绘制多个图形，因此，通过图形句柄决定重绘哪一张图形是必要的。

第 13 章

Octave 高级应用

本章将介绍与 Octave 相关的高级应用。

13.1 首选项配置

Octave 使用配置文件管理首选项。Octave 的配置文件通常被命名为 octaverc、.octaverc 或 startup.m，而且存放于多个路径之下。

1. 在 Linux 系统下

(1) octave-home/share/octave/site/m/startup/octaverc。

(2) octave-home/share/octave/version/m/startup/octaverc。

(3) ~/.octaverc。

(4) .octaverc。

(5) startup.m。

2. 在 Windows 系统下

(1) octave-home\mingw64\share\octave\site\m\startup\octaverc。

(2) octave-home\mingw64\share\octave\version\m\startup\octaverc。

(3) %userprofile%\.octaverc。

(4) .octaverc。

(5) startup.m。

其中，首先将 octave-home 替换为真实的 Octave 安装前缀目录，例如/usr/local 或者 C:\Octave\Octave-5.2.0，然后将 version 替换为某个 Octave 的版本号，例如 5.2.0。第 1 个路径存放的配置文件中的首选项会对本机安装的所有版本的 Octave 有影响，并且对于所有用户都有影响；第 2 个路径存放的配置文件只对本机安装的特定版本的 Octave 有影响，对于所有用户都有影响；第 3 个路径存放的配置文件与 Octave 的版本无关，只对当前用户有影响；第 4 种配置文件与 Octave 的版本无关，只对当前路径下的环境有影响：使用此方法改变环境变量时，可以单独创建.octaverc 文件，修改后将其放入需要进行环境变量配置的路径之下。接着，在~/.octaverc 配置文件或%userprofile%\.octaverc 配置文件中追加需要的.octaverc 配置文件路径，即可在读取～/.octaverc 配置文件或%userprofile%\.octaverc 配置文件后追加读取特定目录下的.octaverc 配置文件；第 5 种配置文件与 Octave 的版本无关：我们可以手动在 Octave 的主程序所在的路径下新建 startup.m 文件，此时文件中的首选项将影响当前 Octave 的实例。

在启动 Octave 时，只要追加--verbose 参数，即可在读取每个启动文件时显示一条消息。追加--verbose 参数的方法可以参考如下的 DOS 命令：

```
PS > %SYSTEMROOT%\system32\wscript.exe "C:\Octave\Octave-5.2.0\octave.vbs" --no-gui --verbose
```

或者如下 Shell 命令：

```
$ octave --verbose
```

13.2 环境变量管理

Octave 支持环境变量的管理操作。Octave 可以加载操作系统的所有环境变量，也含有自身独有的环境变量。在 Octave 中进行的环境变量操作只会影响当前会话，换言之，在退出当前的 Octave 实例之后，所有在本次会话中改动的环境变量都会失效。

1. getenv()函数

getenv()函数用于获取某一个环境变量的值，代码如下：

```
>> getenv('PATH')
```

上面的代码将返回当前名为 PATH 的环境变量的值。

2. setenv()函数

setenv()函数用于设置一个环境变量。setenv()函数至少需要传入一个参数，此时这个参数代表设置的环境变量名，并且将环境变量值设为空值，代码如下：

```
>> setenv('TEMP')
```

上面的代码将变量 TEMP 设置为空。

再追加一个变量，将环境变量设为另外一个值，代码如下：

```
>> setenv('TEMP','./')
```

将变量 TEMP 设置为当前目录。

3. putenv()函数

putenv()函数和 setenv()函数等效，同样用于设置环境变量与赋值，代码如下：

```
>> putenv('TEMP')
>> putenv('TEMP','./')
```

4. unsetenv()函数

unsetenv()函数用于删除一个环境变量,代码如下:

```
>> unsetenv('Octave')
```

上面的代码将删除名为 Octave 的环境变量。

13.3 创建 Java 类型变量

Octave 支持 Java 类型的变量。Java 语言作为一种成熟的面向对象语言,其支持多种优秀的特性,内置的函数库也有着丰富的功能。

13.3.1 配置环境变量

1. javaclasspath 函数

要调用 Java 类,首先需要指定 JVM 所在的路径作为静态路径。其次,在运行时可以改变用于查找 Java 类的路径作为动态路径。在 Octave 中,可以调用 javaclasspath 函数查看两个路径的设定,代码如下:

```
>> javaclasspath
STATIC JAVA PATH

 - empty -

DYNAMIC JAVA PATH

 - empty -
```

2. javaaddpath()函数

手动添加或移除动态路径。调用 javaaddpath()函数增加一个相对路径,代码如下:

```
>> base_path = "C:/Users/Linux/Desktop";
>> javaaddpath([base_path,"/1.jar"]);
```

3. javarmpath()函数

调用 javarmpath()函数移除一个相对路径,代码如下:

```
>> javarmpath([base_path,"/1.jar"]);
```

注意：我们可以在配置文件.octaverc 中调用 javaaddpath()函数增加一个相对路径，也可以调用 javarmpath()函数移除一个相对路径，但此时对于动态路径的设置只对当前用户有效。

13.3.2 实例化 Java 对象

Octave 提供了一个方便快捷的方式增加 Java 类型变量。调用 javaObject()函数，并且传入参数，即可直接实例化一个 Java 对象，并且这个对象代表一种类型为对应 Java 类的变量存放在 Octave 的工作空间之内，代码如下：

```
>> javaObject('java.lang.String','newString')
ans =

<Java object: java.lang.String>
```

13.3.3 实例化 Java 数组对象

1. javaObject()函数的局限性

javaObject()函数在创建数组对象时有局限性：如果要创建一个数组类型的 Java 变量，则不可以使用数组类型进行变量的输入。这是因为 javaObject()函数将数组类型的参数数据读取为一个字符串，而不是多个数字构成的一个数组，代码如下：

```
>> a = javaObject('java.lang.Double',1.2);
>> a = javaObject('java.lang.Double',[1.0 2.0]);
error: [java] java.lang.NoSuchMethodException: java.lang.Double
```

2. javaArray()函数

在传入一个数字类型的变量时可以正常调用 javaObject()函数，但是将数字类型的变量换成数组类型则调用时会报错。对于这种情况，Octave 额外提供了 javaArray()函数，用于创建数组类型的 Java 变量，代码如下：

```
>> a = javaArray('java.lang.Double',2,2);
```

这个例子将创建一个 2×2 大小的 Java 类型(在 Java 的角度上，它属于 Double 类型)的数组。

13.3.4 调用 Java 方法

对于 Java 类型变量而言，一旦被创建到 Octave 工作空间中，便可以调用 Java 的 public 方法，代码如下：

```
>> a = javaObject('java.lang.String','newString');
>> a.substring(2)
ans = wString
```

13.3.5 访问 Java 变量

1. java_get

我们可以通过 java_get()函数获取一个 Java 类型变量，在 Java 的角度上，它必须具有 public 访问权限，代码如下：

```
>> java_get("java.math.BigDecimal","ONE");
```

2. java_set

类似地，java_set()用于设置一个 public 作用域内的 Java 类型变量，在 Java 的角度上，它必须具有 public 访问权限，代码如下：

```
>> java_set("a.b.c","ONE");
```

13.4 Bug 管理与提交

Octave 官方提供一个提交 Bug 的入口。我们可以自行登录网址 https://bugs.octave.org 进行 Bug 的提交。如果我们无法访问这个网址，则可以访问 Savannah 分站点 https://savannah.gnu.org/bugs/?group=octave&func=search。Savannah 是 GNU 软件的一个主要的托管平台，而且我们在 Savannah 站点上提交的 Bug 也会被即时查看。

13.4.1 提出 Bug

首先，访问 https://savannah.gnu.org/bugs/?func=additem&group=octave 来创建一个新的 Bug。

然后，填入 Bug 分类、Bug 分组、提出者、Bug 所在的 Octave 发行版本、此 Octave 发行版本所在的操作系统、Bug 标题和 Bug 说明文字，如图 13-1 所示。

如果需要附加文件，则在 Attached Files 中单击选择文件按钮以上传附件，并且填入对附件的说明，如图 13-2 所示。由于这个 Bug 只含有代码部分，因此无须上传文件。

填写邮件抄送地址，如图 13-2 所示。如果我们登录时使用的是 Savannah 账号，则无须填写此项，关于此 Bug 的邮件会自动抄送到账号的邮箱中。

最后，单击 Submit 按钮完成 Bug 的提交。

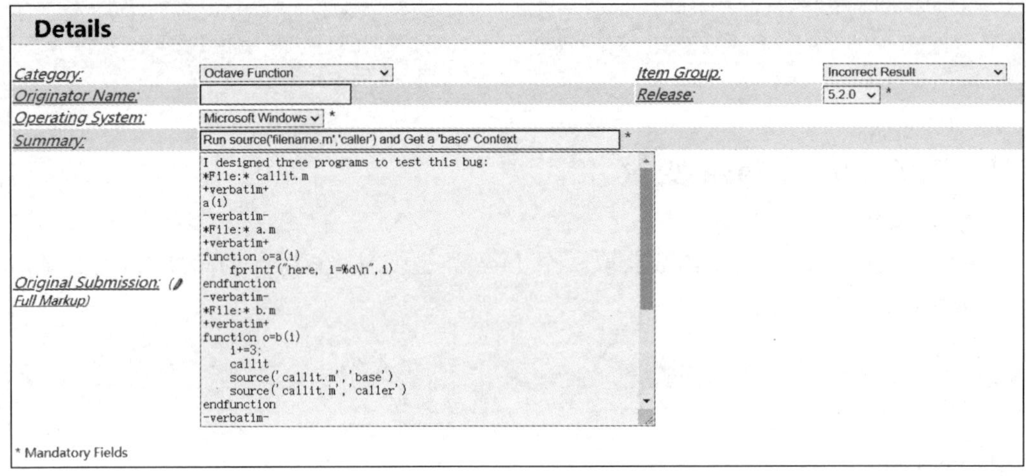

图 13-1 创建一个新的 Bug

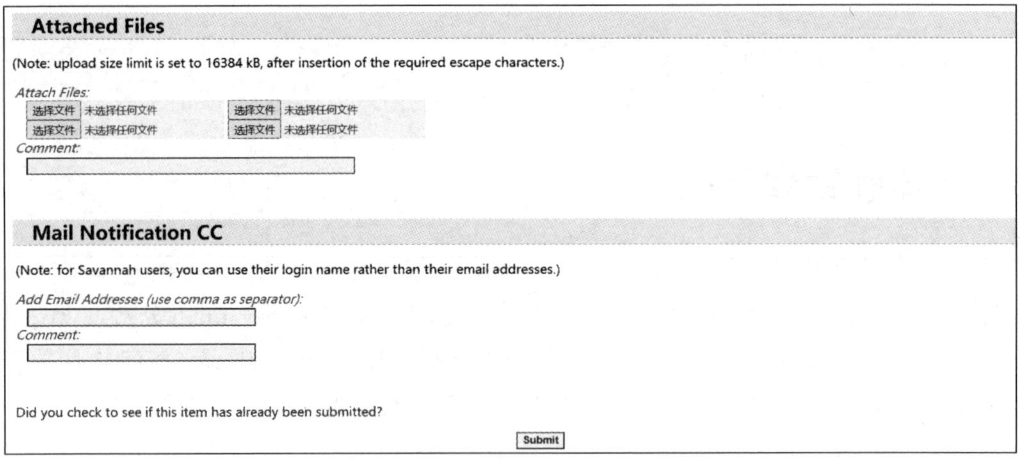

Attached Files

(Note: upload size limit is set to 16384 kB, after insertion of the required escape characters.)

Attach Files:

选择文件 未选择任何文件 选择文件 未选择任何文件

选择文件 未选择任何文件 选择文件 未选择任何文件

Comment:

Mail Notification CC

(Note: for Savannah users, you can use their login name rather than their email addresses.)

Add Email Addresses (use comma as separator):

Comment:

Did you check to see if this item has already been submitted?

Submit

图 13-2 上传附件及填写邮件抄送地址

13.4.2 跟踪 Bug

可以直接访问 Bug 所在的网址进行跟踪，Bug 页面如图 13-3 所示。

此外，我们也可以通过自己的邮箱接收关于 Bug 的最新信息。

所有人的回复均被显示在 Discussion 中。当我们想要和其他人讨论 Bug 的细节时，可以在下方单击 Quote 按钮引用回复，也可以单击 Post a Comment 按钮发送新的回复。

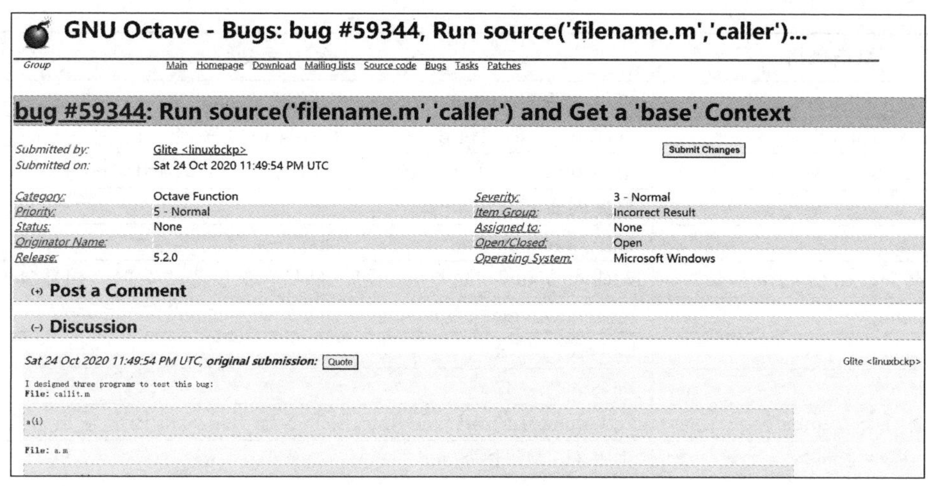

图 13-3　Bug 页面

13.5　编写与调用文档

Octave 允许生成自定义的程序文档。在 Octave 中，文档的生成属于出版的一个部分。调用 publish()函数并传入想要生成文档的程序文件名，即可通过程序文件内部的标记自动生成相应的文档。

13.5.1　文档的标题部分

文档中的 ## 或 %% 标记代表文档的标题。其中，第 1 个标题被编码为大标题，剩余的标题被编码为小标题，无论使用的是 ## 标记还是 %% 标记。在第 1 个小标题之前，publish()函数会自动生成一个 Contents 小标题，并且将所有除 Contents 之外的小标题自动生成一个目录并显示出来。生成的目录支持单击操作，在单击某个目录的小标题字样时，生成的文档也会跳转到对应小标题的页码上。

13.5.2　文档的正文部分

文档的 # 或 % 标记代表文档的正文部分。正文部分中可以使用标记符号指定进一步的生成效果。正文部分支持的渲染风格如表 13-1 所示。

表 13-1　文档正文部分支持的渲染风格

渲染风格	含　义
text	纯文本 text 字样，不做任何处理
* text *	粗体的 text 字样
text	斜体的 text 字样

续表

渲染风格	含　义
|text|	微米字体的 text 字样
<text1 text2 text3>	指向 text1 的超链接，显示为 text2、text3 字样
<octave:text1 text2 text3>	指向 text1 的 Octave 在线文档，显示为 text2、text3 字样
* text	圆点列表
# text	有序列表
<include> text.m </include>	先插入 text.m 文件中的程序，然后开始渲染之后的文档部分
<< text.png >>	插入 text.png 图片
$ text $	LaTeX 内联公式
$ $ text $ $	LaTeX 独立公式
<latex> text </latex>	LaTeX 独立公式（仅适用于 LaTeX 输出格式和 PDF 输出格式）
<tag> text </tag>	使用 HTML 标签 tag
<tag text />	使用简写的 HTML 标签 tag

注意：如果在文档部分中写入了程序语句，则这些程序语句不会被执行。

13.5.3 文档的从属关系

此外，文档注释在生成文档时会体现额外的从属关系。在最终生成的文档中，文档注释（文档的标题）和从属于这个文档注释的行注释（文档的文字部分）会显示在一个分块中。

此外，publish()函数会自动执行程序文件中的程序部分。在生成文档后：

- 如果程序部分含有文本输出，则文本输出会附加在程序之后；
- 如果程序部分含有图像输出，则图像输出会附加在程序之后。

此外，程序和运行结果是分开的。publish()函数默认：

- 将程序文件加框处理；
- 将运行结果缩进处理。

注意：如果执行的程序在同一张图像中绘制了多次，那么文档只会保留最终的图像状态。如果执行的程序生成了多个图像对象，则文档会保留所有图像对象的最终的图像状态。

下面给出一个调用 publish()函数生成文档的例子。

在外部文件 test.m 中输入如下文本：

```
##Headline Style 1 (With Contents)
#
# *bold*
#_italic_
```

```
# |monospaced|
# <https://www.octave.org hyperlink>
%
%  * Bulleted Style
%  * Bulleted Style
%
%  # Numbered Style
%  # Numbered Style

% % Headline Style 2 (With No Contents)
fprintf('publish finished')
```

然后，在 Octave 中执行如下命令：

```
>> publish('test.m')
```

即可在当前文件夹下生成一个名为 html 的文件夹。在这个文件夹下，打开 test.html 即可查看 html 格式的文档，这是因为 publish()函数默认生成 html 格式的文档。

13.5.4　生成文档时支持的可选参数

实际上，我们可以追加其他键值对形式的参数来控制 publish()函数的文档生成结果。publish()函数可以额外传入的参数如表 13-2 所示。

表 13-2　publish()函数可以额外传入的参数

键参数	值参数	含　义
format	html	输出文档的格式为 HTML 格式
	doc	输出文档的格式为 doc 格式
	latex	输出文档的格式为 LaTeX 格式
	ppt	输出文档的格式为 PPT 格式
	pdf	输出文档的格式为 PDF 格式
	xml	输出文档的格式为 XML 格式
outputDir	folder	输出文档的目标文件夹为./folder 文件夹
stylesheet	NA	不支持此键值对参数。此参数只是为了兼容 MATLAB 程序
createThumbnail	NA	不支持此键值对参数。此参数只是为了兼容 MATLAB 程序
figureSnapMethod	NA	不支持此键值对参数。此参数只是为了兼容 MATLAB 程序
imageFormat	png	输出文档中图片的格式为 png 格式
	epsc2	输出文档中图片的格式为 epsc2 格式
	jpg	输出文档中图片的格式为 jpg 格式
	bmp	输出文档中图片的格式为 bmp 格式
	tiff	输出文档中图片的格式为 tiff 格式

续表

键参数	值参数	含　义
maxWidth	200	输出文档中图片的最大宽度为 200px
	[]	保持输出文档中图片的宽度不变
maxHeight	200	输出文档中图片的最大高度为 200px
	[]	保持输出文档中图片的高度不变
useNewFigure	true	在输出文档的过程中绘制新的图像对象时创建一个新的窗口
	false	在输出文档的过程中绘制新的图像对象时复用已有的窗口
evalCode	true	在输出文档的过程中执行代码部分
	false	在输出文档的过程中不执行代码部分
catchError	true	在输出文档的过程中，如果执行代码出错，则捕获代码错误并继续输出文档
	false	在输出文档的过程中，如果执行代码出错，则不捕获代码错误并停止输出文档
codeToEvaluate	code	在输出文档的过程之前率先执行的代码语句。这些语句不会出现在输出文档中
maxOutputLines	200	输出文档的最大行数为 200 行
	Inf	输出文档的最大行数不受限制
showCode	true	在输出文档的过程中显示代码的执行结果
	false	在输出文档的过程中不显示代码的执行结果

下面给出一个同时指定输出文档的图片输出格式和输出目标文件夹的例子：

```
>> publish('octavetest.m','imageFormat',
           'tiff','outputDir','folder231ws12')
```

13.6 异常类型

13.6.1 异常捕获逻辑

在 Octave 程序执行过程中，有时不希望程序遇到异常便停止运行。对于这种情况，一种解决办法是：设计异常处理流程，将可能出现异常的部分进行包装。当程序被执行时，如果被包装的代码部分出现异常，则不会影响程序的流程，而是通过异常处理流程捕获此异常。下面介绍 Octave 支持的异常处理流程。

一种异常处理流程是使用 try-catch 组合语句。我们在 try 关键字和 catch 关键字中间写入需要异常捕获的语句，然后在 catch 关键字和 end_try_catch 关键字中间写入需要异常处理的语句，代码如下：

```
try
  f = fopen('1.mat','r')
```

```
catch
  warning('file not exist or cannot be opened')
end_try_catch
```

上面的例子中展示了一个关于打开文件的异常处理逻辑。如果打开文件 1.mat 失败，则会抛出一个警告：file not exist or cannot be opened，而如果没有异常处理逻辑，则在文件打开失败时会抛出一个错误并且停止程序的整个流程。

此外，try-catch 组合语句存在另一种写法。两种写法是等效的，代码如下：

```
try
  f = fopen('1.mat','r')
catch error
  warning('file not exist or cannot be opened')
end_try_catch
```

13.6.2　断点恢复逻辑

另一种异常处理逻辑是使用 unwind-protect 组合语句。我们在 unwind_protect 关键字和 unwind_protect_cleanup 关键字中间写入需要异常捕获的语句，而 unwind_protect_cleanup 关键字和 end_unwind_protect 关键字中间写入无论如何都需要处理的语句。

unwind-protect 组合语句的最大用处在于：保留语句之前的断点。有些语句需要临时改变变量的值。如果语句在运行中途出错，则对应的变量值将保留出错时的变量值。此时，如果配合 unwind-protect 组合语句，就可以保存执行语句之前的变量值作为断点，然后在出错时恢复断点，将不希望发生的结果恢复到出错之前的状态，代码如下：

```
clear all
i = 2;
temp_i = i;
unwind_protect
while(1)
  i = i^2;
  if(i > 10e20)
error('exceed boundary')
  endif
endwhile
unwind_protect_cleanup
i = temp_i;
end_unwind_protect
```

程序运行结果如下所示：

```
error: exceed boundary
```

该函数报错后，变量 i 的值也成功恢复到了出错之前的断点值，结果如下：

```
>> whos
Variables in the current scope:

Attr Name SizeBytes Class
==== ==== ========= =====
  i  1x1  8  double
  temp_i1x1  8  double

Total is 2 elements using 16 Bytes
```

13.7 文件后缀为 oct 类型的程序

Octave 允许使用 C++语言进行程序的编写。使用这种方式编写的程序在编译之后，会生成若干个文件后缀为 oct 的程序。每个 oct 程序都可以调用 Octave 的 API，并且作为动态链接对象加载到 Octave 中。

13.7.1 编译 oct 程序

我们使用 mkoctfile 函数编译 oct 程序。oct 程序的源码实际上是 C 语言源码、C++语言源码和/或 Fortran 语言源码。调用 mkoctfile 函数时，最简单的方式是 mkoctfile 后面直接追加文件名，代码如下：

```
>> mkoctfile test.cc
```

上面的代码编译了名为 test.cc 的 C++语言源代码，编译完成后将在相同文件夹下生成一个名为 test.oct 的文件，这个生成的文件就是对应的 oct 程序。

13.7.2 编译 oct 程序时支持的可选参数

此外，在调用 mkoctfile 函数时，我们还可以追加更多参数来决定编译时的行为。追加的参数由参数选项和参数内容共同组成。mkoctfile 函数支持的附加参数如表 13-3 所示。

表 13-3 mkoctfile 函数支持的附加参数

参数选项	参数内容	含　义
－I	DIR	指定 C++语言中的 include 部分所在的文件夹
-D	DEF	指定 C++语言中的 define 部分所在的文件夹
-l	LIB	指定 C++编译器的某些静态链接库
-L	DIR	指定 C++编译器的静态链接库部分所在的文件夹
-M		生成.d 文件

续表

参数选项	参数内容	含　义
--depend		
-R	DIR	指定 C++连接器的查找路径
-Wl		指定额外配置参数并传送到连接器
-W		指定额外配置参数并传送到组合程序
-c		额外编译选项：编译但不链接
-g		额外编译选项：编译时启用调试功能
-o		额外编译选项：指定输出可执行文件的名称
--output		额外编译选项：指定输出可执行文件的名称
-p		额外编译选项：打印配置参数
--print		额外编译选项：打印配置参数
--link-stand-alone		连接一个可执行文件
--mex		编译生成.mex 文件
-s		脱掉输出文件
--strip		
-v		显示编译时的输出内容
--verbose		
文件前缀名	.c	C 语言源码
文件前缀名	.cc	C++语言源码
文件前缀名	.cp	C++语言源码
文件前缀名	.cpp	C++语言源码
文件前缀名	.CPP	C++语言源码
文件前缀名	.cxx	C++语言源码
文件前缀名	.c++	C++语言源码
文件前缀名	.C	C++语言源码
文件前缀名	.f	Fortran 语言源码
文件前缀名	.F	Fortran 语言源码
文件前缀名	.f90	Fortran 语言源码
文件前缀名	.F90	Fortran 语言源码
文件前缀名	.o	对象文件
文件前缀名	.a	库文件

此外，mkoctfile 函数可用并且生效的配置参数如表 13-4 所示。

表 13-4　mkoctfile 函数可用并且生效的配置参数

配置参数	配置参数
ALL_CFLAGS	CC
ALL_CXXFLAGS	CFLAGS
ALL_FFLAGS	CPICFLAG
ALL_LDFLAGS	CPPFLAGS
BLAS_LIBS	CXX

续表

配置参数	配置参数
CXXFLAGS	LIBDIR
CXXPICFLAG	LIBOCTAVE
DL_LD	LIBOCTINTERP
DL_LDFLAGS	OCTAVE_LINK_OPTS
F77	OCTINCLUDEDIR
F77_INTEGER8_FLAG	OCTAVE_LIBS
FFLAGS	OCTAVE_LINK_DEPS
FPICFLAG	OCTLIBDIR
INCFLAGS	OCT_LINK_DEPS
INCLUDEDIR	OCT_LINK_OPTS
LAPACK_LIBS	RDYNAMIC_FLAG
LDFLAGS	SPECIAL_MATH_LIB
LD_CXX	XTRA_CFLAGS
LD_STATIC_FLAG	XTRA_CXXFLAGS
LFLAGS	

mkoctfile 函数可用但不生效的配置参数如表 13-5 所示。

表 13-5 mkoctfile 函数可用但不生效的配置参数

配置参数	配置参数
AR	FFTW3_LIBS
DEPEND_EXTRA_SED_PATTERN	FFTW_LIBS
DEPEND_FLAGS	FLIBS
FFTW3F_LDFLAGS	LIBS
FFTW3F_LIBS	RANLIB
FFTW3_LDFLAGS	READLINE_LIBS

13.7.3 编译 oct 程序时支持的环境变量

此外，mkoctfile 函数在编译时支持以键值对形式设置环境变量。可以在 Octave 中预先设定环境变量 OCTAVE_HOME 和 OCTAVE_EXEC_HOME，然后可以追加以下环境变量名，配合实际的路径，使以下环境变量生效，如表 13-6 所示。

表 13-6 mkoctfile 函数在编译时支持的环境变量

环境变量	环境变量
API_VERSION	DATAROOTDIR
ARCHLIBDIR	DEFAULT_PAGER
BINDIR	EXEC_PREFIX
CANONICAL_HOST_TYPE	EXEEXT
DATADIR	FCNFILEDIR

续表

环境变量	环境变量
IMAGEDIR	LOCALVEROCTFILEDIR
INFODIR	MAN1DIR
INFOFILE	MAN1EXT
LIBEXECDIR	MANDIR
LOCALAPIARCHLIBDIR	OCTAVE_EXEC_HOME
LOCALAPIFCNFILEDIR	OCTAVE_HOME
LOCALAPIOCTFILEDIR	OCTAVE_VERSION
LOCALARCHLIBDIR	OCTDATADIR
LOCALFCNFILEDIR	OCTDOCDIR
LOCALOCTFILEDIR	OCTFILEDIR
LOCALSTARTUPFILEDIR	OCTFONTSDIR
LOCALVERARCHLIBDIR	STARTUPFILEDIR
LOCALVERFCNFILEDIR	

13.7.4 oct 程序从编译到运行

在代码文件被编译为 oct 程序之后，只要确保定义好的函数名和 oct 文件的文件名一致，就可以直接使用定义好的函数名对程序进行调用。下面给出一个 oct 程序从源码编写到调用的例子。

oct 程序源码文件如下：

```
#include <octave/oct.h>

DEFUN_DLD (helloworld, args, nargout,
  "Hello World Help String")
{
  octave_stdout << "Hello World has "
<< args.length () << " input arguments and "
<< nargout << " output arguments.\n";

  //Return empty matrices for any outputs
  octave_value_list retval (nargout);
  for (int i = 0; i < nargout; i++)
retval(i) = octave_value (Matrix ());

  return retval;
}
```

在编译 oct 程序时，必须引入库文件 octave/oct.h，以提供 Octave 适用于 oct 程序的接口。随后，对于要编译的函数而言，必须使用 DEFUN_DLD 宏定义并传入 4 个参数：

- 第 1 个参数是函数名；
- 第 2 个参数是输入参数；
- 第 3 个参数是输出参数的数量；
- 第 4 个参数是函数被 help 指令调用时的显示内容。

在编辑完源码之后，可以调用如下函数：

```
>> mkoctfile helloworld.cc
```

进行源码编译，编译后生成 helloworld.oct 文件，然后在同一个文件夹之下输入：

```
>> helloworld (1, 2, 3)
```

运行此程序，结果如下：

```
Hello World has 3 input arguments and 0 output arguments.
```

13.8 结构体

Octave 支持结构体类型数据存储格式。结构体的数据内容为键值对的格式，在一个结构体之内，每个分量使用一对键值对参数进行定义。一般而言，我们要获取的值指的是键值对中的值。

1. 初始化结构体

初始化结构体类型的数据只需调用 struct()函数，代码如下：

```
>> a = struct()
```

上面的代码将生成一个空的结构体数据。

```
>> a = struct("a",1)
```

上面的代码将生成一个一对一的键值对。

```
>> a = struct("a",{})
```

上面的代码将生成一个值为空的键值对。

```
>> a = struct("a",{{1}})
```

上面的代码将生成一个一对一的键值对，使用一个元胞传入一个元胞类型的值。

```
>> a = struct("a",[1,2,3])
```

上面的代码将生成一个一对多的键值对，使用一个数组传入 3 个数值类型的值。

```
>> a = struct("a",{1,2,3})
```

上面的代码将生成一个一对多的键值对，使用一个元胞传入 3 个数值类型的值。

注意：对于一个一对多的键值对，如果在结构体定义时使用了花括号定义，则不允许进一步索引。其原因是 struct()函数使用元胞类型传值之后，直接将值存储为逗号分隔列表，而逗号分隔列表是不允许被索引的。

---

2. 索引结构体

索引支持圆括号索引方式和点号索引方式，代码如下：

```
>> a.a
ans =

123

>> a(1)
ans =

  scalar structure containing the fields:

a =

123

b =
{
[1,1] = 4
}

c = 5
```

可以看出，在结构体数据类型当中使用点号索引的效率更高。只要知道键值对的键名，就可以通过键名直接进行点号索引。在键值对存储中，键必须唯一，因此调用时只需对键名进行调用。

3. 结构体插入键或更新值

使用点号索引的方式插入一个新的键，代码如下：

```
>> a = struct()
a =

  scalar structure containing the fields:


>> a.a = 1
a =

  scalar structure containing the fields:

a = 1
```

本例在一个空的结构体中，使用点号索引配合赋值的方式向这个结构体插入了一个键值对。如果键名已经在结构体中，则赋值操作会更新值的内容，代码如下：

```
>> a.a = 1
a =

  scalar structure containing the fields:

a = 1

>> a.a = 2
a =

  scalar structure containing the fields:

a = 2
```

13.9 类

13.9.1 类的定义方式

Octave 使用 classdef 关键字和 endclassdef 关键字定义一个类。类的定义使用 classdef 关键字开始，使用 endclassdef 关键字或 end 关键字结束，代码如下：

```
#!/usr/bin/octave
# 第 13 章/classdef_empty.m
classdef classdef_empty
endclassdef
```

如果在命令窗口中对类进行定义，则会报类似的错误：

```
>> classdef a
parse error:

  syntax error

>>> classdef a
```

注意：在定义一个类时，必须将类放入外部文件才能成功定义。我们无法在命令窗口中定义一个类。此外，类文件名需要和类名一致，这样才能成功实例化。

13.9.2 成员变量的定义方式

Octave使用properties关键字和endproperties关键字定义成员变量。成员变量的定义使用properties关键字开始，使用endproperties关键字或end关键字结束，代码如下：

```
#!/usr/bin/octave
# 第13章/classdef_state.m
classdef classdef_state
 properties
  a = 0;
 endproperties
endclassdef
```

13.9.3 成员常量的定义方式

在类的定义中，允许将参数Constant设定为true来定义一个成员常量。成员常量只能至多被初始化一次，代码如下：

```
#!/usr/bin/octave
# 第13章/classdef_constant.m
classdef classdef_constant
 properties(Constant = true)
  a = 0;
 endproperties
endclassdef
```

13.9.4 方法

Octave使用methods关键字和endmethods关键字定义普通方法。普通方法的定义使用methods关键字开始，使用endmethods关键字或end关键字结束，代码如下：

```
#!/usr/bin/octave
# 第 13 章/classdef_state_methods.m
classdef classdef_state_methods
 methods
  function o = a(in)
o = in;
for i = 1:10
 o += i;
endfor
  endfunction
 endmethods
endclassdef
```

13.9.5 静态方法

在类的定义中，允许设置 Static 参数为 true，将这个方法设定为静态方法。静态方法无须实例化即可直接调用，代码如下：

```
#!/usr/bin/octave
# 第 13 章/classdef_static.m
classdef classdef_static
 methods
  function this = classdef_static()
  endfunction
 endmethods
 methods(Static = true)
  function r = change_this(r)
r * = 2;
endfunction
endmethods
endclassdef
```

此外，还可以将函数文件视为在类外部定义的方法。步骤如下：

- 在类文件的同级目录下新建一个文件夹；
- 将类文件和函数文件统一放入该文件夹中；
- 将该文件夹改名为类名，并且加上@前缀。

代码如下：

```
#!/usr/bin/octave
# 第 13 章/@classdef_state_methods_ext/classdef_state_methods_ext.m
classdef classdef_state_methods_ext
 methods
  function this = classdef_state_methods_ext()
```

```
fprintf('%s\n','instantiation complete!')
  endfunction
 endmethods
 methods
  this = ext1(this)
 endmethods
 methods
  this = ext2(this)
 endmethods
endclassdef

#!/usr/bin/octave
# 第 13 章/@classdef_state_methods_ext/ext1.m
function this = ext1(this)
 fprintf('calls the 1st ext method!\n')
endfunction

#!/usr/bin/octave
# 第 13 章/@classdef_state_methods_ext/ext2.m
function this = ext2(this)
 fprintf('calls the 2nd ext method!\n')
endfunction

>> a = classdef_state_methods_ext;
instantiation complete!
>> a.ext1;
calls the 1st ext method!
>> a.ext2;
calls the 2nd ext method!
```

注意：在使用外部定义方法时有额外限制，只有在类文件中声明的函数才能被调用；方法必须在类文件中定义而不实现；函数文件名中不能出现点号。

13.9.6　访问权限

1）成员变量的访问权限

在类的定义中，允许设置 Access 参数来设定成员变量的访问权限。可供设定的权限包含 public、private 和 protected。

- 当成员变量的访问权限为 public 时，在任何上下文中都可以访问这个成员变量；
- 当成员变量的访问权限为 private 时，只能通过同类中的方法访问这个成员变量，但成员变量不能被子类访问；
- 当成员变量的访问权限为 protected 时，只能通过同类中的方法访问这个成员变量，而且成员变量可以被子类访问。

下面给出 3 种成员变量的访问权限的用例,代码如下:

```
#!/usr/bin/octave
# 第 13 章/classdef_state_access_properties.m
classdef classdef_state_access_properties
    properties(Access = public)
        a = 1;
    endproperties
    properties(Access = protected)
        b = 2;
    endproperties
    properties(Access = private)
        c = 3;
    endproperties
endclassdef
```

此外,还可以通过 SetAccess 和 GetAccess 变量来分别设定成员变量的控制权限和获取权限。二者可供设定的权限同样包含 public、private 和 protected,且规则和 Access 变量设定规则一致,代码如下:

```
#!/usr/bin/octave
# 第 13 章/classdef_state_access_set_get.m
classdef classdef_state_access_set_get
    properties(Access = public)
        a = 1;
    endproperties
    properties(GetAccess = protected)
        b = 2;
    endproperties
    properties(SetAccess = private)
        c = 3;
    endproperties
endclassdef
```

注意:成员变量默认的设定权限为 public 权限,即获取权限和访问权限均为 public。

2) 方法的访问权限

在类的定义中,允许设置 Access 参数来设定方法的访问权限。可供设定的权限包含 public、private 和 protected。

- 当方法的访问权限为 public 时,在任何上下文中都可以调用这个方法;
- 当方法的访问权限为 private 时,只能通过同类中的其他方法调用这个方法,但方法不能被子类访问;

- 当方法的访问权限为 protected 时，只能通过同类中的其他方法调用这个方法，而且方法可以被子类访问。

我们可以发现，成员变量的访问权限和方法的访问权限一致，访问权限表格如表 13-7 所示。

表 13-7 访问权限

变量	任何上下文中可调用	子类可访问	同类其他方法可调用
public	√	√	√
protected	×	√	√
private	×	×	√

下面给出 3 种方法的访问权限的用例，代码如下

```
#!/usr/bin/octave
# 第 13 章/classdef_state_access.m
classdef classdef_state_access
    methods(Access = public)
        function this = public_access(this)
        endfunction
    endmethods
    methods(Access = protected)
        function this = protected_access(this)
        endfunction
    endmethods
    methods(Access = private)
        function this = private_access(this)
        endfunction
    endmethods
endclassdef
```

注意：方法的默认的访问权限为 public。此外，SetAccess 和 GetAccess 变量也可以用于方法，但这种用法没有意义，不建议将 SetAccess 和 GetAccess 变量用于方法的访问权限设定。

13.9.7 实例化一个对象

Octave 类的实例化较为简单，直接输入类名即可完成类的实例化。此外，也可以根据实例化的参数需求来传入参数，代码如下：

```
>> a = classdef_empty
a =
```

```
<object classdef_empty>

>> a = classdef_empty(1,2,3)
a =

<object classdef_empty>
```

13.9.8 构造方法

1）构造方法的定义

我们还可以编写一个与类名同名的方法，而且此方法可以不传入参数，此时这个方法即为构造方法。构造方法在对象实例化的同时被自动调用，代码如下：

```
#!/usr/bin/octave
# 第 13 章/classdef_state_builder.m
classdef classdef_state_builder
 methods
  function o = classdef_state_builder()
fprintf('%s\n','instantiation complete!')
  endfunction
 endmethods
endclassdef

>> clear all
>> classdef_state_builder
instantiation complete!
```

注意： 如果在对象实例化时不传入参数或传入错误数量的参数，即便传入的参数不符合构造方法的参数要求，实例化也将成功。

2）自动调用构造方法的限制

如果在对象实例化时传入的参数和构造方法要求传入的参数数量不匹配，则构造方法可能不会被自动调用，限制如下：

- 如果对象实例化时传入的参数大于或等于构造方法要求传入的参数数量，则构造方法仍然会被自动调用，实际传入构造方法的参数在对象实例化时传入的参数列表中从前往后依次取值；
- 如果对象实例化时传入的参数小于构造方法要求传入的参数数量，则构造方法不会被自动调用，并且实例化失败。

下面的代码展示在对象实例化时传入的参数和构造方法要求传入的参数数量不匹配时自动调用构造方法在不同限制下的表现：

```
#!/usr/bin/octave
# 第 13 章/classdef_state_builder_with_params.m
classdef classdef_state_builder_with_params
    methods
        function o = classdef_state_builder_with_params(a)
            fprintf('%s%s\n','instantiation complete, the argin is ', a)
        endfunction
    endmethods
endclassdef

>> a = classdef_state_builder_with_params;
error: 'a' undefined near line 6 column 71
error: called from
    classdef_state_builder_with_params at line 6 column 13
>> classdef_state_builder_with_params('''first argin''');
instantiation complete, the argin is 'first argin'
>> classdef_state_builder_with_params('''first argin''','''second argin''');
instantiation complete, the argin is 'first argin'
```

3）解除自动调用构造方法的限制

可以借助于可变函数列表，解除自动调用构造方法的限制，无论是否有参数传入构造方法、无论传入构造方法的参数数量是否正确，都可以自动调用构造方法，而且使用对象实例化时传入的参数，代码如下：

```
#!/usr/bin/octave
# 第 13 章/classdef_state_builder_with_varargin.m
classdef classdef_state_builder_with_varargin
    methods
        function o = classdef_state_builder_with_varargin(varargin)
            fprintf('%s\n','instantiation complete with any amount of argins!')
        endfunction
    endmethods
endclassdef

>> classdef_state_builder_with_varargin;
instantiation complete with any amount of argins!
>> classdef_state_builder_with_varargin('argin0');
instantiation complete with any amount of argins!
>> classdef_state_builder_with_varargin('argin0','argin1');
instantiation complete with any amount of argins!
```

注意：当在构造方法中传入的参数列表为空时，虽然也可以无限制自动调用构造方法，但是构造方法无法使用对象实例化时传入的参数。借助于可变函数列表，既可以无限制自动调用构造方法，又可以使用对象实例化时传入的参数。

4）手动调用构造方法

此外，可以手动调用构造方法。手动调用构造方法和调用普通方法的操作相同，代码如下：

```
>> a = classdef_state_builder;
instantiation complete!
>> a.classdef_state_builder;
instantiation complete!
```

13.9.9 向方法中传入自身实例

为方法传入参数时，传入参数列表的第一个参数指的就是它所在类的自身实例（无论传入参数列表的第一个参数的名字叫什么）。然后，可以使用点号对实例中的成员变量和成员常量进行索引，代码如下：

```
#!/usr/bin/octave
# 第 13 章/classdef_state_obj.m
classdef classdef_state_obj
 properties
  prop1
 endproperties

 methods
  function this = set_prop1(this, val)
this.prop1 = val;
  endfunction
 endmethods
endclassdef

>> clear all
>> a = classdef_state_obj;
>> a.set_prop1(2)
ans =

<object classdef_state_obj>
```

此外，只要一个方法传入了自身实例，那么就可以调用这个实例中的其他方法，代码如下：

```
#!/usr/bin/octave
# 第 13 章/classdef_state_obj_methods.m
classdef classdef_state_obj_methods
 properties
  prop1
```

```
  endproperties
  methods
   function this = another_method(this)
fprintf('called 2\n')
   endfunction
  endmethods
  methods
   function this = set_prop1(this, val)
another_method(this)
this.prop1 = val;
   endfunction
  endmethods
endclassdef

>> clear all
>> a = classdef_state_obj_methods;
>> a.set_prop1(2);
called 2
ans =

< object classdef_state_obj_methods >
```

注意：在调用方法时，无须指定传入参数列表的第一个参数。如果一个方法在定义时需要传入 3 个参数，则在调用时只需传入两个参数。

此时，如果 classdef_state_obj_methods 类中的 another_method()方法没有传入 this 参数(也就是类的自身实例)，则 a.set_prop1()方法将报错，代码如下：

```
#!/usr/bin/octave
# 第 13 章/classdef_state_obj_methods_error.m
classdef classdef_state_obj_methods_error
 properties
  prop1
 endproperties
 methods
  function this = another_method(this)
fprintf('called 2\n')
  endfunction
 endmethods
 methods
  function this = set_prop1(this,val)
another_method()
this.prop1 = val;
  endfunction
```

```
  endmethods
endclassdef

>> clear all
>> a = classdef_state_obj_methods_error;
>> a.set_prop1(2);
error: 'another_method' undefined near line 14 column 13
error: called from
  set_prop1 at line 14 column 13
```

13.9.10 继承

可以使用小于号"＜"定义一个子类，并表示继承关系，代码如下：

```
#!/usr/bin/octave
# 第 13 章/classdef_subclass.m
classdef classdef_subclass < classdef_state_builder
    methods
        function o = classdef_subclass()
            fprintf('%s\n','instantiates a subclass!')
        endfunction
    endmethods
endclassdef

>> a = classdef_subclass
instantiation complete!
instantiates a subclass!
a =

<object classdef_subclass>
```

在上面的代码中，classdef_subclass 的父类是 classdef_state_builder，二者存在继承关系。在实例化一个 classdef_subclass 对象时，先从它的父类 classdef_state_builder 开始实例化。在输出结果中体现为先执行父类的构造方法并输出"instantiation complete!"，然后执行子类的构造方法并输出"instantiates a subclass!"。

此外，还可以为子类再派生出孙子类，代码如下：

```
#!/usr/bin/octave
# 第 13 章/classdef_another_subclass.m
classdef classdef_another_subclass < classdef_subclass
    methods
        function o = classdef_another_subclass()
            fprintf('%s\n','instantiates another subclass!')
        endfunction
```

```
    endmethods
endclassdef

>> a = classdef_another_subclass
instantiation complete!
instantiates a subclass!
instantiates another subclass!
a =

< object classdef_another_subclass >
```

注意：Octave 不允许多重继承。

13.9.11　句柄类

Octave 提供了另一种类的实现，称为句柄类。句柄类是通过继承方式实现的，只要一个类继承了 handle 类，它就属于句柄类。定义一个句柄类的代码如下：

```
#!/usr/bin/octave
# 第 13 章/classdef_state_obj_handle.m
classdef classdef_state_obj_handle < handle
 properties
  prop1
 endproperties

 methods
  function this = set_prop1(this, val)
this.prop1 = val;
  endfunction
 endmethods
endclassdef
```

句柄类和普通类的区别主要体现在对象复制上。

13.9.12　普通类的对象复制

可以直接使用赋值运算符复制一个普通对象。如果一个变量被另一个普通对象复制，则 Octave 会为这个变量立刻复制一份当前的对象，并且这两个对象之间互不影响，代码如下：

```
>> a = classdef_state_obj_methods;
>> a.prop1 = 1;
>> b = a;
```

```
>> b.prop1 = 2;
>> a.prop1
ans = 1
>> b.prop1
ans = 2
```

13.9.13 句柄类的对象复制

可以直接使用赋值运算符复制一个 handle 对象。如果一个变量被另一个 handle 对象复制，则使用 handle 类生成的对象在复制前后指向同一个对象，对两个变量的操作相当于对同一个 handle 类进行操作，代码如下：

```
>> clear all
>> a = classdef_state_obj_handle;
>> a.prop1 = 1;
>> b = a;
>> b.prop1 = 2;
>> a.prop1
ans = 2
>> b.prop1
ans = 2
```

13.9.14 方法重载

方法重载和函数重载的规则一致，含有两种重载方式，通常使用第一种函数的重载方式。只要在子类中重新实现同名方法，即可实现第一种方法的重载方式。代码如下：

```
#!/usr/bin/octave
# 第 13 章/methods_overload_bottom.m
classdef methods_overload_bottom
    methods
        function function_overload(Static = true)
            fprintf('call function in methods_overload_bottom\n')
        endfunction
    endmethods
endclassdef

#!/usr/bin/octave
# 第 13 章/methods_overload_top.m
classdef methods_overload_top < methods_overload_bottom
    methods
        function function_overload(Static = true)
            function_overload@methods_overload_bottom
```

```
            fprintf('call function in methods_overload_top\n')
            function_overload@methods_overload_bottom
        endfunction
    endmethods
endclassdef
```

在上面的代码中,类 methods_overload_top 继承了类 methods_overload_bottom,并且类 methods_overload_top 对 function_overload()方法进行了方法重载。

13.9.15 调用没有被方法重载的超类方法

由于子类将继承超类的所有方法,因此,如果一个方法没有被重载过,则直接调用此方法即可,无须特别的写法。代码如下:

```
>> a = classdef_another_subclass;
instantiation complete!
instantiates a subclass!
instantiates another subclass!
>> a.classdef_subclass;
instantiates a subclass!
```

此外,在调用没有被方法重载的超类方法时,也可以写成调用被方法重载的超类方法的形式,详见 13.9.16 节。

13.9.16 调用被方法重载的超类方法

有时需要对某个方法进行方法重载,同时又需要调用被方法重载的函数,此时就需要调用被方法重载的超类方法。

调用被方法重载的超类方法的实现方法实质上是通过句柄来实现的。在调用的方法名后紧跟一个@符号,然后是要调用的方法所在的超类。这个超类可以不是父类,祖父类也可以使用该方法进行调用。代码如下:

```
>> a = methods_overload_top;
>> a.function_overload
call function in methods_overload_bottom
call function in methods_overload_top
call function in methods_overload_bottom
```

在上面的代码中,在类 methods_overload_top 中分别调用了两次被方法重载的超类方法,结果均调用成功。

但是,调用被方法重载的超类方法有特殊的限制。调用被方法重载的超类方法只能发生在以下两种上下文当中:

- ❑ 普通方法内部；
- ❑ 构造方法内部。

在除此之外的上下文中调用被方法重载的超类方法会报错：

```
>> function_overload@methods_overload_bottom
error: superclass calls can only occur in methods or constructors
```

13.10 类 Linux 命令调用

在 Linux 系统中，可以使用 system()函数在 Octave 的命令行窗口中执行 Shell 命令或者 DOS 命令。system()函数接收一个参数，这个参数代表要执行的 Shell 命令，代码如下：

```
>> system('ls')
```

执行这个函数之后将显示当前文件夹中的文件夹和文件。

此外，Octave 除了可以调用系统 Shell 命令之外，还内置了一些带有 Linux 命令风格的函数，代码如下：

```
>> ls
```

上面的代码会显示当前文件夹中的文件夹和文件。

```
>> cd
```

上面的代码会切换当前文件夹。

```
>> pwd
```

上面的代码会显示当前文件夹的路径。

13.11 封装工具箱

Octave 的工具箱使用 tar 格式打包，并且使用 gzip 格式压缩。封装时，先对整个目录进行打包，再执行压缩，得到的 tarball 就是一个可以被使用的工具箱。

一个有效的工具箱可能含有以下组成部分：

(1) package/CITATION 文件是可选的。package/CITATION 文件用于描述如何引用工具箱。在调用 Octave 的 citation 函数时会显示其中的内容。

（2）package/COPYING 文件是必须存在的。package/COPYING 文件用于存放工具箱的 license。原则上，一个工具箱的 license 应该是任意的。

（3）package/DESCRIPTION 是必须存在的。package/DESCRIPTION 文件用于描述工具箱的信息。

（4）package/ChangeLog 文件是可选的。package/ChangeLog 文件用于描述版本更新的内容。

（5）package/INDEX 文件是可选的。package/INDEX 文件用于将工具箱中的函数列出。

（6）package/NEWS 文件是可选的。package/NEWS 文件用于描述值得注意的版本更新内容。

（7）package/ONEWS 文件是可选的。package/ONEWS 文件用于描述值得注意的历史版本更新内容。

（8）package/PKG_ADD 文件是可选的。package/PKG_ADD 文件用于在加载工具箱时自动加载其他工具箱。

（9）package/PKG_DEL 文件是可选的。package/PKG_DEL 文件用于在释放工具箱资源时自动释放其他工具箱。

（10）package/pre_install. m 文件是可选的。如果在 package/DESCRIPTION 文件中指定了执行此部分，则 package/pre_install. m 文件在安装工具箱之前自动执行。

（11）package/post_install. m 文件是可选的。如果在 package/DESCRIPTION 文件中指定了执行此部分，则 package/post_install. m 文件在安装工具箱完成时自动执行。

（12）package/on_uninstall. m 文件是可选的。如果在 package/DESCRIPTION 文件中指定了执行此部分，则 package/on_uninstall. m 文件在卸载工具箱时自动执行，并且优先于工具箱的卸载步骤。

（13）package/inst 文件夹是可选的。package/inst 文件夹中放置要安装的程序文件。

（14）package/src 文件夹是可选的。package/src 文件夹中放置要安装的程序源码。其中，源码在安装时会被编译。在编译完成后，如果文件夹之下存在一个名为 FILES 的描述文件，则在 FILES 描述文件中提及的文件会被复制到 package/inst 文件夹中。

（15）package/doc 文件夹是可选的。package/doc 文件夹中放置工具箱的文档。

（16）package/bin 文件夹是可选的。package/bin 文件夹中放置安装及卸载过程中需要调用的文件。

13.12 日期时间函数

Octave 支持多种日期时间函数，可以满足多种关于日期时间的需求。在跨软件交互的过程中，我们也常用日期时间函数对传入的日期时间格式进行转换。

13.12.1 时间戳

对于一款软件而言，时间参数的最直接表示方式就是时间戳。

时间戳在 Octave 内部可以是以秒计算的数字，这个数值可以调用 time()函数显示出来，代码如下：

```
>> time
ans = 1601940530.82444
```

例子中的 time()未加参数而直接调用，返回的是系统时钟在 Octave 内部描述下的时间戳。在 Octave 中，time()只用于获得时间戳，不允许在调用 time()函数时传入任何参数。

注意： Octave 内部时间戳的 0 时间为 1970 年 1 月 1 日，然后加上时区偏移量。

13.12.2 时间字符串

此外，Octave 还提供了 ctime()函数，将 Octave 的内部时间戳转化为可读的时间字符串，代码如下：

```
>> ctime(time)
ans = Tue Oct 06 07:31:19 2020
```

13.12.3 本地时间

localtime()函数可以将一个时间戳包装成结构体的形式，因此，调用该函数时必须传入一个参数，传入的参数被视为一个时间戳，代码如下：

```
>> localtime(0)
ans =

  scalar structure containing the fields:

    usec = 0
    sec = 0
    min = 0
    hour = 8
    mday = 1
    mon = 0
    year = 70
    wday = 4
    yday = 0
```

```
    isdst = 0
    gmtoff = 0
    zone = CST
```

在例子中，将“0”时间戳传入 localtime()函数，得到了 Octave 对于 0 时间的精确定义。可以发现，Octave 认为 0 时间是 1970 年 1 月 1 日 8 时 0 分 0s(CST)。

注意：localtime()生成的结构体的年份从 1900 开始计数，月份从 0 开始计数，天数从 1 开始计数。

将时间戳变为 1，并且继续调用 localtime()函数，可以得到以下结果：

```
>> localtime(1)
ans =

  scalar structure containing the fields:

    usec = 0
    sec = 1
    min = 0
    hour = 8
    mday = 1
    mon = 0
    year = 70
    wday = 4
    yday = 0
    isdst = 0
    gmtoff = 28800
    zone = CST
```

可以看到，在调用 localtime()函数后得到的结构体中，sec 的值变为 1，代表秒数增加 1，而其他值均未改变，这也证明了 Octave 的时间戳是以秒为单位的。

13.12.4　世界时间

gmtime()函数的用法和 localtime()函数的用法相同，唯一的区别是 gmtime()函数返回的结构体考虑了时区对时间的影响，而 localtime()则不考虑时区对时间的影响。

13.12.5　将时间结构体解析为时间戳

mktime()函数用于将时间结构体解析为对应的时间戳，可以认为 mktime 是 gmtime()函数或者 localtime()函数的逆运算，代码如下：

```
>> mktime (localtime (time ()))
ans = 1601980908.10537
>> mktime (gmtime (time ()))
ans = 1601952112.77924
```

13.12.6 将时间结构体解析为时间字符串

asctime()函数用于将时间结构体解析为可读的时间字符串，代码如下：

```
>> asctime (localtime (time ()))
ans = Tue Oct 06 18:45:20 2020
```

13.12.7 当前时间

如果不想得到以秒为单位的时间参数，则可以使用 now()函数。now()函数可以返回以"日期+时间"为单位的时间参数。这个参数由 datenum()函数所定义，代码如下：

```
>> now
ans = 738174.26837
```

13.12.8 日期字符串

date()函数用于返回格式化之后的日期字符串，代码如下：

```
>> date
ans = 06 - Oct - 2020
```

13.12.9 将时间数组解析为天数

datenum()函数定义的是一个包装好的并以日期和时间为结构的一个数组。该函数接收数组之后，将数组中的内容按照年、月、日、时、分、秒的分量进行解析，最后叠加输出一个天数值，代码如下：

```
>> datenum([0,0,0,3,0,0])
ans = 0.12500
```

其中，传入的数组表示的年、月、日、分、秒的分量为 0，代表 0 年、0 月、0 日、0 分、0 秒，而表示的时的分量为 3，代表 3 时。输出的结果就是 3 时折合成的天数，也就是 0.125 天。

注意：datenum()函数接收的年、月、日、时、分、秒均可以为负数，而且均可以为浮点数。

datenum()函数允许将日期和时间分量分成不同参数进行传入。分成不同参数后，datenum()函数将第1个参数视为年，将第2个参数视为月，将第3个参数视为日，将第4个参数视为时，将第5个参数视为分，将第6个参数视为秒。

在datenum()函数中对月分量有特殊的处理逻辑，小于0的月均视为一月，代码如下：

```
>> datenum(-1.1,-1.1,-1.1,-1,-1,-1)
ans = -402.64
>> datenum(-1.1,-100,-1.1,-1,-1,-1)
ans = -402.64
```

在这个例子中，将datenum()函数传入的月分量从一个负数变为另一个负数后，得到的天数换算结果没有变化。

此外，datenum()函数支持以格式化之后的日期字符串作为输入的参数，然后返回换算而成的天数，代码如下：

```
>> datenum(date)
ans = 738070
```

注意：如果使用日期字符串进行天数的换算，则Octave天数从0年1月1日开始计算，而且最小值为1。

13.12.10 将时间数组解析为日期字符串

datestr()函数用于生成格式化日期和时间字符串。在使用datestr()函数时，需要至少传入一个参数，该参数本身是一个表示日期的字符串。最简单的用法就是直接传入date()函数的返回值或者now()函数的返回值，代码如下：

```
>> datestr(date)
ans = 06-Oct-2020
```

在使用格式化之后的日期和时间字符串时，还可以追加参数来确定字符串的格式。支持的参数包括格式化字符串和年份的前缀数字。格式化字符串使用不同的字母表示格式化后的不同日期和时间元素放置的位置，其详细支持内容与含义如表13-8所示。

表 13-8 格式化日期和时间字符串参数的详细支持内容与含义

格式化字符串	含义
yyyy	四位数的年份
yy	两位数的年份
mmmm	月份的英文单词
mmm	月份的英文单词,取前 3 个字母作为缩略词
mm	两位数的月份,如果月份不足两位数则填 0 补充
m	月份的英文单词,取首字母并大写
dddd	星期的英文单词
ddd	星期的英文单词,取前 3 个字母作为缩略词
dd	两位数的日期,如果日期不足两位数则填 0 补充
d	星期的英文单词,取首字母并大写
HH	两位数的小时,如果小时不足两位数则填 0 补充
	一位数的小时,如果增加了 AM 参数或者 PM 参数
MM	两位数的分钟,如果分钟不足两位数则填 0 补充
SS	两位数的秒,如果秒不足两位数则填 1 补充
FFF	三位数的毫秒,如果毫秒不足两位数则填 2 补充
AM	使用 12h 制
PM	使用 12h 制

其中,格式化字符串可以任意组合,在传入 datestr()函数时追加在第 1 个参数之后,代码如下:

```
>> datestr(now,"HH:MM:SS - FFF PM")
ans = 6:04:54 - 353 PM
```

13.12.11 将当前时间解析为时间数组

datevec()函数将一个时间参数解析为一个存储时间数字的矩阵,代码如下:

```
>> datevec(now)
ans =

  2020.0000    10.0000     6.0000    18.0000    17.0000    52.1862

>> datevec(date)
ans =

  2020    10     6     0     0     0
```

相应地,datevec()函数也支持手动指定时间字符串的格式,代码如下:

```
>> datevec("01 - 01 - 2020","MM - DD - YYYY")
ans =

  2020     1     1     0     1     0
```

13.12.12　时间运算

addtodate()函数用于向时间数字之内快速加上某个单位的时间，返回总体增加的天数，省去了换算的步骤。例如，如果想要在0时间的基础上加上3个月零2小时，则可以通过如下步骤得到想要的天数：

```
>> a = 0;
>> a = addtodate(a,3,"month");
>> a = addtodate(a,2,"hour")
a = 91.083
```

13.12.13　日历矩阵

calendar()函数用于生成一个日历矩阵。矩阵的内容在打印出来后显示为月历的样式。如果直接调用calendar()函数则返回当前日期所在的日历，并且在当前表示的日期旁边以星号标注。此外，calendar()函数还可以指定日期。为calendar()函数指定日期最直接的方式是传入时间数字，代码如下：

```
>> calendar(1000000)
                Nov 2737
     S    M   Tu    W   Th    F     S
     0    1    2    3    4    5     6
     7    8    9   10   11   12    13
    14   15   16   17   18   19    20
    21   22   23   24   25   26  * 27
    28   29   30    0    0    0     0
     0    0    0    0    0    0     0
```

如果想要直观地输入指定日期，则可以向calendar()函数中传入两个参数，第1个参数代表年份，第2个参数代表月份，代码如下：

```
>> calendar(2020,10)
                Oct 2020
     S    M   Tu    W   Th    F    S
     0    0    0    0    1    2    3
     4    5    6    7    8    9   10
    11   12   13   14   15   16   17
    18   19   20   21   22   23   24
    25   26   27   28   29   30   31
     0    0    0    0    0    0    0
```

第 14 章

Octave 实例

14.1 字母大小写转换

tolower()函数用于将字符串中的大写字母转换为小写字母,然后返回新的字符串。tolower()的另一种等价写法是 lower()。由于不同程序员对编程语言的偏好不同,有人习惯用 tolower(),而有人习惯用 lower(),所以 Octave 提供了两种等价的写法。

类似地,toupper()函数用于将字符串中的小写字母转换为大写字母,然后返回新的字符串。toupper()的另一种等价写法是 upper()。由于不同程序员对编程语言的偏好不同,有人习惯用 toupper(),而有人习惯用 upper(),所以 Octave 提供了两种等价的写法。

将字符串中的大写字母全部转换成小写字母,代码如下:

```
>> a = 'sODCmnwd)dm232d0f23mWD';
>> tolower(a)
ans = sodcmnwd)dm232d0f23mwd
```

将字符串中的小写字母全部转换成大写字母,代码如下:

```
>> a = 'sODCmnwd)dm232d0f23mWD';
>> toupper(a)
ans = SODCMNWD)DM232D0F23MWD
```

此外,我们还可以设计出更高级的用法,将字符串中的首字母转换成大写字母,代码如下:

```
#!/usr/bin/octave
#第 14 章/cast_to_captain_string.m
function o = cast_to_captain_string(i)
    captain = toupper(i(1));
    reserved_string = i(1,2:length(i));
    o = [captain reserved_string];
endfunction
```

```
>> a = 'sODCmnwd)dm232d0f23mWD';
>> cast_to_captain_string(a)
ans  =  SODCmnwd)dm232d0f23mWD
```

将字符串转换成如下规则所示的驼峰字符串。

- 如果第奇数个字符是字母，则将其转换为大写字母；
- 如果第偶数个字符是字母，则将其转换为小写字母。

```
#!/usr/bin/octave
#第 14 章/cast_to_camel_string.m
function o = cast_to_camel_string(i)
    o = i;
    for k = 1:length(i)
        if mod(k,2)!= 0
            o(k) = toupper(o(k));
        else
            o(k) = tolower(o(k));
        endif
    endfor
endfunction

>> a = 'sODCmnwd)dm232d0f23mWD';
>> cast_to_camel_string(a)
ans  =  SoDcMnWd)dM232D0F23mWd
```

14.2 坐标变换

在一个坐标系中，如果要改变点在不同坐标系下的描述，或者将一个函数图像按照某个角度旋转，则需要通过坐标变换实现。

14.2.1 坐标系变换

cart2pol()函数用于将笛卡儿坐标变换为极坐标或柱坐标。pol2cart()函数用于将极坐标或柱坐标转换为笛卡儿坐标。cart2sph()函数用于将笛卡儿坐标变换为球坐标，sph2cart()函数用于将球坐标变换为笛卡儿坐标。

将笛卡儿坐标(1,2)变换为极坐标，代码如下：

```
>> cart2pol(1,2)
ans  =

   1.1071 2.2361
```

将笛卡儿坐标(1,2,3)变换为柱坐标，代码如下：

```
>> cart2pol(1,2,3)
ans =

   1.1071   2.2361   3.0000
```

将极坐标(1,2)变换为笛卡儿坐标，代码如下：

```
>> pol2cart(1,2)
ans =

   1.0806   1.6829
```

将柱坐标(1,2,3)变换为笛卡儿坐标，代码如下：

```
>> pol2cart(1,2,3)
ans =

   1.0806   1.6829   3.0000
```

将笛卡儿坐标(1,2,3)变换为球坐标，代码如下：

```
>> cart2sph(1,2,3)
ans =

   1.10715   0.93027   3.74166
```

将球坐标(1,2,3)变换为笛卡儿坐标，代码如下：

```
>> sph2cart(1,2,3)
ans =

  -0.67454   -1.05053   2.72789
```

14.2.2 坐标旋转变换

我们可以利用如下旋转变换公式进行三维笛卡儿坐标系下的坐标旋转变换。

(1) 当一组点绕 x 轴进行旋转变换角度 θ 时，坐标的值可用式(14-1)进行计算：

$$\begin{bmatrix} x_j \\ y_j \\ z_j \end{bmatrix} = \begin{bmatrix} 1 & 0 & 0 \\ 0 & \cos\theta & -\sin\theta \\ 0 & \sin\theta & \cos\theta \end{bmatrix} \begin{bmatrix} x_i \\ y_i \\ z_i \end{bmatrix} \tag{14-1}$$

(2) 当一组点绕 y 轴进行旋转变换角度 θ 时，坐标的值可用式(14-2)进行计算：

$$\begin{bmatrix} x_j \\ y_j \\ z_j \end{bmatrix} = \begin{bmatrix} \cos\theta & 0 & \sin\theta \\ 0 & 1 & 0 \\ -\sin\theta & 0 & \cos\theta \end{bmatrix} \begin{bmatrix} x_i \\ y_i \\ z_i \end{bmatrix} \tag{14-2}$$

(3) 当一组点绕 z 轴进行旋转变换角度 θ 时，坐标的值可用式(14-3)进行计算：

$$\begin{bmatrix} x_j \\ y_j \\ z_j \end{bmatrix} = \begin{bmatrix} \cos\theta & -\sin\theta & 0 \\ \sin\theta & \cos\theta & 0 \\ 0 & 0 & 1 \end{bmatrix} \begin{bmatrix} x_i \\ y_i \\ z_i \end{bmatrix} \tag{14-3}$$

(4) 将一个三维图形旋转一个角度，绘制旋转前后的图形，代码如下：

- 在调用 spin_3d()函数时设定角度；
- 在调用 spin_3d()函数时设定图形绕哪个坐标轴旋转；
- 角度使用弧度值来表示；
- 如果角度为正数，则代表顺时针旋转一个角度；
- 如果角度为负数，则代表逆时针旋转一个角度。

```
#!/usr/bin/octave
#第 14 章/spin_3d.m
function o = spin_3d(z,angl,mode)
    if(mode == 'x')
        func = @(angl,z,i)[1 0 0;...
                        0 cos(angl)  - sin(angl);...
                        0 sin(angl) cos(angl)] * z(:,i);
    elseif(mode == 'y')
        func = @(angl,z,i)[cos(angl) 0 sin(angl);...
                        0 1 0;...
                        - sin(angl) 0 cos(angl)] * z(:,i);
    elseif(mode == 'z')
        func = @(angl,z,i)[cos(angl)  - sin(angl) 0;...
                        sin(angl) cos(angl) 0 ;...
                        0 0 1] * z(:,i);
    else error('please input x, y or z for the third param')
    endif
    o = z; #预先为返回值分配空间,以提高运算速度
    for i = 1:length(z)
        o(:,i) = func(angl,z,i);
    end
endfunction

#!/usr/bin/octave
#第 14 章/draw_spin_3d_result.m
function draw_spin_3d_result(result)
    result_x = result(1,:);
    result_y = result(2,:);
    result_z = result(3,:);
    plot3(result_x,result_y,result_z)
```

```
endfunction

>> x = 1:100;
>> y = z = x;
>> w = [x;y;z];
>> z2 = w;
>> result = spin_3d(z2,pi/2,'y'); # 可以将 pi/2 和'y'改为需要的旋转角度和坐标轴
>> draw_spin_3d_result(result)
>> hold on
>> plot3(x,y,z) # 对比原始图形
```

(5) 旋转变换式(14-4)进行二维笛卡儿坐标系下的坐标旋转变换：

$$\begin{bmatrix} x_j \\ y_j \end{bmatrix} = \begin{bmatrix} \cos\theta & \sin\theta \\ -\sin\theta & \cos\theta \end{bmatrix} \begin{bmatrix} x_i \\ y_i \end{bmatrix} \tag{14-4}$$

(6) 将一个二维图形旋转一个角度，绘制旋转前后的图形：

- ❑ 在调用 spin_2d()函数时设定角度；
- ❑ 角度使用弧度值来表示；
- ❑ 如果角度为正数，则代表顺时针旋转一个角度；
- ❑ 如果角度为负数，则代表逆时针旋转一个角度。

代码如下：

```
#!/usr/bin/octave
#第 14 章/spin_2d.m
function o = spin_2d(z,angl)
    o = z; # 预先为返回值分配空间，以提高运算速度
    for i = 1:length(z)
        o(:,i) = [cos(angl) sin(angl); - sin(angl) cos(angl)] * z(:,i);
    end
endfunction

#!/usr/bin/octave
#第 14 章/draw_spin_2d_result.m
function draw_spin_2d_result(result)
    result_x = result(1,:);
    result_y = result(2,:);
    plot(result_x,result_y)
endfunction

>> x = 1:100;
>> y = x;
>> z = [x;y];
>> z2 = z;
>> result = spin_2d(z2,pi/2); # 可以将 pi/2 改为需要的旋转角度
>> draw_spin_2d_result(result)
>> hold on
>> plot(x,y) # 对比原始图形
```

14.3 函数图像拼接

对于分段函数而言，其函数图像不可以使用一个表达式来绘制。在确定函数图像每个部分的解析式之后，可以通过调用 hold on 函数来保持画布的状态，从而在不重置画布的情况下继续绘制剩余的函数图像。

【例 14-1】 绘制$\begin{cases} y=x\,(x>0) \\ y=-x\,(x\leqslant 0) \end{cases}$的函数图像。

这是一个分段函数。首先绘制 $y=x\,(x>0)$的函数图像，代码如下：

```
>> x = linspace(0,5);
>> y = x;
>> plot(x,y),hold on;
```

在绘制语句中加入 hold on 函数的调用，这是为了使下一次绘制时不清除画布内容并继续绘制，然后绘制 $y=-x\,(x\leqslant 0)$的函数图像，代码如下：

```
>> x = linspace( - 5,0);
>> y = - x;
>> plot(x,y),hold on;
```

此时，在画布上就显示了我们想要的分段函数图像。Octave 在进行 hold on 函数调用时进行了内部优化，可以发现，在绘制第二段分段函数图像时，画布中的坐标轴自动向坐标轴负方向进行了延展，从而使最终的图像效果呈现为一个 V 字形，如图 14-1 所示。也就是说，在每次绘图时，无须额外指定坐标轴的缩放程度，每次绘制函数图像都会显示在同一个标度上，这样便保证了最终的函数图像可以拼合成理想的效果。

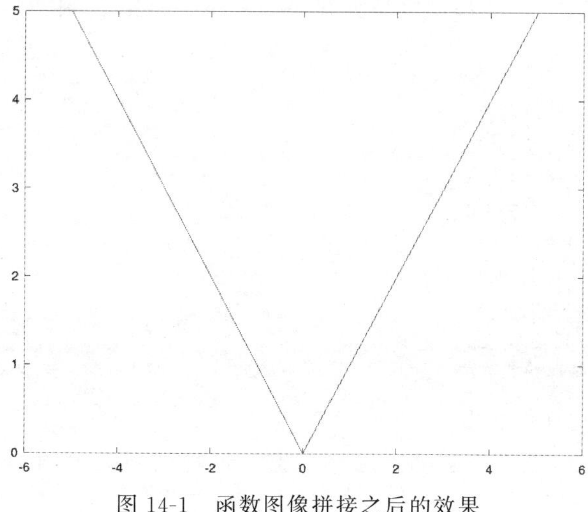

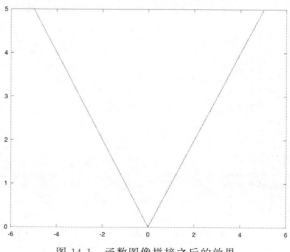

图 14-1 函数图像拼接之后的效果

14.4 改变函数图像的显示效果

函数图像在绘制之后，可以通过调用轴函数来改变函数图像的显示效果，我们可以通过调用轴函数 axis()调整函数图像的显示范围，也可以调用轴函数 xticklabels()改变函数图像的标度。默认情况下，高级绘图函数（例如 plot()函数）会在调用时重置轴的属性，之后单独调用的轴函数起到的效果也会被重置，所以调用轴函数都应该在绘图完成之后进行，或者在调用 hold 函数之后进行，这样才可以起到想要的效果。

14.5 改变函数图像的坐标轴

在绘制一个函数图像时，可以额外指定句柄变量，这样本次绘制的函数图像将可以使用这个句柄进行属性控制。函数图像受到坐标轴控制，而坐标轴可以调用 gca 函数进行句柄的获取，因此，改变坐标轴的句柄也会同时改变其中的函数图像。

下面的代码将依次进行如下步骤：

(1) 获取一个坐标轴对象。

(2) 为这个坐标轴对象取一个别名。

(3) 将坐标轴区域内的填充颜色更改为橙色。

(4) 将 x 坐标轴的刻度和刻度值的颜色更改为蓝色。

(5) 将 y 坐标轴的刻度和刻度值的颜色更改为绿色。

(6) 将刻度值的字号更改为 30pt。

(7) 将刻度值的字号更改为 30px。

(8) 更改 y 坐标轴的刻度和刻度值并显示在图形窗口的右侧。

```
>> ax = gca;
>> ay = gca;
>> set(ay,'color',[0.9 0.4 0.2])
>> set(ax,'xcolor',[0.1 0.6 0.8])
>> set(ax,'ycolor',[0.3 0.8 0.6])
>> set(ay,'fontsize',30)
>> set(ay,'fontunits','pixels')
>> set(ay,'fontsize',30)
>> set(ay,'yaxislocation','right')
```

运行结果如图 14-2 所示。

在绘制图像的场合，也可以手动指定一个坐标轴句柄来决定图像被绘制在哪个坐标轴对象上，代码如下：

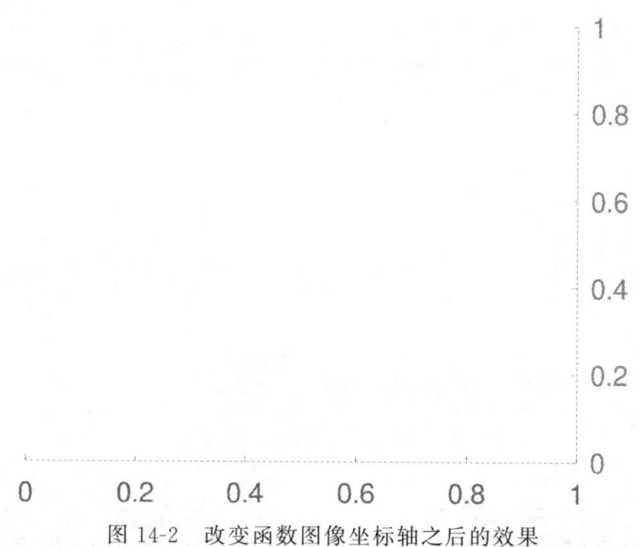

图 14-2 改变函数图像坐标轴之后的效果

```
>> a = axes;
>> b = axes('cameraposition',[1 -1 -3]);
>> bar(a,[1 2 3])
>> line(b,[1 2 3],[1 2 3])
```

14.6 显示函数图像的其他信息

在绘制图像时，可以指定额外的图像信息，如图例、文字说明和标题等。这些附加信息默认为不显示在画布上。只要在进行绘图时进行了额外指定，这些信息就可以被显示。

下面给出一个例子，分别对一个已有的函数图像绘制不同的额外信息。

(1) 绘制一个半径为 5 的球体。

(2) 将标题指定为 title。

(3) 将图例指定为 legend1。

(4) 将横坐标轴标签指定为 varx。

(5) 将纵坐标轴标签指定为 vary。

(6) 将竖坐标轴标签指定为 varz。

(7) 绘制等高线。

(8) 显示每条等高线所在高度。

(9) 显示坐标轴边框。

(10) 显示网格线。

(11) 显示颜色条。

代码如下：

```
#!/usr/bin/octave
#第 14 章/show_multiple_extra_infomation.m
clear all
close all force
clc
subplot(1,2,1)
[xx,yy,zz] = sphere;
surf(5 * xx,5 * yy,5 * zz);
box on,
grid on,
title("title"),
legend({'legend1','legend2','legend3'}),
xlabel('varx'),
ylabel('vary'),
zlabel('varz'),
colorbar;
subplot(1,2,2)
[c, h] = contour3(xx,yy,zz);
box on,
grid on,
title("title"),
legend({'legend1','legend2','legend3'}),
xlabel('varx'),
ylabel('vary'),
zlabel('varz'),
colorbar,
clabel(c,h);
```

运行代码结果如图 14-3 所示。

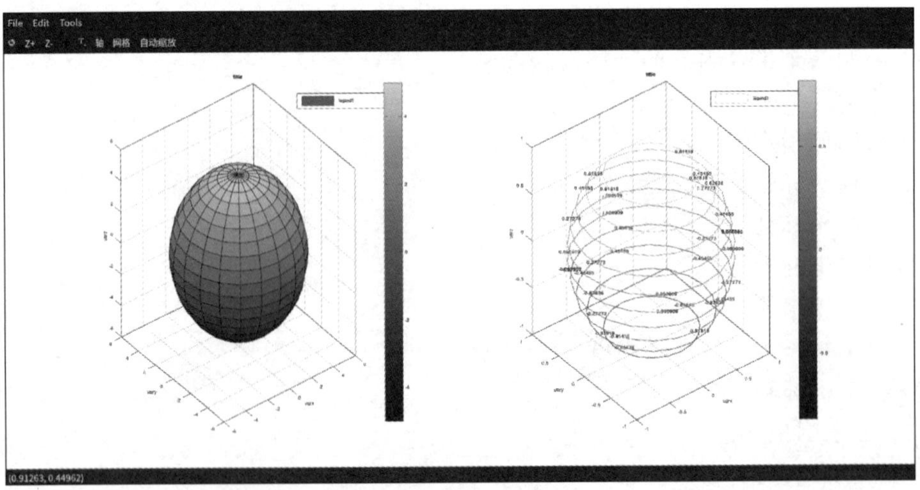

图 14-3　显示函数图像其他信息之后的效果

14.7 规划问题

14.7.1 线性规划问题

Octave 提供了 glpk()函数用于解决线性规划问题。

下面给出一个例子，代码如下：

```
#!/usr/bin/octave
#第 14 章/glpk_linear.m
c = [10,6,4]';
A = [1,1,1;
10,4,5;
2,2,6];
b = [100,600,300]';
lb = [0,0,0]';
ub = [];
ctype = "UUU";
vartype = "CCC";
s = -1;
param.msglev = 1;
param.itlim = 100;
[xmin,fmin,status,extra] = ...
glpk(c,A,b,lb,ub,ctype,vartype,s,param)
```

运行代码后结果如下：

```
xmin =

   33.33333
   66.66667
    0.00000

fmin = 733.33
status = 0
extra =

  scalar structure containing the fields:

    lambda =

       3.33333
       0.66667
       0.00000

```

```
redcosts =

   0.00000
   0.00000
  - 2.66667

time = 0
status = 5
```

在以上的输入结果中：

（1）变量 c、A、b 代表线性规划的标准型。

（2）变量 lb 代表函数中的每个变量的下界。如果 lb 没有提供，则变量的默认下界为 0。

（3）变量 ub 代表函数中的每个变量的上界。如果 ub 没有提供，则变量的默认上界为 Inf 或-Inf。

（4）变量 ctype 代表每个线性规划的标准型的约束类型。

（5）变量 ctype 中的 F 字母代表约束为无约束。

（6）变量 ctype 中的 U 字母代表约束为无约束。

（7）变量 ctype 中的 S 字母代表约束为无约束。

（8）变量 ctype 中的 L 字母代表约束为无约束。

（9）变量 ctype 中的 D 字母代表约束为无约束。

（10）变量 vartype 代表每个线性规划的标准型的变量类型。

（11）变量 vartype 中的 C 字母代表变量为连续变量。

（12）变量 vartype 中的 I 字母代表变量为整数变量。

（13）变量 s 代表线性规划的策略。

（14）如果变量 s 的值为 1，则代表线性规划为最小值规划。

（15）如果变量 s 的值为－1，则代表线性规划为最大值规划。

（16）变量 param 代表线性规划的解算机参数。

（17）变量 param. msglev 代表解算机的输出等级。

（18）如果变量 param. msglev 的值为 0，则代表解算机无输出。

（19）如果变量 param. msglev 的值为 1，则代表解算机只输出错误消息和告警消息。

（20）如果变量 param. msglev 的值为 2，则代表解算机正常输出。

（21）如果变量 param. msglev 的值为 3，则代表解算机输出所有消息。

（22）变量 param. scale 代表解算机的扩展比例。

（23）如果变量 param. scale 的值为 1，则代表解算机使用几何平均扩展方式运算。

（24）如果变量 param. scale 的值为 16，则代表解算机使用平衡扩展方式运算。

（25）如果变量 param. scale 的值为 32，则代表解算机使用平衡扩展方式运算，而且将比例因子设定为 2。

(26) 如果变量 param. scale 的值为 64,则代表解算机将跳过扩展步骤。

(27) 如果变量 param. scale 的值为 128,则代表解算机使用自动扩展方式运算。

(28) param. dual 代表解算机的单纯形法的选择。

(29) 如果变量 param. dual 的值为 1,则代表解算机使用两相原始单纯形法。

(30) 如果变量 param. dual 的值为 2,则代表解算机使用两相对偶单纯形法。如果失败,则切换到两相原始单纯形法。

(31) 如果变量 param. dual 的值为 3,则代表解算机使用两相对偶单纯形法。

(32) 变量 param. price 代表解算机使用单纯形法的定价方式的选择。

(33) 如果变量 param. price 的值为 17,则代表解算机使用教科书定价。

(34) 如果变量 param. price 的值为 34,则代表解算机使用最大优势价格。

(35) 变量 param. price 仅在变量 param. dual 的值为 1 或 3 时才起作用。

在以上的输出结果中:

(1) 变量 xmin 代表二次型规划的最优解。

(2) 变量 fmin 代表最优解对应的最优值。

(3) 变量 status 代表二次型函数在收敛过程中是否出错。

(4) 如果变量 status 的值为 0,则此时二次型函数在收敛过程中不出错。

(5) 如果变量 status 的值为 1,则此时二次型函数在收敛过程中出错,出错原因是初始条件无效。

(6) 如果变量 status 的值为 2,则此时二次型函数在收敛过程中出错,出错原因是输入矩阵为奇异矩阵。

(7) 如果变量 status 的值为 3,则此时二次型函数在收敛过程中出错,出错原因是输入矩阵为失调矩阵。

(8) 如果变量 status 的值为 4,则此时二次型函数在收敛过程中出错,出错原因是二次型函数的上下界范围不正确。

(9) 如果变量 status 的值为 5,则此时二次型函数在收敛过程中出错,出错原因是解算器内部出错。

(10) 如果变量 status 的值为 6,则此时二次型函数在收敛过程中出错,出错原因是目标函数达到下限。

(11) 如果变量 status 的值为 7,则此时二次型函数在收敛过程中出错,出错原因是目标函数达到上限。

(12) 如果变量 status 的值为 8,则此时二次型函数在收敛过程中出错,出错原因是目标函数迭代次数用完。

(13) 如果变量 status 的值为 9,则此时二次型函数在收敛过程中出错,出错原因是目标函数迭代时间用完。

(14) 如果变量 status 的值为 10,则此时二次型函数在收敛过程中出错,出错原因是没有原始的可能解。

(15) 如果变量 status 的值为 11,则此时二次型函数在收敛过程中出错,出错原因是没有对偶的可能解。

(16) 如果变量 status 的值为 12,则此时二次型函数在收敛过程中出错,出错原因是没有提供根 LP 优化。

(17) 如果变量 status 的值为 13,则此时二次型函数在收敛过程中出错,出错原因是人为终止计算。

(18) 如果变量 status 的值为 14,则此时二次型函数在收敛过程中出错,出错原因是达到了相对 MIP 间隙宽容度。

(19) 如果变量 status 的值为 15,则此时二次型函数在收敛过程中出错,出错原因是没有原始的可能解并且没有对偶的可能解。

(20) 如果变量 status 的值为 16,则此时二次型函数在收敛过程中出错,出错原因是二次型函数在迭代过程中不收敛。

(21) 如果变量 status 的值为 17,则此时二次型函数在收敛过程中出错,出错原因是最优解在迭代过程中不稳定。

(22) 如果变量 status 的值为 18,则此时二次型函数在收敛过程中出错,出错原因是输入数据无效。

(23) 如果变量 status 的值为 19,则此时二次型函数在收敛过程中出错,出错原因是最优解超出范围。

(24) 变量 extra 作为一个结构体名,代表二次型规划的其他输出,包含 lambda、redcost、time、status 变量。

(25) 变量 lambda 代表双变量。

(26) 变量 redcost 代表降低的开销。

(27) 变量 time 代表在求解 LP/MIP 线性规划问题中的用时。

(28) 变量 status 代表二次型函数解决方案的状态。

(29) 如果变量 status 的值为 1,则此时代表当前解决方案的状态未定义。

(30) 如果变量 status 的值为 2,则此时代表当前解决方案可行。

(31) 如果变量 status 的值为 3,则此时代表当前解决方案不可行。

(32) 如果变量 status 的值为 4,则此时代表当前问题没有可行的解决办法。

(33) 如果变量 status 的值为 5,则此时代表当前解决方案为最优解。

(34) 如果变量 status 的值为 6,则此时代表当前问题没有无界解。

14.7.2 二次型规划问题

Octave 提供了 optim 工具箱用于解决二次型规划问题。这个工具箱由 Octave Forge 项目管理,并且同样由开源爱好者进行维护。optim 工具箱中含有多种非线性优化函数,我们可以按照自己的需要进行函数的选择。

二次型规划问题一般而言要根据一个数学模型的二次标准型决定，接下来举一个例子。

【例 14-2】 求解二次型规划问题。

$$\left(\frac{1}{2}x_1^2+x_2^2-x_1x_2-2x_1-6x_2\right)_{\min}$$

其中

$$\begin{cases}x_1+x_2\leqslant 2\\-x_1+2x_2\leqslant 2\\2x_1+x_2\leqslant 3\\x_1\geqslant 0,x_2\geqslant 0\end{cases}$$

由 $f(\boldsymbol{x})=\frac{1}{2}\boldsymbol{x}'\boldsymbol{H}\boldsymbol{x}+\boldsymbol{f}'\boldsymbol{x}$，则有

$$\boldsymbol{H}=\begin{bmatrix}1 & -1\\-1 & 2\end{bmatrix},\quad \boldsymbol{f}=\begin{bmatrix}-2\\-6\end{bmatrix},\quad \boldsymbol{x}=\begin{bmatrix}x_1\\x_2\end{bmatrix}$$

要解决此二次型规划问题，首先需要导入 optim 工具箱，导入方式如下：

```
>> pkg load optim
```

然后，调用 quadprog()函数可以解决此二次型规划问题。在 Octave 中运行以下代码：

```
#!/usr/bin/octave
#第 14 章/quadprog_nonlinear.m
H = [1, - 1; - 1,2];
f = [ - 2; - 6];
A = [1,1; - 1,2;2,1];
b = [2;2;3];
lb = [0;0];
[x,fval,exitflag,output,lambda] = ...
quadprog(H,f,A,b,[],[],lb)
```

运行代码后结果如下：

```
x =

   0.66667
   1.33333

fval = - 8.2222
exitflag = 1
output =

  scalar structure containing the fields:

    iterations = 5

lambda =
```

```
scalar structure containing the fields:

  lower =

     0
     0

  upper = [](0x0)
  eqlin = [](0x0)
  ineqlin =

     3.11111
     0.44444
     0.00000
```

在以上的输出结果中：

(1) 变量 x 代表二次型规划的最优解。

(2) 变量 fval 代表最优解对应的最优值。

(3) 变量 exitflag 代表二次型函数是否收敛。

(4) 如果变量 exitflag 的值为 1，则此时二次型函数收敛。

(5) 如果变量 exitflag 的值为 0，则此时二次型函数不收敛。

(6) 变量 output 代表二次型规划的迭代次数。

(7) 变量 lb 代表二次型函数中的每个变量的下界。

(8) 如果 lb 没有提供，则变量的默认下界为零。

(9) 变量 ub 代表二次型函数中的每个变量的上界。

(10) 如果 ub 没有提供，则变量的默认上界为 Inf 或 −Inf。

(11) 变量 eqlin 代表满足二次型函数约束条件($A(i,:) * x == b(i)$)的解。

(12) 变量 ineqlin 代表满足二次型函数约束条件($A(i,:) * x <= b(i)$)的解。

14.8 最优解问题

14.8.1 无约束条件下的最优解

对于无约束条件下的最优解而言，Octave 使用 fminsearch()函数进行最优解的计算。fminsearch()函数用于查找一个函数在无约束条件下的最小值。

调用 fminsearch()函数时，我们需要传入两个参数，第一个参数代表待求最优解的方程的句柄，第二个参数代表 fminsearch()函数进行最小值搜索的初始点。根据初始点的选取不同，最终得到最优解的时间也会有很大变化，所以我们在调用 fminsearch()函数之前，最好是先确定初始点的大致位置，这样会极大地提高搜索效率。下面给出一个使用 fminsearch()函数求最优解的例子。

【例 14-3】 求方程 $f(x,y)=x^8y+3x^5y^7-y^4-2x^6y^6+4$ 在无约束条件下的最优解。

选取初始点为(0,0)，编写如下代码：

```
#!/usr/bin/octave
#第 14 章/fminsearch_optim.m
f = @(x)x(1).^8. * x(2) + 3. * x(1).^5. * x(2).^7 - x(2).^4 - 2. * x(1).^6. * x(2).^6 + 4;
fminsearch(f,[0;0])
```

运行代码后可以返回如下结果：

```
Exceeded target...quitting
ans =

  -3.4459e+25
   7.0018e+25
```

14.8.2 有约束条件下的最优解

1. 罚函数法

罚函数法的思想是将有约束问题借助罚函数转化为无约束问题。

罚函数法可分为两种：

- 外部罚函数法(狭义的罚函数法,外点法)；
- 内部罚函数法(障碍函数法,内点法)。

使用罚函数法时,我们需要先设定一个允许误差,然后判断罚函数代入当前解的结果：

- 若罚函数结果不满足允许误差条件,则在放大系数的作用下不断放大允许误差；
- 若罚函数结果满足允许误差条件,则此时的解为最优解。

【例 14-4】 求方程 $f(x)=[(x-1)^3+3]^2$ 在有约束条件下使用罚函数法得到的最优解。

代码如下：

```
#!/usr/bin/octave
#第 14 章/fmid.m
function o = fmid(i)
    #辅助函数
    global lambda;
    global f;
    o = i^2 + lambda * f(i);
endfunction

#!/usr/bin/octave
```

```
#第 14 章/penalty_outside.m
f = @(x)((x-1)^3 + 3)^2;        #罚函数
x0 = 1;
lambda = 2;                     #罚因子
c = 1.5;                        #放大系数 c>1
e = 1e-5;                       #允许误差 e>0,但不能过大
k = 1;                          #迭代次数
while(lambda * f(x0))>= e
    x0 = fminsearch(@fmid,x0);
    e* = 1.5;
    k += 1;
endwhile
disp('x = ');
disp(x0)
disp('k = ');
disp(k)
```

运行代码后得到如下结果：

```
>> penalty_outside
x =
-0.43658
k =
15
```

2. 障碍函数法

障碍函数法需要先设定一条边界值，然后判断障碍函数代入当前解的结果。

- 若障碍函数结果不满足边界值条件，则在缩小系数的作用下不断缩小边界值；
- 若障碍函数结果满足边界值条件，则此时的解为最优解。

【例 14-5】 求方程 $f(x)=[(x-1)^3+3]^2$ 在有约束条件下使用障碍函数法得到的最优解。

代码如下：

```
#!/usr/bin/octave
#第 14 章/penalty_inside.m
f = @(x)((x-1)^3 + 3)^2;    #罚函数
x0 = 1;
lambda = 2;                 #障碍因子
c = 1/1.5;                  #缩小系数 0<c<1
v = 1e10;                   #边界值 v 很大
k = 1;                      #迭代次数
while(lambda * f(x0))<= v
    x0 = fminsearch(@fmid,x0);
    v* = c;
```

```
    k += 1;
endwhile
disp('x = ');
disp(x0)
disp('k = ');
disp(k)
```

运行代码后得到如下结果：

```
>> penalty_inside
x =
-0.43658
k =
73
```

3. fmincon

对于有约束条件下的最优解而言，Octave 使用 fmincon()函数以穷举的方式进行最优解的计算。fmincon()函数用于以穷举的方式查找一个函数在有约束条件下的最小值。

【例 14-6】 求方程 $f(x,y)=x^8y+3x^5y^7-y^4-2x^6y^6+4$ 在有约束条件下的最优解，其约束为 $12\leqslant x+2y\leqslant 60$。

首先将约束条件写为方程组系数标准形式：

$$\begin{cases}-x-2y\leqslant 12\\ x+2y\leqslant 60\end{cases}$$

然后选取初始点(0,0)，根据给定的方程和约束条件的标准形式编写以下代码：

```
#!/usr/bin/octave
#第 14 章/fmincon_optim.m
f = @(x)x(1).^8. * x(2) + 3. * x(1).^5. * x(2).^7 - x(2).^4 - 2. * x(1).^6. * x(2).^6 + 4;
A = [ -1, -2;1,2];
b = [12;60];
x0 = [12;12];
[x,fval] = fmincon(f,x0,A,b)
```

运行代码后可以返回如下结果：

```
x =

   12
   12

fval = 8921260207876
```

14.8.3 非线性方程组求解(迭代法)

对于非线性方程组而言,我们通常无法找到其精确解。要得到非线性方程的解,一种方式是先找到解的大致位置,然后通过试算的方式将可能的实际的解代入方程,找到误差最小的解的位置,从而得到非线性方程的解,所以使用迭代法进行非线性方程的求解问题也可以视为是一种最优解问题。

Octave 使用 fsolve()函数进行非线性方程组的求解。调用 fsolve()函数时,需要传入两个参数,第 1 个参数代表待求非线性方程组的句柄,第 2 个参数代表 fsolve()函数进行求解搜索的初始点。根据初始点的选取不同,最终得到非线性方程组的解的时间也会有很大变化,所以在调用 fsolve()函数之前,最好先确定初始点的大致位置,这样会极大地提高搜索效率。

下面给出一个使用 fsolve()函数求最优解的例子。

【例 14-7】 非线性方程组$\begin{cases}2x+3y=\mathrm{e}^{-2x}\\-x+y=\mathrm{e}^{-\sqrt{y}}\end{cases}$的解。

先将这个方程组化为标准形式:

$$\begin{cases}2x+3y-\mathrm{e}^{-2x}=0\\x-y+\mathrm{e}^{-\sqrt{y}}=0\end{cases}$$

然后根据其标准形式编写如下代码并运行:

```
#!/usr/bin/octave
#第 14 章/fsolve_optim.m
f = @(x)[2 * x(1) + 3 * x(2) - exp( - 2 * x(1));x(1) - x(2) + exp( - sqrt(x(2)))];
x0 = [1;1];
options = optimset('Display','iter');
[x,fval] = fsolve(f,x0,options)
```

运行代码后得到如下结果:

```
x =

   - 0.076304
    0.439159

fval =

   - 0.0000000018571
    0.0000000016978
```

14.9 图像处理

我们可以调用 imread()函数读入一张图片,然后读入的图片在 Octave 内部会以矩阵的方式存放,然后按照预定的算法对矩阵内部的数字进行操作,这就是图像处理的基本思路。

首先,读入一张图片 figure.png,代码如下：

```
>> pic = imread('a.png');
```

然后可以对图片进行多种处理。

14.9.1　图像大小调整

我们可以调用 imresize()函数进行图像大小调整。

- 如果比例系数大于 1,则图像放大；
- 如果比例系数小于 1,则图像缩小。

下面的代码展示了不同的图像放大结果和原图比较的效果：

```
#!/usr/bin/octave
#第 14 章/zoom_in_image.m
pic = imread('lenna.png');
subplot(2,2,1)
imshow(pic)
pic2 = imresize(pic,2,'nearest');
subplot(2,2,2)
imshow(pic2)
pic3 = imresize(pic,2,'bilinear');
subplot(2,2,3)
imshow(pic3)
pic4 = imresize(pic,2,'bicubic');
subplot(2,2,4)
imshow(pic4)
```

图像放大前后对比结果如图 14-4 所示,(a)代表原图,(b)代表最近邻插值,(c)代表双线性插值,(d)代表双三次插值。

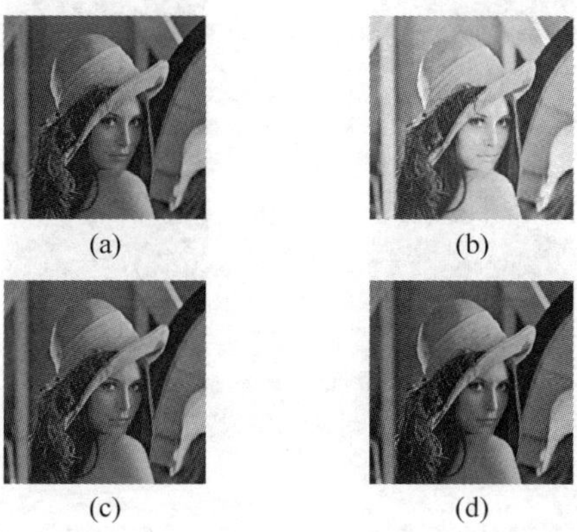

图 14-4　图像放大前后对比结果

14.9.2 图像旋转

调用 imrotate()函数可进行图像旋转。如果要调用 imrotate()函数，则首先需要导入 image 工具箱，导入方式如下：

```
>> pkg load image
```

然后运行下面的代码：

```
#!/usr/bin/octave
#第 14 章/rotate_image.m
pic = imread('lenna.png');
subplot(2,2,1)
imshow(pic)
pic2 = imrotate(pic,35,'nearest');
subplot(2,2,2)
imshow(pic2)
pic3 = imrotate(pic,180,'bilinear');
subplot(2,2,3)
imshow(pic3)
pic4 = imrotate(pic, - 35,'bicubic');
subplot(2,2,4)
imshow(pic4)
```

图像旋转前后对比结果如图 14-5 所示，(a)代表原图，(b)代表原图逆时针旋转 35°，(c)代表原图逆时针旋转 180°，(d)代表原图顺时针旋转 35°。

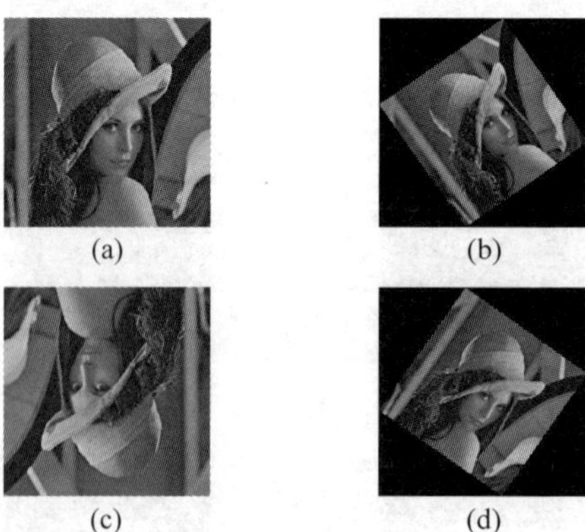

图 14-5 图像旋转前后对比结果

14.9.3 图像裁剪

imcrop()函数用于从一张图像中裁剪出想要的部分。如果要调用 imcrop()函数，则首先需要导入 image 工具箱，导入方式如下：

```
>> pkg load image
```

然后运行下面的代码：

```
>> imshow('lenna.png')
>> pic2 = imcrop;
>> imshow(pic2)
```

此时需要进入图像所在的画布，单击画布中的一点作为裁剪区域的起始点，拖动鼠标以选定裁剪区域，松开鼠标以完成图像裁剪操作。

如果已知需要裁剪的区域的具体坐标位置，则可以手动指定需要裁剪的区域，代码如下：

```
>> imcrop(pic,[1 1 100 100])
```

这种方法无须用鼠标选定裁剪位置，属于更加精确的图形裁剪操作。

14.9.4　图像对比度调整

在进行对比度调整时，需要设计一个函数，并且需要向函数中传入一个阈值和一个放大倍数。

（1）当像素的所有颜色分量均大于阈值时，使颜色分量增大相应的放大倍数。

（2）当像素的颜色分量均小于阈值时，使颜色分量减小相应的放大倍数。

（3）对于其他像素则保持原样。

代码如下：

```
#!/usr/bin/octave
#第 14 章/add_contrast.m
function o = add_contrast(img,threshold,amp)
    size_img = size(img);
    o = img;
    if(length(size_img) == 3)
        for i = size_img(1)
            for j = size_img(2)
                if(img(i)(j)(1)> threshold&&img(i)(j)(2) \
> threshold&&img(i)(j)(3)> threshold)
                    o(i)(j)(1) * = amp;
                    o(i)(j)(2) * = amp;
                    o(i)(j)(3) * = amp;
                endif
```

```
                if(img(i)(j)(1)< threshold&&img(i)(j)(2) \
< threshold&&img(i)(j)(3)< threshold)
                    o(i)(j)(1)/ = amp;
                    o(i)(j)(2)/ = amp;
                    o(i)(j)(3)/ = amp;
                endif
            endfor
        endfor
    endif
    if(length(size_img) == 2)
        for i = size_img(1)
            for j = size_img(2)
                if(img(i)(j)> threshold)
                    o(i)(j) * = amp;
                endif
                if(img(i)(j)< threshold)
                    o(i)(j)/ = amp;
                endif
            endfor
        endfor
    endif
endfunction
```

14.9.5 图像色度调整

图片压缩的逻辑也是通过等比例缩放实现的。将图片内的像素整体缩小一定倍数，使图片中的颜色差异减小，图片中的每个像素也会变暗，代码如下：

```
#!/usr/bin/octave
#第 14 章/compress_color.m
function o = compress_color(img,amp)
    size_img = size(img);
    o = img;
    if(length(size_img) == 3)
        for i = size_img(1)
            for j = size_img(2)
                o(i)(j)(1)/ = amp;
                o(i)(j)(2)/ = amp;
                o(i)(j)(3)/ = amp;
            endfor
        endfor
    endif
    if(length(size_img) == 2)
        for i = size_img(1)
```

```
            for j = size_img(2)
                    o(i)(j)/ = amp;
            endfor
        endfor
    endif
endfunction
```

14.9.6 图像颜色反转

对于 RGB 颜色空间的图片而言，每个像素都拥有一个颜色分量的最大值和最小值。像素的最小值为 0，最大值由图片的深度决定。图片的深度和颜色分量的最大值之间还需要进一步换算。如果图片深度为 8b，则颜色分量的最大值就是 $2^8=128$。将最大值减去当前值，得到的就是颜色分量经过反转处理之后的值。对图片进行颜色反转处理的代码如下：

```
#!/usr/bin/octave
#第 14 章/revert_color.m
function o = revert_color(img,depth)
    size_img = size(img);
    o = img;
    depth = 2^depth;
    if(length(size_img) == 3)
        for i = size_img(1)
            for j = size_img(2)
                o(i)(j)(1) = depth - o(i)(j)(1);
                o(i)(j)(2) = depth - o(i)(j)(2);
                o(i)(j)(3) = depth - o(i)(j)(3);
            endfor
        endfor
    endif
    if(length(size_img) == 2)
        for i = size_img(1)
            for j = size_img(2)
                    o(i)(j) = depth - o(i)(j);
            endfor
        endfor
    endif
endfunction
```

14.9.7 图像傅里叶变换

1. 一维 FFT

对一组数据进行一维 FFT，代码如下：

```
>> a = 1:30:100;
>> fft(a)
ans =

   184 +   0i   - 60 + 60i   - 60 +   0i   - 60 - 60i
```

对一组数据补零之后再进行一维 FFT，代码如下：

```
>> a = 1:30:100;
>> fft(a,5)
ans =

Columns 1 through 4:

   184.000 +   0.000i - 112.391 -  11.849i   22.891 - 46.753i   22.891 + 46.753i

Column 5:

  - 112.391 + 11.849i
```

2. 二维 FFT

对一组数据进行二维 FFT，代码如下：

```
>> a = [1:30:100;1:30:100];
>> fft2(a)
ans =

   368 +   0i   - 120 + 120i - 120 +   0i   - 120 - 120i
     0 +   0i       0 +   0i     0 +   0i      0 +   0i
```

对一组数据在第一维度上补零之后再进行二维 FFT，代码如下：

```
>> a = [1:30:100;1:30:100];
>> fft2(a,5)
ans =

  368.000 + 0.000i   - 120.000 + 120.000i   - 120.000 +   0.000i   - 120.000 - 120.000i
  240.859 - 174.994i   - 21.478 + 135.604i   - 78.541 +   57.063i   - 135.604 - 21.478i
  35.141 - 108.152i     23.808 + 46.726i   - 11.459 +   35.267i   - 46.726 + 23.808i
  35.141 + 108.152i   - 46.726 - 23.808i   - 11.459 - 35.267i     23.808 - 46.726i
  240.859 + 174.994i   - 135.604 + 21.478i   - 78.541 - 57.063i   - 21.478 - 135.604i
```

对一组数据在前两个维度上补零之后再进行二维 FFT，代码如下：

```
>> fft2(a,5,5)
ans =

Columns 1 through 4:

  368.000 + 0.000i     - 224.782 - 23.698i    45.782 - 93.506i    45.782 + 93.506i
  240.859 - 174.994i   - 158.391 + 91.379i   - 14.500 - 82.971i    74.430 + 39.430i
  35.141 - 108.152i    - 28.430 + 63.799i   - 23.109 - 22.384i    31.853 - 4.526i
  35.141 + 108.152i    - 14.500 - 68.325i    31.853 + 4.526i    - 23.109 + 22.384i
  240.859 + 174.994i   - 135.853 - 122.401i   74.430 - 39.430i   - 14.500 + 82.971i

Column 5:

  - 224.782 + 23.698i
  - 135.853 + 122.401i
   - 14.500 + 68.325i
   - 28.430 - 63.799i
  - 158.391 - 91.379i
```

对一组数据进行三维 FFT。调用 fft2()函数进行三维 FFT 相当于先将每个二维矩阵上的数据进行二维 FFT,再合并成新的矩阵,代码如下:

```
>> a = [1:30:100;1:30:100];
>> a = [a;a];
>> a = reshape(a,2,4,2);
>> fft2(a)
ans =

ans(:,:,1) =

   128 + 0i   - 60 + 60i    0 + 0i   - 60 - 60i
     0 + 0i     0 + 0i      0 + 0i     0 + 0i

ans(:,:,2) =

   608 + 0i   - 60 + 60i    0 + 0i   - 60 - 60i
     0 + 0i     0 + 0i      0 + 0i     0 + 0i
```

3. n 维 FFT

对一组数据进行三维 FFT。调用 fftn()函数进行三维 FFT 相当于直接进行三维 FFT,代码如下:

```
>> a = [1:30:100;1:30:100];
>> a = [a;a];
```

```
>> a = reshape(a,2,4,2);
>> fftn(a)
ans =

ans(:,:,1) =

   736 + 0i   -120 + 120i     0 + 0i   -120 - 120i
     0 + 0i      0 + 0i       0 + 0i      0 + 0i

ans(:,:,2) =

  -480     0     0     0
     0     0     0     0
```

4. 一维 FFT 反变换

对一组数据进行一维 FFT 反变换，代码如下：

```
>> a = 1:30:100;
>> ifft(a)
ans =

   46 + 0i -15 - 15i -15 + 0i -15 + 15i
```

5. 二维 FFT 反变换

对一组数据进行三维 FFT 反变换。调用 fft2()函数进行三维 FFT 反变换相当于先将每个二维矩阵上的数据进行二维 FFT 反变换，再合并成新的矩阵，代码如下：

```
>> ifft2(a)
ans =

ans(:,:,1) =

   16.00000 + 0.00000i  -7.50000 - 7.50000i  0.00000 + 0.00000i  -7.50000 + 7.50000i
    0.00000 + 0.00000i  0.00000 + 0.00000i   0.00000 + 0.00000i   0.00000 + 0.00000i

ans(:,:,2) =

   76.00000 + 0.00000i  -7.50000 - 7.50000i  0.00000 + 0.00000i  -7.50000 + 7.50000i
    0.00000 + 0.00000i  0.00000 + 0.00000i   0.00000 + 0.00000i   0.00000 + 0.00000i
```

6. n 维 FFT 反变换

对一组数据进行三维 FFT 反变换。调用 fftn()函数进行三维 FFT 反变换相当于直接进行三维 FFT 反变换，代码如下：

```
>> ifftn(a)
ans =

ans(:,:,1) =

  46.00000 +   0.00000i   -7.50000 -   7.50000i    0.00000 +   0.00000i   -7.50000 +
7.50000i
    0.00000 +   0.00000i    0.00000 +   0.00000i    0.00000 +   0.00000i    0.00000 +
0.00000i

ans(:,:,2) =

  -30    0    0    0
    0    0    0    0
```

对一张图像进行二维 FFT，并且将得到的结果的频率 0 移至新的图像中心，代码如下：

```
#!/usr/bin/octave
#第 14 章/fft2image.m
pic = imread('lenna.png');
subplot(2,2,1)
imshow(pic)
pic2 = fftshift(fft2(pic));
subplot(2,2,2)
imshow(pic2)
colorbar
```

图像二维傅里叶变换结果如图 14-6 所示。

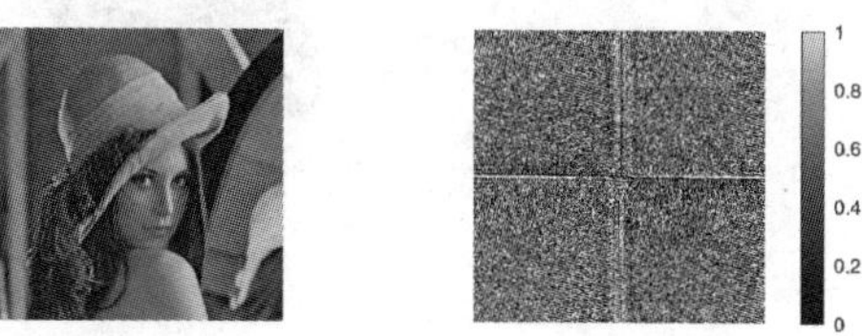

图 14-6 图像二维傅里叶变换

14.9.8 图像特征识别

下面的代码演示了通过图像特征识别的方法将眼部特征从图片中删除：

(1) 从原始图像中截取一个眼部的局部图像。

(2) 对眼部部分图像旋转 90°，再和原始图像进行二维 FFT 变换。

(3) 对得到的结果进行二维 FFT 反变换，得到删除全部眼部特征之后的真彩色图像。

(4) 将得到的真彩色图像进行黑白处理,便于观察删除全部眼部特征后的图像特征。

```
#!/usr/bin/octave
#第 14 章/analyze_image.m
pic = imread('lenna.png');
subplot(2,2,1)
imshow(pic)
subplot(2,2,2)
pic2 = pic(251:280,315:355);       #截取图像的眼部特征部分
imshow(pic2)
subplot(2,2,3)
pic3 = real(ifft2(fft2(pic). * fft2(rot90(pic2,2),512,512)))/20000000; #显示删除眼部之后
#的真彩色图像
imshow(pic3)
subplot(2,2,4)
thr = 1.5                          #选择阈值
pic4 = uint8(pic3 > thr);
imshow(rgb2gray(pic4),[0,1])       #显示删除眼部之后的黑白图像
```

运行代码结果如图 14-7 所示。

图 14-7 通过图像特征识别删除眼部特征

14.10 声频处理

Octave 通过 audio 工具箱可以支持 MIDI 控制器的操作,并支持对 MIDI 设备的接口及 MIDI 声频文件的处理。首先需要导入 optim 工具箱,导入方式如下:

```
>> pkg load optim
```

调用 midifileinfo()函数可以读取 MIDI 声频文件的信息,代码如下:

```
>> midifileinfo('baga07.mid')
ans =

  scalar structure containing the fields:

    filename = baga07.mid
    header =

      scalar structure containing the fields:

        format = 1
        tracks = 6
        ticks_per_qtr = 384
        ticks = 128
        frames = 1

    track =
    {
      [1,1] =

        scalar structure containing the fields:

          number = 1
          blocksize = 66
          blockstart = 22

      [1,2] =

        scalar structure containing the fields:

          number = 2
          blocksize = 6001
          blockstart = 96
          trackname = Ludwig van Beethoven:

      [1,3] =

        scalar structure containing the fields:

          number = 3
          blocksize = 39
          blockstart = 6105
          trackname = 11 New Bagatelles Op. 119

      [1,4] =
```

```
      scalar structure containing the fields:

        number = 4
        blocksize = 22
        blockstart = 6152
        trackname = No. 7 -

    [1,5] =

      scalar structure containing the fields:

        number = 5
        blocksize = 26
        blockstart = 6182
        trackname = Sequenced by

    [1,6] =

      scalar structure containing the fields:

        number = 6
        blocksize = 28
        blockstart = 6216
        trackname = Peter Parkanyi

  }
```

调用 midifileread()函数可以读取 MIDI 声频文件的信息，代码如下：

```
>> mymidi = midifileread('baga07.mid');
```

以上代码读取外部的 baga07.mid 声频文件，并且将其读取到 mymidi 变量中。

调用 midifileread()函数可以读取 MIDI 声频文件的信息，代码如下：

```
>> midifilewrite(testname,data,'format',0);
```

以上代码将 data 变量的 MIDI 声频信息储存到外部的 testname 变量的文件中，并且指定 format 参数为 0。

调用 midifilewrite()函数可以写入 MIDI 声频文件的信息，代码如下：

```
>> midifilewrite(testname,{data,data2});
```

以上代码将 data 变量的 MIDI 声频信息和 data2 变量的 MIDI 声频信息依次存储到外

部的 testname 变量的文件中，生成的声频文件将包含两个音符。

调用 mididevice()函数可以初始化外部声频设备。外部声频设备可以是电子琴等乐器。一般可以在这种电子乐器上找到 DIN 插座，再配合 DIN 连接线即可将外部声频设备连接到计算机上，实现声频设备和计算机的物理连接。调用 mididevice()函数，传入对应的声频设备编号即可完成软件连接。设备号从 0 开始，存在的声频设备将按照插入顺序排列，代码如下：

```
>> dev = mididevice(0);
```

调用 mididevinfo()函数可以查看外部声频设备，代码如下：

```
>> mididevinfo();
```

14.11 自动控制学科应用

要解决与自动控制学科相关的问题，首先需要导入 control 工具箱，导入方式如下：

```
>> pkg load control
```

14.11.1 创建控制系统模型

根据零极点和放大倍数求出实际的控制系统模型，代码如下：

```
>> z = [0 0 1];
>> p = [2 3 4];
>> k = 5;
>> zpk(z,p,k)

Transfer function 'ans' from input 'u1' to output ...

              5 s^3 - 5 s^2
y1:  ------------------------
       s^3 - 9 s^2 + 26 s - 24

Continuous - time model.
```

根据开环传递函数和反馈增益求出实际的控制系统模型，代码如下：

```
>> g = [1 2];
>> h = [3 4 5];
>> tf(g,h)
```

```
Transfer function 'ans' from input 'u1' to output ...

            s + 2
y1: ---------------
     3 s^2 + 4 s + 5

Continuous - time model.
```

将源控制系统进行滤波翻转后求出实际的控制系统模型，代码如下：

```
>> s = [1 2];
>> f = [3 4 5];
>> filt(s,f)

Transfer function 'ans' from input 'u1' to output ...

           1 + 2 z^ - 1
y1: --------------------
     3 + 4 z^ - 1 + 5 z^ - 2

Sampling time: unspecified
Discrete - time model.
```

根据频率响应向量和对应的频点求出实际的控制系统频率响应，代码如下：

```
>> r = [1 2];
>> f = [3 4 5];
>> frd(r,f)

Frequency response 'ans' from input 'u1' to output ...

  w [rad/s]     y1
  --------- --
  3           1
  4           1
  5           1

Frequency response 'ans' from input 'u2' to output ...

  w [rad/s]     y1
  --------- --
  3           2
  4           2
  5           2

Continuous - time frequency response.
```

【例 14-8】 根据状态空间方程

$$\begin{cases}\dot{x}=\boldsymbol{A}x+\boldsymbol{B}u\\ y=\boldsymbol{C}x+\boldsymbol{D}u\end{cases}$$

求出实际的控制系统模型。

代码如下：

```
>> a = [1 2;3 4];
>> b = [5;6];
>> c = [7 8];
>> d = 9;
>> ss(a,b,c,d)

ans.a =
       x1   x2
   x1   1    2
   x2   3    4

ans.b =
       u1
   x1   5
   x2   6

ans.c =
       x1   x2
   y1   7    8

ans.d =
       u1
   y1   9

Continuous - time model.
```

【例 14-9】 根据状态空间矩阵

$$\begin{cases}\boldsymbol{E}\dot{x}=\boldsymbol{A}x+\boldsymbol{B}u\,,\\ y=\boldsymbol{C}x+\boldsymbol{D}u\end{cases}\quad t=1$$

求出实际的控制系统模型。

代码如下：

```
>> dss(a,b,c,d,e,1)

ans.e =
       x1 x2
   x1   10   11
```

```
    x2  12  13

ans.a =
         x1  x2
    x1  1   2
    x2  3   4

ans.b =
         u1
    x1  5
    x2  6

ans.c =
         x1  x2
    y1  7   8

ans.d =
         u1
    y1  9

Sampling time: 1 s
Discrete - time model.
```

14.11.2 控制系统模型特征

根据控制系统模型求得能控判别矩阵，代码如下：

```
>> z = [0 0 1];
>> p = [ - 2  - 3  - 4];
>> k = 5;
>> sys = zpk(z,p,k);
>> ctrb(sys)
ans =

     1.2000   - 12.0000      76.8000
   - 1.3000     11.8000    - 71.2000
   - 5.0000     32.0000   - 170.0000
```

根据控制系统模型判断矩阵是否能控，代码如下：

```
>> z = [0 0 1];
>> p = [ - 2  - 3  - 4];
>> k = 5;
>> sys = zpk(z,p,k);
>> [result data] = isctrb(sys)
```

```
warning: isctrb: converting to minimal state - space realization
warning: called from
    isctrb at line 77 column 7
result = 1
data = 3
```

将状态空间矩阵化简为能控形式,代码如下：

```
>> a = [1 2;3 4];
>> b = [5 6;7 8];
>> c = [9 10;11 12];
>> [A,B,C] = ctrbf(a,b,c)
A =

    5.32000   - 0.24000
  - 1.24000   - 0.32000

B =

  - 8.60000   - 10.00000
    0.20000     0.00000

C =

  - 13.4000   - 1.2000
  - 16.2000   - 1.6000
```

根据控制系统模型求得能观判别矩阵,代码如下：

```
>> z = [0 0 1];
>> p = [ - 2  - 3  - 4];
>> k = 5;
>> sys = zpk(z,p,k);
>> obsv(sys)
ans =

    1.2000    - 1.3000    - 5.0000
  - 12.0000    11.8000     32.0000
    76.8000   - 71.2000   - 170.0000
```

根据控制系统模型判断矩阵是否能观,代码如下：

```
>> z = [0 0 1];
>> p = [ - 2  - 3  - 4];
>> k = 5;
```

```
>> sys = zpk(z,p,k);
>> [result data] = isobsv(sys)
warning: isctrb: converting to minimal state - space realization
warning: called from
    isctrb at line 77 column 7
    isobsv at line 73 column 18
result = 1
data = 3
```

将状态空间矩阵化简为能观形式，代码如下：

```
>> a = [1 2;3 4];
>> b = [5 6;7 8];
>> c = [9 10;11 12];
>> [A,B,C] = obsvf(a,b,c)
A =

    5.12075   - 0.77736
  - 1.77736   - 0.12075

B =

  - 8.53870   - 9.95158
    1.04430     0.98287

C =

  - 13.45306    0.12286
  - 16.27882    0.00000
```

根据控制系统模型求得状态转移矩阵中的零极点部分矩阵，代码如下：

```
>> z = [0 0 1];
>> p = [ - 2  - 3  - 4];
>> k = 5;
>> sys = zpk(z,p,k);
>> [p z] = pzmap(sys)
p =

  - 4.0000
  - 3.0000
  - 2.0000

z =

    1
    0
    0
```

根据控制系统模型求得能控格拉姆矩阵和能观格拉姆矩阵，代码如下：

```
>> z = [0 0 1];
>> p = [ - 2  - 3  - 4];
>> k = 5;
>> sys = zpk(z,p,k);
>> gc = gram(sys,'c')
gc =

    0.092571   - 0.100286   - 0.300000
  - 0.100286     0.113357     0.363571
  - 0.300000     0.363571     1.792857

>> gc = gram(sys,'o')
gc =

  8.9286e + 00     1.7764e - 15     2.3810e + 00
  1.7764e - 15     2.3810e + 01   - 8.8818e - 16
  2.3810e + 00   - 8.8818e - 16     6.1905e + 00
```

根据控制系统模型求得汉克尔奇异值，代码如下：

```
>> z = [0 0 1];
>> p = [ - 2  - 3  - 4];
>> k = 5;
>> sys = zpk(z,p,k);
>> hsvd(sys)
```

运行代码结果如图 14-8 所示。

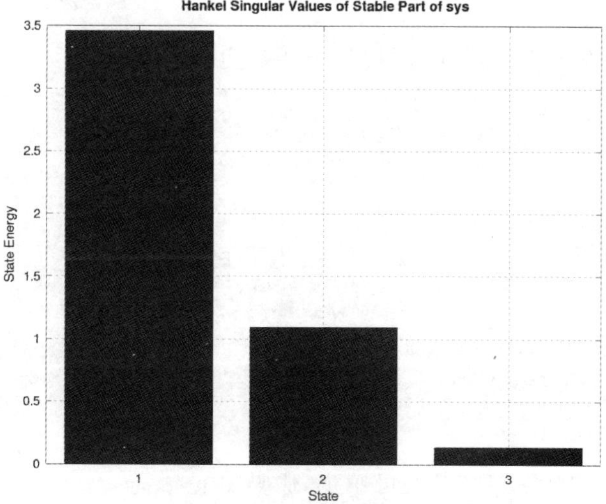

图 14-8 调用 hsvd()函数求得汉克尔奇异值

根据控制系统模型求得转折频率和对应的阻尼比，代码如下：

```
>> z = [0 0 1];
>> p = [ - 2  - 3  - 4];
>> k = 5;
>> sys = zpk(z,p,k);
>> damp(sys)
  Pole          Damping     Frequency          Time Constant
                           (rad/seconds)        (seconds)

   - 2.00e + 00  1.00e + 00  2.00e + 00     5.00e - 01
   - 3.00e + 00  1.00e + 00  3.00e + 00     3.33e - 01
   - 4.00e + 00  1.00e + 00  4.00e + 00     2.50e - 01
```

按从大到小的顺序排列极点，代码如下：

```
>> p = [2 3  - 4i];
>> dsort(p)
ans  =

   - 0  -  4i   3  +  0i   2  +  0i
```

按实部从大到小的顺序排列极点，代码如下：

```
>> p = [2 3  - 4i];
>> esort(p)
ans  =

  3  +  0i   2  +  0i    - 0  -  4i
```

根据控制系统模型判断矩阵是否可检测，代码如下：

```
>> z = [0 0 1];
>> p = [ - 2  - 3  - 4];
>> k = 5;
>> sys = zpk(z,p,k);
>> result = isdetectable(sys)
warning: isstabilizable: converting to minimal state - space realization
warning: called from
    isstabilizable at line 90 column 7
    isdetectable at line 79 column 10
result  =  1
```

根据控制系统模型判断矩阵是否可镇定，代码如下：

```
>> z = [0 0 1];
>> p = [ - 2  - 3  - 4];
>> k = 5;
>> sys = zpk(z,p,k);
>> result = isstabilizable(sys)
warning: isstabilizable: converting to minimal state - space realization
warning: called from
    isstabilizable at line 90 column 7
result  =  1
```

14.11.3　时域分析

计算以高斯噪声为输入的控制系统的稳态输出和状态协方差，代码如下：

```
>> sys = tf([2 1],[1 0.2 0.5],0.1);
>> w = 1;
>> [p q] = covar(sys,w)
p  =  6.0633
q  =

   2.5158   - 1.7376
  - 1.7376    6.0633
```

根据信号类型和周期生成周期信号，代码如下：

```
>> stype = 'pulse';
>> tau = 0.5;
>> [u,t] = gensig(stype,tau);
```

计算控制系统的脉冲响应，代码如下：

```
>> sys = tf([2 1],[1 0.2 0.5],0.1);
>> t = 1;
>> [p q] = impulse(sys,t);
```

根据控制系统模型绘制脉冲响应图，代码如下：

```
>> sys = tf([2 1],[1 0.2 0.5],0.1);
>> t = 1;
>> impulse(sys,t);
```

运行代码结果如图 14-9 所示。

计算控制系统的初值响应，代码如下：

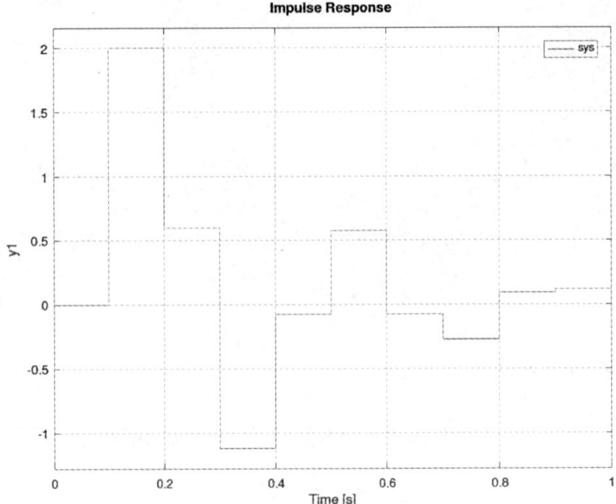

图 14-9 调用 impulse()函数绘制脉冲响应图

```
>> z = [0 0 1];
>> p = [ - 2  - 3  - 4];
>> k = 5;
>> sys = zpk(z,p,k);
>> x0 = [1 1 1];
>> [y t x] = initial(sys,x0);
```

根据控制系统模型绘制初值响应图,代码如下:

```
>> z = [0 0 1];
>> p = [ - 2  - 3  - 4];
>> k = 5;
>> sys = zpk(z,p,k);
>> x0 = [1 1 1];
>> initial(sys,x0)
```

运行代码结果如图 14-10 所示。

模拟控制系统对任意输入的响应,代码如下:

```
>> z = [0 0 1];
>> p = [ - 2  - 3  - 4];
>> k = 5;
>> sys = zpk(z,p,k);
>> u = [1 1 1];
>> t = 1;
>> [y t x] = lsim(sys,u,t)
```

```
y =

   5.000000
  - 1.102854
  - 0.041413

t =

   0.00000
   0.50000
   1.00000

x =

   0.00000  0.00000    0.00000
   1.51444  5.49422  - 6.10285
   1.58224  4.96886  - 5.04141
```

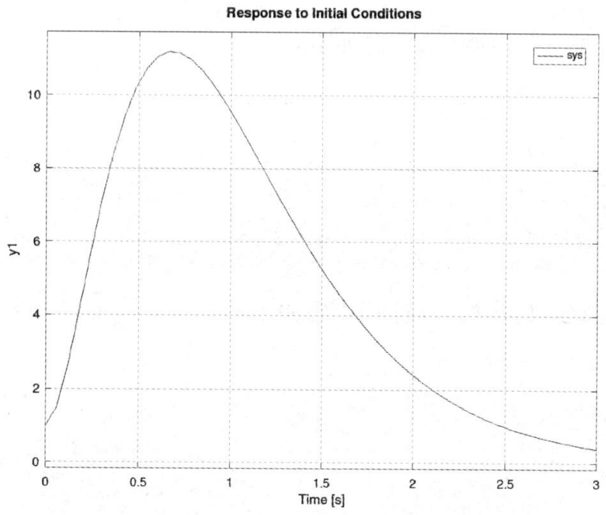

图 14-10　调用 initial()函数绘制初值响应图

根据控制系统模型绘制控制系统对任意输入的响应图，代码如下：

```
>> z = [0 0 1];
>> p = [ - 2  - 3  - 4];
>> k = 5;
>> sys = zpk(z,p,k);
>> u = [1 1 1];
>> t = 1;
>> lsim(sys,u,t)
```

运行代码结果如图 14-11 所示。

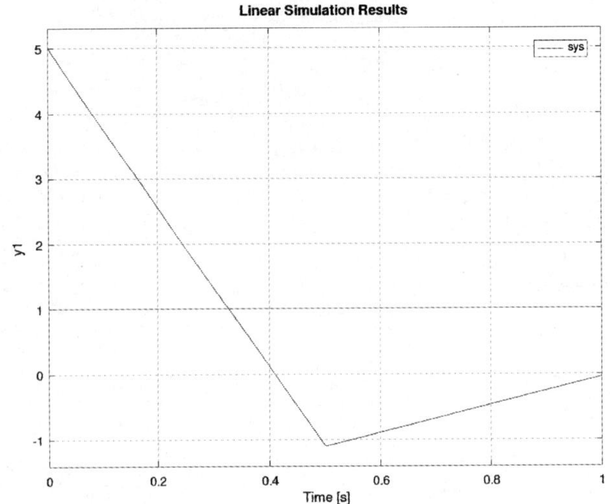

图 14-11 调用 lsim()函数绘制控制系统对任意输入的响应图

计算控制系统的单位斜坡响应,代码如下:

```
>> z = [0 0 1];
>> p = [ - 2  - 3  - 4];
>> k = 5;
>> sys = zpk(z,p,k);
>> [y t x] = ramp(sys);
```

根据控制系统模型绘制斜坡响应图,代码如下:

```
>> z = [0 0 1];
>> p = [ - 2  - 3  - 4];
>> k = 5;
>> sys = zpk(z,p,k);
>> ramp(sys)
```

运行代码结果如图 14-12 所示。

计算控制系统的单位阶跃响应,代码如下:

```
>> z = [0 0 1];
>> p = [ - 2  - 3  - 4];
>> k = 5;
>> sys = zpk(z,p,k);
>> [y t x] = step(sys)
```

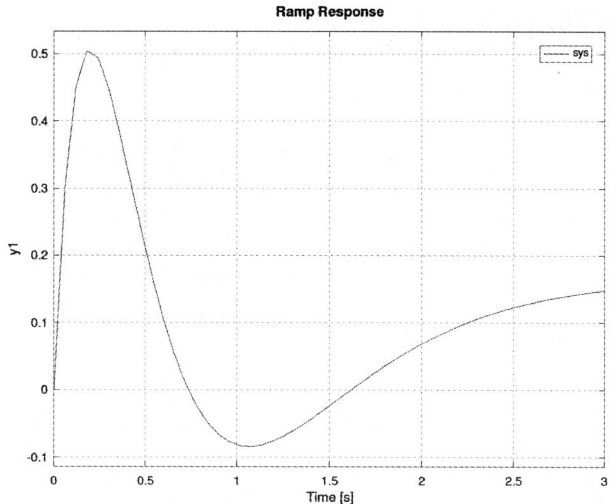

图 14-12 调用 ramp()函数绘制斜坡响应图

根据控制系统模型绘制阶跃响应图,代码如下:

```
>> z = [0 0 1];
>> p = [ - 2  - 3  - 4];
>> k = 5;
>> sys = zpk(z,p,k);
>> step(sys)
```

运行代码结果如图 14-13 所示。

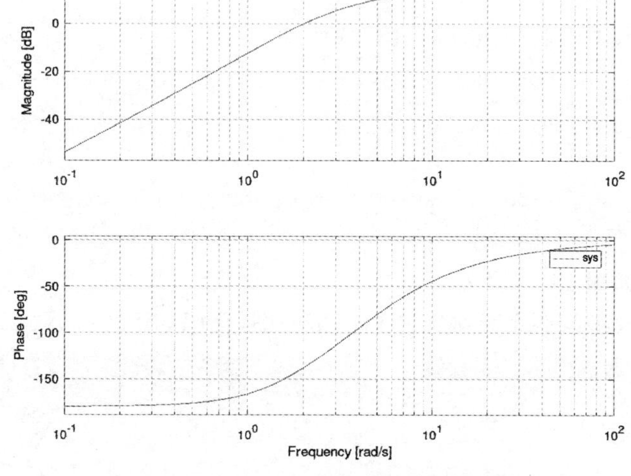

图 14-13 调用 step()函数绘制阶跃响应图

14.11.4 频域分析

根据控制系统模型绘制 Bode 图,代码如下:

```
>> z = [0 0 1];
>> p = [2 3 4];
>> k = 5;
>> sys = zpk(z,p,k);
>> bode(sys)
```

运行代码结果如图 14-14 所示。

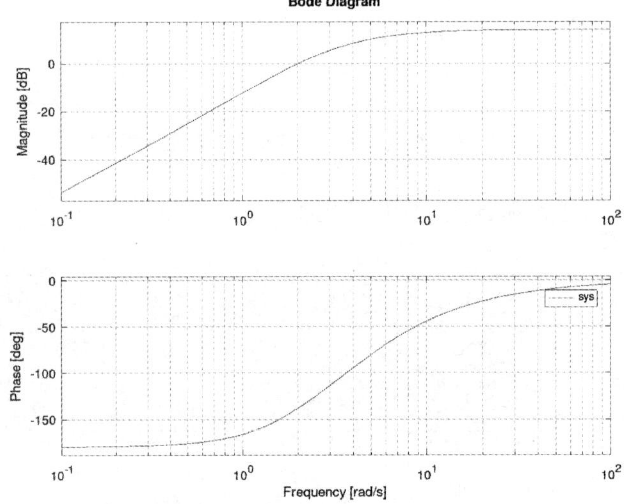

图 14-14 调用 bode()函数绘制 Bode 图

根据控制系统模型绘制 Bode 幅度图,代码如下:

```
>> z = [0 0 1];
>> p = [2 3 4];
>> k = 5;
>> sys = zpk(z,p,k);
>> bodemag(sys)
```

运行代码结果如图 14-15 所示。

根据控制系统模型绘制系统幅值和相角裕度图,代码如下:

```
>> z = [0 0 1];
>> p = [2 3 4];
>> k = 5;
>> sys = zpk(z,p,k);
>> margin(sys)
```

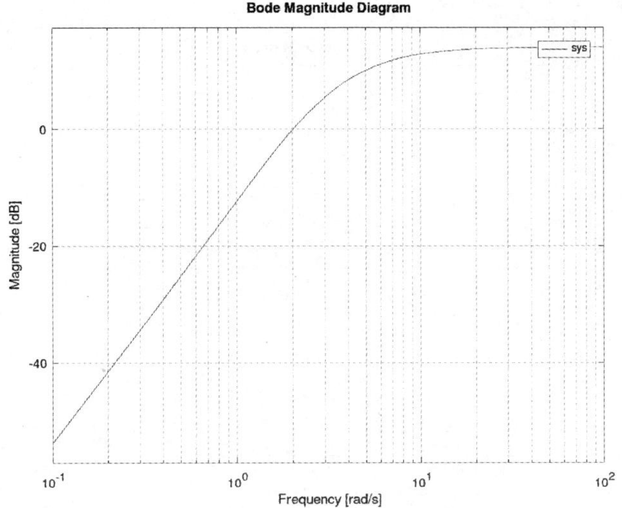

图 14-15 调用 bodemag()函数绘制 Bode 幅度图

运行结果如图 14-16 所示。

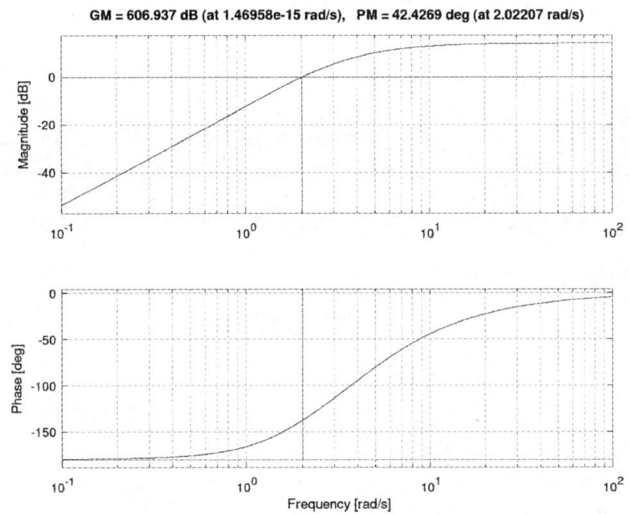

图 14-16 调用 margin()函数绘制系统幅值和相角裕度图

根据控制系统模型绘制 Nichols 图，代码如下：

```
>> z = [0 0 1];
>> p = [2 3 4];
>> k = 5;
>> sys = zpk(z,p,k);
>> nichols(sys)
```

运行代码结果如图 14-17 所示。

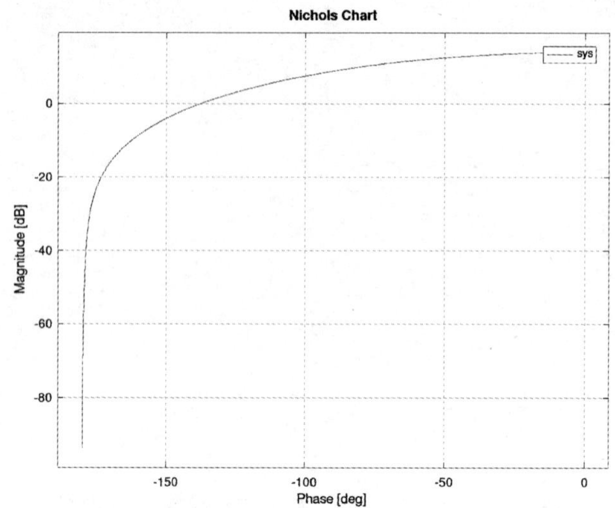

图 14-17　调用 nichols()函数绘制 Nichols 图

根据控制系统模型绘制 Nyquist 图,代码如下:

```
>> z = [0 0 1];
>> p = [2 3 4];
>> k = 5;
>> sys = zpk(z,p,k);
>> nyquist(sys)
```

运行代码结果如图 14-18 所示。

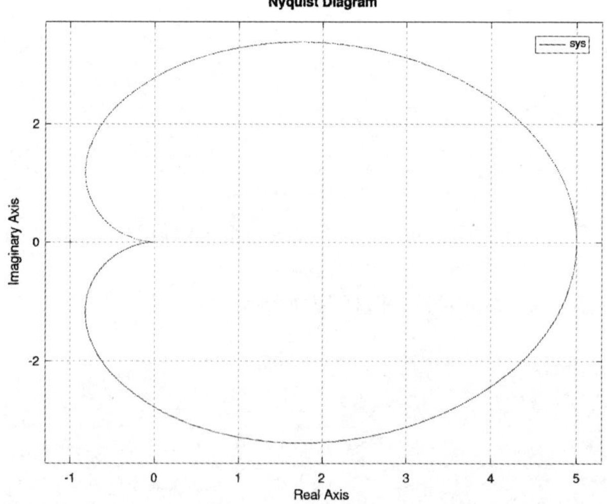

图 14-18　调用 nyquist()函数绘制 Nyquist 图

根据控制系统模型绘制未补全的 Nyquist 图，代码如下：

```
>> z = [0 0 1];
>> p = [2 3 4];
>> k = 5;
>> sys = zpk(z,p,k);
>> sensitivity(sys)
```

运行代码结果如图 14-19 所示。

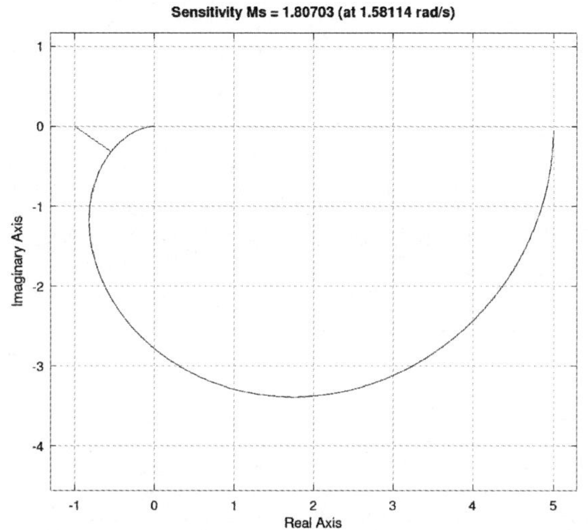

图 14-19　调用 sensitivity()函数绘制未补全的 Nyquist 图

根据控制系统模型绘制零极点分布图，代码如下：

```
>> z = [0 0 1];
>> p = [ -2  -3  -4];
>> k = 5;
>> sys = zpk(z,p,k);
>> pzmap(sys)
```

运行代码结果如图 14-20 所示。

根据控制系统模型绘制奇异值图，代码如下：

```
>> z = [0 0 1];
>> p = [ -2  -3  -4];
>> k = 5;
>> sys = zpk(z,p,k);
>> sigma(sys)
```

运行代码结果如图 14-21 所示。

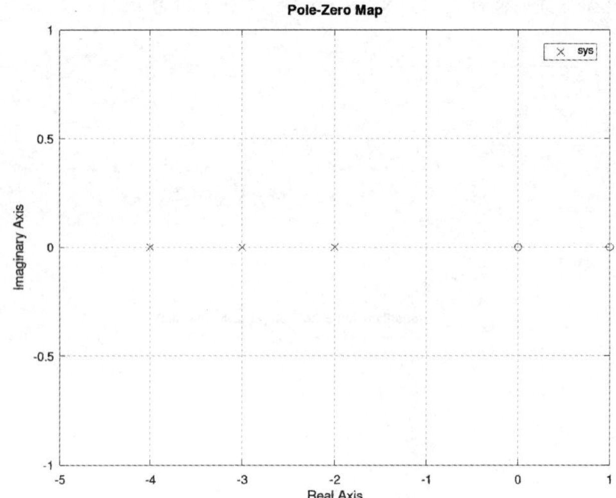

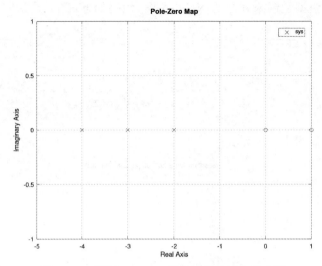

图 14-20　调用 pzmap()函数绘制零极点分布图

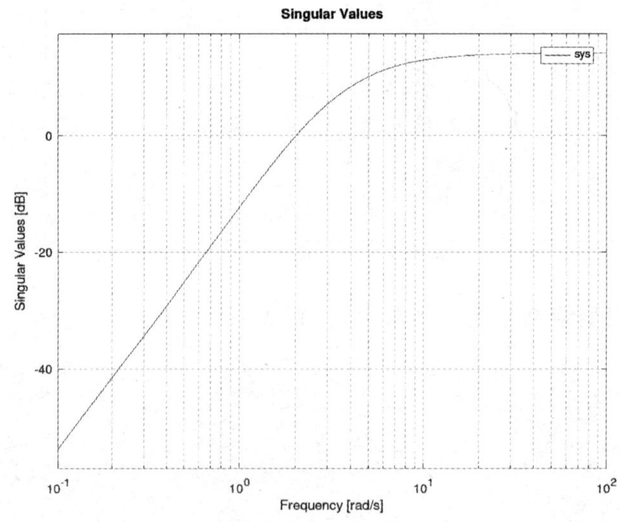

图 14-21　调用 sigma()函数绘制奇异值图

此外，我们还可以调用 sgrid 函数设置 s 平面的网格线开关。

- 调用 sgrid on 将开启 s 平面的网格线；
- 调用 sgrid off 将关闭 s 平面的网格线。

14.11.5　极点配置

计算状态反馈矩阵，代码如下：

```
>> a = [1 2;3 4];
>> b = [5;6];
>> p = [7;8];
>> acker(a,b,p)
ans =

  - 4.7097   2.2581
```

计算极点配置，代码如下：

```
>> z = [0 0 1];
>> p = [ - 2  - 3  - 4];
>> k = 5;
>> sys = zpk(z,p,k);
>> place(sys,p)
ans =

  - 1.4186e - 15   - 3.7007e - 15   4.4409e - 16
```

绘制根轨迹图，代码如下：

```
>> z = [0 0 1];
>> p = [ - 2  - 3  - 4];
>> k = 5;
>> sys = zpk(z,p,k);
>> rlocus(sys)
```

运行代码结果如图 14-22 所示。

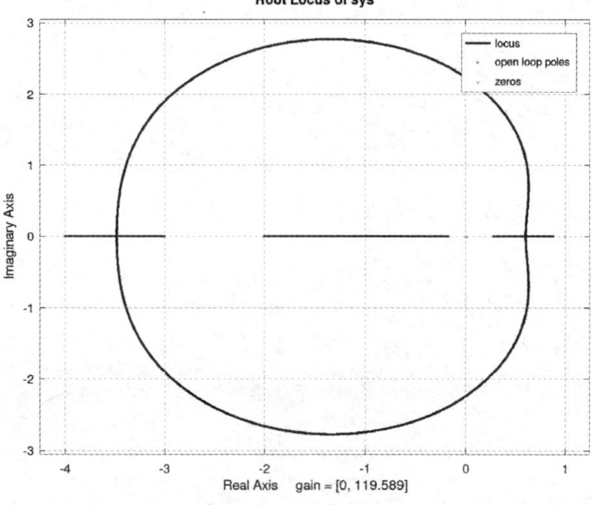

图 14-22 调用 rlocus()函数绘制根轨迹图

14.11.6 最优控制

将控制系统的状态向量附加到输出向量上，代码如下：

```
>> a = [1 2;3 4];
>> b = [5;6];
>> c = [7 8];
>> d = 9;
>> sys = ss(a,b,c,d);
>> augstate(sys)

ans.a =
        x1  x2
   x1   1   2
   x2   3   4

ans.b =
        u1
   x1   5
   x2   6

ans.c =
        x1  x2
   y1   7   8
   y2   1   0
   y3   0   1

ans.d =
        u1
   y1   9
   y2   0
   y3   0

Continuous - time model.
```

求离散系统的卡尔曼滤波器，代码如下：

```
>> a = [1 2;3 4];
>> g = [];
>> c = [5 6;7 8];
>> q = [9 10;11 12];
>> r = [13 14;15 16];
>> [m,p,z,e] = dlqe(a,g,c,q,r)
m =
```

```
  -0.80501  0.65129
  -0.45460  0.40745

p =

    9.7327  11.3118
   11.3118  14.6835

z =

    0.23466  -0.32748
   -0.32748   0.31988

e =

   0.047752
  -0.171901
```

求离散系统的线性二次调节器，代码如下：

```
>> a=[1 2;3 4];
>> b=[5;6];
>> c=[7 8];
>> d=9;
>> sys=ss(a,b,c,d);
>> q=[9 10;11 12];
>> r=[13];
>> [g,x,l]=dlqr(sys,q,r)
g =

   1.2433  1.7172

x =

   1.6890  1.2864
   1.2864  2.6486

l =

  -11.20689
  -0.31304
```

通过给定估计增益求得状态估计，代码如下：

```
>> a=[1 2;3 4];
>> b=[5;6];
```

```
>> c = [7 8];
>> d = 9;
>> sys = ss(a,b,c,d);
>> l = [1; -1];
>> estim(sys,l)

ans.a =
           xhat1  xhat2
  xhat1   -6     -6
  xhat2    10     12

ans.b =
           y1
  xhat1    1
  xhat2   -1

ans.c =
           xhat1    xhat2
  yhat1       7        8
  xhat1       1        0
  xhat2       0        1

ans.d =
           y1
  yhat1    0
  xhat1    0
  xhat2    0

Continuous-time model.
```

设计控制系统的卡尔曼估值器,代码如下:

```
>> a = [1 2;3 4];
>> b = [5;6];
>> c = [7 8];
>> d = 9;
>> sys = ss(a,b,c,d);
>> q = [9];
>> r = [13];
>> [ext,g,x] = kalman(sys,q,r)

ext.a =
             xhat1     xhat2
   xhat1   -2.547    -2.054
   xhat2   -2.1      -1.829
```

```
ext.b =
              y1
   xhat1  0.5068
   xhat2  0.7286

ext.c =
          xhat1   xhat2
   yhat1      7       8
   xhat1      1       0
   xhat2      0       1

ext.d =
          y1
   yhat1   0
   xhat1   0
   xhat2   0

Continuous - time model.
g =

   0.50676
   0.72857

x =

    13.305   - 15.265
  - 15.265     20.182
```

设计连续系统的卡尔曼滤波器，代码如下：

```
>> a = [1 2;3 4];
>> b = [5;6];
>> c = [7 8];
>> d = 9;
>> sys = ss(a,b,c,d);
>> q = [9 10;11 12];
>> r = [13];
>> [l,p,e] = lqe(sys,q,r)
l =

   1.0130
   1.5710

p =
```

```
   1.49578  0.33737
   0.33737  2.25774

e =

  -14.42564
  -0.23390
```

设计控制系统的线性二次调节器,代码如下:

```
>> a = [1 2;3 4];
>> b = [5;6];
>> c = [7 8];
>> d = 9;
>> sys = ss(a,b,c,d);
>> q = [9 10;11 12];
>> r = [13];
>> [g,x,l] = lqr(sys,q,r)
g =

   1.2433  1.7172

x =

   1.6890  1.2864
   1.2864  2.6486

l =

  -11.20689
  -0.31304
```

14.11.7 稳健控制

增加S/KS/T问题的控制系统设备,以便于调用h2syn()函数或hinfsyn()函数来解决稳健控制问题,代码如下:

```
>> z = [0 0 1];
>> p = [-2 -3 -4];
>> k = 5;
>> w1 = zpk(z,p,k);
>> z = [0 1 2];
>> w2 = zpk(z,p,k);
```

```
>> z = [1 2 3];
>> w3 = zpk(z,p,k);
>> p = [ - 5  - 6  - 7];
>> g = zpk(z,p,k);
>> p = augw(g,w1,w2,w3)

p. a =
             x1          x2          x3         x4          x5        x6        x7
   x1   - 2.22e - 16  2.105e - 16   2.4          0           0         0         0
   x2          - 1  - 4.497e - 16  - 2.6         0           0         0         0
   x3            0          10      - 9          0           0         0         0
   x4            0           0        0   2.22e - 16   1.57e - 16   2.4        0
   x5            0           0        0        - 1     3.14e - 16  - 2.6       0
   x6            0           0        0          0          10      - 9        0
   x7            0           0        0          0           0        0   2.776e - 16
   x8            0           0        0          0           0        0       - 1
   x9            0           0        0          0           0        0         0
   x10           0           0        0          0           0        0         0
   x11           0           0        0          0           0        0         0
   x12           0           0        0          0           0        0         0

                 x8           x9        x10          x11         x12
   x1            0            0          0            0        - 1.2
   x2            0            0          0            0        1.3
   x3            0            0          0            0          5
   x4            0            0          0            0          0
   x5            0            0          0            0          0
   x6            0            0          0            0          0
   x7     4.495e - 16        2.4         0            0         1.5
   x8     2.182e - 16      - 2.6         0            0      - 0.75
   x9           10          - 9          0            0       - 7.5
   x10           0            0   - 2.22e - 16  - 1.724e - 15   2.1
   x11           0            0        - 10   - 2.152e - 15   - 10.7
   x12           0            0          0           10        - 18

p. b =
         w1     u1
   x1   1.2    - 6
   x2  - 1.3    6.5
   x3   - 5    25
   x4     0    1.2
   x5     0  - 1.2
   x6     0    - 6
   x7     0    7.5
   x8     0  - 3.75
```

```
  x9      0   - 37.5
  x10     0     10.8
  x11     0   - 48
  x12     0   - 120

p. c =
       x1   x2   x3   x4   x5   x6   x7   x8   x9   x10   x11   x12
  z1   0    0    10   0    0    0    0    0    0    0     0     - 5
  z2   0    0    0    0    0    10   0    0    0    0     0     0
  z3   0    0    0    0    0    0    0    0    10   0     0     5
  v1   0    0    0    0    0    0    0    0    0    0     0     - 1

p. d =
         w1   u1
  z1     5   - 25
  z2     0     5
  z3     0    25
  v1     1   - 5

Input group 'W' = 1
Input group 'U' = 2
Output group 'Z' = [1 2 3]
Output group 'V' = 4
Continuous - time model.
```

解决 H2 问题,代码如下:

```
>> z = [0 0 1];
>> p = [ - 2  - 3  - 4];
>> k = 5;
>> w1 = zpk(z,p,k);
>> z = [0 1 2];
>> w2 = zpk(z,p,k);
>> z = [1 2 3];
>> w3 = zpk(z,p,k);
>> p = [ - 5  - 6  - 7];
>> g = zpk(z,p,k);
>> p = augw(g,w1,w2,w3);
>> h2syn(p)
warning: h2syn: setting matrice D11 to zero
warning: called from
    h2syn at line 127 column 5

ans.a =
```

```
              x1          x2          x3          x4          x5          x6          x7
   x1  -2.22e-16    2.22e-16         2.4           0           0           0           0
   x2         -1  -4.441e-16        -2.6           0   5.551e-17  -5.551e-17   8.674e-19
   x3 -2.776e-17          10          -9           0           0   -2.22e-16   3.469e-18
   x4  -0.007584    -0.03034     0.01213    -0.01358      0.0844       2.325    0.000948
   x5   0.007584     0.03034    -0.01213     -0.9864     -0.0844      -2.525   -0.000948
   x6    0.03792      0.1517    -0.06067      0.0679       9.578      -8.623    -0.00474
   x7    -0.0474     -0.1896     0.07584    -0.08487      0.5275     -0.4711    0.005925
   x8     0.0237      0.0948    -0.03792     0.04244     -0.2637      0.2355      -1.003
   x9      0.237       0.948     -0.3792      0.4244      -2.637       2.355    -0.02962
  x10   -0.06825      -0.273      0.1092     -0.1222      0.7596     -0.6783    0.008532
  x11     0.3034       1.213     -0.4854      0.5432      -3.376       3.015    -0.03792
  x12     0.7584       3.034      -1.213       1.358       -8.44       7.537     -0.0948

              x8          x9         x10         x11         x12
   x1          0  -8.674e-19  -2.776e-17           0           0
   x2          0  -1.735e-18           0   5.551e-17           0
   x3          0  -6.939e-18           0    2.22e-16           0
   x4   0.003792   -0.001517    -0.04983      0.0839      -0.185
   x5  -0.003792    0.001517     0.04983     -0.0839       0.185
   x6   -0.01896    0.007584      0.2491     -0.4195      0.9249
   x7     0.0237       2.391     -0.3114      0.5244      0.3439
   x8   -0.01185      -2.595      0.1557     -0.2622     -0.1719
   x9      9.882      -8.953       1.557      -2.622      -1.719
  x10    0.03413    -0.01365     -0.4484      0.7551      0.4352
  x11    -0.1517     0.06067      -8.007      -3.356      -3.301
  x12    -0.3792      0.1517       4.983        1.61      0.4982

ans.b =

         u1
   x1   1.2
   x2  -1.3
   x3    -5
   x4     0
   x5     0
   x6     0
   x7     0
   x8     0
   x9     0
  x10     0
  x11     0
  x12     0

ans.c =
```

```
           x1          x2         x3          x4         x5          x6         x7        x8
  y1  -0.00632   -0.02528   0.01011   -0.01132   0.07033   -0.06281   0.00079   0.00316

           x9          x10         x11        x12
  y1  -0.001264   -0.04152   0.06992   -0.1542

ans.d =
      u1
  y1  0

Continuous-time model.
```

解决 H∞问题,代码如下:

```
>> z=[0 0 1];
>> p=[-2 -3 -4];
>> k=5;
>> w1=zpk(z,p,k);
>> z=[0 1 2];
>> w2=zpk(z,p,k);
>> z=[1 2 3];
>> w3=zpk(z,p,k);
>> p=[-5 -6 -7];
>> g=zpk(z,p,k);
>> p=augw(g,w1,w2,w3);
>> hinfsyn(p)

ans.a =
                 x1           x2       x3          x4          x5          x6          x7
     x1   4.441e-16            0      2.4           0           0           0           0
     x2          -1   -2.842e-14     -2.6   1.776e-15  -7.105e-15   7.105e-15           0
     x3  -3.553e-15           10       -9   1.421e-14  -2.842e-14           0  -4.441e-16
     x4       1.361        74.12   -54.43      -4.158       13.81      -12.25      0.1991
     x5      -1.361       -74.12    54.43       3.158      -13.81       12.05     -0.1991
     x6      -6.807       -370.6    272.1       20.79      -59.04       64.27     -0.9954
     x7       8.509        463.2   -340.2      -25.98       86.29      -91.59       1.244
     x8      -4.254       -231.6    170.1       12.99      -43.15       45.79      -1.622
     x9      -42.54        -2316     1701       129.9      -431.5       457.9      -6.222
    x10       12.25        667.1   -489.8      -37.42       124.3      -131.9       1.792
    x11      -54.46        -2965     2177       166.3      -552.3       586.2      -7.964
    x12      -136.1        -7412     5443       415.8       -1381        1465      -19.91

                 x8          x9        x10          x11          x12
     x1           0   -1.11e-16          0    7.105e-15    3.553e-15
     x2  -4.441e-16    1.11e-16   2.22e-16   -7.105e-15   -1.066e-14
     x3  -1.776e-15   4.441e-16          0   -2.842e-14   -4.263e-14
```

```
    x4     0.7964   -0.3185   -0.5799     16.54     11.39
    x5    -0.7964    0.3185    0.5799    -16.54    -11.39
    x6     -3.982     1.593     2.899    -82.68    -56.93
    x7      4.977    0.4091    -3.624     103.4     72.66
    x8     -2.489    -1.605     1.812    -51.68    -36.33
    x9     -14.89    0.9545     18.12    -516.8    -363.3
   x10      7.167    -2.867    -5.219     148.8     104.6
   x11     -31.85     12.74     13.19    -661.4    -466.1
   x12     -79.64     31.85     57.99     -1644     -1157

ans.b =
          u1
   x1    1.2
   x2   -1.3
   x3   -5
   x4    0.2308
   x5   -0.2308
   x6   -1.154
   x7    1.442
   x8   -0.7212
   x9   -7.212
   x10   2.077
   x11  -9.231
   x12  -23.08

ans.c =
         x1      x2      x3       x4      x5      x6      x7      x8       x9      x10
   y1  1.135  61.77  -45.36  -3.465  11.51  -12.21  0.1659  0.6636  -0.2655  -0.4832

          x11     x12
   y1  13.78   9.488

ans.d =
          u1
   y1  0.1923

Continuous-time model.
```

对控制系统进行频率响应数据拟合，输出的拟合数据为状态空间矩阵形式，代码如下：

```
>> z = [0 0 1];
>> p = [-2 -3 -4];
>> k = 5;
>> w1 = zpk(z,p,k);
```

```
>> n = 1;
>> [sys,n] = fitfrd(w1,n)

sys.a =
            x1
   x1   - 9.954

sys.b =
           u1
   x1  10.71

sys.c =
            x1
   y1   - 5.216

sys.d =
           u1
   y1  5.343

Continuous - time model.
n = 1
```

解决 S/KS/T 问题,并求得灵敏度函数,代码如下:

```
>> z = [0 0 1];
>> p = [ - 2  - 3  - 4];
>> k = 5;
>> w1 = zpk(z,p,k);
>> z = [0 1 2];
>> w2 = zpk(z,p,k);
>> z = [1 2 3];
>> w3 = zpk(z,p,k);
>> p = [ - 5  - 6  - 7];
>> g = zpk(z,p,k);
>> [k,n,gamma,info] = mixsyn(g,w1,w2,w3)

k.a =
                 x1           x2        x3          x4            x5           x6           x7
   x1     4.441e - 16            0       2.4           0             0            0            0
   x2              - 1  - 2.842e - 14     - 2.6  1.776e - 15  - 7.105e - 15  7.105e - 15            0
   x3   - 3.553e - 15           10       - 9  1.421e - 14  - 2.842e - 14            0  - 4.441e - 16
   x4           1.361        74.12   - 54.43     - 4.158         13.81      - 12.25       0.1991
   x5         - 1.361      - 74.12     54.43       3.158       - 13.81        12.05     - 0.1991
   x6         - 6.807      - 370.6     272.1       20.79       - 59.04        64.27     - 0.9954
   x7           8.509        463.2   - 340.2     - 25.98         86.29      - 91.59        1.244
   x8         - 4.254      - 231.6     170.1       12.99       - 43.15        45.79      - 1.622
```

```
  x9   -42.54   -2316    1701    129.9   -431.5    457.9   -6.222
 x10    12.25   667.1  -489.8   -37.42    124.3   -131.9    1.792
 x11   -54.46   -2965    2177    166.3   -552.3    586.2   -7.964
 x12   -136.1   -7412    5443    415.8    -1381     1465   -19.91

                 x8          x9         x10          x11          x12
  x1              0   -1.11e-16           0    7.105e-15    3.553e-15
  x2     -4.441e-16    1.11e-16    2.22e-16   -7.105e-15   -1.066e-14
  x3     -1.776e-15   4.441e-16           0   -2.842e-14   -4.263e-14
  x4         0.7964     -0.3185     -0.5799        16.54        11.39
  x5        -0.7964      0.3185      0.5799       -16.54       -11.39
  x6         -3.982       1.593       2.899       -82.68       -56.93
  x7          4.977      0.4091      -3.624        103.4        72.66
  x8         -2.489      -1.605       1.812       -51.68       -36.33
  x9         -14.89      0.9545       18.12       -516.8       -363.3
 x10          7.167      -2.867      -5.219        148.8        104.6
 x11         -31.85       12.74       13.19       -661.4       -466.1
 x12         -79.64       31.85       57.99        -1644        -1157

k.b =
         u1
  x1    1.2
  x2   -1.3
  x3     -5
  x4    0.2308
  x5   -0.2308
  x6   -1.154
  x7    1.442
  x8   -0.7212
  x9   -7.212
 x10    2.077
 x11   -9.231
 x12   -23.08

k.c =
          x1      x2      x3      x4      x5      x6      x7      x8      x9      x10
  y1   1.135   61.77  -45.36  -3.465   11.51  -12.21  0.1659  0.6636  -0.2655  -0.4832

         x11     x12
  y1   13.78   9.488

k.d =
          u1
  y1  0.1923
```

```
Continuous - time model.

n.a =
              x1           x2           x3           x4          x5         x6          x7
      x1  - 2.22e - 16  2.105e - 16     2.4           0           0          0           0
      x2     - 1      - 4.497e - 16   - 2.6           0           0          0           0
      x3       0           10          - 9            0           0          0           0
      x4       0            0           0       2.22e - 16  1.57e - 16     2.4          0
      x5       0            0           0          - 1      3.14e - 16   - 2.6          0
      x6       0            0      1.776e - 16       0          10        - 9          0
      x7       0            0    - 1.776e - 16       0           0          0    2.776e - 16
      x8       0            0      2.665e - 16       0           0          0         - 1
      x9       0            0      1.421e - 15       0           0          0           0
     x10       0            0           0            0           0          0           0
     x11       0            0      1.421e - 15       0           0          0           0
     x12       0            0           0            0           0          0           0
     x13       0            0      1.776e - 16       0           0          0           0
     x14       0            0           0            0           0          0           0
     x15       0            0    - 1.421e - 15       0           0          0           0
     x16       0            0           0            0           0          0           0
     x17       0            0    - 4.441e - 17       0           0          0           0
     x18       0            0           0            0           0          0           0
     x19       0            0      1.776e - 16       0           0          0           0
     x20       0            0    - 1.776e - 16       0           0          0           0
     x21       0            0           0            0           0          0           0
     x22       0            0           0            0           0          0           0
     x23       0            0    - 2.842e - 15       0           0          0           0
     x24       0            0           0            0           0          0           0
              x8          x9       x10           x11           x12        x13        x14
      x1       0           0         0             0         - 0.6118    - 3.47    - 188.9
      x2       0           0         0             0           0.6627     3.759     204.7
      x3       0           0         0             0           2.549      14.46     787.2
      x4       0           0         0             0         - 0.1176     0.694     37.79
      x5       0           0         0             0           0.1176   - 0.694   - 37.79
      x6       0           0         0             0           0.5882    - 3.47    - 188.9
      x7  4.495e - 16     2.4        0             0           0.7647     4.338     236.2
      x8  2.182e - 16   - 2.6        0             0         - 0.3824   - 2.169   - 118.1
      x9      10        - 9          0             0         - 3.824    - 21.69    - 1181
     x10       0           0   - 2.22e - 16  - 1.724e - 15    1.041      6.246     340.1
     x11       0           0      - 10       - 2.152e - 15  - 5.994    - 27.76    - 1511
     x12       0           0         0            10         - 6.235    - 69.4    - 3779
     x13       0           0         0             0         - 0.6118    - 3.47    - 188.9
     x14       0           0         0             0           0.6627     2.759     204.7
     x15       0           0         0             0           2.549      14.46     797.2
     x16       0           0         0             0         - 0.1176     0.694     37.79
```

```
x17  0  0  0  0   0.1176   -0.694   -37.79
x18  0  0  0  0   0.5882    -3.47   -188.9
x19  0  0  0  0  -0.7353    4.338    236.2
x20  0  0  0  0   0.3676   -2.169   -118.1
x21  0  0  0  0    3.676   -21.69    -1181
x22  0  0  0  0   -1.059    6.246    340.1
x23  0  0  0  0    4.706   -27.76    -1511
x24  0  0  0  0    11.76    -69.4    -3779

          x15       x16       x17       x18        x19       x20       x21
x1      138.7      10.6    -35.19     37.35    -0.5075     -2.03     0.812
x2     -150.3    -11.48     38.13    -40.47     0.5498     2.199   -0.8796
x3     -578.1    -44.16     146.6    -155.6      2.115     8.458    -3.383
x4     -27.75     -2.12     7.039    -7.471     0.1015     0.406   -0.1624
x5      27.75      2.12    -7.039     7.471    -0.1015    -0.406    0.1624
x6      138.7      10.6    -35.19     37.35    -0.5075     -2.03     0.812
x7     -173.4    -13.25     43.99    -46.69     0.6344     2.537    -1.015
x8      86.71     6.624       -22     23.35    -0.3172    -1.269    0.5075
x9      867.1     66.24      -220     233.5     -3.172    -12.69     5.075
x10    -249.7    -19.08     63.35    -67.24     0.9135     3.654    -1.462
x11      1110     84.78    -281.6     298.8      -4.06    -16.24     6.496
x12      2775       212    -703.9     747.1     -10.15     -40.6     16.24
x13     141.1      10.6    -35.19     37.35    -0.5075     -2.03     0.812
x14    -152.9    -11.48     38.13    -40.47     0.5498     2.199   -0.8796
x15    -587.1    -44.16     146.6    -155.6      2.115     8.458    -3.383
x16    -27.75     -2.12     7.039    -5.071     0.1015     0.406   -0.1624
x17     27.75      1.12    -7.039     4.871    -0.1015    -0.406    0.1624
x18     138.7      10.6    -25.19     28.35    -0.5075     -2.03     0.812
x19    -173.4    -13.25     43.99    -46.69     0.6344     2.537     1.385
x20     86.71     6.624       -22     23.35     -1.317    -1.269    -2.093
x21     867.1     66.24      -220     233.5     -3.172    -2.687    -3.925
x22    -249.7    -19.08     63.35    -67.24     0.9135     3.654    -1.462
x23      1110     84.78    -281.6     298.8      -4.06    -16.24     6.496
x24      2775       212    -703.9     747.1     -10.15     -40.6     16.24

        x22       x23       x24
x1     1.478    -42.15    -29.02
x2    -1.601     45.66     31.44
x3    -6.159     175.6     120.9
x4   -0.2956      8.43     5.805
x5    0.2956     -8.43    -5.805
x6     1.478    -42.15    -29.02
x7    -1.848     52.69     36.28
x8    0.9238    -26.34    -18.14
```

```
    x9     9.238     -263.4   -181.4
    x10   -2.661      75.87    52.24
    x11    11.82    -337.2   -232.2
    x12    29.56     -843    -580.5
    x13    1.478    -42.15   -29.02
    x14   -1.601     45.66    31.44
    x15   -6.159     175.6    120.9
    x16   -0.2956    8.43     5.805
    x17    0.2956   -8.43    -5.805
    x18    1.478    -42.15   -29.02
    x19   -1.848     52.69    37.78
    x20    0.9238   -26.34   -18.89
    x21    9.238    -263.4   -188.9
    x22   -2.661     75.87    54.34
    x23    1.825    -337.2   -242.9
    x24    29.56     -833    -598.5

n.b =
          w1
    x1    0.6118
    x2   -0.6627
    x3   -2.549
    x4    0.1176
    x5   -0.1176
    x6   -0.5882
    x7    0.7353
    x8   -0.3676
    x9   -3.676
    x10   1.059
    x11  -4.706
    x12  -11.76
    x13   0.6118
    x14  -0.6627
    x15  -2.549
    x16   0.1176
    x17  -0.1176
    x18  -0.5882
    x19   0.7353
    x20  -0.3676
    x21  -3.676
    x22   1.059
    x23  -4.706
    x24  -11.76
```

```
n.c =
        x1   x2   x3   x4   x5   x6   x7   x8   x9   x10
   z1   0    0    10   0    0    0    0    0    0    0
   z2   0    0    0    0    0    10   0    0    0    0
   z3   0    0    0    0    0    0    0    0    10   0

        x11     x12       x13       x14      x15       x16      x17      x18      x19      x20
   z1   0     -2.549    -14.46   -787.2    578.1     44.16   -146.6    155.6   -2.115   -8.458
   z2   0     -0.4902    2.892    157.4   -115.6    -8.831    29.33   -31.13    0.4229   1.692
   z3   0      2.549     14.46    787.2   -578.1   -44.16    146.6   -155.6    2.115    8.458

          x21       x22       x23      x24
   z1    3.383     6.159   -175.6   -120.9
   z2   -0.6766   -1.232    35.13    24.19
   z3   -3.383    -6.159    175.6    120.9

n.d =
          w1
   z1  2.549
   z2  0.4902
   z3  2.451

Input group 'W' = 1
Output group 'Z' = [1 2 3]
Continuous-time model.
gamma = 3.8331
info =

  scalar structure containing the fields:

    gamma = 3.8331
    rcond =

       1.00000
       1.00000
       0.00000
       0.00000
```

对稳健控制器进行分区，代码如下：

```
>> z = [0 0 1];
>> p = [-2 -3 -4];
>> k = 5;
>> w1 = zpk(z,p,k);
```

```
>> z = [0 1 2];
>> w2 = zpk(z,p,k);
>> z = [1 2 3];
>> w3 = zpk(z,p,k);
>> p = [ - 5  - 6  - 7];
>> g = zpk(z,p,k);
>> p = augw(g,w1,w2,w3);>> mktito(p,3,1)

ans.a =
              x1            x2          x3          x4          x5         x6          x7
   x1   - 2.22e - 16   2.105e - 16     2.4           0           0          0           0
   x2        - 1      - 4.497e - 16  - 2.6           0           0          0           0
   x3          0            10         - 9           0           0          0           0
   x4          0             0           0   2.22e - 16  1.57e - 16       2.4           0
   x5          0             0           0         - 1   3.14e - 16     - 2.6           0
   x6          0             0           0           0          10        - 9           0
   x7          0             0           0           0           0          0  2.776e - 16
   x8          0             0           0           0           0          0         - 1
   x9          0             0           0           0           0          0           0
   x10         0             0           0           0           0          0           0
   x11         0             0           0           0           0          0           0
   x12         0             0           0           0           0          0           0

              x8          x9          x10           x11          x12
   x1          0           0            0             0        - 1.2
   x2          0           0            0             0          1.3
   x3          0           0            0             0            5
   x4          0           0            0             0            0
   x5          0           0            0             0            0
   x6          0           0            0             0            0
   x7  4.495e - 16       2.4            0             0          1.5
   x8  2.182e - 16     - 2.6            0             0       - 0.75
   x9         10         - 9            0             0        - 7.5
   x10         0           0  - 2.22e - 16  - 1.724e - 15        2.1
   x11         0           0         - 10   - 2.152e - 15     - 10.7
   x12         0           0            0            10         - 18

ans.b =
          w1     u1
   x1    1.2    - 6
   x2  - 1.3    6.5
   x3  - 5       25
   x4    0      1.2
   x5    0    - 1.2
   x6    0    - 6
```

```
    x7     0       7.5
    x8     0     -3.75
    x9     0     -37.5
    x10    0      10.8
    x11    0     -48
    x12    0     -120

ans.c =

        x1  x2  x3  x4  x5  x6  x7  x8  x9  x10  x11  x12
    z1  0   0   10  0   0   0   0   0   0   0    0    -5
    v1  0   0   0   0   0   10  0   0   0   0    0    0
    v2  0   0   0   0   0   0   0   0   10  0    0    5
    v3  0   0   0   0   0   0   0   0   0   0    0    -1

ans.d =

        w1    u1
    z1  5   -25
    v1  0     5
    v2  0    25
    v3  1   -5

Input group 'W' = 1
Input group 'U' = 2
Output group 'Z' = 1
Output group 'V' = [2 3 4]
Continuous-time model.
```

使用H∞控制器合成方式对稳健控制器进行循环修正，代码如下：

```
>> z=[0 0 1];
>> p=[-2 -3 -4];
>> k=5;
>> w1=zpk(z,p,k);
>> z=[0 1 2];
>> w2=zpk(z,p,k);
>> z=[1 2 3];
>> p=[-5 -6 -7];
>> g=zpk(z,p,k);
>> factor=2;
>> [k,n,gamma,info]=ncfsyn(g,w1,w2,factor)

k.a =
             x1           x2          x3      x4       x5       x6       x7
   x1  -2.22e-16    2.105e-16     2.4    17.05    0.7095   -0.5896  -0.7769
   x2     -1       -4.497e-16    -2.6   -18.47   -0.7686   0.6387   0.8417
   x3      0           10         -9    -71.04   -2.956    2.457    3.237
```

```
x4   0  0  0   3.36e+05     1.395e+04    -1.15e+04    -1.546e+04
x5   0  0  0  -1.207e+04     -507.4        410.6         552.4
x6   0  0  0    -1512        -62.49        51.18         70.36
x7   0  0  0    760.6         32.3        -25.81        -36.21
x8   0  0  0    548.4         25.14       -18.52        -26.01
x9   0  0  0    -2113        -87.66        71.29         99.14
x10  0  0  0    -3057        -130.4        104.1         140.3
x11  0  0  0  -1.508e+04     -628.5        514.4         692.6
x12  0  0  0  -3.983e+05   -1.654e+04    1.364e+04     1.832e+04
x13  0  0  0      0            0             0             0
x14  0  0  0      0            0             0             0
x15  0  0  0      0            0             0             0

          x8           x9          x10          x11          x12        x13       x14
x1      -1.133        -3.71         9.2         -3.2         21.96        0         0
x2       1.227        4.019       -9.967        3.466       -23.79        0         0
x3       4.719        15.46       -38.33        13.33       -91.49        0         0
x4   -2.248e+04    -7.28e+04    1.814e+05   -6.299e+04    4.327e+05      0         0
x5       804.2         2614        -6520         2269      -1.555e+04     0         0
x6       101.1        328.2       -816.9        283.7        -1947        0         0
x7      -51.54       -165.6        411.3       -143.7        980.4        0         0
x8      -37.57       -118.9        295.4       -105.1        707.1        0         0
x9       142.4        459.9        -1143        397.4        -2724        0         0
x10      203.2         660         -1647        576.3        -3938        0         0
x11       1006         3269        -8150         2830      -1.941e+04     0         0
x12   2.665e+04     8.63e+04    -2.15e+05    7.468e+04   -5.129e+05     0         0
x13        0            0            0            0            0       2.22e-16  1.57e-16
x14        0            0            0            0            0          -1     3.14e-16
x15        0            0            0            0            0           0        10

         x15
x1    -1500
x2     1625
x3     6250
x4    -2.955e+07
x5     1.062e+06
x6     1.33e+05
x7    -6.721e+04
x8    -4.812e+04
x9     1.866e+05
x10    2.682e+05
x11    1.328e+06
x12    3.503e+07
x13    2.4
x14   -2.6
x15   -9
```

```
k.b =
          u1
   x1   - 750
   x2     812.5
   x3     3125
   x4   - 1.478e + 07
   x5     5.312e + 05
   x6     6.648e + 04
   x7   - 3.36e + 04
   x8   - 2.406e + 04
   x9     9.33e + 04
   x10    1.341e + 05
   x11    6.638e + 05
   x12    1.752e + 07
   x13    1.2
   x14  - 1.2
   x15  - 6

k.c =
         x1   x2   x3     x4      x5        x6        x7        x8        x9      x10      x11
   y1    0    0    10   71.04   2.956   - 2.457   - 3.237   - 4.719   - 15.46   38.33   - 13.33

          x12   x13   x14     x15
   y1   91.49    0     0    - 6250

k.d =
          u1
   y1   - 3125

Continuous - time model.

n.a =
              x1           x2            x3            x4            x5            x6          x7
   x1       65.4        - 22.6        112.1        - 150.4       - 165.5       293.3        121.6
   x2       0.6509      - 4.961       - 6.959       2.198         2.137        - 13.65      - 4.866
   x3     - 0.3566      0.3939        - 1.077       1.497         0.7313       - 0.6717     - 1.483
   x4     - 3.25        0.5136        0.6051       - 1.402       - 0.795        0.5979      - 0.9097
   x5       1.548       2.383         0.3908       - 1.092       - 1.24         0.1172       0.2961
   x6       7.39        0.5868       - 2.05          2.498         1.496       - 1.63         0.9851
   x7     - 8.542     - 3.499        - 1.369         1.342         0.7378      - 3.376      - 2.326
   x8      13.09      - 0.5964       - 7.424         5.042         3.37        - 14.9       - 7.728
   x9     - 79.05      25.43        - 132.4        177.6         197.5        - 348.6      - 143.2
   x10     0.02728     0.001135    - 0.0009433   - 0.001243    - 0.001812    - 0.005936     0.01472
   x11   - 0.02728   - 0.001135      0.0009433     0.001243      0.001812      0.005936   - 0.01472
   x12   - 0.1364    - 0.005675      0.004716      0.006215      0.00906       0.02968    - 0.0736
   x13     0.0491      0.002043    - 0.001698    - 0.002237    - 0.003262    - 0.01068      0.02649
```

```
x14    -0.2182    -0.00908     0.007546     0.009944     0.0145      0.04749     -0.1178
x15    -0.5456    -0.0227      0.01887      0.02486      0.03624     0.1187      -0.2944
x16    0.001091   4.54e-05    -3.773e-05   -4.972e-05   -7.248e-05  -0.0002374   0.0005888
x17   -0.001182  -4.919e-05    4.088e-05    5.387e-05    7.852e-05   0.0002572  -0.0006378
x18   -0.004546  -0.0001892    0.0001572    0.0002072    0.000302    0.0009893  -0.002453

           x8          x9        x10        x11        x12        x13         x14
x1        41.9       81.11        0          0        -1891        0           0
x2        3.335      3.637        0          0        67.99        0           0
x3        0.1493    -1.078        0          0        8.508        0           0
x4       -0.3025    -3.42         0          0       -4.301        0           0
x5       -2.431      2.752        0          0       -3.079        0           0
x6       -0.6293     7.839        0          0        11.94        0           0
x7        4.202    -11.18         0          0        17.17        0           0
x8       -1.606     19.56         0          0        84.96        0           0
x9      -47.82     -99.17         0          0        2242         0           0
x10    -0.005119    0.03513    2.22e-16   1.57e-16   0.0001536     0           0
x11     0.005119   -0.03513      -1       3.14e-16   -0.2002       0           0
x12     0.0256     -0.1757        0         10        2.999        0           0
x13    -0.009215    0.06324       0          0       -4.32     -2.22e-16   -1.724e-15
x14     0.04095    -0.2811        0          0        19.2        -10      -2.152e-15
x15     0.1024     -0.7026        0          0        48          0          10
x16   -0.0002048    0.001405      0          0      -0.09599      0           0
x17    0.0002218   -0.001522      0          0        0.104        0           0
x18    0.0008532   -0.005855      0          0        0.4          0           0

           x15           x16           x17           x18
x1       -945.6           0             0          -4.728e+04
x2        33.99           0             0            1700
x3        4.254           0             0            212.7
x4       -2.151           0             0           -107.5
x5       -1.54            0             0           -76.98
x6        5.971           0             0            298.5
x7        8.583           0             0            429.1
x8        42.48           0             0            2124
x9        1121            0             0          5.605e+04
x10      7.68e-05         0             0            0.00384
x11     -7.68e-05         0             0           -0.00384
x12     -0.000384         0             0           -0.0192
x13     -0.05986          0             0            0.006912
x14     -1.101            0             0           -0.03072
x15      5.998            0             0           -0.0768
x16     -0.048        -2.22e-16     2.105e-16        0.0001536
x17      0.052           -1        -4.497e-16       -0.0001664
x18      0.2              0            10            0.9994
```

```
n.b =
              u1            u2
    x1      -189.1     -2.364e+04
    x2       6.799        849.9
    x3      0.8508        106.4
    x4     -0.4301       -53.76
    x5     -0.3079       -38.49
    x6       1.194        149.3
    x7       1.717        214.6
    x8       8.496         1062
    x9       224.2      2.803e+04
   x10       -0.24      0.00192
   x11        0.24     -0.00192
   x12         1.2    -0.009599
   x13      -0.432     0.003456
   x14        1.92     -0.01536
   x15         4.8      -0.0384
   x16   -0.009599     7.68e-05
   x17      0.0104   -8.319e-05
   x18        0.04     -0.00032

n.c =
           x1          x2           x3           x4          x5          x6          x7
   y1  0.1137      0.004729    -0.00393     -0.005179    -0.00755    -0.02473     0.06133
   y2  0.0009093   3.784e-05   -3.144e-05   -4.143e-05   -6.04e-05   -0.0001979   0.0004906

             x8          x9       x10  x11     x12      x13  x14
   y1    -0.02133     0.1464      0    0     0.00064    0    0
   y2   -0.0001706   0.001171    -0   -0    -0.07999   -0   -0

          x15     x16  x17   x18
   y1  0.00032    0    0    0.016
   y2    -0.04   -0   -0      -2

       n.d =
              u1          u2
   y1     6.4e-05    0.007999
   y2   -0.007999     -0.9999

Continuous-time model.
gamma = 90.773
info =

  scalar structure containing the fields:
```

```
gamma = 90.773
emax = 0.011016
Gs =

  <class ss>

Ks =

  <class ss>

rcond =

   0.0076268
   0.0100358
```

14.11.8 解算器

【例 14-10】 解连续 ARE 方程

$$\begin{cases} A'XE + E'XA - (E'XB + S)R^{-1}(B'XE + S') + Q = 0 \\ G = R^{-1}(B'XE + S') \\ L = \mathrm{eig}(A - B \times G, E) \end{cases}$$

代码如下：

```
>> A = [1 2 3;4 5 6;7 8 9];
>> B = [ - 1 2 3;4  - 5 6;7 8  - 9];
>> Q = [1 2 3; - 4  - 5 6;7  - 8  - 9];
>> R = [1 2 3; - 4  - 5  - 6;7  - 8  - 9];
>> [X,L,G] = care(A,B,Q,R)
X =

  - 0.79624  0.46513  0.30969
    0.46513  0.68014  0.64116
    0.30969  0.64116  0.23851

L =

  - 62.5912
  - 13.6205
  - 1.6812

G =
```

```
  -0.3091755   -0.8825364    0.0044038
  -7.5902107  -14.3809097   -7.1794934
   6.7713988   12.1293049    6.0930351
```

【例 14-11】 解离散 ARE 方程

$$\begin{cases} A'XA - E'XE - (A'XB + S)(B'XB + R)^{-1}(B'XA + S') + Q = 0 \\ G = (B'XB + R)^{-1}(B'XA + S') \\ L = \mathrm{eig}(A - B \times G, E) \end{cases}$$

代码如下：

```
>> A = [1 2 3;4 5 6;7 8 9];
>> B = [-1 2 3;4 -5 6;7 8 -9];
>> Q = [1 2 3; -4 -5 6;7 -8 -9];
>> R = [1 2 3; -4 -5 6; -7 -8 -9];
>> [X,L,G] = dare(A,B,Q,R)
X =

    5.6605     8.1943     10.7282
    8.1943     3.0774     15.9605
    10.7282    15.9605    3.1928

L =

    7.9793e-02
   -3.7929e-02
    1.1088e-16

G =

  1.07451  1.28713  1.49975
  0.25209  0.42674  0.60139
  0.24228  0.43851  0.63474
```

【例 14-12】 解离散李雅普诺夫方程

$$AXA' - X + B = 0$$

代码如下：

```
>> A = [1 2 3;4 5 6;7 8 9];
>> B = [-9 -8 -7; -6 -5 -4;3 2 1];
>> X = dlyap(A,B)
X =

    12.42105     1.12500    -10.17105
```

```
  1.12500      0.77714   -1.57072
 -10.17105    -1.57072    9.02961
```

【例 14-13】 解离散西尔维斯特方程

$$AXB' - X + C = 0$$

代码如下：

```
>> A = [1 2 3;4 5 6;7 8 9];
>> B = [ -9 -8 -7; -6 -5 -4;3 2 1];
>> C = [1 2 -3;4 5 -6;7 8 -9];
>> X = dlyap(A,B,C)
X =

  -1.4338  3.0601  1.5541
  -2.9581  5.6290  2.2161
  -4.4824  8.1978  2.8781
```

【例 14-14】 解广义离散李雅普诺夫方程

$$AXA' - EXE' + B = 0$$

代码如下：

```
>> A = [1 2 3;4 5 6;7 8 9];
>> B = [1 2 3;2 0 2;3 2 1];
>> E = eye(3);
>> X = dlyap(A,B,[],E)
X =

   2.2631579    0.5000000   -1.2631579
   0.5000000   -1.7467105    0.0065789
  -1.2631579    0.0065789    1.2763158
```

【例 14-15】 计算离散李雅普诺夫方程 $AU'UA' - U'U + BB' = 0$ 的 Cholesky 因子。

代码如下：

```
>> A = zeros(3,3);
>> B = A;
>> dlyapchol(A,B)
ans =

   0  0  0
   0  0  0
   0  0  0
```

【例 14-16】 解连续李雅普诺夫方程

$$AX + XA' + B = 0$$

代码如下：

```
>> A = zeros(3,3);
>> B = A;
>> dlyap(A,B)
ans =

   0   0   0
   0   0   0
   0   0   0
```

【例 14-17】 解连续西尔维斯特方程

$$AX + XB + C = 0$$

代码如下：

```
>> A = zeros(3,3);
>> C = B = A;
>> dlyap(A,A,A)
ans =

   0   0   0
   0   0   0
   0   0   0
```

【例 14-18】 解广义连续李雅普诺夫方程

$$AXE' + EXA' + B = 0$$

代码如下：

```
>> A = [1 2 3;4 5 6;7 8 9];
>> B = [1 2 3;2 0 2;3 2 1];
>> E = eye(3);
>> X = lyap(A,B,[],E)
X =

   7.1518e + 14   - 1.4304e + 15    7.1518e + 14
 - 1.4304e + 15    2.8607e + 15   - 1.4304e + 15
   7.1518e + 14   - 1.4304e + 15    7.1518e + 14
```

【例 14-19】 计算连续李雅普诺夫方程 $AU'U+U'UA'+BB'=0$ 的 Cholesky 因子。代码如下：

```
>> A = zeros(3,3);
>> X = lyapchol(A,A)
error: lyapchol: __sl_sb03od__: SB03OD returned info = 2
error: called from
    lyapchol at line 66 column 18
```

14.11.9 模型降阶

使用 BST 降阶方法,代码如下:

```
>> z = [1 2 3 4 5 6];
>> p = [ - 2 - 3 - 4 - 5 - 6 - 7];
>> k = 5;
>> g = zpk(z,p,k);
>> [gr,info] = bstmodred(g)

gr.a =
              x1          x2          x3          x4          x5        x6
   x1    - 4.872       9.118     - 6.831       11.76     - 4.623     7.334
   x2      6.462       3.823     - 10.53       10.43     - 1.944     2.481
   x3   - 0.1345       22.48     - 18.08       19.85       1.328    0.1671
   x4      1.119     - 13.29       8.579     - 8.189       2.901     2.643
   x5     0.3603    - 0.6032      0.8197    - 0.9103     - 2.316    - 2.38
   x6   - 0.9791      0.5763      0.1016       2.206       7.945     2.638

gr.b =
               u1
   x1       14.07
   x2      - 4.99
   x3       19.21
   x4     - 12.79
   x5    - 0.7995
   x6       1.713

gr.c =
              x1        x2         x3        x4          x5           x6
   y1    - 1.344     4.847    - 6.375     5.827    - 0.3146    - 0.07459

gr.d =
         u1
   y1    5

Continuous - time model.
info =
```

```
scalar structure containing the fields:

    n = 6
    ns = 6
    hsv =

       1.00000
       1.00000
       1.00000
       1.00000
       1.00000
       1.00000

    nu = 0
    nr = 6
```

使用 BTA 降阶方法，代码如下：

```
>> z = [1 2 3 4 5 6];
>> p = [-2 -3 -4 -5 -6 -7];
>> k = 5;
>> g = zpk(z,p,k);
>> [gr,info] = btamodred(g)

gr.a =
            x1         x2          x3         x4         x5         x6
   x1   -31.24      17.69      -10.29     -1.393    0.08948    -0.2276
   x2   -20.24      4.189      -16.06     0.1893     0.6441     -0.243
   x3    4.831     0.6971      0.9905      9.744    -0.1995     0.6845
   x4    1.089    -0.2119     -0.4256     -0.402     -9.737      1.944
   x5  -0.1338    0.01382    -0.01922     0.2593    -0.4566      1.114
   x6 -0.06453    0.01096   -0.000644    0.03348       -0.6    -0.0852

gr.b =
           u1
   x1   27.19
   x2   1.481
   x3  -4.195
   x4 -0.2563
   x5  0.08756
   x6  0.02627

gr.c =
           x1       x2       x3       x4          x5          x6
   y1  -9.362    2.278   -2.676   0.1176   -0.008631   7.092e-05
```

```
gr.d =
        u1
   y1   5

Continuous-time model.
info =

  scalar structure containing the fields:

    nr = 6
    ns = 6
    hsv =

       4.70443
       3.94773
       3.00549
       2.10994
       1.38426
       0.89364
```

使用 HNA 降阶方法,代码如下:

```
>> z = [1 2 3 4 5 6];
>> p = [-2 -3 -4 -5 -6 -7];
>> k = 5;
>> g = zpk(z,p,k);
>> [gr,info] = hnamodred(g)

gr.a =
         x1     x2      x3       x4       x5       x6
   x1    -7  12.53  -11.67   -10.37   -8.966   -6.852
   x2     0     -6   10.88    9.777     8.41    6.444
   x3     0      0      -5   -8.924   -7.706   -5.894
   x4     0      0       0       -4     -6.9   -5.304
   x5     0      0       0        0       -3   -4.673
   x6     0      0       0        0        0       -2

gr.b =
            u1
   x1   -8.219
   x2    7.715
   x3   -7.011
   x4   -6.075
   x5   -4.721
```

```
   x6   -2.709

gr.c =
        x1      x2      x3     x4     x5     x6
   y1  6.581  -7.939  7.014  6.337  5.444  4.172

gr.d =
       u1
   y1  5

Continuous-time model.
info =

  scalar structure containing the fields:

    n = 6
    ns = 6
    hsv =

       4.70443
       3.94773
       3.00549
       2.10994
       1.38426
       0.89364

    nu = 0
    nr = 6
```

使用SPA降阶方法，代码如下：

```
>> z = [1 2 3 4 5 6];
>> p = [-2 -3 -4 -5 -6 -7];
>> k = 5;
>> g = zpk(z,p,k);
>> [gr,info] = spamodred(g)

gr.a =
          x1        x2         x3         x4        x5        x6
   x1   -31.24     17.69     -10.29     -1.393    0.08948   -0.2276
   x2   -20.24     4.189     -16.06     0.1893    0.6441    -0.243
   x3    4.831     0.6971     0.9905    9.744    -0.1995    0.6845
   x4    1.089    -0.2119    -0.4256   -0.402    -9.737     1.944
   x5   -0.1338    0.01382   -0.01922   0.2593   -0.4566    1.114
   x6  -0.06453    0.01096  -0.000644   0.03348   -0.6     -0.0852
```

```
gr.b =
          u1
   x1    27.19
   x2    1.481
   x3  - 4.195
   x4  - 0.2563
   x5    0.08756
   x6    0.02627

gr.c =
          x1       x2       x3       x4          x5            x6
   y1  - 9.362  2.278  - 2.676  0.1176  - 0.008631  7.092e - 05

gr.d =
       u1
   y1  5

Continuous - time model.
info =

  scalar structure containing the fields:

    nr = 6
    ns = 6
    hsv =

       4.70443
       3.94773
       3.00549
       2.10994
       1.38426
       0.89364
```

14.11.10 控制器降阶

在闭环系统稳定的情况下，使用 BTA 降阶方法，代码如下：

```
>> z = [0 1 2 3 4 5];
>> p = [2 3 4 0.5 0.4 0.3];
>> k = 5;
>> g = zpk(z,p,k);
>> z = [0 0 0 0 0 3];
>> p = [5 6 7 0.3 0.2 0.1];
>> k = 5;
```

```
>> h = zpk(z,p,k);
>> [kr,info] = btaconred(g,h)

kr.a =
        x1      x2       x3       x4       x5       x6
   x1  0.1   -0.614    1.494   -4.919   11.94    2.292
   x2   0     0.2     -0.6327   2.619   -6.583   -1.226
   x3   0      0       0.3     -2.486    6.46    1.246
   x4   0      0        0        5     -14.41   -4.317
   x5   0      0        0        0        6      9.169
   x6   0      0        0        0        0        7

kr.b =
          u1
   x1  -56.58
   x2   30.34
   x3  -28.91
   x4   63.5
   x5  -27.48
   x6  -7.406

kr.c =
           x1        x2        x3        x4        x5        x6
   y1  -0.2532   0.1534   -0.1706   0.5055   -0.7005   -0.3703

kr.d =
        u1
   y1   5

Continuous-time model.
info =

  scalar structure containing the fields:

    ncr = 6
    ncs = 0
    hsvc = [](0x1)
```

在闭环系统稳定的情况下，使用 SPA 降阶方法，代码如下：

```
>> z = [0 1 2 3 4 5];
>> p = [2 3 4 0.5 0.4 0.3];
>> k = 5;
>> g = zpk(z,p,k);
>> z = [0 0 0 0 0 3];
```

```
>> p = [5 6 7 0.3 0.2 0.1];
>> k = 5;
>> h = zpk(z,p,k);
>> [kr,info] = spaconred(g,h)

kr.a =
        x1      x2        x3        x4       x5       x6
   x1  0.1   -0.614    1.494    -4.919   11.94    2.292
   x2   0      0.2    -0.6327    2.619   -6.583  -1.226
   x3   0      0        0.3     -2.486    6.46    1.246
   x4   0      0         0        5      -14.41  -4.317
   x5   0      0         0        0        6      9.169
   x6   0      0         0        0        0        7

kr.b =
          u1
   x1  -56.58
   x2   30.34
   x3  -28.91
   x4   63.5
   x5  -27.48
   x6  -7.406

kr.c =
          x1       x2        x3       x4        x5        x6
   y1  -0.2532  0.1534  -0.1706  0.5055  -0.7005  -0.3703

kr.d =
        u1
   y1  5

Continuous-time model.
info =

  scalar structure containing the fields:

    ncr = 6
    ncs = 0
    hsvc = [](0x1)
```

在 A-LC 稳定的情况下，使用 CF 降阶方法，代码如下：

```
>> a = [1 2;3 4];
>> b = [5;6];
>> c = [7 8];
```

```
>> d = 9;
>> g = ss(a,b,c,d);
>> f = [0 1];
>> l = [1 2]';
>> [kr,info] = cfconred(g,f,l)

kr.a =
           x1        x2
   x1   - 3.025    6.952
   x2    6.846    - 26.98

kr.b =
             u1
   x1     0.08876
   x2   - 0.5962

kr.c =
          x1        x2
   y1  1.561    - 3.122

kr.d =
       u1
   y1  0

Continuous - time model.
info =

  scalar structure containing the fields:

    ncr = 2
    hsv =

       2.05876
       0.27994
```

在 A-LC 稳定的情况下，使用频率权重互质的 CF 降阶方法，代码如下：

```
>> a = [1 2;3 4];
>> b = [5;6];
>> c = [7 8];
>> d = 9;
>> g = ss(a,b,c,d);
>> f = [0 1];
>> l = [1 2]';
>> [kr,info] = fwcfconred(g,f,l)
```

```
kr.a =
           x1       x2
   x1   -8.585   -8.979
   x2  0.02103    2.585

kr.b =
           u1
   x1    2.192
   x2  -0.4442

kr.c =
          x1       x2
   y1  0.7878   -0.616

kr.d =
       u1
   y1   0

Continuous-time model.
info =

  scalar structure containing the fields:

    ncr = 2
    hsv =

       2.86368
       0.49842
```

14.12 艺术学科应用

14.12.1 颜色调节

使用 Octave 可以绘制出不同种颜色效果。

Octave 内部对于颜色的定义通过三元组矩阵实现。三元组矩阵是一个列数为三列的矩阵，每列三元组矩阵数据分别代表红色分量(R)、绿色分量(G)和蓝色分量(B)。这样，根据 3 种颜色配比的不同，就可以构成一个实际的颜色，三元组矩阵的每行都代表了一种颜色。

在添加元素时，可以先确定每种颜色对应的红色分量、绿色分量和蓝色分量，再将这个矩阵追加到已有的三元组矩阵中，这样就完成了颜色添加过程，代码如下：

```
#!/usr/bin/octave
#第 14 章/add_color.m
function o = add_color(r,g,b,i)
    size_i = size(i)(1) * size(i)(2)
    i(size_i + 1) = r;
    i(size_i + 2) = g;
    i(size_i + 3) = b;
    o = i;
endfunction
```

颜色删除也按照类似规律。将对应的颜色的行数记录下来，删除这一行三元组矩阵的数据，然后保留其他数据，代码如下：

```
#!/usr/bin/octave
#第 14 章/delete_color_subfunction.m
function o = delete_color_subfunction(row, i)
    for j = 1:length(row)
        recent_row = row(j);
        total_row = size(i)(1);
        i(recent_row) = NA;
        i(recent_row + total_row) = NA;
        i(recent_row + total_row * 2) = NA;
    endfor
    o = i;
endfunction
#!/usr/bin/octave
#第 14 章/delete_color.m
function o = delete_color(row, i)
    o = delete_color_subfunction(row, i);
    x = find(isna(o));
o(x) = [];
o = reshape(o,[],3);
endfunction
```

这里给出一个反例。在循环结果之内实现数组行数的改变会得到错误的结果，代码如下：

```
#!/usr/bin/octave
#第 14 章/delete_color_subfunction_wrong_example.m
function o = delete_color_subfunction(row, i)
    total_row = size(i)(1);
    o_1 = i(1:(recent_row - 1));
    o_2 = i(1 + total_row:(recent_row - 1) + total_row);
    o_3 = i(1 + total_row * 2:(recent_row - 1) + total_row * 2);
    o = [o_1' o_2' o_3'];
```

```
    o_1 = i((recent_row + 1):total_row);
    o_2 = i((recent_row + 1) + total_row:total_row * 2);
    o_3 = i((recent_row + 1) + total_row * 2:total_row * 3);
    o2 = [o_1' o_2' o_3'];
    o = [o;o2];
endfunction

#!/usr/bin/octave
#第 14 章/delete_color_wrong_example.m
function o = delete_color(row, i)
    for j = 1:length(row)
        i = delete_color_subfunction(row, i);
endfor
o = i;
endfunction
```

在以上代码中,如果先删除某一行,则后面行数的序号也一同改变。如果传入的行数是一个含有多个元素的数组,则要求程序删除多行数据,删除的行数也会一并出错。

14.12.2 颜色设计

对于一个艺术作品而言,需要有合理的配色对作品进行搭配。我们可以调用 Octave 内置的 rgbplot()函数,对一组颜色进行直观的编辑和预览。

例如:我们需要一组柔和的色调。柔和的色调以暖色为主,所以在颜色分量的尺度上要以红色分量为主,以绿色分量为搭配,而蓝色分量尽量少出现甚至不出现。根据这个原则,我们设计如下程序进行色彩设计。

函数传入一个参数,作为生成色彩数量的设定。在函数设计中,设计红色分量为周期变化的主色调,设计绿色分量为恒定的辅助色调,最后设计蓝色为带有微小变化而且变化缓慢的辅助色调。

```
#!/usr/bin/octave
#第 14 章/color_design.m
function o = color_design(num)
    xscale = linspace(1, num, num);
    x = sin(xscale). * 0.3 + 0.7;
    y = 0.2. * ones(1, num);
    z = 0.1. * sin(xscale) + 0.1;
    o = [x;y;z]';
endfunction
```

然后调用以下代码:

```
>> chroma = color_design(64)
>> rgbplot(ans)
```

生成一个含有64种颜色的色谱，并且观察每种颜色的色调分量，然后调用以下代码：

```
>> rgbplot(ans,'composite')
```

观察整个色谱。

14.12.3 平面图像上色与物体上色

我们可以借助于Octave的曲面高度，对一个三维物体或者二维平面图像进行自动上色。三维物体的表面是一个曲面，对这个曲面上色即可，代码如下：

对于二维平面而言，将要填充的颜色映射到第3个维度作为不同的高度，然后将总高度除以色谱中的颜色数量，就是每种颜色发生变化时的高度变化量，再根据需要的颜色即可算出当前位置的高度。最后，将这个三维图形的角度设定在投影面上，即可完成二维平面的上色。

直接使用color_design()函数生成一个64种颜色的色谱，然后对一个球体进行上色，代码如下：

```
>> chroma = color_design(64);
>> sphere()
>> set(gca,'colormap',chroma)
```

运行代码结果如图14-23所示。

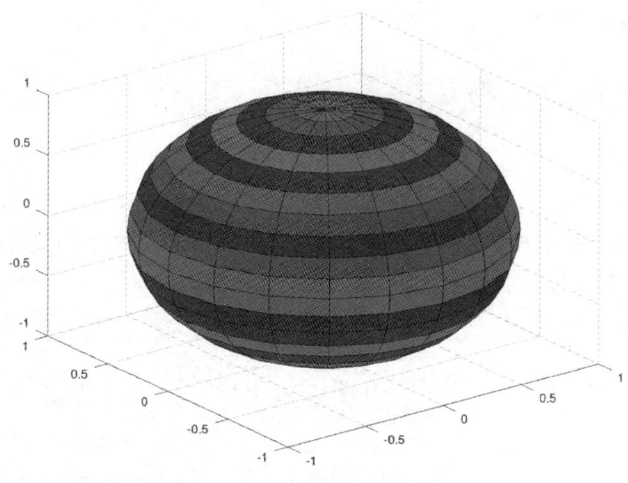

图14-23 对一个球体进行上色

可以看到，在执行完上面的代码之后，球体被上色成了暖色调，如图12-23所示。

再使用这个球体进行二维图片的上色处理。首先重新绘制一个球体，再将当前的球体按照暖色调色谱进行上色，代码如下：

```
>> sphere
>> chroma = color_design(64);
>> set(gca,'colormap',chroma)
```

然后，将当前球体的句柄属性值改为一个球体的平面视图。下面的这行代码将显示视角重置为平面直角坐标系的默认值“6.6086”。“6.6086”这个属性值为显示一个平面直角坐标系的最佳参数。如果此参数的绝对值增大，则显示的图形会缩小。如果此参数的绝对值减小，则显示的图形会增大，甚至越过画布可以显示的范围，代码如下：

```
>> set(gca,'cameraviewangle',6.6086)
```

注意：在进行以下操作之前，必须调用 set()函数来手动设置 cameraviewangle 属性值，否则后面的操作将报错：

```
error: set: "cameraviewangle" must be finite
```

然后改变显示图形的投影方向。下面的这行代码将球体显示为俯视图，这行代码是不显示 z 轴的必要条件，代码如下：

```
>> set(gca,'cameraposition',[0 0 20])
```

下面的这行代码将 x 轴设置为从左向右逐渐增大的方向，将 y 轴设置为从下向上逐渐增大的方向，将 z 轴设置为从上向下逐渐增大的方向，代码如下：

```
>> set(gca,'cameraupvector',[0 1 0])
```

下面的这行代码将球体显示在画布的正中心。因为画布的正中心在本例中是画布的(0,0,0)坐标位置，所以将 cameratarget 属性值设置为[0 0 0]矩阵。如果球体不显示在画布的正中心，则根据投影原理，我们将仍然可以看到 z 轴方向的投影，代码如下：

```
>> set(gca,'cameratarget',[0 0 0])
```

下面的代码将坐标轴的显示范围均设置为[−1,1]，恰好显示这个半径为 1 的球体，如图 14-24 所示：

```
>> set(gca,'xlim',[-1,1])
>> set(gca,'ylim',[-1,1])
>> set(gca,'zlim',[-1,1])
```

运行代码结果如图 14-24 所示。

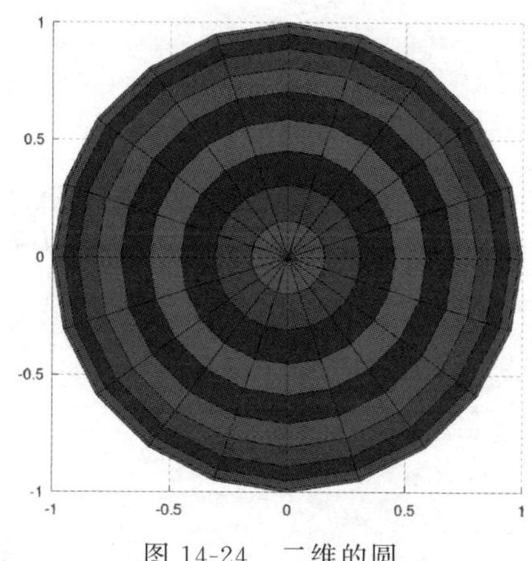

图 14-24 二维的圆

至此一个三维的球体就被显示为二维的圆。我们对三维球体的上色过程在变化为二维的圆的过程中同样有效果。

第 15 章

商道之我是饭店经理

注意：本故事作为讲授面向对象编程之用途，纯属虚构，如有雷同纯属巧合。

15.1　新的机会（设计饭店类）

今天我走在路上，穿着宽松的衣服，打开一瓶二锅头，缓解一下昨天熬夜的疲劳感。突然，我看到前方有个不起眼的告示牌，挂在一家饭店的门旁边。告示牌的内容如图 15-1 所示。

诚聘

和平饭店诚聘经理，负责管理饭店核心业务和组建新的团队。工资面议。

X老板

图 15-1　告示牌

我一想：管理团队我有经验。虽然我没干过饭店经理，但试试看总归没有问题。于是，我走进了饭店。

一进门我就发现饭店里面门可罗雀，既没有顾客，也没有厨师。我叫了一声老板："老板在吗?"然后一个人出来后对我讲："你好，我就是老板。请问你是来面试经理的吗?"

我说："是的。我来应聘和平饭店的经理。"

老板立刻把我拉进了办公室，并请我坐下，着急地说："最近饭店生意不好，我的员工全都走了，连经理也……唉，还请你帮我东山再起。我问问你，如果你当了饭店经理，你会怎么管理业务？能不能提出一些独到的方法？要是我感觉你的办法好，我就聘你。"

我想了想饭店的现状，对老板说：

"首先，重新雇用一批员工：从厨师雇起，到服务员一应俱全，菜品定价方面应保证顾客可以消费，这就有了足够的现金流。其次，我需要一个厨师长，让他管理其他厨师。厨师长除了做饭之外，还负责管理其他厨师的信息，包括名单、技能等，这样，我就可以向顾客提供个性化服务，让顾客拥有更好的体验。最后，我还可以从头开始制定饭店的经营纲领，让你可以躺着数钱……”

老板听了我的回答之后，咽了咽口水，说：“这经理非你莫属！试用期3个月，明天就可以入职。”我同意了。

回到家之后，我快速制定了和平饭店三大纲领：界面、点菜、厨师。

- 界面，即图形用户界面(GUI)。顾客的点菜操作可以通过在图形用户界面上单击来轻松完成，然后在用户界面上添加人性化的提示，只有让顾客点菜轻松，他们吃得才能开心。最后，为了日后界面升级方便，将整个界面初始化的流程放在脚本中实现。以后如果要替换用户界面，只需更换外部脚本文件，而无须修改其他程序代码；
- 点菜，即优化点菜流程。一般饭店点菜的过程烦琐又缓慢。在我的纲领之下，点菜的过程得到进一步优化：首先是顾客在确认点菜项目之后，只需等待服务员定时来收菜单，而无须手动做其他操作。此外，服务员也允许顾客重新点单。只要厨师还没有开始做菜，顾客就可以无限制地重新点菜，进一步满足顾客的要求；
- 厨师，即充分发挥厨师能力。将厨师按照特长能力进行管理，配合每道菜的独特口味进行匹配。这样既可以充分发挥厨师的才能，又可以将每一道菜的口味达到最佳，是一举两得的好方案。

根据三大纲领设计饭店类，代码如下：

```
#!/usr/bin/octave
#第15章/Restaurant.m
classdef Restaurant
    ##饭店类
    # ----------------------
    # * properties:
    ##
    # ----------------------
    # * methods:
    ##init_gui()
    ##order()
    ##cook()
    # ----------------------
    methods(Static = true)
        #纲领一:界面
        function init_gui()
            disp('You need to overload this function: init_gui.')
        endfunction
    endmethods
    methods(Static = true)
        #纲领二:点菜
        function order()
            disp('You need to overload this function: order.')
        endfunction
    endmethods
```

```
    methods(Static = true)
        #纲领三:厨师
        function cook()
            disp('You need to overload this function: cook.')
        endfunction
    endmethods

endclassdef
```

注意：Octave没有实现接口类，因此只能通过普通类进行接口类的定义。Restaurant类作为一个接口类，规定只有实现其中的3个接口方法才能正常做业务。

制订完纲领之后，我回想起来今天早上的经历，不由得笑了起来，心想：这经理当然非我莫属。如果有个人为我干活，我还能躺着数钱，那我也让他干啊！

15.2 招兵买马(设计厨师类)

天一亮我就到了和平饭店，然后联系了几个猎头。猎头的速度很快，几天之内就为我找到了一个厨师长。

这个厨师长说来很有意思，他叫"大总管"。这名字天生就是个当总管的料。为什么呢？因为我要么叫他"大总管"，要么叫他"大"厨师长，无论怎么叫他都有一种霸气。我感觉他一定能成为厨师界的精英。

我找来大总管，给他安排任务："我对做饭的技术不熟悉，因此请你在一个月之内帮我招3个厨师，然后把厨师按照特长能力进行管理。最后和几个厨师商量一下出一份菜单。对了，再出一份厨师名单。"

大总管说："包在我身上！"

设计厨师类的代码如下：

```
#!/usr/bin/octave
#第15章/Chef.m
classdef Chef
    ##厨师类
    # ----------------------
    # * properties:
    ##id
    ##name
    ##ability
    ##usability
    # ----------------------
    # * methods:
```

```
    ##set_name(this, name)
    ##set_ability(this, ability)
    ##set_usability(this, usability)
    ##cook(chef_name,dish_name)
    # ----------------------
    properties
        id = 'Undefined ID';
        name = 'Undefined Name';
        ability = 'Undefined Ability';
        usability = 'Undefined Usability';
    endproperties
    methods
        #设置厨师名
        function this = set_name(this, name)
            this.name = name;
        endfunction
    endmethods
    methods
        #设置厨师的特长能力
        function this = set_ability(this, ability)
            this.ability = ability;
        endfunction
    endmethods
    methods
        #设置厨师的可用性
        function this = set_usability(this, usability)
            this.usability = usability;
        endfunction
    endmethods
    methods(Static = true)
        #做饭
        function cook(chef_name,dish_name)
            cook_ext(chef_name,dish_name)
        endfunction
    endmethods
endclassdef
```

设计依赖代码如下：

```
#!/usr/bin/octave
#第 15 章/cook_ext.m
function cook_ext(chef_name,dish_name)
    ##做饭
    # ----------------------
    # * param:
```

```
    ##chef_name
    ##dish_name
    # ----------------------
    # * return:
    ##
    # ----------------------
    fprintf('%s 正在做 %s\n',chef_name,dish_name);
endfunction
```

然后，我问大总管："大总管，你是怎么为我准备厨师名单和菜单的呢？"

大总管说："这个不难。我是这样做的……"

设计生成示例菜单数据代码，代码如下：

```
#!/usr/bin/octave
#第 15 章/menu_data_factory.m
##生成示例菜单数据
clear all
system('rm -f restaurant_menu.data')
a = Mentor;
a.add_menu_data('shui_zhu_yu','chili');
pause(4)
a.add_menu_data('dan_gao','sweet');
pause(4)
a.add_menu_data('tu_dou_si','sour');
pause(4)
a.add_menu_data('mian_tiao','can_not_decide');
pause(4)
a.add_menu_data('set_meal_1','can_not_decide');
pause(4)
a.add_menu_data('set_meal_2','can_not_decide');
pause(4)
a.add_menu_data('set_meal_3','can_not_decide');
pause(4)
p = load('restaurant_menu.data');
p.menu_list_temp
```

运行结果如下：

```
>> menu_data_factory
ans = 0
warning: implicit conversion from numeric to char
warning: called from
    add_menu_data_ext at line 22 column 17
    add_menu_data at line 96 column 13
```

```
    menu_data_factory at line 6 column 1
  scalar structure containing the fields:

    id = 1614777647
    name = shui_zhu_yu
    request = chili
warning: implicit conversion from numeric to char
warning: called from
    add_menu_data_ext at line 22 column 17
    add_menu_data at line 96 column 13
    menu_data_factory at line 8 column 1
  scalar structure containing the fields:

    id = 1614777651
    name = dan_gao
    request = sweet
warning: implicit conversion from numeric to char
warning: called from
    add_menu_data_ext at line 22 column 17
    add_menu_data at line 96 column 13
    menu_data_factory at line 10 column 1
  scalar structure containing the fields:

    id = 1614777655
    name = tu_dou_si
    request = sour
warning: implicit conversion from numeric to char
warning: called from
    add_menu_data_ext at line 22 column 17
    add_menu_data at line 96 column 13
    menu_data_factory at line 12 column 1
  scalar structure containing the fields:

    id = 1614777659
    name = mian_tiao
    request = can_not_decide
warning: implicit conversion from numeric to char
warning: called from
    add_menu_data_ext at line 22 column 17
    add_menu_data at line 96 column 13
    menu_data_factory at line 14 column 1
  scalar structure containing the fields:

    id = 1614777663
    name = set_meal_1
```

```
    request = can_not_decide
warning: implicit conversion from numeric to char
warning: called from
    add_menu_data_ext at line 22 column 17
    add_menu_data at line 96 column 13
    menu_data_factory at line 16 column 1
  scalar structure containing the fields:

    id = 1614777667
    name = set_meal_2
    request = can_not_decide
warning: implicit conversion from numeric to char
warning: called from
    add_menu_data_ext at line 22 column 17
    add_menu_data at line 96 column 13
    menu_data_factory at line 18 column 1
  scalar structure containing the fields:

    id = 1614777671
    name = set_meal_3
    request = can_not_decide
ans =
{
  [1,1] =

    scalar structure containing the fields:

      id = 1614777647
      name = shui_zhu_yu
      request = chili

  [1,2] =

    scalar structure containing the fields:

      id = 1614777651
      name = dan_gao
      request = sweet

  [1,3] =

    scalar structure containing the fields:

      id = 1614777655
      name = tu_dou_si
```

```
        request = sour

    [1,4] =

      scalar structure containing the fields:

        id = 1614777659
        name = mian_tiao
        request = can_not_decide

    [1,5] =

      scalar structure containing the fields:

        id = 1614777663
        name = set_meal_1
        request = can_not_decide

    [1,6] =

      scalar structure containing the fields:

        id = 1614777667
        name = set_meal_2
        request = can_not_decide

    [1,7] =

      scalar structure containing the fields:

        id = 1614777671
        name = set_meal_3
        request = can_not_decide

}
```

设计生成示例厨师名单数据代码，代码如下：

```
#!/usr/bin/octave
#第 15 章/chef_data_factory.m
##生成示例厨师名单数据
clear all
system('rm -f chef_list.data')
a = Mentor;
a.add_chef_list_data('yushifu','chili',1);
```

```
pause(4)
a.add_chef_list_data('yushifu','sweet',1);
pause(4)
a.add_chef_list_data('yushifu','sour',1);
p = load('chef_list.data');
p.plain_chef_list_temp
```

运行结果如下：

```
>> chef_data_factory
ans = 0
warning: implicit conversion from numeric to char
warning: called from
    add_chef_list_data_ext at line 23 column 17
    add_chef_list_data at line 90 column 13
    chef_data_factory at line 6 column 1
  scalar structure containing the fields:

    id = 1614777326
    name = yushifu
    ability = chili
    usability = 1
warning: implicit conversion from numeric to char
warning: called from
    add_chef_list_data_ext at line 23 column 17
    add_chef_list_data at line 90 column 13
    chef_data_factory at line 8 column 1
  scalar structure containing the fields:

    id = 1614777330
    name = yushifu
    ability = sweet
    usability = 1
warning: implicit conversion from numeric to char
warning: called from
    add_chef_list_data_ext at line 23 column 17
    add_chef_list_data at line 90 column 13
    chef_data_factory at line 10 column 1
  scalar structure containing the fields:

    id = 1614777334
    name = yushifu
    ability = sour
    usability = 1
ans =
```

```
{
  [1,1] =

    scalar structure containing the fields:

      id = 1614777326
      name = yushifu
      ability = chili
      usability = 1

  [1,2] =

    scalar structure containing the fields:

      id = 1614777330
      name = yushifu
      ability = sweet
      usability = 1

  [1,3] =

    scalar structure containing the fields:

      id = 1614777334
      name = yushifu
      ability = sour
      usability = 1

}
```

我们相谈甚欢，等到要下班了，我问他："如果普通厨师有的菜不会做，你能不能尝试做一下？"大总管说："听经理的，到时候我试试。"听了这句话，我对他又放心了不少。

15.3 得力的厨师长（设计主管类）

半个月之后，厨师长来找我，说："报告经理，我已经找好了三位大厨。"

- 第一位于师傅，擅长做山珍海味，配合咸辣味，再用猛火烹制菜肴，鲜香扑鼻。他试菜的时候，用一道水煮鱼就征服了我的味蕾；
- 第二位余师傅，擅长做甜品，尤其是西方名点。据说是中西面点只要是甜的他都不在话下。他做的美式蛋糕甜而不腻，口感极佳；
- 第三位虞师傅，擅长的菜偏酸，适合做开胃菜。饭店需要这种开胃菜厨师，改善顾客的食欲。

厨师长接着说："而且你要的菜单我也准备好了：水煮鱼、蛋糕和土豆丝。"

我看着这三道菜，心想：这三道菜也太少了。于是，我说：

"大总管，你能再加点菜吗？"

大总管嘴角上扬，说："知道你会觉得菜不够，我特意又准备了三大套餐。这三大套餐每天都询问厨师的意见进行自定义，保证顾客连续吃一年都不会重样！"

设计主管类的代码如下：

```
#!/usr/bin/octave
#第 15 章/Mentor.m
classdef Mentor < Chef
    ##主管类
    # ----------------------
    # * properties:
    ##plain_chef_list
    ##restaurant_menu
    ##chef_list
    ##dish_list
    # ----------------------
    # * methods:
    ##get_plain_chef_list(this, file_name)
    ##get_menu(this, file_name)
    ##get_real_chef_list(this)
    ##set_chef_usability(this,chef_id,status)
    ##add_chef_list_data(this,name,ability,usability)
    ##add_menu_data(this,name,request)
    ##get_dish_list_by_name(this,dish_name_list)
    ##cook(dish_name)
    # ----------------------
    properties
        plain_chef_list = 'Undefined Plain Chef List';
        restaurant_menu = 'Undefined Menu';
        chef_list = {};
        dish_list = {};
    endproperties
    methods
        function this = get_plain_chef_list(this, file_name)
            #设置厨师名单
            try
                plain_chef_list_temp = load(file_name);
                this.plain_chef_list = plain_chef_list_temp.plain_chef_list_temp;
            catch
                disp('厨师获取失败!请先设置厨师名单.')
                system('touch chef_list.data')
                return
```

```
            end_try_catch
        endfunction
    endmethods
    methods
        function this = get_menu(this, file_name)
            #设置菜单
            try
                menu_temp = load(file_name)
                this.restaurant_menu = menu_temp.menu_list_temp;
            catch
                disp('菜单获取失败!请先设置菜单.')
                system('touch restaurant_menu.data')
                return
            end_try_catch
        endfunction
    endmethods
    methods
        function this = get_real_chef_list(this)
            #设置可用厨师名单
            get_plain_chef_list(this,'chef_list.data')
            list_temp = this.plain_chef_list;
            for i = 1:length(list_temp)
                chef_temp = Chef;
                if list_temp{i}.usability == 1
                    chef_temp.id = list_temp{i}.id
                    chef_temp.name = list_temp{i}.name
                    chef_temp.ability = list_temp{i}.ability
                    this.chef_list{i} = chef_temp;
                else
                    this.chef_list{i} = [];
                endif
            endfor
        endfunction
    endmethods
    methods
        function this = set_chef_usability(this,chef_id,status)
            #设置厨师可用性
            this = get_plain_chef_list(this,'chef_list.data')
            plain_chef_list_temp = this.plain_chef_list;
            disp(plain_chef_list_temp)
            for i = 1:length(plain_chef_list_temp)
                if findstr(plain_chef_list_temp{i}.id,chef_id)
                    plain_chef_list_temp{i}.usability = status;
                endif
            endfor
            disp(plain_chef_list_temp)
```

```
            save chef_list.data plain_chef_list_temp
        endfunction
    endmethods
    methods
        function add_chef_list_data(this,name,ability,usability)
            #向外部厨师数据中添加厨师
            add_chef_list_data_ext(this,name,ability,usability);
        endfunction
    endmethods
    methods
        function add_menu_data(this,name,request)
            #向外部菜单数据中添加菜
            add_menu_data_ext(this,name,request);
        endfunction
    endmethods
    methods
        function this = get_dish_list_by_name(this,dish_name_list)
            #根据菜名获取菜对象
            for i = 1:length(dish_name_list)
                for j = 1:length(this.restaurant_menu)
                    if(strcmp(dish_name_list{i},this.restaurant_menu{j}.name))
                        this.dish_list{length(this.dish_list) + 1} = this.restaurant_menu{j}
                    endif
                endfor
            endfor
        endfunction
    endmethods
    methods(Static = true)
        #厨师长亲自做饭
        function cook(dish_name)
            fprintf('%s暂时不能做.厨师长可以试着做一下.\n',dish_name);
        endfunction
    endmethods
endclassdef

%!test
% clear all
% a = Mentor;
% a.get_plain_chef_list('chef_list.data')
% a.get_menu('restaurant.data')
% a.get_real_chef_list

%!test
% a = Mentor;
```

```
% a.add_chef_list_data('yushifu','chili',1);
% pause(4)
% a.add_chef_list_data('yushifu','sweet',1);
% pause(4)
% a.add_chef_list_data('yushifu','sour',1);
% p = load('chef_list.data');
% p.plain_chef_list_temp

%!test
% a = Mentor;
% a.set_chef_usability('1614504378',0);
% p = load('chef_list.data');
% p.plain_chef_list_temp

%!test
#a = Mentor;
#a.add_menu_data('shui_zhu_yu','chili');
#a.add_menu_data('dan_gao','sweet');
#a.add_menu_data('tu_dou_si','sour');
#a.add_menu_data('mian_tiao','can_not_decide');
#a.add_menu_data('set_meal_1','can_not_decide');
#a.add_menu_data('set_meal_2','can_not_decide');
#a.add_menu_data('set_meal_3','can_not_decide');
% p = load('restaurant_menu.data');
% p.menu_list_temp
```

注意：Mentor 类继承 Chef 类，代表厨师长具有普通厨师的全部属性，而且厨师长需要自己的 cook()方法，重载 Chef 类的 cook()方法，以在关键时刻能够自己做饭。

设计依赖代码，代码如下：

```
#!/usr/bin/octave
#第 15 章/add_chef_list_data_ext.m
function add_chef_list_data_ext(this,name,ability,usability)
    ##向外部厨师数据中添加厨师
    # ----------------------
    # * param:
    ##mentor
    ##name
    ##ability
    ##usability
    # ----------------------
    # * return:
    ##mentor
```

```
    # ----------------------
    try
        system('touch chef_list.data');
        plain_chef_list_temp = load('chef_list.data');
        plain_chef_list_temp = plain_chef_list_temp.plain_chef_list_temp;
    catch
        plain_chef_list_temp = {};
    end_try_catch
    chef_temp = struct();
    chef_temp.id = [int2str(time) randi(10e10)];
    chef_temp.name = name;
    chef_temp.ability = ability;
    chef_temp.usability = usability;
    disp(chef_temp)
    plain_chef_list_temp{length(plain_chef_list_temp) + 1} = chef_temp;
    save chef_list.data plain_chef_list_temp
endfunction

#!/usr/bin/octave
#第 15 章/add_menu_data_ext.m
function add_menu_data_ext(this,name,request)
    ##向外部菜单数据中添加菜
    # ----------------------
    # * param:
    ##mentor
    ##name
    ##request
    # ----------------------
    # * return:
    ##mentor
    # ----------------------
    try
        system('touch restaurant_menu.data');
        menu_list_temp = load('restaurant_menu.data');
        menu_list_temp = menu_list_temp.menu_list_temp;
    catch
        menu_list_temp = {};
    end_try_catch
    menu_temp = struct();
    menu_temp.id = [int2str(time) randi(10e10)];
    menu_temp.name = name;
    menu_temp.request = request;
    disp(menu_temp)
    menu_list_temp{length(menu_list_temp) + 1} = menu_temp;
    save restaurant_menu.data menu_list_temp
endfunction
```

注意：在设计外部数据的结构时，为避免重名，通常会在存储数据时自动存放ID，以保证数据的唯一性。

我对大总管的能力认识从这一刻起有了新的认识。我想，这个厨师长不但想到了菜单，还想到了套餐，这个“套餐思维”真是奇思妙想啊！以后重用他。

15.4　培训服务员（设计经理类）

随后，老板给我打了个电话，电话里说：“经理啊，我有个朋友，大学时候是学管理的，现在想找个服务员岗位的工作，顺便向你学学管理技能。你觉得怎么样？”

我直接答应了他，说：“现在我正好到了招服务员的阶段，老板你真是雪中送炭。就把你的这位朋友交给我吧。”

过了两天，我在筹备用户界面脚本时，有人敲了我的经理办公室的门。我说：“请进。”只见一位女士走了进来，穿着非常正式，西装革履的样子令人又多打起几分精神。

我心想：难得在饭店看到职场装扮，就问她：“你找哪位？”

她说：“我叫小美。我是来应聘服务员的。”

毕竟老板和我打好了招呼，我和她寒暄了几句就让她通过面试了。到了下午，我和她讲了讲饭店的点菜流程：

- 本店的点菜以顾客为主。只要厨师没开始做饭，顾客就可以反悔，允许顾客重新点菜；
- 服务员定时收取菜单。只要服务员没收走菜单，顾客也可以反悔，允许顾客重新点菜；
- 然后，一旦厨师开始做饭，就不许顾客反悔了，你也就不用再到顾客那里去收菜单了。

“小美，我听老板说你是个新人，以后的点菜流程全权交给你负责。你先熟悉服务员的业务，以后我再慢慢教你一些其他的管理技巧。”

她点了点头，羞涩地说：“好的。”

设计经理类代码如下：

```
#!/usr/bin/octave
#第 15 章/Manager.m
classdef Manager < Restaurant
    ##经理类
    # ----------------------
    # * properties:
    ##my_mentor
    # ----------------------
    # * methods:
```

```
# #Manager(varargin)
# #init_gui(this)
# #order(this)
# #cook(this)
# ----------------------
properties
    my_mentor = Mentor;
endproperties
methods
    function this = Manager(varargin)
        #初始化主管,令主管提供必要信息
        addpath("./restaurant_gui_utils/")
        this.my_mentor = this.my_mentor.get_plain_chef_list('chef_list.data')
        this.my_mentor = this.my_mentor.get_menu('restaurant_menu.data')
        this.my_mentor = this.my_mentor.get_real_chef_list
    endfunction
endmethods

methods
    function this = init_gui(this)
        #初始化 GUI
        f = figure;
        all_request = {}
        all_name = {}
        for i = 1:length(this.my_mentor.restaurant_menu)
            all_request{i} = this.my_mentor.restaurant_menu{i}.request
            all_name{i} = this.my_mentor.restaurant_menu{i}.name
        endfor
        set_button_handles(all_request,"requesthandle")
        set_button_handles(all_name,"dishnamehandle")
        run('restaurant_gui.m')
    endfunction
endmethods

methods
    function this = order(this)
        #点菜
        addpath("./restaurant_gui_utils/")
        #点菜按钮
        confirm_button = get_button_handles("confirmhandle")
        #查询点菜状态
        while 1
            if get_button_handles("allowordering")
                #启用点菜按钮
                set(confirm_button,"enable",'on')
```

```
                    pause(30)
                elseif ～get_button_handles("allowordering")
                    #灰化点菜按钮
                    set(confirm_button,"enable",'off')
                    this.cook;
                    break
                endif
            endwhile
        endfunction
    endmethods
    methods
        function this = cook(this)
            #手下做饭
            dish_name_list = get_button_handles("finaldishnamelist")
            this.my_mentor = this.my_mentor.get_dish_list_by_name(dish_name_list)
            cook_assignment = Chef_Adapter(this, this.my_mentor.dish_list, this.my_mentor.
chef_list);
            cook_assignment.cook(dish_name_list);
        endfunction
    endmethods
endclassdef

%!test
%a = Chef_Adapter([1,2,3],'SET MEAL 2')
%a.chef_result

%!test
% run('restaurant_gui.m')
% button_handles = get_button_handles('buttonhandle')
% confirm_handle = get_button_handles('confirmhandle')
% this.dish_list = set_dish_list(button_handles, this.my_mentor.restaurant_menu)
#this.dish_list = this.my_mentor.restaurant_menu{2}.request
#this.my_mentor.chef_list{2}.ability
#this.my_mentor.restaurant_menu{2}.request
```

注意：Manager类继承Restaurant类，用于实现Restaurant类的方法。此外，上文中的服务员的职能其实对应的是Manager类中的order()方法和一部分on_click_listener()回调函数的代码片段，在代码中没有单独分出服务员类。

小美干了半个月之后，服务员业务已经越来越熟练。有一天，她找到我，说："经理，我们的用户界面什么时候才能上线啊？我每天准备手写的菜单要多花很多时间呢。"

我说："我正在开发用户界面，过几天就好。"

15.5 潜心研究(设计 GUI)

听到小美的抱怨,我决定先放一放其他业务,专心开始设计用户界面。我看了看小美之前做的手写菜单,设计了如下用户界面:

(1) 用户界面上显示所有菜名,菜名竖直排列,菜名旁边显示复选框。

(2) 用户界面上显示"点菜确认"按钮。此按钮放在全部菜名的下面。

(3) "点菜确认"按钮上的提示文字默认显示为"完成点菜"字样。

(4) 顾客单击"点菜确认"按钮之后,"点菜确认"按钮上的提示文字将变为"正在确认菜单"字样。

(5) 顾客单击"点菜确认"按钮之后出现确认弹框,标题为"需要顾客确认"字样。

(6) 如果顾客点了菜,则确认弹框的文字内容为"你选了:"、点的菜和"你确认要点这些菜吗?"字样,确认弹框的选项为"确认,我就点这些"和"不,我要重选",且默认选项为"不,我要重选"。

(7) 如果顾客单击了"确认,我就点这些"按钮,则"点菜确认"按钮上的提示文字将变为"点菜完成,请你稍等"字样。

(8) 如果顾客没点菜,则确认弹框的文字内容为"你没有点任何菜"字样,确认弹框的选项为"确认,我不吃了"和"不,我要重选",且默认选项为"不,我要重选"。

(9) 如果顾客单击了"确认,我不吃了"按钮,则"点菜确认"按钮上的提示文字将恢复为"完成点菜"字样。

(10) 如果顾客单击了"不,我要重选"按钮,则点菜确认按钮上的提示文字将恢复为"完成点菜"字样。

说干就干!我看着小美画的手写菜单,直接就复制了一份用户界面。

设计用户界面脚本的代码如下:

```
#!/usr/bin/octave
#第 15 章/restaurant_gui.m
##GUI 脚本
addpath("./restaurant_gui_utils/")

set_button_handles('菜单','name')
button_handle_list = get_button_handles("dishnamehandle");
button_handle = add_all_dishes(gcf,button_handle_list)
b1 = uicontrol(gcf,"string","完成点菜", ...
            "position", [10 10 300 40]);
set_button_handles(button_handle,"buttonhandle")
disp('绑定监听器')
set(b1,"callBack",@on_click_listener);
set_button_handles(b1,"confirmhandle")
```

```
#设置点菜状态
set_button_handles(1,"allowordering")
#灰化点菜按钮
confirm_button = get_button_handles("confirmhandle")
set(confirm_button,"enable",'off')
```

设计确认按钮的回调函数,代码如下:

```
#!/usr/bin/octave
#第 15 章/restaurant_gui_utils/on_click_listener.m
function out = on_click_listener(h,~)
    ##回调函数
    # ----------------------
    # * param:
    ##h
    ##~
    # ----------------------
    # * return:
    ##
    # ----------------------
    confirm_button = get_button_handles("confirmhandle")
    button_handle = get_button_handles("buttonhandle")
    temp_dish_name = get_button_handles("dishnamehandle")
    final_dish_name = {};
    dialog_hint = {};
    #修改确认按钮文字
    set(confirm_button,"string","正在确认菜单")
    #灰化点菜按钮
    set(confirm_button,"enable",'off')
    #读取顾客的选项
    #动态生成菜名名单
    for i = 1:length(button_handle)
        if get(button_handle{i},'value') == 1
            sprintf('%d is on',i)
            disp(temp_dish_name{i})
            final_dish_name{length(final_dish_name) + 1} = temp_dish_name{i};
        elseif get(button_handle{i},'value') == 0
            sprintf('%d is off',i)
        else
        sprintf('%d is neither on nor off',i)
        endif
    endfor
    if(length(final_dish_name) == 0)
        dialog_hint = "你没有点任何菜";
        #生成确认弹框
```

```
        btn = questdlg(dialog_hint, "需要顾客确认", ...
            "确认,我不吃了", "不,我要重选", "不,我要重选");
        #确认逻辑判断
        if(strcmp(btn,"不,我要重选"))
            disp('用户取消')
            #重启点菜按钮
            set(confirm_button,"string","完成点菜")
            set(confirm_button,"enable",'on')
        elseif(strcmp(btn,"确认,我不吃了"))
            disp('用户确认')
            #重启点菜按钮
            set(confirm_button,"string","完成点菜")
            set(confirm_button,"enable",'on')
        endif
    else
        dialog_hint{1} = "你选了:";
        for i = 1:length(final_dish_name)
            dialog_hint{i + 1} = final_dish_name{i};
        endfor
        dialog_hint{length(dialog_hint) + 1} = "你确认要点这些菜吗?";
        #生成确认弹框
        btn = questdlg(dialog_hint, "需要顾客确认", ...
            "确认,我就点这些", "不,我要重选", "不,我要重选");
        #确认逻辑判断
        if(strcmp(btn,"不,我要重选"))
            disp('用户取消')
            #重启点菜按钮
            set(confirm_button,"string","完成点菜")
            set(confirm_button,"enable",'on')
        elseif(strcmp(btn,"确认,我就点这些"))
            set_button_handles(final_dish_name,"finaldishnamelist")
            disp('用户确认')
            #重启点菜按钮
            set(confirm_button,"string","点菜完成,请你稍等")
            set(confirm_button,"enable",'on')
            #设置点菜状态
            set_button_handles(0,"allowordering")
        endif
    endif
endfunction
```

设计其他依赖代码如下：

```
#!/usr/bin/octave
#第 15 章/restaurant_gui_utils/add_all_dishes.m
```

```
function button_handle = add_all_dishes(radio_button_group, dish_list)
    ##向 GUI 中增加菜名
    # ----------------------
    # * param:
    ##radio_button_group
    ##dish_list
    # ----------------------
    # * return:
    ##button_handle
    # ----------------------
    MAX_HEIGHT = 350;
    MIN_HEIGHT = 50;
    len = length(dish_list);
    pos = (MAX_HEIGHT + MIN_HEIGHT)/(len + 1);
    button_handle = {};
    for i = 1:len
        real_pos = pos * i;
        button_handle{i} = uicontrol(radio_button_group,"style","radiobutton","string",...
                    dish_list(i),"Position",[10,real_pos,150,50])
        addlistener(button_handle{i},"selected",{@on_click_listener,strjoin({'Add on_
click_listener to ',''}, num2str(i))})
    endfor
    for i = 1:len
    get(button_handle{i},"selected")
    endfor
endfunction

%!test
%f = figure;
%gp = uibuttongroup(f,"Position",[0,0.2,1,1])
%add_all_dishes(gp,num2str(1:5,'%1d'))

#!/usr/bin/octave
#第 15 章/restaurant_gui_utils/get_button_handle_value.m
function value = get_button_handle_value(button_handle)
    ##获取按键的选中状态
    # ----------------------
    # * param:
    ##button_handle
    # ----------------------
    # * return:
    ##value
    # ----------------------
    value = get(button_handle).value
endfunction
```

```
#!/usr/bin/octave
#第 15 章/restaurant_gui_utils/get_button_handles.m
function button_handles = get_button_handles(handle_name)
    ##从 gcf 中获取特定句柄
    # ---------------------
    # * param:
    ##handle_name
    # ---------------------
    # * return:
    ##button_handles
    # ---------------------
    try
        button_handles = get(gcf,handle_name)
    catch
        error('GUI 未正常启动,或 GUI 未生效.请重启 GUI!')
    end_try_catch
endfunction

#!/usr/bin/octave
#第 15 章/restaurant_gui_utils/set_button_handles.m
function set_button_handles(button_handle,handle_name)
    ##将特定句柄设置到 gcf 中
    # ---------------------
    # * param:
    ##button_handle
    ##handle_name
    # ---------------------
    # * return:
    ##
    # ---------------------
    try
        set(gcf,handle_name,button_handle);
    catch
        addproperty(handle_name,gcf,'any')
        set(gcf,handle_name,button_handle);
    end_try_catch
endfunction
```

用户界面设计好之后,我把用户界面配合着点菜业务向老板和小美进行了端到端测试。

(1) 场景一:GUI 初始化完毕,如图 15-2 所示。

(2) 场景二:顾客在没点菜时单击“点菜确认”按钮,如图 15-3 所示。

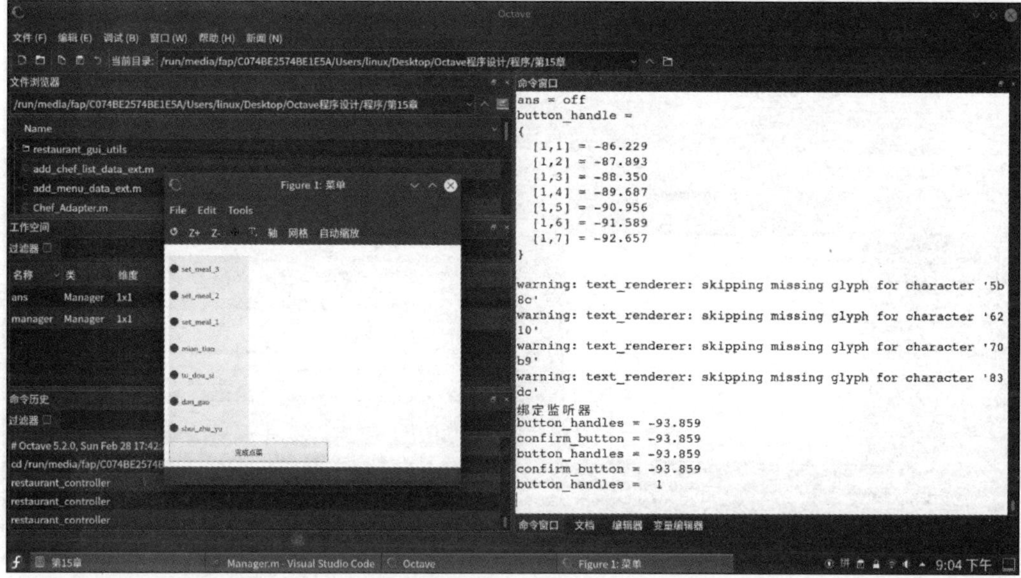

图 15-2　场景一

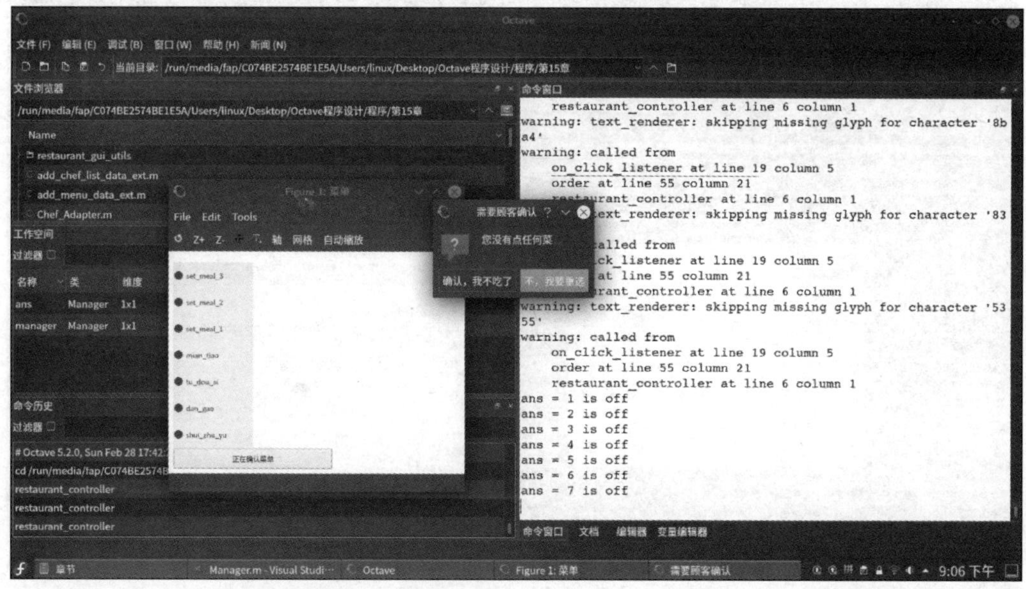

图 15-3　场景二

(3) 场景三：顾客先单击“点菜确认”按钮，再单击“确认，我不吃了”按钮，放弃一次点菜，如图 15-4 所示。

(4) 场景四：顾客点了一道菜，并单击“点菜确认”按钮，如图 15-5 所示。

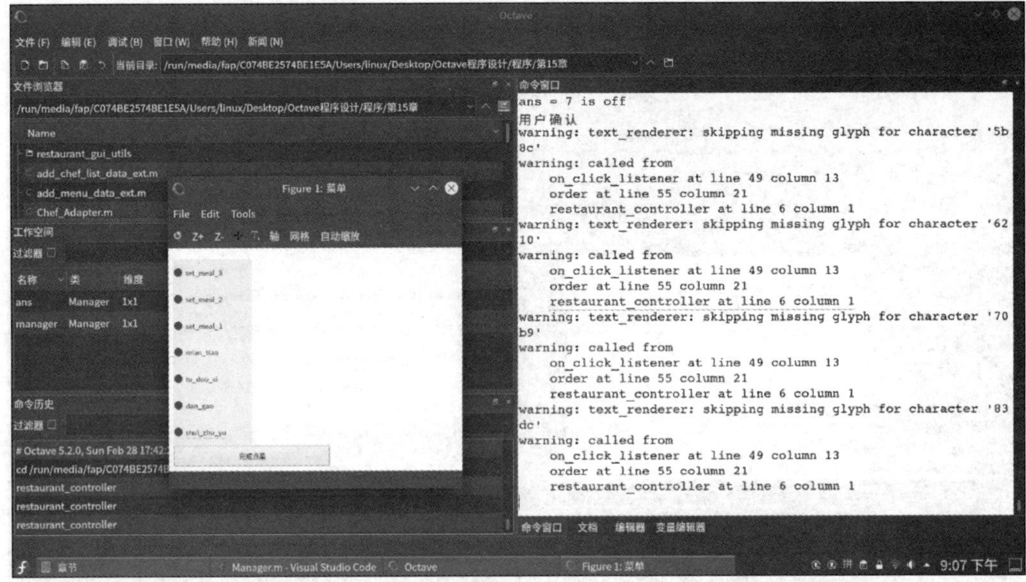

图 15-4 场景三

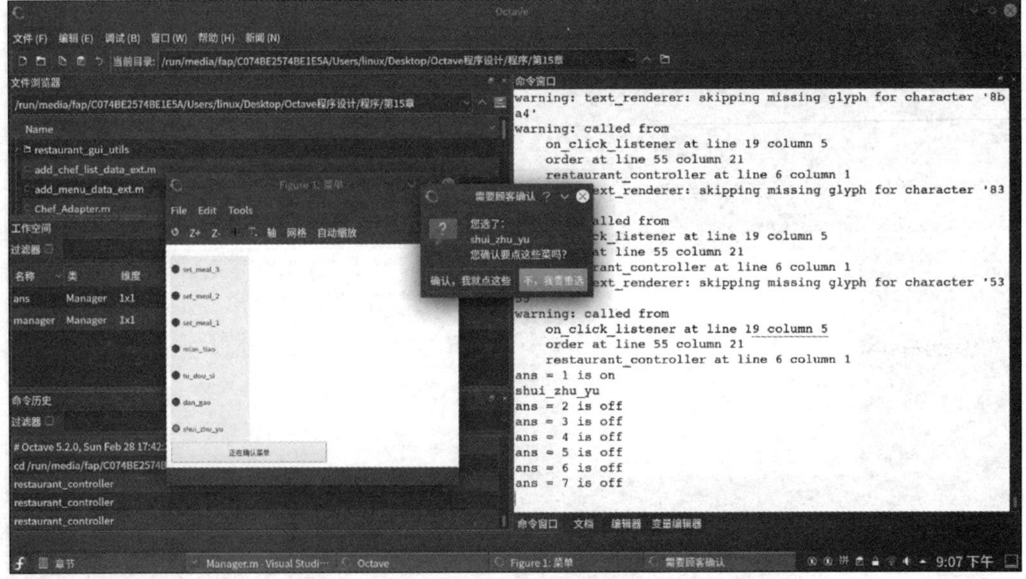

图 15-5 场景四

(5) 场景五：顾客点了多道菜，并单击"点菜确认"按钮，如图 15-6 所示。

(6) 场景六：顾客先单击"点菜确认"按钮，再单击"确认，我就点这些"按钮，完成一次点菜，如图 15-7 所示。

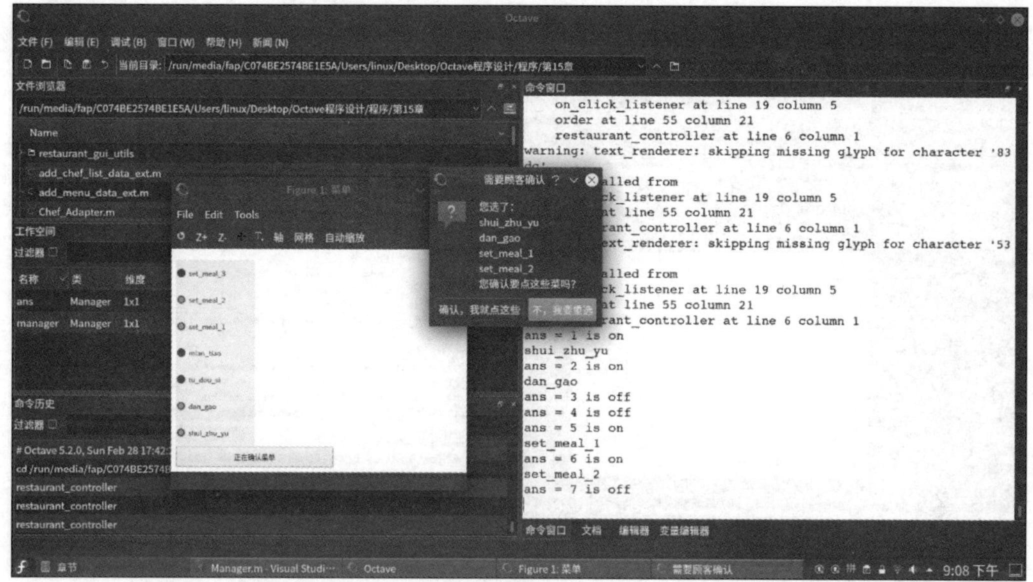

图 15-6　场景五

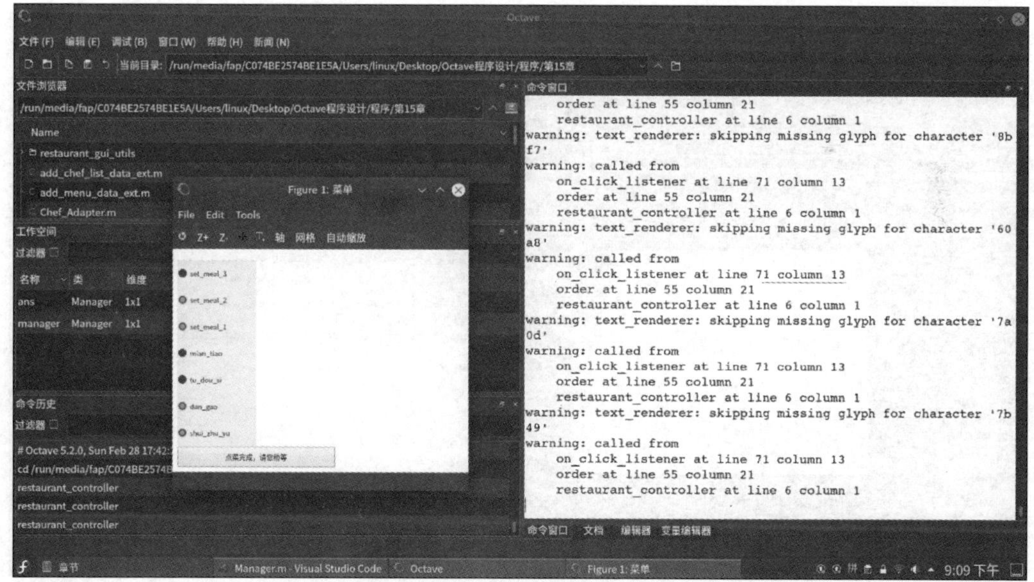

图 15-7　场景六

(7) 场景七：顾客先单击“点菜确认”按钮，再单击“不，我要重选”按钮，放弃一次点菜，如图 15-8 所示。

(8) 场景八：顾客先完成一次点菜，在厨师做饭之前可以反悔，再次单击“点菜确认”按钮，如图 15-9 所示。

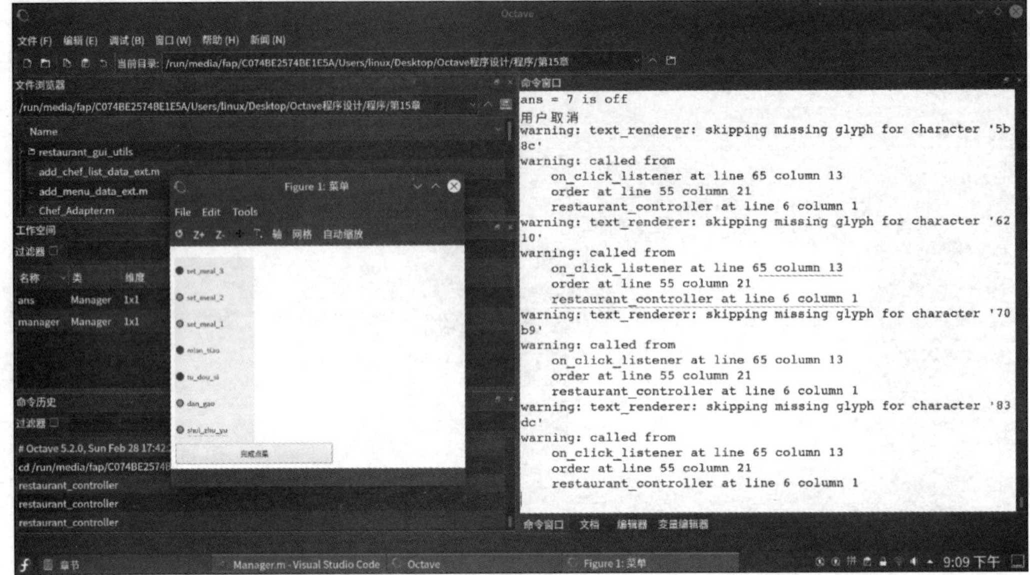

图 15-8 场景七

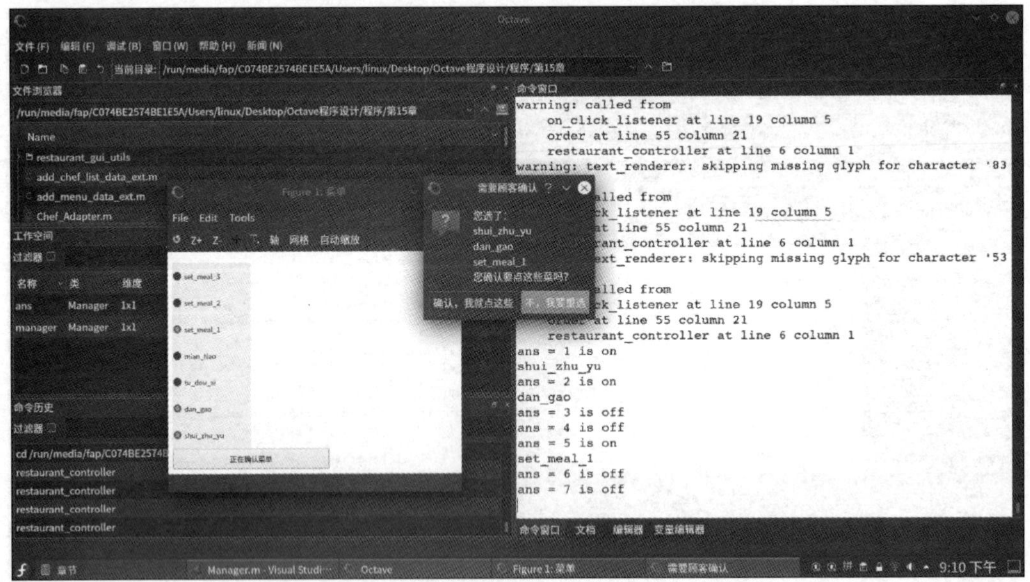

图 15-9 场景八

(9) 场景九：顾客先完成一次点菜，在厨师做饭之后不可以反悔，此时不允许单击“点菜确认”按钮，如图 15-10 所示。

老板说：“只凭着用户单击就能完成点菜操作，简直是让我们饭店走向了高科技啊！既然代码没有问题，那我建议立刻上线。”

图 15-10　场景九

小美说："这用户界面和我的手写的菜单不谋而合。我对这个用户界面没有任何改进意见，看来经理你是研究了我手写的菜单，你是真的为了我们这些员工着想啊！"

我有点不好意思，说："小美，这是我应该做的。我们都希望饭店生意越来越好。"

从那时起，顾客就可以使用用户界面点菜了，小美也多出了很多时间学习饭店的其他管理业务。

15.6　老板的肯定（设计厨师适配器类）

有一天，老板走进我的办公室，说："经理啊，我们的营收越来越高，我想请你下次开会的时候跟我们讲一讲你的管理秘诀。"我答应了老板，然后我就做了一个 PPT。PPT 中的其中一页着重讲了我设计的适配器思想。那一页 PPT 如图 15-11 所示。

注意：上述的"一页 PPT"实际上是适配器和其他类的交互流程图。

然后，当我讲完 PPT 的时候，在座的所有人交口称赞。晚上，老板对我说："经理，我今天才见识到了你的独特能力。如果你能在五年把和平饭店开到外国去，我就把我的女儿许配给你！"

设计厨师适配器类，代码如下：

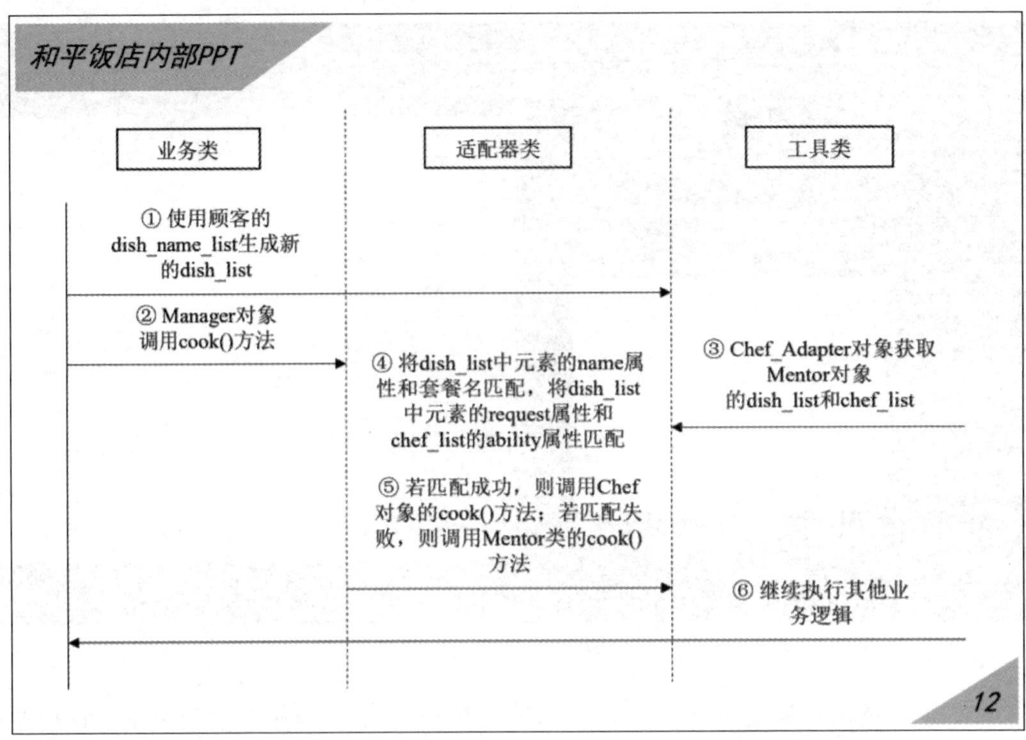

图 15-11　一页 PPT

```
#!/usr/bin/octave
#第 15 章/Chef_Adapter.m
classdef Chef_Adapter < Chef
    ##厨师适配器类
    # ----------------------
    # * properties:
    ##chef_result
    ##dish_result
    # ----------------------
    # * methods:
    ##Chef_Adapter(this, dish_list, chef_list)
    ##cook(this,dish_name_list)
    ##cook()
    # ----------------------
    properties
        chef_result = {};
        dish_result = {};
    endproperties
    methods
        function this = Chef_Adapter(this, dish_list, chef_list)
```

```
        for i = 1:length(dish_list)
        #套餐适配规则
        dish_name = dish_list{i}.name
        request = dish_list{i}.request
            if strcmp(dish_name,'set_meal_1') && !isempty(chef_list{1})
                    this.chef_result{length(this.chef_result) + 1} = chef_list{1};
                    this.dish_result{length(this.dish_result) + 1} = dish_name;
                continue
            elseif strcmp(dish_name,'set_meal_2') && !isempty(chef_list{2})
                    this.chef_result{length(this.chef_result) + 1} = chef_list{2};
                    this.dish_result{length(this.dish_result) + 1} = dish_name;
                continue
            elseif strcmp(dish_name,'set_meal_3') && !isempty(chef_list{3})
                    this.chef_result{length(this.chef_result) + 1} = chef_list{3};
                    this.dish_result{length(this.dish_result) + 1} = dish_name;
                continue
            else
        #口味适配规则
                for k = 1:length(chef_list)
                    try
                        if strcmp(chef_list{k}.ability,request)
                            this.chef_result{length(this.chef_result) + 1} = chef_list{k};
                            this.dish_result{length(this.dish_result) + 1} = dish_name;
                            break
                        else
                            fprintf('%s 和 %s 不一致\n',chef_list{k}.ability,request)
                        endif
                    catch
                    end_try_catch
                endfor
            endif
        endfor
    endfunction
endmethods

methods
    function this = cook(this,dish_name_list)
    k = 1;
        for i = 1:length(dish_name_list)
            if ismember(dish_name_list{i},this.dish_result)
                this.chef_result{k}.cook(this.chef_result{k}.name,dish_name_list{i});
                fprintf('ID 为 %s\n',this.chef_result{k}.id)
                k++;
            else
                Mentor.cook(dish_name_list{i})
```

```
                endif
            endfor
        endfunction
    endmethods
endclassdef

%!test
%a = Chef_Adapter([1,2,3],'SET MEAL 2')
%a.chef_result
%!test
%a = Chef_Adapter([1,2,3],'3')
%a.chef_result

%!test
#a = Manager;
#a.my_mentor.chef_list{1}.name
```

15.7 大鹏展翅(处理人员异动)

随着饭店生意越来越红火,厨师们的技术也越来越高。有一天,大总管找到我,对我说:“经理,于师傅最近要去德国参加世界水煮鱼大赛,要请一个月的假。”

我一想:饭店的生意这么红火,师傅却要请长假,这人事问题可是个大麻烦,但是,如果于师傅能获得世界水煮鱼大赛的好名次,那饭店的知名度就打响了,也是个好事。

于是,我说:“于师傅做的水煮鱼我知道,口味特别好。让他去吧,争取为饭店争光!”

这于师傅走了之后,我就犯了难:饭店的招牌水煮鱼怎么办呢?我赶忙找来大总管,对他说:“厨师长劳苦功高,我看在眼里,苦在心上。最近于师傅出国比赛,饭店的水煮鱼嘛,还是希望你想想办法。”

大总管说道:“饭店有困难,我硬着头皮也要干!在这段时间里,我好好研究水煮鱼这道菜。只要是顾客点了水煮鱼,我就试着做。保证让顾客能吃上水煮鱼!”

我立刻给大总管开了一瓶二锅头,说:“好,好啊。同甘共苦才是好兄弟!”我们两人将瓶中白酒一饮而尽。

等到大总管走后,我有点不放心,就找来小美,对她说:“小美,最近于师傅出国比赛,大总管负责做水煮鱼。这正是考验你的好时机。你不妨用上新学的管理技术,对大总管的水煮鱼进行质量管理。别让顾客吃出什么问题来!”

小美说:“太好了经理。我正好学一学管理技术。最近这段时间请多多关照!”

将于师傅状态修改为不可用,设计代码如下:

```
#!/usr/bin/octave
#第 15 章/set_yushifu_unavaliable.m
##将于师傅状态修改为不可用
clear all
a = Mentor;
a.set_chef_usability('1614777326',0);
p = load('chef_list.data');
p.plain_chef_list_temp
```

运行上面的代码，结果如下：

```
>> set_yushifu_unavaliable
this =

< object Mentor >

{
  [1,1] =

    scalar structure containing the fields:

      id = 1614777326
      name = yushifu
      ability = chili
      usability = 1

  [1,2] =

    scalar structure containing the fields:

      id = 1614777330
      name = yushifu
      ability = sweet
      usability = 1

  [1,3] =

    scalar structure containing the fields:

      id = 1614777334
      name = yushifu
      ability = sour
      usability = 1
```

```
}
warning: findstr is obsolete; use strfind instead
{
  [1,1] =

    scalar structure containing the fields:

      id = 1614777326
      name = yushifu
      ability = chili
      usability = 0

  [1,2] =

    scalar structure containing the fields:

      id = 1614777330
      name = yushifu
      ability = sweet
      usability = 1

  [1,3] =

    scalar structure containing the fields:

      id = 1614777334
      name = yushifu
      ability = sour
      usability = 1

}
ans =
{
  [1,1] =

    scalar structure containing the fields:

      id = 1614777326
      name = yushifu
      ability = chili
      usability = 0

  [1,2] =

    scalar structure containing the fields:

```

```
        id = 1614777330
        name = yushifu
        ability = sweet
        usability = 1

    [1,3] =

      scalar structure containing the fields:

        id = 1614777334
        name = yushifu
        ability = sour
        usability = 1

  }
```

如果顾客点了水煮鱼，则将直接调用 Mentor 类的 cook()方法，结果如图 15-12 所示。

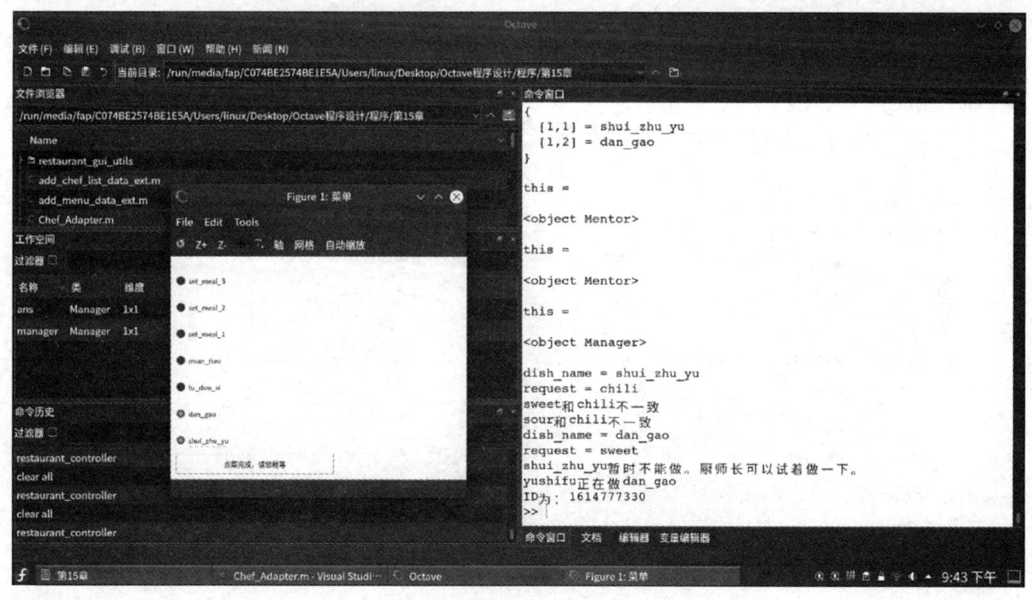

图 15-12　当于师傅不可用时，顾客点了水煮鱼的结果

那一个月里，小美经常找我加班学习管理技术。她也愿意学，我也愿意教，我们是越聊越深入，她也总是加班加到半夜才回家，而且她管理起来也是像模像样。大总管的水煮鱼在她的管理之下，品质也越来越好。那时，我看着她那一副大黑眼圈，总是想着：饭店的业务没有受到影响，于师傅一定要安心比赛呀！

一个多月之后，于师傅回来了。他高兴地说：“经理，我拿了冠军，你们看我的奖杯。”

将于师傅状态修改为可用，设计代码如下：

```
#!/usr/bin/octave
#第 15 章/set_yushifu_avaliable.m
##将于师傅状态修改为可用
clear all
a = Mentor;
a.set_chef_usability('1614777326',1);
p = load('chef_list.data');
p.plain_chef_list_temp
```

运行上面的代码，结果如下：

```
>> set_yushifu_avaliable
this =

<object Mentor>

{
  [1,1] =

    scalar structure containing the fields:

      id = 1614777326
      name = yushifu
      ability = chili
      usability = 0

  [1,2] =

    scalar structure containing the fields:

      id = 1614777330
      name = yushifu
      ability = sweet
      usability = 1

  [1,3] =

    scalar structure containing the fields:

      id = 1614777334
      name = yushifu
      ability = sour
      usability = 1

}
```

```
warning: findstr is obsolete; use strfind instead
{
  [1,1] =

    scalar structure containing the fields:

      id = 1614777326
      name = yushifu
      ability = chili
      usability = 1

  [1,2] =

    scalar structure containing the fields:

      id = 1614777330
      name = yushifu
      ability = sweet
      usability = 1

  [1,3] =

    scalar structure containing the fields:

      id = 1614777334
      name = yushifu
      ability = sour
      usability = 1

}
ans =
{
  [1,1] =

    scalar structure containing the fields:

      id = 1614777326
      name = yushifu
      ability = chili
      usability = 1

  [1,2] =

    scalar structure containing the fields:
```

```
      id = 1614777330
      name = yushifu
      ability = sweet
      usability = 1

  [1,3] =

    scalar structure containing the fields:

      id = 1614777334
      name = yushifu
      ability = sour
      usability = 1

}
```

我一看，于师傅手上拿着一个金色的奖杯，上面写着：于师傅、世界水煮鱼大赛、金奖。我终于松了一口气，对于师傅说："于师傅，你的能力在世界范围内受到了认可，你是饭店的大英雄。"

一年后，鉴于员工的优异表现，我对饭店人事做出了如下调整：

- 提升于师傅为三星厨师；
- 提升小美为副经理；
- 提升大总管为二星厨师长。

15.8 大结局（设计控制器）

饭店生意越做越好，而且顾客却没有什么投诉，这主要因为我对饭店业务掌握得非常透彻。

设计点菜控制器代码如下：

```
#!/usr/bin/octave
#第 15 章/restaurant_controller.m
##点菜控制器
manager = Manager;
manager.init_gui;
manager.order();
```

注意：控制器的作用是：①可以用一条命令调用业务逻辑，②对业务逻辑起到了提示作用。

自从有了点菜控制器之后，服务员们可以轻松进行点菜操作等一系列业务，省去了很多时间。

图书推荐

书　　名	作　　者
鸿蒙应用程序开发	董昱
鸿蒙操作系统开发入门经典	徐礼文
鸿蒙操作系统应用开发实践	陈美汝、郑森文、武延军、吴敬征
华为方舟编译器之美——基于开源代码的架构分析与实现	史宁宁
鲲鹏架构入门与实战	张磊
华为 HCIA 路由与交换技术实战	江礼教
Flutter 组件精讲与实战	赵龙
Flutter 实战指南	李楠
Dart 语言实战——基于 Flutter 框架的程序开发(第 2 版)	亢少军
Dart 语言实战——基于 Angular 框架的 Web 开发	刘仕文
IntelliJ IDEA 软件开发与应用	乔国辉
Vue+Spring Boot 前后端分离开发实战	贾志杰
Vue. js 企业开发实战	千锋教育高教产品研发部
Python 人工智能——原理、实践及应用	杨博雄主编,于营、肖衡、潘玉霞、高华玲、梁志勇副主编
Python 深度学习	王志立
Python 异步编程实战——基于 AIO 的全栈开发技术	陈少佳
物联网——嵌入式开发实战	连志安
智慧建造——物联网在建筑设计与管理中的实践	[美]周晨光(Timothy Chou)著；段晨东、柯吉译
TensorFlow 计算机视觉原理与实战	欧阳鹏程、任浩然
分布式机器学习实战	陈敬雷
计算机视觉——基于 OpenCV 与 TensorFlow 的深度学习方法	余海林、翟中华
深度学习——理论、方法与 PyTorch 实践	翟中华、孟翔宇
深度学习原理与 PyTorch 实战	张伟振
ARKit 原生开发入门精粹——RealityKit+Swift+SwiftUI	汪祥春
Altium Designer 20 PCB 设计实战(视频微课版)	白军杰
Cadence 高速 PCB 设计——基于手机高阶板的案例分析与实现	李卫国、张彬、林超文
SolidWorks 2020 快速入门与深入实战	邵为龙
UG NX 1926 快速入门与深入实战	邵为龙
西门子 S7-200 SMART PLC 编程及应用(视频微课版)	徐宁、赵丽君
三菱 FX3U PLC 编程及应用(视频微课版)	吴文灵
全栈 UI 自动化测试实战	胡胜强、单镜石、李睿
pytest 框架与自动化测试应用	房荔枝、梁丽丽
软件测试与面试通识	于晶、张丹
深入理解微电子电路设计——电子元器件原理及应用(原书第5版)	[美]理查德·C. 耶格(Richard C. Jaeger)、[美]特拉维斯·N. 布莱洛克(Travis N. Blalock)著；宋廷强译
深入理解微电子电路设计——数字电子技术及应用(原书第5版)	[美]理查德·C. 耶格(Richard C. Jaeger)、[美]特拉维斯·N. 布莱洛克(Travis N. Blalock)著；宋廷强译
深入理解微电子电路设计——模拟电子技术及应用(原书第5版)	[美]理查德·C. 耶格(Richard C. Jaeger)、[美]特拉维斯·N. 布莱洛克(Travis N. Blalock)著；宋廷强译

图书资源支持

感谢您一直以来对清华大学出版社图书的支持和爱护。为了配合本书的使用，本书提供配套的资源，有需求的读者请扫描下方的“书圈”微信公众号二维码，在图书专区下载，也可以拨打电话或发送电子邮件咨询。

如果您在使用本书的过程中遇到了什么问题，或者有相关图书出版计划，也请您发邮件告诉我们，以便我们更好地为您服务。

我们的联系方式：

地　　址：北京市海淀区双清路学研大厦 A 座 714

邮　　编：100084

电　　话：010-83470236　010-83470237

资源下载：http://www.tup.com.cn

客服邮箱：tupjsj@vip.163.com

QQ：2301891038（请写明您的单位和姓名）

教学资源 · 教学样书 · 新书信息

人工智能科学与技术
人工智能|电子通信|自动控制

资料下载 · 样书申请

书圈

用微信扫一扫右边的二维码，即可关注清华大学出版社公众号。